普通高等教育"十三五"规划教材
新工科建设之路·计算机类专业规划教材

大学计算机
——基于翻转课堂

主　编　卢　江　刘海英　陈　婷
副主编　马　婕　李　皎　屈立成　江代有

电子工业出版社
Publishing House of Electronics Industry
北京·BEIJING

内 容 简 介

本书是根据教育部大学计算机课程教学指导委员会提出的"以计算思维为切入点的计算机基础教育改革"思路及新工科人才培养的需求而编写的，同时融入了翻转课堂的教学理念。全书分为 3 部分共 9 章，主要内容包括：计算、计算机与计算思维，计算机系统概述，操作系统基础，信息与编码，数据处理与呈现，数据组织与管理，算法与程序设计，计算机网络，Internet 的服务与应用。本书以计算、数据和算法为主线，阐述了数据的获取、转化、编码、存储、计算、组织管理、传输和安全等一系列处理过程。

本书的主要特色在于"内容可视化"，将视频资源融入传统纸质书籍中，构建书网一体化。通过视频中的"应用场景体验"加深对书本知识的理解。本书另一特色是"知识脉络化"，每章提供有知识地图和课程学习任务单，帮助学生把握章节的脉络。

本书内容丰富、脉络清晰、通俗易懂、图文并茂、易教易学，并配有二维码视频、二维码习题、电子教案、翻转课堂活动设计方案，以及内容丰富的教学资源，便于广大师生的"教"与"学"。

未经许可，不得以任何方式复制或抄袭本书之部分或全部内容。

版权所有，侵权必究。

图书在版编目(CIP)数据

大学计算机：基于翻转课堂 / 卢江，刘海英，陈婷主编. — 北京：电子工业出版社，2018.8
ISBN 978-7-121-34205-9

I. ①大… II. ①卢… ②刘… ③陈… III. ①电子计算机—高等学校—教材 IV. ①TP3

中国版本图书馆 CIP 数据核字(2018)第 103033 号

策划编辑：章海涛
责任编辑：章海涛　　　　文字编辑：孟　宇
印　　刷：三河市鑫金马印装有限公司
装　　订：三河市鑫金马印装有限公司
出版发行：电子工业出版社
　　　　　北京市海淀区万寿路 173 信箱　邮编：100036
开　　本：787×1092　1/16　印张：20.75　字数：518 千字
版　　次：2018 年 8 月第 1 版
印　　次：2021 年 8 月第 4 次印刷
定　　价：49.00 元

凡所购买电子工业出版社图书有缺损问题，请向购买书店调换。若书店售缺，请与本社发行部联系，联系及邮购电话：(010)88254888，88258888。

质量投诉请发邮件至 zlts@phei.com.cn，盗版侵权举报请发邮件至 dbqq@phei.com.cn。

本书咨询联系方式：mengyu@phei.com.cn。

序

图灵奖得主 Edsger Dijkstra 曾说过:"我们所使用的工具影响着我们的思维方式和思维习惯,从而也将深刻地影响着我们的思维能力。"随着 21 世纪的到来,人类进入了信息社会,计算机和网络成了人类生活中不可或缺的一部分。无处不在的计算设备,无处不在的网络和通信,已彻底改变了人类数千年的生活习惯。作为信息社会中的技术人员,建立和掌握利用计算机求解各种专业问题的思路和方法成为一种必备的能力。

计算机基础教育承担着所有非计算机专业本科生的计算机能力培养,因此,其教学质量和效果不仅直接影响到学生的计算机应用能力,而且在一定程度上也影响到本科教学质量。虽然教育部高等学校大学计算机课程教学指导委员会(简称教指委)在《计算机基础课程教学基本要求》白皮书中已明确提出了非计算机专业本科生应知应会的计算机知识和技能,但受编写周期限制,教材内容很难完全跟上信息技术的飞速发展,从而不可避免地使学生课堂所学知识与技术发展现状存在一定的脱节。同时,计算机技术中的部分抽象内容,仅通过文字的描述也让读者特别是初学者难以理解。

大规模开放在线课程(Massive Open Online Courses,MOOC)的兴起推动了信息技术与教育教学的深度融合,开展线上、线下相融合的混合教学成为高校教学模式改革的重要方向。同时,也使构建书网一体化的新形态教材成为可能。

从教学内容的组织上,这本书以"计算机的认知能力"为主要培养目标,以计算、数据和算法为主线,阐述了数据的获取、转化、编码、存储、计算、组织管理、传输和安全等完整处理过程,以培养学生在信息社会和大数据时代能够学会以数字的眼光看世界,建立利用计算机求解问题的思路和方法。

本书的主要特色在于将视频资源、翻转课堂教学模式融入传统纸质书籍中,形成了一本独具特色、体现新工科要求和计算思维理念的新形态教材。

首先,书中在每段关键知识点的描述中都嵌入了二维码,通过扫描二维码可以从教材直接跳转到线上课堂。通过观看视频,可以增加学习者对知识的体验感,同时为课堂转化提供帮助。书中所提供的视频除部分 MOOC 教学视频外,还包括很多央视拍摄的科普类视频,这类视频不仅拍摄效果好,而且通俗易懂、生动有趣,既可以帮助学习者直接观看早期计算工具等这类难以看到的视频资源,又可以让读者对人工智能等目前计算机领域的新技术有感性的认识。

其次,在书的每章章后都设置了课后自测练习题,读者可使用手机扫描自测练习题二维码完成练习,并在答题完成后可以立即看到测试结果和答案解析,充分体现了数字化教材的作用,为学习者带来了新的学习体验。

相比同类教材,该书的另一大特色是在每章起始处都给出了该章的课程学习任务单,这也是作者长期致力于翻转课堂教学改革实践的体会。课程学习任务单中详细描述了该章的学习目标、学习要求、讨论问题和思考等内容,既有助于教师完成小班讨论课的组织,又为学习者提供了学习指导。

我与本书主编卢江老师有近两年的交流合作，卢老师对教学的热爱几近痴迷，他在教学研究和教学改革上的投入令我敬佩。本书是他及他的团队教师多年来在"大学计算机"课程教学研究和翻转课堂教学改革实践上的结晶，不仅有体系完整的理论描述，还包括众多的数字资源，充分体现了作者的用心和底蕴。相信众多的计算机技术初学者，能够通过本书的学习，理解计算机学科的核心概念和基本应用，了解利用计算机进行问题求解的基本思路与方法。

吴　宁

2018年5月于西安交通大学

致 读 者

现在许多学生使用计算机的实际经验要远远超过15年前他们的同龄人,但也有一些学生在进入大学时缺乏必要的计算机知识。本书的目标就是要使每个学生都具备计算机的基础知识,本书不仅给予学生计算机基础知识,而且还为学生提供计算思维与数据思维信息,而这些信息是数字化时代每个受过高等教育的人所必备的。

目前,大多数人都能够熟练使用计算机,而且其中不乏高手。在平时的学习生活中,我的许多学生敲打键盘和使用手机的熟练程度令人惊讶,这非一日之功。如今在大学读书的新一代学生大多数是在互联网开始发力的1995年之后出生的,2018年入学的学生已是00后。换句话说,这些学生随网络一起长大,被称为网络"原住民"。因此就使用计算机、上网操作而言,已经是轻车熟路了,不需再告诉他们该如何使用计算机,因此本书对如何使用计算机这方面知识没有进行过多的阐述。

在以往的教学中,大多数学生刚开始认为"大学计算机"这门课程非常简单,因为他们从小就接触计算机,而且中小学都学过计算机,所以他们认为在大学阶段学习计算机基础课程对他们不会有新的帮助。但课程开始不久,通过调查问卷和交流得知,很多学生反映这门课程的内容大多数他们都是不知道的。还有一部分学生抱怨这门课程内容难度大、枯燥乏味,而且理论知识太多,同时提出希望学一些操作软件类的内容。有的学生提出"我们需要知道书中这些内容吗?"我的建议是:如果你期望计算机对你的未来有帮助,那么就应该好好了解它,了解它究竟能做什么以及不能做什么,还应该了解它究竟是怎么做的。同理,哪怕是个很简单的工具,知道它的原理比只知道它能干什么要重要得多,另外,科学的精神就在于探索事物的本质。作为一门学科,计算机与数学、物理差不多,我们学习这些课程并不意味着我们就以此为职业,我们需要学习多种学科知识,以提升自己的学习能力和科学素养,以及未来的职业能力。也许你不会和我一样以计算机为职业,但计算机将与你终生为伴。

本书内容涉及计算机专业多门课程的知识,并且概念庞杂、术语繁多,从表面上看,章与章之间的联系也并不紧密。因此对于初学者来说,学好这门课程并不容易,融会贯通就更加困难。那么如何把握全书的脉络就成为学习的重中之重,所以我建议读者以"计算、数据、算法"和"计算思维与计算机问题求解"作为理解章节内容联系的两条主要线索,即在理解"计算、数据、算法"的基础上,学会"计算思维与计算机问题求解"方法,这样才可以更好地发挥计算机的作用,解决具体问题。

总之,计算机是科学,也是工具。计算机是信息社会的必备工具之一,如何有效利用计算机分析和解决问题,将与阅读、写作和数学一样,成为21世纪每个人的基本技能。计算机正在对人们的生活、工作,甚至思维产生深刻的影响。

无论读者是教师还是学生,我都希望读者能从本书的文字和视频内容中获得良好的学习体验,希望本书对读者学习计算机基础知识有所帮助。

关于学习方式
的转变

卢 江

前　言

20世纪中期以来，计算机以及互联网成为人类发明史上具有划时代意义的新事物。一方面传统学科借助计算机技术呈现出崭新的学科形态和精彩的研究成果；另一方面经济社会各个领域与互联网融合发展催生出新领域、新业态，促进了人类社会生活面貌的巨大改变。

计算机科学与技术的发展，不仅体现在技术与工具层面，而且逐渐凸显为全新的思维方式。与此相适应，面向全体高校学生的大学计算机基础教学的重要程度逐渐上升，成为我国高等教育内容体系中的重要组成部分。

"大学计算机"课程是高等学校计算机基础教学核心课程，是大学通识教育的重要组成部分，其教学目标是全面培养学生的信息素养、计算科学修养和计算思维能力，提高学生的计算机应用水平和计算机问题求解能力，为后续课程的学习奠定基础。本课程是高校非计算机专业本科生必修的公共基础课，也是大学计算机基础课程体系中的第一门计算机基础课程。

在高校中面向全体非计算机专业学生普遍开展大学计算机基础教学始于20世纪70年代末，教学内容主要是计算机程序设计的初级知识，这是大学计算机基础教学的起步创始阶段。

20世纪90年代，大学计算机基础教学进入普及规范阶段，在课程内容以及教学范围上都迅速扩展。教育部正式把大学计算机基础课程列为高校重要的必修课，提出了"文化基础—技术基础—应用基础"三个层次的课程体系。在这个阶段，大部分本科院校组建了教师队伍，配备了计算机机房，在教学计划中设置了相关的必修课程，全面深入地推动了大学计算机基础教学的普及工作。

进入21世纪，大学计算机基础教学进入深化提高阶段，通过科学、系统地构建"能力体系—知识体系—课程体系"，从而加大了大学计算机基础教学的深度与广度。

近年来，全国高校的计算机基础教育改革主要围绕着两个主题展开：一是，以计算思维为切入点，提升课程的内涵；二是，应用MOOC/SPOC改进教学方法和手段，提高教学质量。

为实施以计算思维为切入点的教学改革，本书采用了将"大学计算机"和"程序设计"两门课程联动改革的方案，即在大学计算机课程中增加了算法和程序设计的内容，同时在第4章和第5、6章增加了与程序设计相关联的内容，在第1章引入了近期发展迅速的云计算、大数据、人工智能等新技术，以加强计算思维能力和应用创新能力培养。同时，为了适应MOOC/SPOC的混合教学模式，本书为配套资源配置了二维码，形成新形态、新媒体教材，将内容可视化，即学生扫码看短视频，通过视频"应用场景体验"来感悟知识的内涵。学生可以通过扫码做课后习题，做完后可以立刻看到自己的成绩、排名榜及答案解析。

信息技术的高速发展对高校人才培养模式的改革提供了新的机遇与挑战，信息技术与教育教学的深度融合催生了在线教育的发展。从公开课、共享课到今天的MOOC，经历了不断探索、不断提升的过程。

如今，纸质书开始被电子书取代，黑板开始变成PPT，大讲堂里讲座式课程被制成了

MOOC。虽然教学形式多种多样，但是教学方式还是大同小异，没有真正的创新点，所以需要开始探寻新的教学模式、教学方法。我们发现，翻转课堂是将 MOOC 和传统课堂相结合的一种教学模式，开展翻转课堂教学模式将有利于提高教学质量与教学效率，提高学生的自学能力和探究、处理问题的能力。信息时代的翻转课堂是用微视频、云平台等技术支撑的新型"先学后教，以学定教"的课堂，这种教学结构在信息时代下得到"重生"。

近年来，翻转课堂风靡全球，国内外许多研究学者都对翻转课堂开展了各种有益的探索。本书结合理论思考和实践体会，从翻转课堂的关键特征入手，在每一章前面增加了知识地图和课程学习任务单，给出了讨论题，并提出了实施翻转课堂的建议方案，将作者自己的翻转课堂经验和方法分享给其他教师，试图将本书打造成翻转课堂的实施案例，以"课前学习—应用场景体验—课堂内化"的新翻转课堂结构来阐述、展示翻转课堂的内涵、结构和作用，从而加深一线教师对翻转课堂的全面理解，促进翻转课堂实践的有效开展。

为什么采用翻转课堂改进教育质量显得如此至关重要？目前，世界正在以惊人的速度发展，与此同时，这也给我们带来一系列挑战，如气候变暖问题、饥荒、水资源短缺、疾病传播等。那么，究竟是谁将帮助我们应对这些重大的挑战呢？归根到底，就是这些年轻的学生们，他们就是下一代朝气蓬勃、聪慧睿智的科学家们。然而现在的他们，很多人上课时的样子更像是"打酱油"，世界很多大学都是如此，学生听得枯燥乏味、心不在焉，有时甚至不确定为什么要学这个知识点，从学习一开始就云里雾里，于是，教育工作者不断寻找创新的教学方式，但是结果却令人失望。然而翻转课堂教学模式给我们带来了新的改进教学质量的体验。

本书的目的在于引导学生进行面向计算思维能力培养的实践，切入点是计算思维指导下的计算机问题求解，知识脉络是以"计算、数据和算法"为主线，描述了数据的获取、转换、编码、存储、处理、组织管理、传输、安全等一系列处理过程。在这个大数据时代，培养学生"万物皆可数字化"的理念，掌握数据处理的方法与提高数据处理能力是至关重要的，同时培养学生在生活和工作中习惯于用数字化的思维来处理问题。鉴于大学一年级学生的计算机相关知识水平可能不够，因此教材尽可能采用浅显易懂的语言，简单介绍一些必要的知识。

本书由卢江、刘海英、陈婷、马婕、李皎、屈立成和江代有共同创作和编写，卢江负责统稿。其中，卢江编写第 1 章和第 4 章、马婕编写第 2 章、李皎编写第 3 章、陈婷编写第 5 章、刘海英编写第 6 章、江代有编写第 7 章、屈立成编写第 8、9 章。感谢西安交通大学的吴宁教授在百忙中为本书写序，感谢各位编者的辛勤付出，感谢电子工业出版社的支持，感谢长期从事大学计算机教学的一线教师对书稿的修改建议。感谢王玥琳等 2017 级同学给本书提出的建议和评价。

本书从酝酿到编写完成经过了 5 年思考，虽然本书是第 1 版，但书中内容是作者在教学过程中多次摸索、总结、实践和修正得到的。因此本书编写的宗旨是：应该有基础性课程所具备的知识体系的基本稳定性。尽管计算机技术发展很快，但是它的科学基础并没有变，至少在可预见的未来也不会有太大变化。总之，计算机科学的基础就是数制、逻辑、体系、数据组织和表达、算法、语言、软件原理等。

本书作者的初衷是编写一本基于翻转课堂的、侧重培养大学生计算思维及意识的教材，希望以"知识脉络化、内容可视化"的形式打造一本连接 MOOC 和实体课堂的新形态、新媒体教材，以此作为 MOOC 学习的切入点，同时尝试采用翻转课堂教学模式重点讲解计算科学思想和方法的大学计算机教材，以适应高校计算机基础教学改革及新工科人才培养的需要。但由于作者水平所限，并且对有些知识的研究、认识和理解还不够深入，甚至有偏差，因此这必然影响对内容的讲解，所以恳请各位读者批评指正。作者联系方式：lujiang@126.com。

卢 江

2018年初夏于西安

教 学 建 议

建议总学时32~48学时，其中10~16学时为实验课，建议以机房"现场授课"的方式教学，边讲边练，提高教学效率。本建议仅供参考，不作为实施方案。

教学内容	传统课堂 32学时教学分配				翻转课堂 32学时教学分配			
	课堂教学	实验教学	课外作业	课堂安排	课堂教学	实验教学	课外作业	课堂安排
第1章 计算、计算机与计算思维	2	0	1	授课演示	2	0	1	课堂活动规则安排
第2章 计算机系统概述	2	0	2	授课演示	2	0	2	演示讨论
第3章 操作系统基础	2	2	1	授课实验	2	2	1	授课演示实验
第4章 信息与编码	4	0	1	授课练习	4	0	1	授课练习演示
第5章 数据处理与呈现	2	2	2	授课实验	2	2	2	授课讨论实验
第6章 数据组织与管理	4	2	2	授课实验	4	2	2	授课实验
第7章 算法与程序设计	2	2	1	授课实验	2	2	1	学生展示实验
第8章 计算机网络	2	2	2	授课实验	2	2	2	授课讨论实验
第9章 Internet的服务与应用	2	0	2	授课实验	2	0	2	授课讨论演示
合计	22	10	14		22	10	14	
	32				32			

期末考试考生注意事项及
考生常见问题解决方法

大学计算机课程第一次课堂活动设计方案样例

【课前知识】

第一次课：无。

【课后学习任务】

（一）名词解释

1. MOOC，SPOC。
2. 混合式教学。
3. 翻转课堂。
4. 爱课程。
5. 雨课堂。
6. 计算思维。

（二）情况了解

每个学生把教材每一章的内容包括学过的、不懂的地方写在一张纸上。

【课堂学习活动设计】（90分钟）

1. 教师自我介绍，课程介绍。（20~30分钟）
2. 学生自我介绍。（问卷形式，5分钟）
3. 按宿舍分组。
4. 课堂知识提问。（开放式问题，15分钟）
   ① 马云的无人超市基于什么原理？
   ② 无人驾驶汽车基于什么原理？
   ③ 支付宝基于什么原理？
   ④ 共享单车基于什么原理？
   ⑤ 刷脸支付基于什么原理？
   ⑥ 刷手机坐公交车基于什么原理？
5. 小组讨论（5分钟）：如果未来的你是一名计算机教师，你将怎样做才能胜任这个职位？将讨论的内容写在一张纸上，右上角写学号、姓名。
6. 总结（5分钟）：我想对老师说……，每人一张便签，写下想说的话。
7. 排座位：观察哪个班排座位完成得快，并引出算法的排序概念。
8. 布置下次课前任务。

目 录

第 1 部分 计算系统平台

第 1 章 计算、计算机与计算思维 …… 2
- 1.1 计算的概念 …… 4
  - 1.1.1 什么是计算 …… 4
  - 1.1.2 可计算与不可计算 …… 5
- 1.2 计算的机械化与自动化 …… 6
  - 1.2.1 古老的计算技术 …… 6
  - 1.2.2 机械计算的探索历程 …… 6
  - 1.2.3 基于二进制的电子计算的探索历程 …… 9
  - 1.2.4 现代电子计算机 …… 11
  - 1.2.5 计算机的发展趋势 …… 12
- 1.3 计算模型 …… 14
  - 1.3.1 图灵模型 …… 14
  - 1.3.2 冯·诺依曼计算机模型 …… 16
- 1.4 数学建模与求解 …… 17
- 1.5 基于计算机的问题求解 …… 18
  - 1.5.1 基于计算机软件的问题求解 …… 19
  - 1.5.2 基于计算机程序的问题求解 …… 19
  - 1.5.3 基于计算机系统的问题求解 …… 20
- 1.6 计算思维 …… 20
- 1.7 计算机的应用领域 …… 22
  - 1.7.1 计算机在制造业中的应用 …… 22
  - 1.7.2 计算机在商业中的应用 …… 24
  - 1.7.3 计算机在银行与证券业中的应用 …… 26
  - 1.7.4 计算机在交通运输业中的应用 …… 28
  - 1.7.5 计算机在办公自动化与电子政务中的应用 …… 29
  - 1.7.6 计算机在教育中的应用 …… 29
  - 1.7.7 计算机在医学中的应用 …… 31
  - 1.7.8 计算机在科学研究中的应用 …… 32
  - 1.7.9 计算机在艺术与娱乐中的应用 …… 33
- 1.8 计算机新技术 …… 34
  - 1.8.1 云计算 …… 34
  - 1.8.2 大数据 …… 36
  - 1.8.3 物联网 …… 37
  - 1.8.4 虚拟现实 …… 38
  - 1.8.5 人工智能 …… 38
  - 1.8.6 3D 打印 …… 39
- 本章小结 …… 39
- 课后自测练习题 …… 40

第 2 章 计算机系统概述 …… 43
- 2.1 计算机是什么 …… 45
- 2.2 计算机系统 …… 45
- 2.3 计算机硬件系统 …… 46
  - 2.3.1 冯·诺依曼体系结构 …… 46
  - 2.3.2 计算机的基本组成 …… 47
- 2.4 计算机软件系统 …… 48
  - 2.4.1 系统软件 …… 48
  - 2.4.2 应用软件 …… 52
- 2.5 计算机的基本工作原理 …… 53
  - 2.5.1 算盘解题过程 …… 53
  - 2.5.2 指令系统与程序 …… 53
  - 2.5.3 存储程序的工作原理 …… 56
- 2.6 微型计算机的体系结构 …… 56
  - 2.6.1 微型计算机的系统组成 …… 56
  - 2.6.2 微处理器 …… 58
  - 2.6.3 存储器 …… 60
  - 2.6.4 总线与接口 …… 63
  - 2.6.5 输入/输出设备 …… 65
- 本章小结 …… 68
- 课后自测练习题 …… 68

第 3 章 操作系统基础 ……………… 71
3.1 操作系统概述 ………………… 73
- 3.1.1 操作系统的概念 …………… 73
- 3.1.2 操作系统的发展 …………… 73
- 3.1.3 操作系统的主要特征 ……… 75
- 3.1.4 操作系统的分类 …………… 76
- 3.1.5 操作系统的引导 …………… 77

3.2 操作系统的基本功能 ………… 78
- 3.2.1 程序管理 …………………… 78
- 3.2.2 文件管理 …………………… 81
- 3.2.3 存储管理 …………………… 82
- 3.2.4 磁盘管理 …………………… 83
- 3.2.5 用户接口 …………………… 85

3.3 实用操作系统 ………………… 86
- 3.3.1 实用操作系统概述 ………… 86
- 3.3.2 Windows 操作系统 ………… 88

本章小结 ………………………………… 94
课后自测练习题 ………………………… 95

第 2 部分　信息表示与数据处理

第 4 章 信息与编码 ………………… 98
4.1 信息概述 ……………………… 100
- 4.1.1 信息的含义 ………………… 100
- 4.1.2 信息与数据 ………………… 100
- 4.1.3 信息的功能 ………………… 102
- 4.1.4 人工进行信息处理的过程 … 103
- 4.1.5 信息技术 …………………… 104
- 4.1.6 信息化与信息化社会 ……… 105

4.2 信息在计算机中的表示 ……… 106
- 4.2.1 数制 ………………………… 106
- 4.2.2 数制之间的转换 …………… 108
- 4.2.3 信息的存储 ………………… 110

4.3 计算机中的信息编码 ………… 112
- 4.3.1 编码的概念 ………………… 113
- 4.3.2 数值信息的编码 …………… 113
- 4.3.3 文本信息的编码 …………… 117

4.4 多媒体信息的编码 …………… 121
- 4.4.1 音频信息的数字化 ………… 121
- 4.4.2 图形/图像媒体的数字化 …… 124
- 4.4.3 颜色信息的数字化 ………… 128

★4.5 条形码与 RFID ……………… 128
- 4.5.1 一维条形码 ………………… 128
- 4.5.2 二维条形码 ………………… 129
- 4.5.3 RFID 技术 ………………… 130

本章小结 ………………………………… 131
课后自测练习题 ………………………… 132

第 5 章 数据处理与呈现 …………… 134
5.1 数据的概念 …………………… 136
- 5.1.1 认识数据 …………………… 136
- 5.1.2 数据的类型 ………………… 137
- 5.1.3 数据的价值 ………………… 137
- 5.1.4 数据的存储组织形式 ……… 138

5.2 数据加工处理 ………………… 138
- 5.2.1 数据获取 …………………… 138
- 5.2.2 数据处理 …………………… 139
- 5.2.3 数据处理方式 ……………… 140
- 5.2.4 数据编辑 …………………… 140
- 5.2.5 数据呈现 …………………… 140

5.3 数据处理应用程序 …………… 141
- 5.3.1 办公自动化软件 …………… 142
- 5.3.2 图形/图像处理软件 ………… 144
- 5.3.3 科学计算数据处理应用软件 … 146

5.4 电子文件的创建、编辑及输出 … 148
- 5.4.1 创建和编辑 ………………… 150
- 5.4.2 格式化与排版 ……………… 154
- 5.4.3 表格和图文混排 …………… 157
- 5.4.4 电子文件的呈现方式 ……… 160
- 5.4.5 电子文件中的数据处理 …… 164

5.5 数据处理工具 ………………… 167
- 5.5.1 电子表格基础 ……………… 167
- 5.5.2 数据的计算 ………………… 168
- 5.5.3 数据的管理 ………………… 173
- 5.5.4 数据的分析 ………………… 177

本章小结 ………………………………… 180
课后自测练习题 ………………………… 181

第6章 数据组织与管理 ·············183
6.1 数据结构 ················185
6.1.1 什么是数据结构 ··········185
6.1.2 数据结构相关概念 ·······185
6.1.3 数据结构的应用 ·········187
6.2 为什么要管理数据 ·········188
6.2.1 大数据 ················188
6.2.2 大数据处理 ············189
6.3 数据库 ··················190
6.3.1 身边的数据库 ··········190
6.3.2 什么是数据库 ··········191
6.3.3 为什么要使用数据库 ····191
6.3.4 数据库管理系统 ········192
6.3.5 数据管理技术的发展历程 ···192
6.4 数据库系统概述 ···········195
6.4.1 常用术语 ··············195
6.4.2 数据模型 ··············196
6.4.3 常见数据库应用系统及其开发工具 ···············198
6.5 数据库的建立与维护 ·······199
6.5.1 数据库的建立 ··········199
6.5.2 数据库的管理与维护 ····203
6.5.3 表达式 ················205
6.5.4 SQL 的数据更新命令 ·····206
6.6 数据库查询 ···············208
6.6.1 简单查询 ··············209
6.6.2 排序查询 ··············210
6.6.3 分组查询 ··············211
6.6.4 链接查询 ··············212
6.7 数据库技术对社会的影响 ······214
本章小结 ······················214
课后自测练习题 ···············215

第7章 算法与程序设计 ··········218
7.1 算法 ·····················220
7.1.1 算法的概念 ············220
7.1.2 简单算法举例 ··········220
7.1.3 算法的特性 ············221
7.1.4 算法的表示 ············222
7.2 算法设计的基本方法 ·······225
7.2.1 枚举法 ················225
7.2.2 迭代法 ················225
7.2.3 回溯法 ················226
7.2.4 递归法 ················227
7.2.5 分治法 ················227
7.2.6 贪心法 ················228
7.2.7 动态规划法 ············229
7.2.8 排序算法 ··············230
7.2.9 查找算法 ··············231
7.3 程序设计的基本概念 ·······232
7.3.1 程序设计的一般过程 ····232
7.3.2 程序设计方法 ··········234
7.3.3 程序设计是一种方法学 ···235
7.3.4 如何学习程序设计 ······236
7.3.5 程序设计语言 ··········236
★7.4 Python 程序设计语言简介 ······238
7.4.1 Python 概述 ············238
7.4.2 Python 的特点 ··········239
7.4.3 Python 的功能 ··········239
7.4.4 Python 的安装与配置 ·······240
本章小结 ······················243
课后自测练习题 ···············243

第3部分 数据传输与承载平台

第8章 计算机网络 ···············248
8.1 计算机网络概述 ···········250
8.1.1 什么是计算机网络 ······250
8.1.2 计算机网络的发展历史 ···250
8.1.3 计算机网络的功能 ······251
8.1.4 计算机网络的分类 ······252
8.1.5 计算机网络的拓扑结构 ···253
8.1.6 计算机网络的体系结构和网络协议 ···············254
8.1.7 计算机网络硬件设备 ····258
8.2 数据通信基础 ·············260
8.2.1 数据通信基本概念 ······260

XIII

8.2.2　数据编码 ························· 262
　　　8.2.3　数据传输模式 ····················· 264
　　　8.2.4　传输介质 ························· 267
　　　8.2.5　数据交换方式 ····················· 269
　　　8.2.6　数据校验技术 ····················· 270
　8.3　局域网技术 ································ 272
　　　8.3.1　局域网及其特点 ··················· 272
　　　8.3.2　局域网的类型 ····················· 273
　　　8.3.3　局域网的组成 ····················· 273
　　　8.3.4　局域网的文件与打印共享 ··· 275
　本章小结 ··· 278
　课后自测练习题 ································· 278

第 9 章　Internet 的服务与应用 ··········· 281
　9.1　Internet 基础 ····························· 283
　　　9.1.1　Internet 概述 ······················ 283
　　　9.1.2　Internet 的工作原理 ············ 284
　　　9.1.3　Internet 协议 ······················ 285
　　　9.1.4　IP 地址 ····························· 286
　　　9.1.5　域名系统（DNS）··············· 287
　　　9.1.6　Internet 服务供应商 ············ 288

　　　9.1.7　Internet 的接入 ··················· 289
　9.2　Internet 应用概述 ······················· 292
　　　9.2.1　网页浏览 ··························· 292
　　　9.2.2　电子邮件 ··························· 295
　　　9.2.3　文件传输 ··························· 299
　　　9.2.4　信息检索 ··························· 301
　　　9.2.5　远程登录 ··························· 301
　　　9.2.6　即时通信 ··························· 302
　　　9.2.7　电子商务 ··························· 302
　　　9.2.8　网络多媒体应用 ················· 303
　　　9.2.9　在线教育 ··························· 303
　9.3　网络安全基础知识 ······················· 306
　　　9.3.1　计算机病毒 ························ 306
　　　9.3.2　加密技术 ··························· 310
　　　9.3.3　数字签名 ··························· 311
　　　9.3.4　防火墙 ······························ 312
　本章小结 ··· 314
　课后自测练习题 ································· 315

参考文献 ·· 317

第1部分 计算系统平台

第1章 计算、计算机与计算思维

第2章 计算机系统概述

第3章 操作系统基础

第 1 章 计算、计算机与计算思维

导读：

劳动创造了工具，而工具又拓展了人类探索自然深度和广度的能力。计算机是人类对计算装置不懈努力追求的最好回报。计算工具的演化经历了由简单到复杂、从低级到高级的不同阶段，从原始的"结绳记事"中的绳结到算筹、手动计算、机械式计算再到电动计算，计算装置的发展经历了漫长的过程。它们在不同的历史时期发挥了各自的历史作用，同时也启发了现代电子计算机的研制思想。现代电子计算机的出现，使计算装置有了飞速的发展，科学技术的进步促进了计算装置的一代代更新。计算装置的发展不仅得益于组成计算装置的元器件技术的发展，而且得益于人们对计算本质认识的提高。

本章从"什么是计算"这个问题开始，介绍计算工具的发展历史、计算模型、基于计算机求解问题的方法、计算思维、计算机的应用领域及计算机新技术等基本概念，使读者对计算、计算机、计算思维等方面有初步的认识，更加详细的相关知识将在后续章节中讨论。关于计算工具的发展内容，不是简单地呈现给读者，而是通过计算工具的发展说明计算能力的不断提高，只有这样才有了今天的大数据、人工智能、云计算等新的技术，计算能力的不同也使得社会不同阶段的生产力不同。

知识地图：

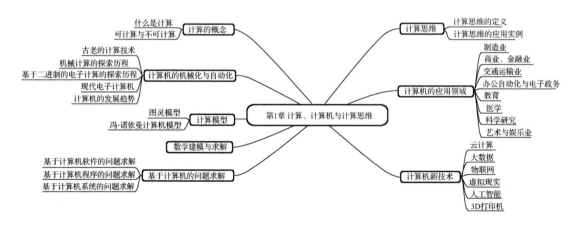

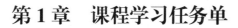

第 1 章　课程学习任务单

任务编码	101	任务名称	第 1 章　计算、计算机与计算思维
要求	通过在线上学习 MOOC/SPOC 相关视频内容，进行练习、讨论，完成第 1 章的学习。学习教材有关章节内容，把不懂地方标在课程学习任务单上。此单需要打印出来，再手工填写。			
学习目标	教学目的及要求： 1. 了解计算的本质； 2. 了解人们是如何完成计算的； 3. 了解计算机的发展及应用； 4. 了解计算思维的概念； 5. 了解计算机新技术。 教学重点及难点： 1. 计算的本质； 2. 计算思维。			
学习要求	1. 观看 MOOC/SPOC 上 "第 1 讲计算机、计算与计算思维" 视频，阅读教材的 "第 1 章"。 2. 完成 MOOC/SPOC 上 "第 1 讲计算机、计算与计算思维" 后的随堂测验及讨论。 3. 请认真完成本次课程学习任务单要求并认真填写。			
讨论问题	1. 什么是计算？说说你对计算的认识。 2. 人是怎样完成计算的？ 3. 如何制造出一些机器来帮助人们完成科学计算？ 4. 计算机是如何完成自动计算的？ 5. 什么是计算模型？ 6. 图灵机由哪几部分组成，以及它的工作方法有哪些？机器能思考吗？ 7. 计算机发展经过哪几个时代？ 8. 什么是计算思维？计算思维的本质是什么？ 9. 什么是云计算？ 10. 什么是大数据？请举例说明大数据在工作、生活中的应用。 11. 什么是虚拟现实？请举例说明虚拟现实在工作、生活中的应用。 12. 什么是图灵测试？ 13. 无人驾驶基于什么原理？ 14. 支付宝支付基于什么原理？ 15. 请说明本专业中计算机的应用情况。			
思考	运用你能够获取各种资源的渠道，如报纸、杂志、书籍及因特网进行相关资料的收集，针对以下主题写一篇 1000 字以内的短文。 1. 世界上最快的计算机。 2. 计算机在本专业领域中的应用。 3. 利用计算机拍摄来制作电视和电影。 4. 计算机在金融系统中的应用。 5. 利用计算机研究生命科学。 6. 人类基因图研究与计算机。 7. 计算机通信与社交网络。			

1.1 计算的概念

随着计算机日益广泛而深刻的运用,计算这个原本专门的数学概念已经泛化到人类的整个知识领域,并上升为一种极为普适的科学概念和哲学概念,成为人们认识事物、研究问题的一种新视角、新观念和新方法。

计算不仅是数学的基础技能,而且是整个自然科学的工具。在学习中,必须掌握计算这一项基本生存技能;在科研中,必须运用计算完成课题研究;在国民经济中,计算机及电子等行业取得的突破发展都必须建立在数学计算的基础上。因此计算在基础教育与各学科领域都有广泛的应用,同时高性能计算在先进技术领域作为处理问题的主要方法。

计算的概念正在渗透到宇宙学、物理学、生物学乃至社会科学等诸多领域。

1.1.1 什么是计算

结绳计数
(来自腾讯平台)

计算的行为由来已久,考古研究表明:在远古时代,古人类就有了计算问题的需要和能力。人类最初的计算工具就是人类的双手,掰着指头数数就是最早的计算方法。一个人天生有十根指头,因此十进制就成为人们最熟悉的记数法。

由于双手的局限性,因此人类开始学习使用小木棍子、石子、绳结等工具进行计算。英文中的计算一词 Calculation 来自拉丁文中的 Calculus,其本意就是用于计算的小石子。在我国古代,人们在 2000 多年前发明的算筹是世界上最早的计算工具,如图 1.1.1 所示。而具有十进制记数法和一整套计算口诀的算盘则可以认为是我国最早的"数字计算机",如图 1.1.2 所示,珠算口诀就是最早的体系化算法。

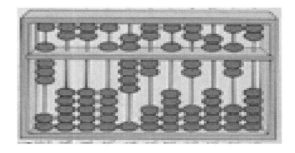

图 1.1.1 世界上最早的计算工具——算筹　　图 1.1.2 我国最早的"数学计算机"——算盘

人人都会计算,但计算的本质是什么？什么问题可计算？什么问题不可计算？在 20 世纪之前,人们对这些问题并没有深入思考。虽然对可计算性的严格数学描述涉及递归函数与可计算函数等的定义,但实质上可计算性就是要求对某个函数或问题的计算过程可以用符号记录下来,或者说在有限步骤内可以完成计算。从计算科学的角度而言,一个问题是否可计算,与该问题是否具有相应的算法(求解某类问题的通用法则或方法)是完全等价的。一个工程问题能不能用计算机来求解,关键是能不能把这个问题用计算机可接受的方式表示出来,以及求解的过程是否能用算法计算出来。

但到底什么是"计算"？这个问题直到 20 世纪 30 年代,人们才从哥德尔(K. Godel)、丘奇(A. Church)、图灵(A. M. Turing)等科学家的研究中弄清楚计算的本质,更重要的是弄清楚什么问题是可计算的，而什么问题是不可计算的。

首先，我们来了解一下什么是计算。在绝大多数人眼里，计算无外乎是一串阿拉伯数字的加、减、乘、除，其次就是所谓的高级运算，如函数的微积分等。事实上，计算就是把一种符号形式转换成另一种符号形式，它除了有数值的计算，还有符号推导。既包含生活中常用的加、减、乘、除、乘方、开方、函数求解等，又包含针对具体问题进行的定理、公理的推导和证明。尽管形式有所不同，但其实质都是一样的，最终都是将问题或对象数值化、数字化，然后对其进行处理。

所谓计算，抽象地讲就是从一个符号串 A（输入）得到另一个符号串 B（输出）的过程（如图 1.1.3 所示）。例如：

（1）数的加、减、乘、除：从符号串 12+3 变换成 15，是一个加法计算；

（2）微分方程的求解：如果符号串 f 是 x 的平方，而符号串 g 是 $2x$，那么从 f 到 g 就是微分计算；

（3）定理的证明推导：令 f 表示一组公理和推导规则，令 g 表示一个定理，则从 f 到 g 的一系列变换就是定理 g 的证明；

（4）英译汉：如 f 代表一个英文句子，而 g 为含义相同的中文句子，那么从 f 到 g 就是把英文翻译成中文。英文："computer"，中文："计算机"，从 "computer" 得出 "计算机"。

从以上 4 个简单示例可以看出，计算就是按照一定的、有限的规则和步骤（算法），将输入转化为输出的过程。计算可以被分解成一系列非常简单的动作。

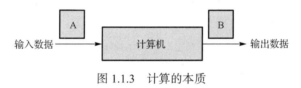

图 1.1.3　计算的本质

1.1.2　可计算与不可计算

现实世界需要计算的问题有很多，哪些问题是可以自动计算的？哪些问题是可以在有限时间、有限空间内自动计算的？这就出现了可计算性与计算复杂性问题。以现实世界各种思维模式为启发，寻找求解复杂问题的有效规则，就出现了算法及算法设计与分析问题，例如，为了观察人的思维模式而提出遗传算法，为了观察蚂蚁行为的规律而提出蚁群算法等。

当求解一个特定的问题时，我们会思考解决这个问题有多困难？怎样才是最佳的解决方法？计算机科学根据坚实的理论基础准确地回答了这些问题。这就表明问题的难易程度是考量机器运行能力的标准，因此在解决问题前，我们必须考虑机器的指令系统、资源约束和操作环境。

可计算性理论是计算机科学的理论基础之一。研究计算的一般性质的数学理论也称算法理论或能行性理论，它通过建立计算的数学模型（如抽象计算机）精确区分哪些问题是可计算的，哪些问题是不可计算的。计算的过程就是执行算法的过程，可计算性理论的重要课题之一就是将算法这一直观概念精确化。算法概念精确化的途径很多，其中之一是通过定义抽象计算机，把算法看作抽象计算机的程序。通常把那些存在算法计算其值的函数称为可计算函数，因此可计算函数的精确定义为：能够在抽象计算机上编出程序并计算其值的函数。这样就可以讨论哪些函数是可计算的，哪些函数是不可计算的。可计算性理论确定了哪些问题可以用计算机解决，哪些问题不可以用计算机解决。

1.2 计算的机械化与自动化

计算能力是人的基本能力之一，计算工具是用于完成计算的器具。自从数字诞生那天起，计算就开始存在，计算工具也开始伴随着人类进化而不断发展。从远古到今天，计算工具由最初的绳结、手指、石块等，到之后的算筹、算盘、计算尺，再发展到各种机械式计算机，最后到今天的电子计算机。人类在发展过程中不断地寻找和探索更高效、更适用的计算工具，目的就是利用计算工具能更快速地解决越来越复杂的各种计算问题。

回顾计算机的发明史，探究"自动计算"的缘由和发明创新的原动力就在于：人从本质上讲是一种"懒惰"而又富于进取的高级动物。"自动计算"是人类进化过程中的梦想，更快的计算速度是人类文明的标志与永恒的追求。

一般而言，计算与自动计算需要解决以下4个问题。

（1）数据的表示。

（2）计算规则的表示。

（3）数据和计算规则的存储及"自动存储"。

（4）计算规则的"自动执行"。

1.2.1 古老的计算技术

珠算是中国古代数学在计算方法方面的一项重大发明，是由中国古代的"筹算"演变而

算盘的口诀
（来自腾讯平台）

来的，算得上是最古老的计算技术。珠算口诀产生于明代，由于珠算口诀运算简便、便于记忆，因此珠算技术成为我国古代普遍使用的计算技术且广泛流传，并远至日本、朝鲜以及东南亚一带。

算盘相当于我国的"第五大发明"，成为最早的计算工具之一。算盘上的珠子可以表示和"存储"数，"计算规则"是一套口诀，按照口诀拨动珠子可以进行四则运算。然而，所有的操作都要靠人的大脑和手完成，因此算盘被认为是一种计算辅助工具，不能被归到自动计算的工具范畴。若要进行自动计算，则需要由机器来自动执行计算规则、数据存储与数据获取。

1.2.2 机械计算的探索历程

在1946年之前，计算机的工作都是基于机械运行方式，没有逻辑运算能力。17世纪，西欧文艺复兴运动悄然兴起，这场运动使人们的思想和思维空间变得极为活跃，并由此引发一次又一次的社会革命，这些社会革命不仅带来了政治体制的改革，还使人们长期被压抑的创造力得到了释放。自然科学技术随之快速发展，越来越多的人认识到记数和计算的重要性，随着人类遇到的工程和科学问题逐渐增多，数学计算的难度也越来越大，因此运用计算工具、总结计算方法、发展计算技术的要求也越来越迫切。许多科学家都在梦想制造一台能帮助人们进行计算的机器，为此很多科学家都进行了始终不懈的努力，试图引导人类进入自由的计算王国，但限于当时的科技总体发展水平，大都以失败告终。

第 1 章　计算、计算机与计算思维

图 1.2.1　法国科学家帕斯卡

17 世纪，欧洲出现了利用齿轮技术设计制造的机械式计算机。1642 年，法国科学家帕斯卡（如图 1.2.1 所示）经过不懈努力，终于发明了著名的帕斯卡机械计算机（简称帕斯卡机，如图 1.2.2 所示），首次确立了计算机器的概念。它的特点是利用人工手动作为计算机动力，利用齿轮来表示与"存储"十进制各个数位上的数字，通过齿轮的齿数比与轮齿啮合来解决进位问题。它的计算原理是低位的齿轮每转动 10 圈，高位上的齿轮转动 1 圈，可以进行 8 位数的加减法运算。该计算机不仅用机械实现了"数据"在计算过程中的自动存储，而且用机械自动执行一些"计算规则"。帕斯卡机的意义在于：告诉人们"用纯机械装置可以代替人的思维和记忆"，并且开辟了自动计算的道路。

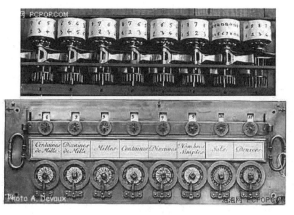

帕斯卡加法器
（来自腾讯平台）

图 1.2.2　帕斯卡机

当时帕斯卡曾制造了 50 台帕斯卡机作为商品出售，为了纪念帕斯卡的贡献，1971 年尼可莱斯·沃思（Niklaus Wirth）教授将自己发明的一种重要的程序设计语言命名为 Pascal 语言，这是一种很好的结构化语言，在 20 世纪 80 年代末、90 年代初该语言曾得到广泛地学习和使用。

1674 年，德国数学家莱布尼茨改进了帕斯卡机，设计了"步进轮"，使之成为一种能够进行连续运算的机器。莱布尼茨的计算机可以实现加、减、乘、除四则运算，不久，他又为计算机提出了"二进制"数的设计思路（据说这个概念来源于中国的八卦），虽然人记忆二进制困难，但机器掌握二进制却得心应手，这为以"二进制"作为运算基础的计算机奠定了良好的基础。

1777 年，英国查尔斯·马洪（Charles Mahon）发明了逻辑演示器（Logical Demonstrator）。这是个袖珍式的简单器械，能解决传统的演绎推理、概率及逻辑形式的数值问题，它被称为计算机决策与逻辑功能的先驱。

1804 年，法国约瑟夫·雅各（Joseph Marie Jacquard）发明了穿孔卡织布机（如图 1.2.3 所示），该机器的发明引发了法国丝织工业的革命。穿孔卡织布机虽然不是计算机，但它强烈地影响着穿孔卡输入/输出装置的研发。如果找不到输入信息和控制操作的机械方法，那么真正意义上的机械式计算机是不可能出现的。

可编程打孔织布机
（来自腾讯平台）

图 1.2.3　穿孔卡织布机

　　1820 年，法国德·考尔玛（Charles de Colmar）改进莱布尼茨的设计，制成第一个商用的机械计算机，并生产了 1500 台。1862 年，该计算机在伦敦国际博览会上获得奖牌。

　　1847 年，英国数学家、逻辑学家乔治·布尔（George Bool）开始创立逻辑代数，1854 年出版了名著《布尔代数》。他的逻辑理论建立在两个逻辑值"0""1"和三个运算符"与"（and）、"或"（or）、"非"（not）的基础上，这种简化的二值逻辑为数字计算机的二进制数、开关逻辑元件与逻辑电路的设计铺平了道路。

　　1886 年，美国人口统计局的统计学家赫尔曼·霍勒瑞斯（Herman Hollerith）博士，借鉴了雅各的穿孔卡原理，用穿孔卡片存储数据，制成了第一台机电式穿孔卡系统，即制表机（Tabulating Machine），这台机器参与了 1890 年的美国人口普查工作，仅仅用了 6 周的时间就得出了准确的数据（62 622 250 人）。

　　到了 19 世纪初，当时为了解决航海、工业生产与科学研究中复杂的计算，许多数学表（如对数表、函数表）应运而生。这些数学表尽管带来了一定的方便，但其中的错误也非常多，英国数学家查尔斯·巴比奇（Charles Babbage）决心研制新的计算工具，用机器取代人工来计算这些实用价值很高的数学用表。

　　巴比奇在前人马洪发明的逻辑演示器的影响下，于 1822 年开始设计差分机（Difference Engine），如图 1.2.4 所示。其目标是能计算具有 20 位有效数字的 6 次多项式的值。这是第一台可自动进行数学变换的机器，因此他被称为"计算之父"。

　　巴比奇新的研制计划是设计一台能够处理数学公式的分析机（Analytical Engine）。分析机的重要贡献在于它包括了现代计算机所具有的 5 个基本组成部分。

　　（1）输入装置：用穿孔卡片输入数据。

　　（2）存储装置：巴比奇称其为仓库（Store），该装置被设计为能存储 1000 个 50 位十进制数的容量，它既能存储运算数据，又能存储运算结果。

　　（3）资料处理装置：巴比奇称其为磨坊（Mill），通过它来完成加、减、乘、除运算，还能根据运算结果的符号改变计算的进程，用现代术语来说就是使用了条件转移指令。

　　（4）控制装置：使用指令进行控制，用程序自动改变操作次序，该装置是通过穿孔卡片顺序输入处理装置的。

（5）输出装置：用穿孔卡片或打印方法输出。

然而限于当时科技发展水平，这两种机器都没有真正实现。

巴比奇和他的
分析机
（来自腾讯视频）

图 1.2.4　巴比奇和他的差分机

英国著名诗人拜伦的女儿爱达·奥古斯塔·拉夫拉斯伯爵夫人（Ada Augusta Lovelace）是一位思维敏捷的数学家，爱达意识到巴比奇的理论设计是完全可行的，因此她支持这项工作，改正其中的错误，并建议用二进制存储取代原设计的十进制存储。她指出分析机可以像雅各穿孔卡织布机一样进行编程，并发现了进行程序设计（Program Design）和编程（Programming）的基本要素，还为某些计算开发了一些指令，例如，可以重复使用某些穿孔卡片，按现代的术语来说这就是"循环程序"和"子程序"。由于她在程序设计上的开创性工作，因此她被誉为是世界上第一位程序员。1975 年 1 月，美国国防部提出使用一种通用高级语言的必要性，并为此进行了国际范围的设计投标。1979 年 5 月，最后确定了新设计的语言作为美国通用高级语言。海军后勤司令部的杰克·库柏（Jack Cooper）为这个新语言起了一个美丽的名字 Ada，用于纪念爱达。

1.2.3　基于二进制的电子计算的探索历程

机械计算机的产生得益于欧洲的文艺复兴带来的科学技术革命，而电子计算机的产生与发展则是人类历史上一次更加深刻而伟大的科学技术革命。它将把人类历史上的工业革命推向以自动化为主要标志的第三次工业革命，它对人类历史发展的影响是第一次工业革命与第二次工业革命所不能相比的。

20 世纪初，欧美已进入垄断资本主义社会，资本主义社会的发展迫切要求有新的发明创造以满足资产阶级的政治经济需求。另外，社会上对先进计算工具多方面的迫切需要，是促使现代计算机诞生的根本动力。20 世纪以后，各个科学领域和技术部门的计算难题堆积如山，已经阻碍了学科的继续发展，特别是第二次世界大战爆发前后，军事科学技术对高度计算工具的需要尤为迫切。由于社会需求和技术准备两方面的条件都已基本成熟，因此在此期间，德国、美国、英国都在进行计算机的开拓工作，几乎同时开始了机电式计算机和电子计算机的研究。

电子计算机能够进行快速计算，其工作原理主要包括：一是，可以存储信息，把需要计算处理的数据和计算方法、处理过程存储在机器里，让机器了解要计算的对象与计算方法；二是，能够进行程序操作，把计算问题用一系列指令描述，机器将按照这一系列指令（程序）执行运算。这一思想早已应用到人们日常生活中了。

1934年，德国朱斯开始研制一种利用机械键盘的计算机。该计算机记录、保存数据采用在纸带上"穿孔"和"存储"的方式，从而进行数字计算。1938年，朱斯研制成第一台二进制计算机——Z-1型计算机，这是一种纯机械式的计算装置，可存储64位数的机械存储器，Z-1的性能并不理想，运算速度慢，可靠性差。于是朱斯又采用电气组件制造计算机，他在1941年制成的全自动继电器计算机Z-3，是世界上第一台采用电磁继电器进行过程控制的通用自动计算机，它采用了2600个继电器，已具备浮点记数、二进制运算、数字存储地址的指令形式等现代化计算机的特征。Z-3型计算机的体积只有衣柜那么大，它有一块精巧的控制面板，只需要按下面板上的按钮就能完成操作，Z-3型计算机工作了3年后，在1944年美军对柏林的空袭中毁于一旦。

朱斯开展的工作是在第二次世界大战结束前，其影响并不大。在机电式计算机中影响较大的是美国哈佛大学的物理系研究生艾肯，他得到国际商业机器公司（IBM公司）的支持，于1944年制成了Mark1型计算机，并投入运行。差不多与此同时，德国人也尝试制成了类似的计算机，正是电子技术与计算机技术的结合，才产生了电子计算机。

图1.2.5 世界上第一台电子计算机

1946年2月，美国宾夕法尼亚大学莫尔学院制成了大型电子数字积分式计算机（ENIAC），这就是人们常常提到的世界上第一台电子计算机（如图1.2.5所示）。最初的设计是专门用于火炮弹道的计算，后经多次改进而成为各种科学计算的通用计算机。ENIAC主要由控制器、运算器、存储器、输入、输出5部分组成。全机共用了18 000多个电子管、6000个继电器、7000个电阻、10 000个电容，重量达30吨，占地170平方米，功率150千瓦，实际造价约为48万美元，是一个十足的庞然大物。这台完全采用电子线路执行算术运算、逻辑运算和信息存储的计算机，以十进制为运算基础，运算速度为5000次/秒，比当时最好的继电器计算机快1000倍，已初步显露出它在运算速度方面的巨大优越性。但是ENIAC也存在着很多严重的缺点，它采用外插型程序，在解题之前必须先编制计算机所需的程序，人工接通好电路，若更换计算题目则要改变计算机和外插程序相连接的接线板，十分麻烦，即使计算机工作几分钟，其准备工作也要花费几小时甚至一两天的时间，另外，这种计算机的存储容量太小，尚未完全具备现代计算机的主要特征。

世界上第一台电子
计算机 ENIAC
（来自腾讯平台）

1944年夏，匈牙利出生的美国数学家冯·诺依曼（如图1.2.6所示）参加了莫尔小组的工作。在冯·诺依曼和莫尔小组的通力合作下，1945年3月，他们发表了一个全新的存储程序式通用电子计算机方案也就是电子离散变量自动计算机（EDVAC）方案，对 ENIAC 做了重大改进。随后于 1946 年 6 月，冯·诺依曼等人提出了更加完善的设计报告——《电子计算机装置逻辑设计的初步讨论》。改进过程首先从运算基础着手，虽然十进制符合人们的使用习惯，但硬件实现相对困难。采用二进制后，用 0 和 1 的不同组合表示所有的数，充分发挥了电子组件高速计算的优越性。EDVAC 把"程序外插"变成"程序内存"，使计算机可以从一个程序指令自动进入下一个程序指令，全部运算成为真正的自动过程，这便是著名的"冯·诺依曼"体系计算机，即实现了将完成计算机功能的指令和计算时需要的数据一起存储。计算机不需要外部指令，而是自动按程序进行计算，接近了人类头脑的工作方式，它标志着电子计算机时代的真正开始，是电子计算机发展史上的一个里程碑，同时推动了存储程序式计算机的设计与制造。

冯·诺依曼机
（来自视频平台）

这种体系结构使得根据中间结果的值改变计算过程成为可能，从而保证机器工作的完全自动化。冯·诺依曼体系结构思想对计算机技术的发展产生了深远影响，70 多年来，现代计算机的结构没有超出存储程序式体系结构的范畴。

图 1.2.6　冯·诺依曼和 EDVAC

1.2.4　现代电子计算机

正是由于前人对机械计算机的不断探索与研究，不断追求计算的机械化、自动化、智能化，不断思考如何能够自动存取数据？如何能够让机器识别可变化的计算规则并按照规则执行？如何能够让机器像人一样思考？这些思考促进了机械技术与电子技术的结合，最终导致现代计算机的出现。现代计算机在借鉴了前人的机械化、自动化思想后，设计了能够理解和执行任务复杂程序的机器，该机器可以进行任意形式的计算，如数学计算、逻辑推理、图形 / 图像变换、数理统计、人工智能与问题求解等，计算机的能力在不断地提高。

自从 ENIAC 诞生以来，计算机技术走上了快速发展的轨道。从硬件角度来看，计算机经历了 4 个发展阶段（如图 1.2.7 所示），分别是电子管计算机、晶体管计算机、集成电路计算机和大规模集成电路计算机。第一代电子管计算机（1946—1958）的主要特点是：用电子管作为逻辑元件，内存采用磁芯，外存采用磁带，运算速度为每秒数千次到数万次；第二代晶体管计算机（1959—1964）用晶体管代替了电子管，内存为磁芯，外存为磁盘，运算速度为每秒几十万次至几百万次；第三代集成电路计算机（1965—1970）用中小规模集成电路取代了分立的晶体管元件，内存为半导体存储器，外存为大容量磁盘，运算速度为每秒几百万次至几千万次；第四代大规模集成电路计算机（1971 年至今）采用大规模和超大规模集成电路作为主要元件，内存为高集成度的半导体，外存有磁盘、光盘等，运算速度每秒几亿次至上亿亿次。

微型计算机的出现是计算机发展史上的一个重要事件。微型计算机发展的早期，由于主要用于个人计算工具，因此又称为 PC（Personal Computer）。

1975 年 1 月，美国《大众电子学》杂志刊登了介绍阿尔塔（Altair）8800 计算机的文章。我们可以将这一事件看成微型计算机诞生时的一声呐喊，它预示着计算机技术高速发展的开始。阿尔塔 8800 计算机采用 8080 芯片，刚开始时它是一台简陋的机器，一个机箱里装着一个中央处理器和一个 256B 的存储器，没有终端也没有键盘，功能也十分简单，只能运行一个小游戏程序。

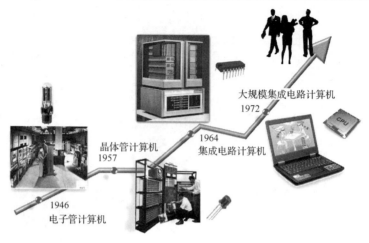

图 1.2.7 计算机的发展阶段

新生事物在诞生时往往是不完善的,但是它揭示了事物发展的必然趋势。在微型计算机诞生之前,由于价格和体积的原因,因此计算机主要用于大学、科研机构、政府部门和商业组织进行大批量的数据处理。当阿尔塔计算机诞生时,虽然它看起来像一只"丑小鸭",但它适应了信息技术的发展趋势,能够满足人们日常生活中对信息处理的需求。而正是由于这种对人们日常需求的满足性,使得微型计算机能够飞速发展,同时也促进了整个信息技术一日千里式的发展。微型计算机的出现,使现代信息处理装置从科学殿堂走出来,进入寻常百姓家,现在,人们的工作、学习和生活都与计算机息息相关,使用计算机已经成为一种文化、一种生活方式。

计算机摩尔定律
(来自腾讯视频)

计算机硬件的发展模式遵循"摩尔定律"。1965 年,戈登·摩尔(Gordon Moore)为了准备一份关于计算机存储器发展趋势的报告,收集了大量存储器方面的数据资料,在分析数据时,他发现了一个惊人的趋势,每个新芯片的容量大体上相当于其前一代的两倍,而每个芯片的产生都是在前一代芯片产生后的 18~24 个月内,如果这个趋势继续的话,存储能力相对于时间周期将呈指数式的增长。摩尔的这个观察结论被称为"摩尔定律",它所阐述的趋势一直延续至今,且仍非常准确,并且能精确地刻画处理机能力和磁盘存储器容量的发展趋势。该定律成为许多工业对于性能预测的基础,在传统分类上,人们根据计算机的运算速度和存储容量,将计算机分为微型机、小型机、中型机、大型机、巨型机和超级巨型机。但是随着计算机性能的不断提高,微型计算机逐步取代了小型机、中型机、大型机,甚至巨型机。现在微型机的运算速度和存储容量都是 20 世纪 80 年代初期巨型机的数倍,所以按照计算机的主要性能指标,以及随时间变化的因素对计算机进行分类的做法是不恰当的。现在主要按照计算机的作用对其进行分类,例如,根据通用性分为通用计算机和嵌入式计算机;在计算机网络的客户/服务器(Client/Server, C/S)模式中,根据用途分为服务器和客户机。

1.2.5 计算机的发展趋势

计算机的发展趋势可以用"四化"来概括,即微型化、巨型化、网络化和智能化。它们描述了在现有电子技术框架内和现有体系结构模式下,计算机硬件和软件技术的发展方向。

世界上第一台现代电子计算机 ENIAC 是一个庞然大物，然后从电子管计算机到晶体管计算机，再到集成电路计算机和大规模集成电路计算机，计算机的体积越来越小，当计算机主机能够纳入一个小的机箱时，称为微型计算机。随后出现的笔记本计算机、手持计算装置等机器的体形更加精巧，现在看来，计算机体积变小的过程并没有就此终结。计算机的微型化得益于超大规模集成电路技术的发展，根据摩尔定律，一个固定大小的芯片能够集成的晶体管数量以指数形式增加，这为计算机的微型化提供了前提条件。体积小巧的计算机便于携带，支持移动计算，能够突破地域的限制、拓展计算机的用途。

图 1.2.8 "神威·太湖之光"超级计算机

计算机的巨型化不是指计算机的体积逐步增大，而是指计算机的运算速度不断提高和存储容量不断增大。以 ENIAC 为代表的第一代现代电子计算机，运算速度仅在每秒数千个操作的量级上，能存储数十个数，而新一代超级计算机每秒运算速度为亿亿次以上。这样的计算机一般采用涡轮式设计，每个刀片都是一个服务器，能实现协同工作并可根据应用需要随时增减。例如，2016 年 6 月 20 日，在法兰克福世界超算大会上，中国"神威·太湖之光"超级计算机（如图 1.2.8 所示）系统登顶国际 TOP500 榜单之首，不仅速度比第二名"天河二号"快出近两倍，其效率也提高 3 倍。"神威·太湖之光"超级计算机是由国家并行计算机工程技术研究中心研制并安装在国家超级计算无锡中心，"神威·太湖之光"在机房中的排列呈"010"的样式，这也正是计算机的语言，该计算机总共有 48 个机柜，左右两边各 20 个，中间 8 个。其中，每个机柜有 1024 个 CPU，共安装了 40 960 个中国自主研发的"申威 26010"众核

电脑微型化和智能化
（来自腾讯视频）

国产超级计算机
"神威·太湖之光"
（来自腾讯平台）

处理器，该众核处理器采用 64 位自主申威指令系统。如果用 2016 年生产的主流笔记本电脑或个人台式机作为参照，那么"神威·太湖之光"相当于 200 多万台普通计算机。"神威·太湖之光"超级计算机峰值性能为 12.5 亿亿次/秒，持续性能为 9.3 亿亿次/秒，运行速度超过 10 亿亿次每秒，一分钟的计算能力相当于全球 72 亿人同时不间断使用计算机工作 32 年。

超级计算属于战略高技术领域。目前，已有 100 多家科研单位和企业的大型应用在"神威·太湖之光"系统上运行，涉及气候气象、航空航天、生物、材料、高能物理等 19 个领域，其中一项获国际高性能计算应用领域最高奖——戈登贝尔奖，实现了我国高性能计算应用在此奖项上零的突破。有了这种超级计算机进行模拟，可以省去过去需要很多试验才能获得的参数，这对先进制造业的发展意义重大。

计算机网络从局域网到城域网再到广域网和互联网，连接的计算机设备越来越多，覆盖的范围越来越广，承载的资源越来越丰富，其影响越来越大。计算机网络的作用不仅实现资源共享，还提供一个分布式的开放计算平台，这样的计算平台能够极大地提高计算机系统的处理能力。现在正在研究和发展的一类计算机网络技术称为网格计算（或分布式计算），网格计算就是在两个或多个软件中互相共享信息，这些软件既可以在同一台计算机上运行，又可以在通过网络连接起来的多台计算机上运行。它研究如何把一个需要非常巨大的计算能力才

能解决的问题分成许多小的问题，然后把这些小问题分配给许多计算机进行处理，最后把这些计算结果综合起来得到最终结果。最近的分布式计算项目研究成果已经被用于统计世界各地成千上万志愿者的计算机的闲置计算能力，分析来自外太空的电信号、寻找隐蔽的黑洞，并探索可能存在的外星智慧生命；或寻找超过 1000 万位数字的梅森质数；或寻找并发现对抗艾滋病毒更为有效的药物。分布式计算可以完成需要惊人的计算量的庞大项目。

光量子计算机
（来自腾讯视频）

量子计算机
究竟有多牛
（来自腾讯视频）

计算机网络技术发展的另一个方向是普适计算（Pervasive Computing or Ubiquitous Computing），普适计算是指无处不在的，随时随地可以进行计算的一种方式，即无论何时何地，只要需要就可以通过某种设备访问到所需的信息。普适计算的含义十分广泛，所涉及的技术包括移动通信技术、小型计算设备制造技术、小型计算设备上的操作系统技术及软件技术等。普适计算技术在现在的软件技术中将占据越来越重要的位置，其主要应用方向有嵌入式技术（除笔记本计算机和台式计算机外的具有 CPU 能进行一定的数据计算的机器，如手机、MP3 等都是嵌入式技术应用的方向）、网络连接技术（包括 4G ADSL 等网络连接技术），以及基于 Web 的软件服务构架（即通过传统的 B/S 构架提供各种服务）。间断连接与轻量计算（即计算资源相对有限）是普适计算最重要的两个特征，普适计算的软件技术就是要实现在这种环境下的事务和数据处理。

智能化是指应用人工智能技术，使计算机系统能够更高效地处理问题，能够为人类做更多的事情。人工智能是计算科学的一个研究领域，它承担两个方面的任务：揭示智能的本质和建立具有智能特点的系统。它通过建立计算模型来研究和实现人的思维过程和智能行为，如推理、学习、规划、自然语言理解等。人工智能包含很多分支，如推理技术、机器学习、规划、自然语言理解、机器人学、计算机视觉和听觉、专家系统等。人工智能技术促进了计算机学科及其他技术的发展，使计算机系统功能更强大，处理效率更高。

1.3 计 算 模 型

在各个学科领域，从自然科学到社会科学，从科学研究到生产、生活、实践都存在着各种各样的问题，可以说，人们的一切活动都是一个不断提出问题、发现问题和解决问题的过程。问题和问题求解是每个人都需要时刻面对的，虽然无法预知可能出现的每个问题，但可以抛开具体问题，从心理学、方法论的高度来研究问题的一般规律和求解方法，即对问题和问题求解建立一个概念化的模型，来表达人们遇到问题时的思维过程。

模型（Model）是一种最常用的科学描述方法，模型是一种抽象表达，隐藏了复杂的细节，只展示其功能性的一部分。理解计算机系统的最好方法也是通过模型来理解的，为了对计算做深入的研究，需要定义一些抽象的机器，这就是计算模型。最典型的是图灵模型和冯·诺依曼模型。无论计算机在结构和功能上发生了什么样的变化，就其本质而言，当前的计算机仍然是以图灵机模型为理论基础，以冯·诺依曼模型结构为主体而构建的。

1.3.1 图灵模型

在电子数字计算机出现之前，数理逻辑学家们就开始研究可计算问题了。他们的思路是：

为计算建立一个数学模型（计算模型），然后证明凡是这个计算模型能够完成的任务，就是可计算的任务。

图灵机是一种抽象的计算模型，由英国数学家艾伦·图灵（Alan Turing，见图 1.3.1 所示）于 1936 年提出，当时，图灵作为一位数学家正在研究可计算性问题。直观上可以这样理解可计算性，即若为一个任务说明一个指令序列，按照该指令序列执行，能够保证任务的完成，则该任务是可计算的，其中的指令序列称为有效规程（或算法）。一个相关的问题是定义执行这些指令装置的能力，不同能力的装置执行不同的指令集合，所以导致不同类型的计算任务。1936 年，图灵在其论文《论可计算数以及在确定性问题上的应用》中，描述了一类计算装置——图灵机。

人工智能之父
图灵
（来自腾讯平台）

首先要注意图灵机不是具体的机器，它是图灵于 1936 年提出的一种抽象计算模型，其更抽象的意义是一种数学逻辑机，可以看作等价于任何有限逻辑数学过程的终极强大的逻辑机器。

图灵的基本思想是用机器来模拟人们用纸笔进行数学运算的过程，他把这个过程看作由下列两种简单动作构成。

（1）在纸上写上或擦除某个符号。

（2）把注意力从纸的一个位置移动到另一个位置。而在每个阶段人要决定下一步的动作，依赖于：

① 此人当前所关注的纸上某个位置的符号；

② 此人当前思维的状态。

为了模拟人的这种运算过程，图灵构造出一台假想的机器，该机器结构如图 1.3.2 所示，它由以下 3 部分组成。

图 1.3.1　图灵

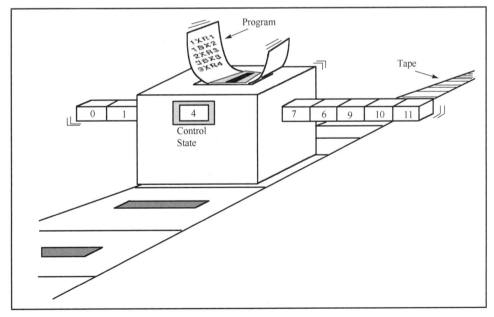

图灵机
（来自腾讯平台）

图 1.3.2　图灵机结构图

（1）一条无限长的纸带（Tape）：纸带被划分为一个接一个的小方格子，每个方格上包含一个来自有限字母表的符号，字母表中有一个特殊的符号"□"表示空白。纸带上的方格从左到右依次被编号为0，1，2，…纸带的右端可以无限伸展。

（2）一个在纸带上左右移动的读写头（Head）：该读写头可以在纸带上左右移动，它能读出当前所指的方格上的符号，也能修改当前方格上的符号。

机器能思考吗
（来自腾讯视频）

（3）一个控制器：控制器包括程序和状态寄存器，程序可以理解为一套控制规则（Table），它根据当前机器所处的状态及当前读写头所指的方格上的符号来确定读写头下一步的动作，并改变状态寄存器的值，令机器进入一个新的状态；状态寄存器用来保存图灵机当前所处的状态（包括停机状态）。

图灵认为这台机器只用保留一些最简单的指令，对于复杂的计算只要把它分解为这几个最简单的操作，这样的一台机器就可以模拟人类所能进行的任何计算过程。图灵机模型为计算机的产生和发展奠定了理论基础，正是因为有了图灵机模型，人类才发明了有史以来最伟大的科学工具。

图灵测试
（来自腾讯平台）

1950年，图灵又发表了题为《机器能思考吗》的论文，奠定了人工智能的理论基础。图灵在该文中提出了一种假想：一个人在不接触对方的情况下，通过一种特殊的方式与对方进行一系列问答，如果在相当长的时间内，无法根据这些问题判断对方是人还是机器，那么就可以认为这台计算机具有同人相当的智力，即这台计算机是有思维的，这就是著名的"图灵测试"（Tuling Testing）。图灵也因此项成果获得了"人工智能之父"的美誉。

图灵奖
（来自腾讯平台）

图灵机是一类离散的有限状态的自动机，虽然它简单，但是具有充分的一般性。现代计算机都仅仅是图灵机的扩展，其计算能力与图灵机等价，所以图灵的工作被认为奠定了计算机科学的基础。为了纪念图灵对计算机科学的杰出贡献，美国计算机学会（ACM）于1966年设立了"图灵奖"，每年颁发一次，以表彰在计算机领域取得突出成就的科学家，另外"图灵奖"有"计算机界诺贝尔奖"之称。

1.3.2　冯·诺依曼计算机模型

1946年，美籍匈牙利数学家冯·诺依曼等人在题为《电子计算装置逻辑设计的初步讨论》的论文中，提出了以存储程序概念为指导的计算机逻辑设计思想，即"存储程序"原理，该思想描绘出了一个完整的计算机体系结构。这一设计思想是计算机发展史上的里程碑，标志着计算机时代的真正到来，冯·诺依曼也因此被誉为"现代计算机之父"。现代计算机虽然在结构上有多种类别，但就其本质而言，多数是基于冯·诺依曼提出的计算机体系结构理念，因此被称为冯·诺依曼型计算机。

冯·诺依曼
计算机模型
（来自腾讯视频）

根据冯·诺依曼的设想，计算机必须具有如下功能。

（1）接收输入。所谓"输入"是指送入计算机系统的东西，也指把信息送进计算机的过程。输入可能是由人、环境或其他设备来完成的。

（2）存储数据。具有记忆程序、数据、中间结果及最终运算结果的能力。

（3）处理数据。数据泛指那些代表某些事实和思想的符号，计算机要具备能够完成各种运算、数据传送等数据加工处理的能力。

（4）自动控制。能够根据程序控制自动执行，并能根据指令控制机器各部件协调操作。

（5）产生输出。输出是指计算机生成的结果，也指产生输出结果的过程。

按照这一设想构造的计算机应该由 4 个子系统组成，如图 1.3.3 所示，这就将如图 1.3.2 所示的图灵机结构转换为一个实体的计算机结构。计算机各个子系统所承担的任务如下。

（1）运算器：是冯·诺依曼计算机中的核心，它应该完成各种算术运算与逻辑运算，所以也被称为算术逻辑部件（Arithmetic Logic Unit，ALU）。除计算外，运算器还应当具有暂存运算结果和传送数据的能力，这一切活动都受控于控制器。

（2）控制器：是整个计算机的指挥控制中心，它的主要功能是向机器的各个部件发出控制信号，使整个机器自动、协调地工作。控制器管理着数据的输入、存储、读取、运算、操作、输出以及控制器本身的活动。

（3）输入/输出设备：输入设备将程序和原始数据转换成二进制字符串，并在控制器的指挥下按一定的地址顺序送入内存；输出设备则是用来将运算的结果转换为人们所能识别的信息形式，并在控制器的指挥下由机器内部输出。

（4）存储器：是实现"程序内存"思想的计算机部件。冯·诺依曼认为：对于计算机而言，程序和数据是一样的，都可以被事先存储。把运算程序事先存放在这个存储器中，程序设计员只需要在存储器中寻找运算指令，机器就会自动计算，这样就解决了计算机需要每个问题都重新编程的问题。"程序内存"标志着计算机自动运算实现的可能，所以这个结构中的存储器就是用来存储计算机运行过程中所需要的数据与程序。

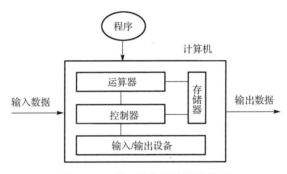

图 1.3.3　冯·诺依曼计算机模型

1.4　数学建模与求解

数学建模是用数学的语言和工具表述、分析和求解现实世界中的实际问题，特别强调要将最终得到的解决方案回归实际问题，检验是否有效地解答了原问题。数学建模是数学连接应用领域的桥梁，在数学学科中占有特别重要的地位。

随着科学技术的迅速发展与计算机的日益普及，人们对各种问题的要求越来越精确，使得数学的应用越来越广泛和深入。经济发展的全球化，计算机技术、计算机网络与通信技术的迅猛发展，数学理论与方法的不断扩充，使数学成为当代高科技的一个重要组成部分、一种能够普遍使用的技术。

数学建模就是对我们在科学研究、技术改革、经济管理等现实生活中所遇到的实际问题加以分析、抽象、简化，用数学的语言进行描述、用数学的方法寻求解决问题的方案，通过解释、验证、修改等多次反复，最终应用到实际中的过程。可以说数学建模是一种数学的科学思考方法,是对现实的现象通过心理活动构造出能抓住其重要且有用的特征的表示,常常是形象化的或符号化的表示。我们也可以说数学建模就是用数学的形式化语言和思考方法,通过抽象、简化,建立能近似刻画并解决实际问题的一种强有力的数学工具。

利用应用数学去解决各类实际问题时,建立数学模型是十分关键的一步,同时也是十分困难的一步。这需要建模者有深厚扎实的数学基础,敏锐的洞察力和想象力,对实际问题的浓厚兴趣和广博的知识面。在建立数学模型的过程中,首先要了解问题的实际背景,明确建立模型的目的,掌握对象的各种信息(如统计数据等),弄清实际对象的特征,总之,就是要做好建立模型的准备工作。首先,人们要善于把错综复杂的实际问题简化,抽象为合理的数学结构;其次,人们要通过调查、收集数据资料,观察和研究实际对象的固有特征和内在规律,抓住问题的主要矛盾,建立起反映实际问题的数量关系,并且用精确的语言做出假设,然后利用数学的理论和方法去分析和解决问题。计算机高速的运算能力,非常适合数学建模过程中的数值计算;它的大容量存储能力及网络通信功能,使得数学建模中的资料存储、检索变得方便、有效;它的多媒体化,使得数学建模中一些问题能在计算机上进行逼真的模拟实验;它的智能化,能随时提醒和帮助我们进行数学模型求解。为此,数学建模的最终环节就是利用计算机进行分析、预测、求解,即根据所得的结果给出数学上的预测,有时则是给出数学上的最优决策或控制,有时甚至把模型分析的结果反馈到实际对象中,对结果进行验证,如果验证的结果不符合或部分符合实际情况,那么我们必须回到建模之初,修改、补充假设,重新建模。

应该说数学建模是联系数学与实际问题的桥梁,是数学在各个领域广泛应用的媒介,是数学科学技术转换的主要途径。数学建模在科学技术发展中的重要作用越来越受到数学界和工程界的普遍重视,它已成为现代科技工作者解决问题必备的重要能力之一,同时它也是利用计算机解决问题的必经之路。

1.5 基于计算机的问题求解

在人们的研究、工作和生活中会遇到各种各样的问题,问题求解就是要找出解决问题的方法,并借助一定的工具得到问题的答案或达到最终目标。在计算机出现以前,许多问题因为计算的复杂性和海量数据等原因而成为难解问题,如智力游戏、定理证明、优化问题等。由于计算机的高速度、高精度、高可靠性和程序自动执行等特点,为问题求解提供了新的方法,使得许多难题迎刃而解。

棋盘上的麦粒
(来自腾讯视频)

计算机学科要解决的根本问题就是"利用计算机进行问题求解",因此有必要首先了解利用计算机进行问题求解的一般过程。

要借助计算机解决问题,无论是计算问题、数据处理问题、信息安全问题、系统能力问题,以及现代科学的交叉融合问题,对于计算机而言,都会回归到它的本质——计算,而计算的前提是对问题的清晰描述。

我们面对的问题很多,不同的问题需要不同的求解方法。因为专业不同、领域不同,所以问题就不同,站在计算机的角度看问题,可以将其归为三大类:直接用计算机软件求解的问题;需要编写程序求解的问题;需要进行系统设计和多种环境知识才能求解的问题。

1.5.1 基于计算机软件的问题求解

"用计算机制作出图文声像并茂的演讲比赛报告",这个问题通常借助办公自动化软件完成,表 1.5.1 列出解决不同问题所对应的计算机软件。对大多数通用问题来说,许多软件开发商为此精心研发大量的软件产品,用户可以像购买电器一样随意挑选。

表 1.5.1 常用的计算机软件

问 题 描 述	软 件 名 称	问 题 描 述	软 件 名 称
文件与讯息下载	迅雷下载	视频制作	会声会影
文档浏览	HedEx Lite	压缩软件	WinRAR
图像浏览	ACDSee	计算机安全使用	电脑管家
音频播放	QQ 音乐	硬盘检测工具	Hd Tune Pro
视频播放	暴风音影	数学建模	Mathematica
图像制作	Photoshop	电路设计	Protel
三维动画制作	3Ds Max	机械制图	AutoCAD、Pro/E

要说明的是:表 1.5.1 中列出的是一些通用问题,所以软件也基本都是通用的,对于更专业的问题,这些软件就无能为力了。另外,因为软件是产品,所以发布之后其功能就是确定的,这和使用洗衣机是一样的道理,用户的创造力仅限于软件支持的功能范围内。

1.5.2 基于计算机程序的问题求解

不是所有问题都能用软件的方法解决,而且更确切地说,科学研究和工程创新过程中的大多数问题都不能用软件方法解决。例如,求 $1+2+3+\cdots+n$ 累加和的问题、鸡兔同笼的问题、梅森素数问题、微积分问题、平面分割问题,以及线性方程问题,这些问题都不能通过现成的软件产品进行解决,而是需要人们根据具体的问题编写相应的计算机程序加以解决。

程序方法是指问题解决途径需要通过计算机语言编程实现,程序主要包含以下两方面信息。

(1)对程序中操作的描述。即计算机解决该问题过程中所进行的操作的步骤,这部分就是通俗意义上的"算法"。

(2)对程序中数据的描述。在程序中要指定用到哪些数据以及这些数据的类型和数据的组织形式,这部分即为通俗意义上的"数据结构"。

在编写程序之前,首先要进行分析问题、设计算法两个步骤。分析问题的目的是明确问题的需求,然后确定解决问题的方法,即给出具体的算法。任何答案的获得都是计算机按照指定顺序执行一系列指令的结果,因此必须将解决问题的方法转换成一系列具体的、可操作的步骤,这些步骤的集合称为算法。算法代表着用系统的方法描述解决问题的策略机制,计算机程序设计的关键是设计算法,关于算法与程序设计问题将在第 7 章专门讨论,此处仅从计算机求解问题过程角度进行说明。

计算思维的方法是形式化与自动化,计算机程序求解的最关键问题是:可计算(能够形式化描述);有限步骤(能够自动化执行)。

1.5.3 基于计算机系统的问题求解

有许多问题既不是计算机软件能解决的，又不是单纯的计算机程序能解决的，如梅森素数。1996 年，人们利用了当时最先进的网格计算技术，吸引了 160 多个国家和地区近 16 万人参加该项目，动用了 30 多万台计算机联网来进行网格计算找到 12 个梅森素数。这说明大规模问题、复杂问题的求解需要多种系统平台支持（硬件、软件、网络），即系统工程。

系统工程不仅用于对梅森素数的寻找，还用于微电子工程、生命工程、医学工程、化学工程，以及所有科学研究。

基于计算机系统的问题求解过程可以分为以下 5 个必需的步骤。

（1）清晰地描述问题。

（2）描述输入/输出和接口信息。

（3）对于多个简单的数据集抽象地解答问题。

（4）设计解决方案并将其转换成计算机程序。

（5）利用多种方案和数据测试该程序。

1.6 计算思维

什么是计算思维
（来自腾讯平台）

计算思维（Computational Thinking，CT）是由美国卡内基·梅陇（Carnegie Mellon）大学计算机科学教授周以真女士（如图 1.6.1 所示）于 2006 年提出的。她认为，计算思维是运用计算机科学的基础概念进行问题求解、系统设计，以及人类行为理解等涵盖计算机科学广度的一系列思维活动。

计算思维代表着一种普遍的态度和一类普适的技能，每个人都应该热衷于它的学习和运用。

图 1.6.1　周以真女士

微软计算思维
（来自腾讯视频）

计算思维是一种基于数学与工程，以抽象和自动化为核心，用于解决问题、设计程序、理解人类行为的概念。这里请注意，计算思维是一种思维，它以程序为载体但不仅仅是编程，它着重解决人类与机器各自计算的优势以及问题的可计算性。人类的解决思维是用有限的步骤去解决问题，讲究优化与简捷；而计算机可以从事大量的、重复的、精确的运算。

在计算思维的概念中，我们可以通过消减、嵌入、转换与模拟对问题进行处理，将复杂的问题分解成简单的问题，把复杂而枯燥需要精确计算的任务交给计算机，人为解决那些被转化为可以解决的问题。同时，我们可以将简单的程序与系统进行组合，得到复杂的系统从而发挥更大的作用。而为了达到这一目的，我们需要与计算机进行交流，需要将现象转化为符号以便于计算机理解，同时我们将其抽象赋予不同的含义，之后通过编程赋予计算机以"思维"，让它自动地运行，得到新的结果，这个过程称为创造。编程反映读写水平，理解系统则反应流畅水平，而知道如何将计算机技术应用于自己从事的领域，这就是计算思维。

第 1 章　计算、计算机与计算思维

计算思维由来已久，最早可以追溯到利用计算机技术计算火炮杀伤范围来支援炮兵问题，之后随着硬件技术按照摩尔定律不停地发展，计算机语言越来越高级，导致计算机的功能越来越强大。计算机技术走进各个领域，计算机科学家与其他领域科学家一起合作，解决了许多其他领域的难题。例如，生物科学家利用计算机模拟细胞间蛋白质的交换；基因研究者利用计算机技术发现了控制西红柿大小的基因与人体癌症的控制基因拥有相似性；生态学家利用计算机技术构建模型以研究全球气候变暖问题等。

大数据时代必须掌握计算思维和大数据思维（来自腾讯平台）

与此同时，随着计算机微型化、智能化的发展，计算机已经与人们的日常生活息息相关。另外，通信技术的发展迅速、物联网的出现、RFID 技术设想的提出与应用等，使我们的生活已离不开计算机。

对于各个想要在自己领域有一定成就的人来说，计算思维是必不可少的。一支笔、一张纸的时代已经结束，现在的研究不再仅仅是通过现象或需求而研究其本质，而是抽象地建立模型，自动模拟随机性。科学研究已经不再是简单的对规律进行概括，在限定范围内进行推演从而进行创造，实现"无中生有"，另外，我们可以凭借计算机的大量可重复的高效优势预测所有结果。例如，我们可以将基因编码，然后对其进行组合，从而创造新的基因，最后对其进行挑选以达到人类的要求。

当今时代，没有人可以离开计算机而独立生活（如打电话），计算思维的普及是跨学科、跨领域合作的要求。所以我们要重视计算思维的培养与推广，使得计算思维真正成为人类一项基本的思维方式，从而促进人类智力的提升。下面列举两个计算思维的应用实例。

（1）"专家"大众化。日常生活中我们频繁地使用家用电器。以微波炉为例，使用微波炉的家庭主妇恐怕没有几个能深入了解微波的加热原理、电路通断的控制、计时器的使用等问题，但这并不意味着她们不能加热食品。那些复杂难懂的理论以及操作系统由专家和技术人员进行处理，他们将电器元件封装起来，复杂的理论被简化成说明书上通俗易懂的操作步骤。当然使用微波控制电路，这是一般人无法解决的，然而当那些电路的通断、产生的现象被抽象以后，我们就可以仅凭那些按钮去操作，并且可以预见它产生的结果。通过抽象、复杂的问题被转化为可解决的问题，所有可能用到的程序都被提前存储起来，主妇的指令通过按钮转化为信号从而调用程序进行执行，自动地控制电路的开合、微波的发射，最后将信号转化为热量。

（2）"大师"普遍化。音乐的欣赏也是人们娱乐的一个重要组成部分，《命运交响曲》《蓝色多瑙河》《安魂曲》等经典曲目是我们都熟悉的，大师的作品令人陶醉。许多人苦于不识音律，无法谱出自己喜欢的乐曲（噪声偏多），而现在随着计算机技术的发展，不识音律者也可以圆谱曲之梦。简单地以手机上的自谱铃声来说，计算机事先将音乐转化为符号，并将其运行程序存储起来，当用户键入音符时，会在提示下键入符合声乐规律的符号（一个避免噪声的很有效的措施），用户将符号进行组合，然后计算机将转化为声音输出。声音被抽象为符号，避免了不会操纵乐器的尴尬，而正常情况下，每个人都可以操纵按键。在用户输入符号后，计算机自动地提示并执行，这个过程中，声乐（数据）被转化为符号，符号又被转化为声乐（数据）。这项技术把演奏乐器与识别音律这个难题分解为用户可以解决的问题，即键入符号。用户发挥了作为人类的创造性，而计算机提供了音乐法则并担当了乐器的角色，计算思维让每个人都成了音乐家。

总之，计算思维可以改变世界，或者说它正在改变世界。

1.7 计算机的应用领域

计算机对人类技术的发展产生了深远的影响，极大地提高了人类认识世界、改造世界的能力。计算机及其应用已经渗透到社会的各个方面，在国民经济和社会生活的各个领域有着非常广泛的应用，计算机改变着传统的工作、学习和生活方式，推动着信息社会的发展。未来计算机将进一步深入人们的生活，并且更加人性化、更加适应人们的生活，甚至改变人们现有的生活方式。数字生活可能成为未来生活的主要模式，人们离不开计算机，计算机也将更加丰富人们的生活。

1.7.1 计算机在制造业中的应用

制造业是计算机的传统应用领域，在制造业的工厂中使用计算机可减少工人数量、缩短生产周期、降低生产成本、提高企业效益。计算机在制造业中的应用主要有计算机辅助设计（CAD）、计算机辅助制造（CAM）及计算机集成制造系统（CIMS）等。

计算机在斜拉桥设计建造中的应用（来自腾讯平台）

1. 计算机辅助设计

计算机辅助设计（Computer Aided Design，CAD）是使用计算机来辅助人们完成产品或工程的设计任务的一种方法和技术。CAD 使得人与计算机均能发挥各自的特长，它利用计算机的大量信息存储、检索、分析计算、逻辑判断、数据处理以及绘图等功能，并与人的设计策略、经验、判断力和创造力相结合，共同完成产品或者工程项目的设计工作，实现设计过程的自动化或半自动化。目前，建筑、机械、汽车、飞机、船舶、大规模集成电路、服装设计等领域都广泛地使用了计算机辅助设计系统，大大提高了设计质量和生产效率。

纺织印染智能工厂（来自腾讯平台）

由于计算机辅助设计需要利用计算机来进行绘图、计算、工程管理，因此对计算机硬件有较高的要求，即运算速度要快、存储容量要大、显示器的屏幕要大并且需要配置绘图仪、扫描仪等输入/输出设备。以前的 CAD 系统都是运行在大型机或小型机上，但随着微型计算机性能的提高，目前 CAD 软件已经可以在高性能微型计算机或工作站上运行。CAD 软件的功能也十分强大，它不仅用计算机的显示器代替了手工制图板，用计算机绘图代替了人工绘图，而且还可以快速地创建和修改对象，特别是采用了三维动画技术，使得设计者可以创造出旋转的三维图像，并能够在仿真的环境中进行试验。

目前，应用较广泛的 CAD 软件是 Autodesk 公司开发的 AutoCAD，该软件具有完善的利用多种方式进行二次开发或用户定制的功能，可进行多种图形格式的转换，具有较强的数据交换能力、图形绘制与图形编辑功能，同时支持多种硬件设备和操作平台。它所具有的精确快捷的绘图、个性化造型设计功能以及开放性的设计平台，可以满足机械、建筑、汽车、电子、绘图、服装，以及航天航空等行业的设计需求。

2. 计算机辅助制造

计算机辅助制造（Computer Aided Manufacturing，CAM）是使用计算机辅助人们完成工业产品的制造任务。通常可以定义为能通过直接或间接地与工厂生产资源接口的计算机来完成制造系统的计划、操作工序控制和管理工作的计算机应用系统。也就是说,利用 CAM 技术从对设计文档、工艺流程、生产设备等的管理,到对加工与生产装置的控制和操作,都可以在计算机的辅助下完成。

计算机辅助制造是一个使用计算机以及数字技术来生成面向制造的数据的过程。计算机辅助制造的应用可分为两大类。

(1) 计算机直接与制造过程连接的应用。这种应用系统中的计算机与制造过程及生产装置直接连接,对制造过程进行监视与控制,如计算机过程监视系统、计算机过程控制系统以及数控加工系统等。

(2) 计算机不直接与制造过程连接的应用。这种应用系统中的计算机只是用来提供生产计划、作业调度计划,发出指令和有关信息,以便使生产资源的管理更加有效,从而对制造过程进行支持。

由于生产过程中的所有信息都可以利用计算机来存储和传送,而且可以把 CAD 的输出(即设计文档)作为 CAM 设备的输入,因此 CAD 系统与 CAM 系统相结合能够实现无图纸加工,进一步提高生产的自动化水平。一个 CAD/CAM 系统除主机、外存储器、I/O 设备和通信接口外,其软件一般还包括 3 部分:设计用的交互图形系统和支持软件;数控编程软件、工艺与夹具等产品辅助软件;设计和制造服务的工程数据库。

信息技术助推传统
制造转身"智"造
(来自腾讯平台)

3. 计算机集成制造系统

将计算机技术、现代管理技术和制造技术集成到整个制造过程中所构成的系统称为计算机集成制造系统(Computer Integrated Manufacturing System,CIMS)。它是在新的生产组织概念和原理指导下形成的一种新型的生产方式,代表了当今制造业组织生产、进行经营管理走向信息化的一种理念和标志。从企业的生产和经营管理角度来看,CIMS 是制造业应用先进的生产制

智能制造机器人
(来自腾讯平台)

造技术,以及建立企业现代化生产和管理模式的方式,它利用计算机将从接收订单、进行设计、生产、入库到销售的整个过程连接起来,形成一条自动的流水线,从而大大缩短制造周期。从企业信息化的角度来看,CIMS 实现了信息和数据管理的继承,即将有关企业的组织机构、产品设计、生产制造、经营管理等各个环节的数据进行全方位的集成,以支持系统集成的各部分应用,使其能够有效地进行数据交换和处理。

CIMS 的目标是将先进的信息处理技术贯穿到制造业的所有领域,它把传统企业中相互分离的各种自动化技术(如计算机辅助设计、计算机辅助制造、计算机辅助生产管理、自动物料管理、柔性制造技术、计算机辅助质量管理、数控机和机器人等)通过计算机与计算机网络有机地结合起来,形成一个统一的整体,对企业的各个层次提供计算机辅助和控制,使企业内部互相关联的活动能够快速高效协调地进行。

在 CIMS 中集成了管理科学、计算机辅助设计、计算机辅助制造、计算机辅助生产管理、自动物料管理、柔性制造技术、计算机辅助质量管理、数控机和机器人等先进技术,其支撑技术是数据库和计算机网络。下面介绍 CIMS 的相关技术。

(1) 材料需求计划(Material Require Planning,MRP)是制造业的一种管理模式,它强调由产品来决定零部件(即成本的需求),最终产品的需求决定了主生产计划,通过计算机

可以迅速地完成对零部件需求的计算。

（2）制造资源计划（Manufacturing Resource Planning，MRP）是一种推动式的生产管理方式，即在闭环 MRP 中完成对生产计划的基本控制，进一步将经营、生产、财务和人力资源等系统结合，形成制造资源计划，主要由生产计划、材料需求计划、能源需求计划、财务管理以及成本管理等子系统组成，其发展方向是企业资源计划。

（3）企业资源计划（Enterprise Require Planning，ERP）是企业全方位的管理解决方案，ERP 可以主持企业混合制造环境，并且可以移植到各种硬件平台，同时采用 DBMS、CASE 和 4GL 等软件工具，并具有 C/S 结构、GUI 和开放式系统结构等特征。

（4）准时制造（Just-in-Time，JIT）系统又称及时生产系统，其基本目标是在正确的时间、地点完成正确的事情，以实现零库存、无缺陷、低成本的理想化的生产模式。准时制造系统能够自动地对产品的货存量进行监测，从而使得制造厂家不仅能保证准时供货而且能够使存货量保持在最低的水平，以减少资金的占用。

数字化仿真工厂
（来自腾讯平台）

（5）敏捷制造（Agile Manufacturing，AM）系统不仅要求响应快，而且要灵活善变，以便使企业的生产能够快速地适应市场的需求。它将组织技术和人有机地集成在一起，以达到实施并行工程制造商的动态组合、技术敏感、缩短设计生产周期、提高产品质量等目的。

（6）虚拟制造（Virtual Manufacturing，VM）采用如前所述的虚拟现实技术提供一种在计算机上进行而不直接消耗物质资源的能力。其实质是以计算机支持的仿真技术和虚拟现实技术为工具，对设计、制造等生产过程进行统一建模且对未来的生产过程进行模拟，并对产品的性能、技术等进行预测，以达到降低成本、缩短设计和生产周期、质量最优、效率最高的目的。

智能制造的趋势
是什么
（来自腾讯平台）

（7）智能制造（Intelligent Manufacturing，IM）是一种由智能机器和人类专家共同组成的人机一体化智能系统，它在制造过程中能进行智能活动，如分析、推理、判断、构思和决策等。通过人与智能机器的合作共事，去扩大、延伸和部分取代人类专家在制造过程中的脑力劳动，它把制造自动化的概念更新、扩展到柔性化、智能化和高度集成化。

1.7.2 计算机在商业中的应用

商业也是计算机应用最为活跃的传统领域之一，而零售业是计算机在商业中的传统应用。在电子数据交换基础上发展起来的电子商务将从根本上改变企业的供销模式和人们的消费模式。

1. 零售业

计算机在零售业中的应用改变了购物的环境和方式。在大型超市中，琳琅满目的商品陈列在货架上供顾客自由地挑选，收银机自动识别贴在商品上的条形码标识从而获得品名和价格，

超市购物自动结算
（来自腾讯平台）

并快速地打印出账单。商场内所有的收银机均与中央处理机的数据库相连接，能够自动地更新商品的价格、计算折扣、产品的库存清单。此外，收银机采集的数据还可用来供商场的管理人员统计销售情况、分析市场趋势。

多数商店允许顾客使用信用卡、借记卡等购物，读卡装置读取卡上的信息，并通过计算机和网络自动地将顾客在发卡银行账号下的资金以电子付款

的方式转入商店的账号。大型连锁超市利用计算机和计算机网络，将遍布各地的超市、供货商、配送中心等连接在一起，并且建立良好的供货、配送、销售体系，改变了传统零售业的面貌。

2. 电子数据交换

电子数据交换（Electronic Data Interchange，EDI）是现代计算机技术与通信技术相结合的产物。近 20 年来，EDI 技术在工商业界获得了广泛应用，并不断地完善与发展，特别是在 Internet 环境下，EDI 技术已经成为电子商务的核心技术之一。

认识电子数据交换
（来自腾讯视频）

EDI 是计算机与计算机之间商业信息或行政事务处理信息的传输，同时 EDI 应具备三个基本要素：利用统一的标准编制文件；利用电子方式传送信息；计算机与计算机之间的连接。商业信息与行政事务处理信息的内容十分广泛，主要包括产品、规格、询价、采购、付款、计划、合同、凭证、到货通知、财务报告、贸易伙伴、广告、税收、报关等。商业信息的表现形式也非常丰富，它们可以是文字、图表、图像或声音。使用 EDI 可以保证信息通过网络正确地传送，而且由于 EDI 与企业的管理信息系统的密切结合，接收的信息可以直接保存在数据库中，需要发送的信息也可以从数据库中提取，从而大大提高工作效率，节省时间和经费，减少出错的可能性。

EDI 产生于 20 世纪 60 年代末，美国的航运业首先使用了 EDI 技术进行点对点的计算机与计算机间的通信。随着计算机网络技术的发展，使 EDI 技术日趋成熟，应用领域逐步扩大到了银行业、零售业等领域，出现了许多行业性的 EDI 标准。此后，美国 ANSIX.12 委员会与欧洲一些国家联合研究了 EDI 的国际标准（UN/EDIFACT），推进了 EDI 跨行业应用的发展。进入 20 世纪 90 年代，出现了 Internet EDI，从而 EDI 由使用专用网扩大到互联网，使得中小企业也能够进入应用 EDI 技术的行列。

3. 电子商务

电子商务作为信息技术与现代经济贸易相结合的产物，已经成为人类社会进入知识经济、网络经济时代的重要标志。所谓电子商务（Electronic Commerce，EC）是指组织或个人用户在以通信网络为基础的计算机系统支持下的网上商务活动，即当企业将其主要业务通过内联网（Intranet）、外联网（Extranet）以及因特网（Internet）与企业的职员、客户、供应商及合作伙伴直接相连时，其中所发生的各种商业活动。

电子商务的概念
（来自腾讯视频）

电子商务是通过计算机和网络技术建立起来的一种新的经济秩序，它不仅涉及电子技术和商业交易本身，而且还涉及金融、税务、教育等其他领域。它包括了从销售、市场到商业信息管理的全过程，任何能利用计算机网络加速商务处理过程、减少商业成本、创造商业价值、开拓商业机会的商务活动都可以纳入电子商务的范畴。

物流仓储管理
自动化
（来自腾讯平台）

电子商务的广泛应用将彻底改变传统的商务活动方式，使企业的生产和管理、人们的生活和就业、政府的职能与法律法规，以及文化教育等社会的诸多方面产生深刻的变化。电子商务除具有传统商务的基本特点外，还具有以下 6 个特点。

物流无人仓智能
控制系统
（来自腾讯平台）

（1）对计算机网络的依赖性。无论是网上广告、网上销售、网上洽谈、网上订货、网上付款、网上服务等商务活动都依赖于计算机网络。

（2）地域的高度广泛性。Internet 是一个规模庞大遍布全球的国际交互网，基于 Internet 的电子商务可以跨越地域的限制，成为全球性的商务活动。

（3）商务通信的快捷性。电子商务采用了计算机网络来传递商务信息，使得商务通信具有交互性、快捷性和实时性，大大提高了商务活动的效率。

（4）成本的低廉性。电子商务可以实现无店铺销售，消费者可以从网上的虚拟商店中选购商品，通过网上支付实现交易。

（5）电子商务的安全性。网上交易的安全性是影响电子商务普及的关键因素，目前，从技术上到法律上都在不断地完善，以保证电子商务安全可靠地进行。

（6）系统的集成性。电子商务涉及计算机技术、通信技术、网络技术、多媒体技术以及商业、银行业、金融业、物流业、法律、税务、海关等众多领域，各种技术、部门、功能的综合与集成是电子商务的又一个重要的特点。

电子商务按照交易对象的不同可分为以下 7 种类型。

（1）企业与消费者之间的电子商务（Business to Customer，B2C）。它类似于电子化的销售，通常以零售业和服务业为主，企业通过计算机网络向消费者提供商品或服务，并且它是利用计算机网络使消费者直接参与经济活动的高级商务形式，如京东商城。

（2）企业与企业之间的电子商务（Business to Business，B2B）。由于企业之间的交易涉及的范围广、数额大，因此企业与企业之间的电子商务是电子商务的主要形式，如阿里巴巴。

（3）企业与政府之间的电子商务（Business to Government，B2G）。该类电子商务包括政府采购、税收、外贸报关商检、管理条例的发布等。

（4）消费者与消费者之间的电子商务（Consumer to Consumer，C2C）。该类商务平台就是通过为买卖双方提供一个在线交易平台，使卖方可以主动提供商品上网拍卖，而买方可以自行选择商品进行竞价，如淘宝网。

（5）线下商务与互联网之间的电子商务（Online to Offline，O2O）。这样的线下服务可以在线上揽客，消费者可以通过线上筛选服务，交易可以在线结算，这样的模式很快形成一定规模。该模式最重要的特点是：推广效果可查，每笔交易可跟踪。

（6）BOB 模式。供应方（Business）与采购方（Business）之间通过运营者（Operator）达成产品或服务交易的一种电子商务模式，核心目的是帮助那些有品牌意识的中小企业或者渠道商们能够有机会打造自己的品牌，实现自身的转型与升级。

（7）企业网购引入质量控制（Enterprise Online Shopping Introduce Quality Control，B2Q）。交易双方网上先签署意向交易合同，签单后根据买方需要可引进公正的第三方（验货、验厂、设备调试工程师）进行商品品质检验及售后服务。

1.7.3　计算机在银行与证券业中的应用

计算机和网络在银行与证券业中的广泛应用，为该领域带来了新的变革和活力，从根本上改变了银行和金融机构的业务处理模式。

1．电子货币

货币是一种可以用来衡量任何商品价值并可以用来交换的特殊商品，随着人类社会经济和科学技术的发展，货币的形式从商品货币到金属货币和纸币，又从现金形式发展到票据和信用卡等形式。

电子货币是计算机介入货币流通领域后产生的，是现代商品经济高度发展要求资金快速流通的产物。由于电子货币是利用银行的电子存款系统和电子清算系统来记录和转移资金的，因此它具有使用方便、成本低廉、灵活性强、适合于大宗资金流动等优点。目前银行使用的电子支票、银行卡、电子现金等都是电子货币的不同表现形式。

2．网上银行与移动支付

网上银行的建立和银行卡的广泛使用代表了计算机网络给银行业带来的变革。随着移动数据通信技术的发展而产生的移动支付服务方式，为移动用户进行电子支付带来了极大地便利。

所谓网上银行是指通过 Internet 或其他公用信息网，将客户的计算机终端连接至银行，实现将银行服务直接送到企业办公室或者家中的信息系统，是一个包括了网上企业银行、网上个人银行以及提供网上支付、网上证券和电子商务等相关服务的银行业务综合服务体系。移动银行和移动支付以及计算机网络和无线通信技术的发展使电子支付迎来了一个新的发展机遇。无线数据通信技术向社会公众提供迅速、准确、安全、灵活、高效的信息交流的有效方式，使用户不仅可以在任何时间而且可以在任何地点进行信息交流。在银行业中无线数据通信技术被成功地应用于移动银行和移动商务，其中核心功能是移动支付，移动银行可以向移动用户提供的服务包括移动银行账户业务、移动支付业务、移动经纪业务以及现金管理、财产管理、零售资产管理等业务。

3．证券市场信息化

证券交易是筹集资金的一种有效方式，计算机在证券市场中的应用为投资者进行证券交易提供了必不可少的环境。证券网络系统的建设和网上证券交易的进行是证券市场信息化的主要特征。

金融行业中的
人工智能
（来自腾讯平台）

网上证券交易系统是建立在证券网络系统上的一个能提供证券综合服务的业务系统，证券投资者利用证券交易系统提供的各种功能获取证券交易信息和进行网上证券交易，利用证券交易系统能够为证券商和投资者提供综合证券服务，其功能包括信息类服务、交易类服务和个性化服务 3 种。

（1）信息类服务能提供证券的及时报价、行情图表、新闻信息、个股资料、版块资料、券商公告以及排行榜等信息，并提供对证券市场行情及个股进行各种分析的功能，如大盘分析、报价分析、技术指标分析、涨跌幅分析、成交量分析、资金流向分析、券商公告分析等。

（2）交易类服务能提供实时交易、网上交易、委托下单、交割以及交易与资金查询等服务功能。

（3）个性化服务能提供为个人"量身定制"各种证券服务的功能，包括按终端用户的个人需求设定系统参数、技术分析参数、自选股、板块股以及首页等。

在网上证券交易系统中，所有的交易都由证券市场的计算机系统进行记录和跟踪。计算机根据交易活动确定证券价格的变化，投资者或经纪人使用微型计算机终端实时地了解证券价格的变化以及当前证券的交易情况，并根据计算机给出的报价直接在微型计算机终端上认购或者售出某种证券，网上证券交易是一种基于计算机技术、现代通信技术与计算机网络技术的全新证券业务经营模式。

1.7.4 计算机在交通运输业中的应用

交通运输业可以比喻为现代社会的大动脉。航空、铁路、公路和水运都在使用计算机来进行监控、管理或提供服务。交通监控系统、座席预订系统、全球卫星定位系统以及智能交通系统等都是计算机在交通运输业中的典型应用。

1. 交通监控系统

飞机是一种能够实现快速旅行或运输的交通工具，为了保证飞行的安全，空中交通控制（ATC）系统十分必要。随着空中交通量和机场业务量的剧增，依靠人工来进行空中交通控制已无法满足实际需求，因此必须使用计算机来进行控制。利用计算机地面指挥人员可以掌控空中的被控飞机的飞行轨迹和飞行状况，飞机上安装接收/发送装置，负责与地面的 ATC 系统进行通信。飞机上可以安装防碰撞系统，用来自动躲避接近的其他飞行物，飞机上的计算机中还可以存储气象信息，以保证在恶劣天气环境下飞机的安全。

安全守护复兴号
（来自腾讯平台）

在铁路交通中列车监控系统同样重要。例如，铁路车站的微机连锁系统能够密切监控车站轨道的占用情况、道岔开闭状态、信号灯显示状态以及列车的运行情况，并给出列车进站、出站或通过的道路和相应的信号显示，以保证列车运行的绝对安全。

在公路交通中的监控系统中，通过各种传感器、摄像机、显示屏等来监视公路网中的交通流量和违章车辆，并通过信号灯系统指挥车辆的行驶。智能化的公路交通控制系统可以最大限度地发挥道路的利用率，同时保障行车的安全。

2. 座席预定与售票系统

以前要购买火车票或者飞机票，需要到车站、机场或指定的售票点购买，而且售票人员难以全面、准确地掌握车次、航班和已售票和待售票的情况。这样不仅给旅客带来了不便，而且可能会造成座席的冲突或空闲等情况，使用计算机联网的座席预定与售票系统则可以完美地解决这些问题。

座席预定与售票系统是一个由大型数据库和遍布全国乃至全世界的成千上万台计算机终端组成的大规模计算机综合系统。计算机终端可以设在火车站、机场、售票点、旅馆、旅行社、大型企业或公司，也可以是家庭的个人计算机。座席预定与售票系统的主机通过计算机网络与分布在各地的计算机或者订票终端相连接，接收订票信息，并通过专门的管理软件对大型数据库中的票务信息进行实时、准确地维护和管理。

智能辅助驾驶
（来自腾讯平台）

3. 智能交通系统

智能交通系统（Intelligent Traffic System，ITS）又称智能运输系统（Intelligent Transportation System），该系统是将先进的科学技术（如信息技术、计算机技术、数据通信技术、传感器技术、电子控制技术、自动控制理论、运筹学、人工智能等）有效地综合运用于交通运输、服务控制与车辆制造等领域，同时加强车辆、道路、使用者三者之间的联系，从而形成一种保障安全、提高效率、改善环境、节约能源的综合运输系统。

智能交通系统是一个复杂的综合性系统，从系统组成的角度可分成以下 7 个子系统：先进的交通信息服务系统（ATIS）、先进的交通管理系统（ATMS）、先进的公共交通系统（APTS）、先进的车辆控制系统（AVCS）、货运管理系统（VOS）、电子收费系统（ETC）、紧急救援系统（EMS）等。

4．地理信息系统

地理信息系统（Geographic Information System or Geo-Information System，GIS）又称"地学信息系统"或"资源与环境信息系统"。它是一种特定的、十分重要的空间信息系统，它是在计算机硬件与软件系统支持下，对整个或部分地球表层（包括大气层）空间中的有关地理分布数据进行采集、存储、管理、运输、分析、显示和描述的技术系统。地理信息系统处理、管理的对象是多种地理空间实体数据及其关系，包括空间定位数据、图形数据、遥感图形数据，该系统用于分析和处理在一定地理区域内分布的各种现象和过程，同时解决复杂的规划、决策和管理问题等。

什么是 GIS

5．全球卫星导航系统

全球卫星导航系统（Global Navigation Satellite System，GNSS）是能在地球表面或近地空间的任何地点为用户提供全天候的三维坐标和速度以及时间信息的空基无线电导航定位系统，为我们提供位置服务。在 GNSS 俱乐部中一共有 4 位 VIP 会员，除大家所熟知的美国 GPS 系统外，还包括俄罗斯的 GLONASS 系统、欧盟的伽利略卫星导航系统以及我国自主建设的北斗卫星导航定位系统（COMPASS）。

北斗卫星导航系统
（来自腾讯平台）

我国北斗卫星导航定位系统目前正处在建设和应用推广的阶段，该系统由 5 颗静止轨道卫星与 30 颗非静止轨道卫星组成，北斗卫星导航系统预计将在 2020 年左右提供全球性的服务。

1.7.5 计算机在办公自动化与电子政务中的应用

在当今信息化社会中，每时每刻都在生成大量的信息，无论是政府、执法部门以及企业都需要使用计算机对信息进行有效的管理。

办公自动化（Office Automation，OA）是将现代化办公和计算机网络功能结合起来的一种新型的办公方式。办公自动化没有统一的定义，凡是在传统的办公室中采用各种新技术、新机器、新设备从事办公业务，都属于办公自动化的范畴。在行政机关中，大多把办公自动化称为电子政务，企事业单位称之为 OA，即办公自动化。通过实现办公自动化，或者说实现数字化办公，可以优化现有的管理组织结构、调整管理体制，在提高效率的基础上，提高协同办公能力，强化决策的一致性，最后实现提高决策效能的目的。

什么是电子政务
（来自腾讯视频）

电子政务是运用计算机、网络和通信等现代信息技术手段，实现政府组织结构和工作流程的优化重组，超越时间、空间和部门分隔的限制，建成一个精简、高效、廉洁、公平的政府运作模式，以便全方位地向社会提供优质、规范、透明以及符合国际水准的管理与服务。

电子政务平台
（来自腾讯视频）

1.7.6 计算机在教育中的应用

面对信息时代知识经济的崛起，无论发达国家还是发展中国家都在积极利用现代信息技术革新教育，以适应未来社会发展的需要。以计算机技术为核心的现代教育技术在教育领域中的应用，已成为衡量教育现代化的一个重要标志。

1. 多媒体课堂教学

多媒体课堂教学是指教师利用多媒体计算机并与其他的教学媒体有机的结合，共同参与的课堂教学，使教学内容形象、直观、新颖，易于师生情感交流并且及时反馈，同时引导学生，从而有效地提高教学效率，这种模式基本上是以教师为中心的教学活动，因此教师的教学水平、教学设备、教学技能等对教学效果有很大的影响。

2. 多媒体网络教学

多媒体网络教学是指在多媒体网络教室或开放式 CAI 教室，利用多媒体课件通过人机交互方式进行系统的学习。这是一种以学生为中心的教学模式，控制学习过程的主体是学生，教师的工作主要体现在为学生编制教学软件，或者通过教学软件的设计来间接控制教学过程。

计算机技术在课堂教学中的应用
（来自腾讯视频）

另外，这种教学模式除可以进行个别化教学外，还可以将网络作为依托进行协同式学习，甚至通过网络进行远程学习。因此，这种教学模式从根本上结束了传统的以教师为中心、以课堂为中心的教学模式，取而代之的是以学生为中心、以实践为中心的新型教学模式。

人工智能批改中文作文
（来自腾讯视频）

3. 计算机模拟教学

计算机模拟教学是指利用虚拟现实技术（Virtual Reality，VR）在计算机上建立虚拟教室/虚拟实验室，使学生在一种身临其境的环境中学习、训练的过程。模拟可以用于真实实验无法实现或表现不清楚的教学中，模拟教学大体有两种类型：模拟仿真训练与模拟仿真实验。

（1）模拟仿真训练。模拟仿真训练主要用于特殊的教学训练需求，如军事教学训练，其典型应用是计算机生成一种模拟环境（如驾驶舱、操作现场等），通过各种传感设备（如头盔式显示器、数据手套）使学生进入虚幻境界，获得沉浸式体验。例如，培训飞行员的"虚拟飞机座舱"，利用数字图像处理技术将三维的侦察摄像转化为三维摄影，再利用虚拟现实技术制造出虚拟的敌方阵地，学生可以对此阵地进行轰炸练习，操作结果通过仪表指示与身体感受反馈给学生，使其判断操作是否正确。这种训练不消耗器材，也不受器材、场地、气候条件等因素的限制，当然最大的优点是绝对安全，不会因操作失误而造成机毁人亡。

（2）模拟仿真实验。模拟仿真实验主要是借助于仿真实验课件而实现的，这种课件通常融合实验目的、实验原理、实验方法和具体方针操作于一体，通过大量的模拟和仿真等进行人机交互，使学生掌握实验原理、操作步骤和方法。通过计算机仿真实验，学生不仅能学会实验操作过程和实验原理，更重要的是通过仿真操作还能显示实验仪器内部的工作原理，这是真实实验所无法比拟的。此外，仿真实验课件的人机交互界面接近真实实验，学生可以操作任何开关、旋钮、按钮等，不必担心因操作失误而损坏实验仪器。

雨课堂智慧
（来自腾讯视频）

4. 在线课程

随着计算机网络的发展以及移动可视终端的普及，人们可以在任何时间、任何地点通过网络查看视频信息或者与他人进行交互。在线课程为很多人提供了学习资源，包括公开课、MOOC 等，其中 MOOC（Massive Open Online Courses）即网络大型开放式网络课程，它是一种针对大众人群的在线课堂，也是一种人们可以通过网络来学习的在线课堂。这种教育的核心是有效地实现在线教、学、评、测、练、认证、小组、社交等环节。

1.7.7 计算机在医学中的应用

计算机和信息技术在医学领域的应用，历经近半个世纪的研究和发展，已成为现代医学中一门新的交叉学科，称为医学信息学（Medical Informatics）。它已渗透到医学领域，包括医疗管理、过程控制、决策和对生物医学知识进行科学分析的方方面面，如医院信息管理系统、患者病情的诊断与治疗、控制各种数字化医疗仪器、患者监护和健康护理、电子病历、医学决策支持、药物信息分析、医学图像处理、公共卫生信息管理等医学研究与教育，以及为缺医少药的地区提供医学专家系统和远程医疗服务。该学科在提供经济、高效和高品质的医疗保健服务方面展现出巨大优势，同时在医学教育、医疗实践以及医学研究中也扮演着越来越重要的角色。

1．医学专家系统

医学专家系统是计算机在人工智能领域的典型应用。所谓专家系统是将某一领域专家的知识存储在计算机的知识库内，并且系统中配置有相应的推理机构，同时根据输入的信息和知识库中的知识进行推理、演绎，从而获得结论。

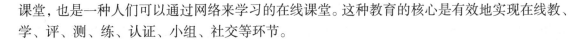

互联网+医疗健康
（来自腾讯平台）

医学专家系统可以将著名医学专家或医生的知识和经验存储到知识库中，并建立从病情表述和检测指标到诊断结论以及治疗方案的推理机构，这样根据患者的病情和各种检测数据，就可以诊断出患者的疾病并且得出治疗方案。对于缺医少药的地区或者不具备某种医疗能力的医院，医学专家系统可以为患者提供当地医院无法提供的医疗服务。

2．远程医疗系统

信息与通信技术的发展使得远距离医疗方式从概念变为可能。远程医疗系统和虚拟医院是计算机技术、网络技术、多媒体技术与医学相结合的产物，它能够实现涉及医学领域的数据、文本、图像和声音等信息的存储、传输、处理、查询、显示及交互，从而在对患者进行远程检查、诊断、治疗，同时在医学教学中发挥重要的作用。

远程医疗系统是一个开放的分布式系统，它由远程医疗网络和远程医疗软件两大部分组成。远程医疗网络是远程医疗的基础设施，目前通过 Internet 来实现；远程医疗软件主要包括远程诊断、专家会诊、在线检测、信息服务与远程教学等子系统。

3．数字化医疗仪器

一些现代化的医疗检测仪器或治疗仪器已经实现了数字化，在超声波仪、心电图仪、脑电图仪、核磁共振仪、X 光摄像机等医疗检测设备中，由于嵌入了计算机，因此可以采用数字成像技术使得图像更加清晰。而且数字化的图像可以使用图像处理软件进行处理，如截取和放大重点部位的图像、增强图像边缘轮廓线、调整图像的灰度，以及为图像增添彩色等，这都使医疗仪器向智能化迈出了重要一步。

使用计算机可以对治疗设备的动作进行准确地控制。例如，使用超微型的医用机器人，可以顺着人体的血管进入心脏，去精准"修补"心脏的缺损；使用计算机控制的激光仪器来治疗白内障等。

目前，医疗检测仪器或治疗仪器的研制和生产正向智能化、微型化、集成化、芯片化和系统工程化的方向发展。利用计算机技术、仿生学技术、新材料以及微制造技术等高新技术，将使新型的医疗仪器成为主流。

4．患者监护与健康护理

使用由计算机控制的患者监护装置可以对危重病人的血压、心脏、呼吸等进行全方位的监护，以防止意外发生。患者或医务人员可以利用计算机来查询病人在康复期间应该注意的事项，同时解答各种疑问，使病人尽快恢复健康。使用营养数据库可以对各种食品的营养成分进行分析，为病人或者健康人群提出合理的饮食结构建议，以保证各种营养成分的均衡摄入。

5．电子健康档案

电子健康档案（Electronic Health Record，EHR）是对电子病历的扩展，它不仅包括了个人的医疗记录，即门诊、住院就诊的所有医疗信息，还包括个人的基本信息和健康记录，如免疫接种、健康查体、健康状态等内容。EHR 以个人健康为核心，从时间跨度上应当覆盖人们从生到死的全过程。因此，国际标准化组织（ISO）卫生信息标准技术委员会（C215）对 EHR 的定义是：EHR 是计算机可处理的、有关医疗主体健康的信息仓库。

电子健康档案系统完全建立后，一方面可实现对个人健康信息的简单、快捷、安全地管理；另一方面，持续积累、动态更新的电子健康档案有助于卫生服务提供者系统地掌握服务对象的健康状况、优化工作流程和响应时间、及时发现重要疾病或健康问题、筛选高危人群并实施有针对性的防治措施，从而达到预防为主和促进健康的目的。电子健康档案的共享还将使居民跨机构、跨地域的就医行为，以及医疗保险转移成为现实。完整的电子健康档案还能及时、有效地提供各类卫生统计信息，帮助卫生管理者客观地评价居民健康水平、公共卫生疾病监控、医疗费用负担以及卫生服务工作的质量和效果，为区域卫生规划、卫生政策制定，以及突发公共卫生事件的应急指挥提供科学决策依据。因此它的建成极大地推动了医疗及公共卫生事业的发展，彻底改变了医疗和公共卫生事业的现状及管理模式。

大脑中的芯片
（来自腾讯视频）

近年来，图像识别、深度学习、神经网络等关键技术的突破带来了人工智能技术新一轮的发展。大大推动了以数据密集、知识密集、脑力劳动密集为特征的医疗产业与人工智能的深度融合。目前人工智能技术在医疗领域的应用主要集中在 5 个领域：医疗机器人、智能药物研发、智能诊疗、智能影像识别、智能健康管理。

1.7.8　计算机在科学研究中的应用

科学研究是计算机的传统应用领域，它主要用来进行科技文献的存储与查询、复杂的科学计算、计算机仿真、复杂现象的跟踪与分析以及知识发现等。

1．科技文献的存储与查询

科技文献的检索与查询是开展科学研究工作的先导，在进行任何一项科学研究工作之前都必须对该课题国内外的研究状况有一个全面、深入地了解，避免花费不必要的精力去重复做他人已经做过的工作或者重蹈他人已经失败的覆辙。

当今社会处于知识更新十分迅速的知识经济时代，"信息爆炸"是信息化社会的一个重要特征,在这浩如烟海的信息世界里,如果不使用计算机来存储和检索信息,那么将无法正常地进行科学研究和科技成果的交流。

传统的文献、材料都是印刷型的,随着微电子技术与光电技术的发展,出现了大量的非印刷型材料,如光盘、软件、数据库等电子出版物。电子出版物的出现为使用计算机进行存储和检索创造了良好的条件。

目前,人们可以通过网络在电子图书馆中查询图书信息,也可以通过专门的科技文献检索系统查询论文、专利等科技文献。

2. 复杂的科学计算

科学计算也称数值计算,是指使用计算机完成在科学研究和工程技术领域中所提出的大量复杂的数值计算问题,通过计算机可以解决人工无法解决的复杂计算问题,是计算机传统应用之一。一般来说,科学计算的数据量不大,但计算过程比较复杂、计算精度要求高且计算结果要求绝对准确。科学计算所涉及的领域包括基础学科研究、尖端设备的研制、船舶设计、飞机制造、电路分析、卫星轨道计算、天气预报、地质探矿等,这些领域都需要大量数值计算。

3. 计算机仿真

在科学研究和工程技术中需要做大量的实验,要完成这些实验需要花费大量的人力、物力、财力以及时间。使用计算机仿真系统来进行科学实验是切实可行的捷径。

计算机仿真主要应用于需要利用其他方法进行反复的实际实验或者无法进行实际实验的场合。国防、交通、制造业等领域的科学研究是仿真技术的主要应用领域。

1.7.9 计算机在艺术与娱乐中的应用

娱乐是人们日常生活中的重要组成部分,在信息化社会下移动终端日益普及,计算机在其中起到了非常重要的作用。

1. 美术与摄影

艺术家可以使用专门的软件作为工具来创作绘画、雕塑等艺术作品,平面和三维设计软件提供了很多便捷的功能。

在摄影方面,数码产品已经普及,可以对数码照片进行保存、复制、处理等操作,如可以使用 Photoshop 软件对图片进行编辑,得到想要的效果。

2. 电影与电视

在影视中,人工制造出来的假象和幻觉,被称为影视特效。电影摄制者利用影视特效来避免让演员处于危险的境地,同时减少电影的制作成本,也可以利用它们让电影更加扣人心弦。影视特效作为电影产业中不可或缺的元素之一,为电影的发展做出了巨大的贡献。影视作品中出现特效的原因包括:影视作品的内容及片中生物/场景有的完全是虚构的,在现实中不存在,如怪物、特定星球等。既然不存在,又需要在影视中呈现出来,那么就需要这方面的专业人士人为地创造和解决。还有现实中可能存在但是不可能做出某种特定的效果,同样也需要特效来解决。如某人从三十层楼跳下来,现实中不可能让演员这么做,这就需要计算机合成。另外就是现实中完全可以呈现但由于成本太高或效果不好,就必须用特效来解决,如战争片中常见的飞机爆炸等。

科幻电影中的
计算机技术
(来自腾讯视频)

虚拟偶像-初音未来
（来自腾讯视频）

3. 多媒体娱乐与游戏

多媒体技术是以计算机技术为核心，将现代声像技术与通信技术融为一体，以追求更自然、更丰富的接口界面，因此其应用领域十分广泛。它不仅覆盖计算机的绝大部分应用领域，同时还拓宽了新的应用领域，如可视电话、视频会议系统等。实际上，多媒体系统的应用以极强的渗透力进入了人类工作和生活的各个领域，正改变着人类的生活和工作方式，成功地塑造了一个多彩的划时代的多媒体世界。

多媒体技术、动漫技术以及网络技术使得计算机能够以图像与声音的继承形式提供最新的娱乐和游戏的方式。许多计算机游戏是由剧本作家、影视演员、动画师以及计算机专业人员联合开发的。

1.8 计算机新技术

计算机技术在日新月异地发展，发展快速并具有重要影响的新技术有云计算、大数据、物联网、虚拟现实、人工智能、3D 打印等。

1.8.1 云计算

在 19 世纪末期，如果你告诉别人那些自备发电设备的厂家以后可以不用自己发电，大型集中供电的公用电厂通过无处不在的电网就可以充分满足各种厂家的用电需求，人们一定会以为你在痴人说梦。到 20 世纪初，绝大多数公司就改用由公共电网发出的电来驱动自家的机器设备，与此同时，电力还开始走进那些置办不起发电设备或买不起小型中央电厂昂贵电力的百姓家，从而无意中为家用电器的兴起提供了舞台。

大约从 10 年前开始，在电力领域发生过的故事又开始在 IT 领域上演。由单个公司生产和运营的私人计算机系统，被中央数据处理工厂通过互联网提供的云计算服务所代替，计算机应用正在变成一项公共事业。如此一来，越来越多的公司不再花高价购买计算机和软件，而选择通过网络来进行信息处理和数据存储，如同当年厂家们放弃购买和维护自由发电设备。

不仅是公司对于自身信息部门的观念发生了改变，还有近年来人们长期以来持有的对计算机的观念也已经发生了巨大的转变。虽然大部分人在家里或上班时仍然依赖个人计算机（毕竟智能手机更多被视为休闲娱乐设备），但人们利用个人计算机的方式已与以往非常不同，人们不再依赖计算机硬盘中的数据和软件，而是更多利用公共互联网传来的数据和软件。人们的计算机正在变成这样一种终端，即能量和作用不是主要来自计算机中的内容，而是主要来自计算机联上的互联网，尤其是连入互联网的其他计算机。更极端的说法是，整个互联网和所有联网的计算机组成了一个巨大的计算机。

其实早在互联网出现之前，人们就已经意识到，从理论上讲计算机运算的能力和电力一样，可以在大规模公用"电厂"中生产，并通过网络传输到各地。就运营方式而言，这种中央"发电机"会比分散的私人数据中心更有效率。1961 年，当计算机科学家刚刚开始思考如何与计算机对话时，网络互连领域专家约翰·麦卡锡就预言："未来计算机运算有可能成为一项公共事业，就像电话系统已成为一项公共事业一样。"

1. 什么是云计算

所谓云计算（Cloud Computing）是一种基于互联网的计算方式，通过这种方式，共享的软硬件资源和信息可以按需求提供给计算机和其他设备。云计算具有跨地域、高可靠、按需服务、所见即所得、快速部署等特点，这些都是长期以来 IT 行业所追寻的。随着云计算的发展，大数据正成为云计算面临的一个重大考验。Wiki（维基）的定义是：云计算是一种通过因特网以服务的方式提供动态可伸缩的虚拟化的资源的计算模式。

"云"是网络、互联网的一种比喻说法。过去在图中往往用"云"来表示电信网，后来也用来表示互联网和底层基础设施的抽象。"云"是对计算机集群的一种形象比喻，每个集群包括几十台甚至几百台计算机，通过互联网随时随地为用户提供各种资源和服务，类似使用水、电、煤（按需付费）。用户只需要一个能上网的终端设备（如计算机、智能手机、掌上电脑等），而无须关心数据存储在哪朵"云"上，而且可以在任何时间、任何地点，快速地使用云端的资源。

什么是云计算
（来自腾讯平台）

云计算的概念
（来自腾讯平台）

用户与"云"的关系类似企业与电力系统的关系。过去企业为了生产需要购买发电设备、自建电厂，不仅投资大而且安全和可靠性不能得到保证；现在国家投资建成电力系统，像"云"一样，企业按需付费就可以使用电，而不必知道是哪个电厂发的电，也不必担心扩容的问题，不仅投资少而且安全可靠。在云计算诞生之前，用户总是购买计算机、存储设备等自建服务群，而有了"云"以后可以按照需要租用服务器与各种服务。"云"其实就是一种公共设施，类似国家电力系统、自来水一样。好比是从古老的单台发电机模式转向了电厂集中供电的模式，云计算意味着计算能力也可以作为一种商品进行流通，就像煤气、水电一样，取用方便、费用低廉。最大的不同在于：云计算是通过互联网进行传输的。

云计算主要有以下 8 个特点。

（1）超大规模。"云"具有相当大的规模，Google 云计算已经拥有 100 多万台服务器，Amazon、IBM、微软、Yahoo 等的"云"均拥有几十万台服务器。企业私有"云"一般拥有数百上千台服务器。"云"能赋予用户前所未有的计算能力。

（2）虚拟化。云计算支持用户在任意位置、使用各种终端获取应用服务，所请求的资源来自"云"，而不是固定的、有形的实体。应用在"云"中某处运行，但实际上用户无须了解，也不用担心应用运行的具体位置，只需要一台笔记本或者一部手机就可以通过网络服务来实现我们需要的一切，甚至包括超级计算这样的任务。

（3）高可靠性。"云"使用了数据多副本容错、计算节点同构可互换等措施来保障服务的高可靠性，使用云计算比使用本地计算机可靠。

（4）通用性。云计算不针对特定的应用，在"云"的支撑下可以构造出千变万化的应用，同一个"云"可以同时支撑不同的应用运行。

（5）高可扩展性。"云"的规模可以动态伸缩，满足应用和用户规模增长的需要。

（6）按需服务。"云"是一个庞大的资源池，在资源池中可以按需购买，如"云"可以像自来水、电、煤气那样计费。

（7）价格低廉。由于"云"的特殊容错措施可以采用价格低廉的节点来构成"云"，"云"

的自动化集中式管理使大量企业无须负担日益高昂的数据中心管理成本，"云"的通用性使资源的利用率与传统系统相比大幅提升，因此用户可以充分享受"云"的低成本优势。用户经常只要花费几百美元、几天时间就能完成以前需要数万美元、数月时间才能完成的任务。

云计算可以彻底改变人们未来的生活，但同时也要重视环境问题，这样它才能真正为人类进步做贡献，而不是简单的技术提升。

（8）潜在的危险性。云计算服务除提供计算服务外，还必然提供存储服务。云计算中的数据对于数据所有者以外的其他用户是保密的，但是对于提供云计算的商业机构而言却毫无秘密可言。所有这些潜在的危险是商业机构和政府机构选择云计算服务，特别是使用国外机构提供的云计算服务时不得不考虑的一个重要前提。

2. 云计算服务类型

简单来说，云服务可以将企业所需的软硬件、资料都放到网络上，在任何时间、地点，使用不同的 IT 设备互相连接，实现数据存取、运算等目的。当前，常见的云服务有公共云（Public Cloud）与私有云（Private Cloud）两种。

公有云向所有人提供服务，典型的公有云提供商是亚马逊，人们可以用相对低廉的价格，方便地使用亚马逊 EX2 的虚拟主机服务；私有云往往只针对特定客户群提供服务，如一个企业内部 IT 可以在自己的数据中心搭建私有云，并向企业内部提供服务。

云计算包括以下 3 个层次的服务：基础设施即服务（IaaS），平台即服务（PaaS）和软件即服务（SaaS）。

（1）IaaS（Infrastructure-as-a-Service）：基础设施即服务。消费者通过 Internet 可以从完善的计算机基础设施获得服务。IaaS通过网络向用户提供计算机（物理机和虚拟机）、存储空间、网络连接、负载均衡和防火墙等基本计算资源，用户在此基础上部署和运行各种软件，包括操作系统和应用程序。

（2）PaaS（Platform-as-a-Service）：平台即服务。PaaS 实际上是指将软件研发的平台作为一种服务，以 SaaS 的模式提交给用户，因此 PaaS 也是 SaaS 模式的一种应用。但是 PaaS 的出现加快 SaaS 的发展，尤其是加快 SaaS 应用的开发速度。

平台通常包括操作系统、编程语言的运行环境、数据库和 Web 服务器，用户在此平台上部署和运行自己的应用。用户不能管理和控制底层的基础设施，只能控制自己部署的应用。

（3）SaaS（Software-as-a-Service）：软件即服务。它是一种通过 Internet 提供软件的模式，用户无须购买软件，而是向提供商租用基于 Web 的软件来管理企业经营活动，如邮件服务、数据处理服务、财务管理服务等。

我们平日常用的 Gmail、Hotmail、网上相册都属于 SaaS 的一种，SaaS 主要以单一网络软件为主导；而 PaaS 则以服务形式提供应用开发、部署平台，加快用户自行编写 CRM（客户关系管理）、ERP（企业资源规划）等系统的速度，但前提是用户必须具备丰富的 IT 知识。

1.8.2 大数据

互联网时代的电子商务、物联网、社交网络、移动通信等每时每刻都产生海量的数据，这些数据规模巨大，通常以"PB""EB"甚至"ZB"为单位，故被称为大数据。大数据隐藏在表面之下，面对大数据，传统的计算机技术无法存储和处理，因此大数据技术应运而生。

大数据（Big Data）指无法在一定时间范围内用常规软件工具进行捕捉、管理和处理的数据集合，而是需要新处理模式才能具有更强的决策力、洞察发现力和流程优化能力的海量、高增长率和多样化的信息资产。

什么是大数据
（来自腾讯平台）

大数据技术的战略意义不在于掌握庞大的数据信息，而在于对这些有意义的数据进行专业化处理。也就是说如果把大数据比作一种产业，那么这种产业实现盈利的关键就在于提高对数据的"加工能力"，通过"加工"实现数据的"增值"。

从技术上看，大数据与云计算的关系就像一枚硬币的正反面而密不可分。大数据必然无法用单台计算机进行处理，必须采用分布式架构，它的特点在于对海量数据进行分布式数据挖掘，但它必须依托云计算的分布式处理、分布式数据库和云存储、虚拟化技术。

随着云时代的来临，大数据也吸引了越来越多的关注。分析师团队认为：大数据通常用来形容一个公司创造的大量非结构化数据和半结构化数据，这些数据在下载到关系型数据库用于分析时会花费过多的时间和金钱。大数据分析常和云计算联系在一起，因为实时的大型数据集分析需要像 MapReduce 一样的框架来向数十、数百甚至数千的计算机分配工作。

大数据需要特殊的技术从而有效地处理大量的数据。大数据技术的应用领域包括大规模并行处理（MPP）数据库、数据挖掘、分布式文件系统、分布式数据库、云计算平台、互联网和可扩展的存储系统。

1.8.3 物联网

物联网（Internet of Things，IoT）就是物物相连的互联网。这里有两层意思：第一，物联网的核心和基础仍然是互联网，它是在互联网基础上的延伸和扩展的网络；第二，其用户端延伸和扩展到了任何物品与物品之间进行信息交换和通信。

物联网是利用局域网或互联网等通信技术把传感器、控制器、机器、人和物等通过新的方式连在一起，实现信息化、远程管理控制和智能化的网络。

1. 物联网的关键技术

在物联网应用中有以下 3 项关键技术。

什么是物联网
（来自腾讯平台）

（1）传感器技术：也是计算机应用中的关键技术。到目前为止绝大部分计算机处理的都是数字信号，自从有了计算机就需要传感器把模拟信号转换成数字信号，这样计算机才能处理。

（2）RFID技术：也是一种传感器技术，RFID 技术是融合了无线射频技术和嵌入式技术为一体的综合技术，RFID 在自动识别、物品物流管理等方面有着广阔的应用前景。

（3）嵌入式系统技术：是综合了计算机软硬件、传感器技术、集成电路技术、电子应用技术为一体的复杂技术。经过几十年的演变，以嵌入式系统为特征的智能终端产品随处可见，如小到人们身边的 MP3，大到航天航空的卫星系统。嵌入式系统正在改变着人们的生活，推动着工业生产以及国防工业的发展。如果把物联网用人体做一个简单比喻，那么传感器相当于人的眼睛、鼻子、皮肤等感官，网络就是神经系统用来传递信息，嵌入式系统则是人的大脑在接收到信息后要进行分类处理。这个例子很形象地描述了传感器、网络以及嵌入式系统在物联网中的位置与作用。

2. 物联网的应用

物联网的应用涉及国民经济和人类社会生活的方方面面，因此物联网被称为是继计算机和互联网之后的第三次信息技术革命。信息时代的物联网无处不在，由于物联网具有实时性和交互性的特点，因此物联网的应用领域包括智能交通、环境保护、政府工作、公共安全、平安家居、智能消防、工业监测、环境监测、路灯照明管控、景观照明管控、楼宇照明管控、广场照明管控、老人护理、个人健康、花卉栽培、水系监测、食品溯源、敌情侦查与情报搜集等多个领域。

1.8.4 虚拟现实

虚拟现实是什么
（来自腾讯视频）

AR 和 VR 的区别
（来自腾讯视频）

虚拟现实（Virtual Reality，VR）技术是一种可以创建和体验虚拟世界的计算机仿真系统，它利用计算机生成一种模拟环境，是一种多源信息融合的、交互式的三维动态视景，另外实体行为的系统仿真可以使用户沉浸到该环境中。

虚拟现实技术是仿真技术的一个重要方向，是仿真技术与计算机图形学、人机接口技术、多媒体技术、传感技术、网络技术等多种技术的集合，是一门富有挑战性的交叉技术前沿学科和研究领域。虚拟现实技术主要包括模拟环境、感知、自然技能与传感设备等方面，其中模拟环境是由计算机生成的、实时动态的三维立体逼真图像；感知是指理想的 VR 应该具有一切人所具有的感知；除计算机图形技术所生成的视觉感知外，还有听觉、触觉、力觉、运动等感知，甚至还包括嗅觉和味觉等，也称为多感知；自然技能是指人的头部转动、眼睛、手势或其他人体行为动作，由计算机来处理与参与者的动作相适应的数据，并对用户的输入做出实时响应，并分别反馈到用户

虚拟现实是什么原理
（来自腾讯视频）

的五官；传感设备是指三维交互设备。

虚拟现实是多种技术的综合，包括实时三维计算机图形技术，广角（宽视野）立体显示技术，对观察者头、眼和手的跟踪技术，以及触觉/力觉反馈、立体声、网络传输、语音输入/输出技术等。

虚拟现实主要应用于医学、娱乐、模拟训练、室内设计、房产开发、工业仿真、道路桥梁、虚拟仿真、轨道交通船、舶制造等领域。

1.8.5 人工智能

什么是人工智能
（来自腾讯平台）

人工智能（Artificial Intelligence，AI）是指用计算机来模拟人类的智能，实现人工智能的根本途径是机器学习（Machine Learning，ML），即通过让计算机模拟人类的学习活动从而自主获取新知识。目前很多人工智能系统已经能够替代人的部分脑力劳动，并以多种形态走进人们的生活，小到手机里的语音助手、人脸识别、购物网站推荐，大到智能家居、无人机、无人驾驶汽车、工业机器人、航空卫星等。

人工智能应用中具有里程碑意义的案例是"深蓝"。"深蓝"是 IBM 公司研制的一台超级计算机，在 1997 年 5 月 11 日，它仅用了一个小时便轻松战胜了俄罗斯国际象棋世界冠军

卡斯帕罗夫，并以 3.5∶2.5 的总比分赢得人与计算机之间的挑战赛，这是在国际象棋上人类智能第一次败给计算机。如果说"深蓝"取胜的本质在于传统的规则，那么在 2016 年 3 月战胜人类顶尖棋手李世石的谷歌围棋人工智能程序 AlphaGO 的关键技术就是机器学习，这宣告着一个新的人工智能时代的到来。

机器自我学习
（来自腾讯平台）

虽然计算机的能力在许多方面远远超过了人类，如计算速度，但是与人的大脑这个通用的智能系统相比，目前人工智能的功能相对单一并且始终无法获得人脑的丰富的联想能力、创造能力以及情感交流能力，真正要达到人的智能还是非常遥远的事情。

人脸识别智能系统
（来自腾讯视频）

人工智能是计算机科学的一个分支，它企图了解智能的实质，并生产出一种新的能以人类智能相似的方式做出反应的智能机器，该领域的研究包括机器人、语言识别、图像识别、自然语言处理和专家系统等。人工智能从诞生以来理论和技术日益成熟，应用领域也不断扩大，可以设想未来人工智能带来的科技产品，将会是人类智慧的"容器"。

1.8.6 3D 打印

3D 打印（3DP）是快速成型技术的一种，它是一种以数字模型文件为基础，运用粉末状金属或塑料等可粘合材料通过逐层打印的方式来构造物体的技术。

3D 打印通常是采用数字技术材料打印机来实现的，常在模具制造、工业设计等领域被用于制造模型，而后逐渐用于一些产品的直接制造，目前已经有使用这种技术打印而成的零部件。该技术在珠宝、鞋类、工业设计、建筑、工程和施工（AEC）、汽车、航空航天、牙科和医疗等领域均有应用。

解密 3D 打印机
（来自腾讯平台）

3D 打印技术出现在 20 世纪 90 年代中期，实际上是利用光固化和纸层叠等技术的最新快速成型装置。它与普通打印工作原理基本相同，打印机内装有液体或粉末等"打印材料"，与计算机连接后通过计算机控制把"打印材料"一层层叠加起来，最终把计算机上的蓝图变成实物。

日常生活中使用的普通打印机可以打印计算机设计的平面物品，而所谓的3D 打印机与普通打印机工作原理基本相同，只是打印材料有些不同。普通打印机的打印材料是墨水和纸张；而 3D 打印机内装有龙玻纤、耐用性尼龙材料、石膏材料、铝材料、钛合金、不锈钢、镀银、镀金、橡胶类等不同的"打印材料"，这些都是实实在在的原材料。通俗地说，3D 打印机是可以"打印"出真实的 3D 物体的一种设备，如打印机器人、打印玩具车、打印各种模型甚至是食物等。之所以通俗地称其为"打印机"是参照了普通打印机的技术原理，因为分层加工的过程与喷墨打印过程十分相似。

本 章 小 结

所谓计算抽象地讲就是从一个符号串 A（输入）得出另一个符号串 B（输出）的过程。现实世界需要计算的问题有很多，但不是所有问题都是可计算的。

自动计算是人类进化过程中的梦想，更快的计算是人类文明的标志和永恒的追求。计算与自动计算需要解决4个问题：（1）数据的表示；（2）计算规则的表示；（3）数据和计算规则的存储及"自动存储"；（4）计算规则的"自动执行"。计算机的发展一直围绕这4个问题探索和发展。

理解计算机系统的最好方法是通过计算模型，最典型的模型是图灵模型和冯·诺依曼计算机模型。

计算思维是运用计算机科学的基本概念进行问题求解、系统设计，以及人类行为理解等涵盖计算机科学广度的一系列思维活动，抽象和自动化是计算思维的本质。

计算机对人类技术的发展产生了深远地影响，极大地提高了人类认识世界、改造世界的能力。计算机及其应用已经渗透到社会的各个方面，在国民经济和社会生活的各个领域都有非常广泛的应用。

计算机技术日新月异，具有重要的影响的新技术有云计算、大数据、物联网、虚拟现实、人工智能、3D打印等。

通过学习本章，需要了解计算、计算思维的基本概念、本质、特点以及计算思维对其他学科专业的影响。同时本章也介绍了计算机的产生、发展历史和计算机的未来发展趋势、计算机的分类和应用领域，重点应掌握计算的概念与本质，为后续内容的学习打下坚实的基础。

课后自测练习题

用微信扫描右侧二维码，进入答题页面，进行测试练习，答题结束后有答案解析。

1. 第一台真正的计算机是著名科学家（　　）发明的机械计算机，它是由一系列齿轮组成的装置。

    A．布尔　　　　　　B．冯·诺依曼　　　　C．帕斯卡　　　　D．图灵

2. 在计算机运行时，把程序和数据一样存放在内存中，这是1946年由（　　）领导的小组正式提出并论证的。

    A．冯·诺依曼　　　B．布尔　　　　　　C．艾兰·图灵　　　D．爱因斯坦

3. 关于计算的描述不正确的是（　　）。

    A．计算就把一个符号形式转换成另一个符号形式

    B．数的加、减、乘、除、微分方程的求解、定理的证明推导、英译汉都属于计算

    C．所有问题都可以计算

    D．大数据是建立在云计算的基础上实现的

4. 下列关于算盘的描述正确的是（　　）。

    A．算盘上可以记录数值数据　　　　　　B．算盘的运算是基于二进制

    C．算盘只能完成加法和减法运算　　　　D．算盘的运算速度快、准确度高

5. 冯·诺依曼体系结构的计算机硬件系统的5大部件是（　　）。

    A．输入设备、运算器、控制器、存储器、输出设备

    B．键盘和显示器、运算器、控制器、存储器和电源设备

    C．输入设备、中央处理器、硬盘、存储器和输出设备

    D．键盘、主机、显示器、硬盘和打印机

6. 电子计算机的发展过程经历了4代，其划分依据是（　　）。

    A．计算机的运行速度　　　　　　　　　B．构成计算机的电子元件

C. 计算机的体积   D. 内存容量

7. （　　）是运用计算机科学的基础概念进行问题求解、系统设计以及人类行为理解等计算机科学之广度的一系列思维活动。

     A. 理论思维   B. 逻辑思维   C. 计算思维   D. 科学思维

8. 关于摩尔定律下面描述不正确的是（　　）。

     A. 集成电路芯片上所集成的电路的数目，每隔 18 个月就翻一倍

     B. 微处理器的性能每隔 18 个月提高一倍，或价格下降一半

     C. 用一美元所能买到的计算机性能，每隔 18 个月翻两倍

     D. 这是一个关于化学公式的描述

9. 图灵机就其计算能力而言，它能模拟（　　）。

     A. 人脑的大多数活动   B. 老式计算机的所有活动

     C. 任何计算机   D. 任何现代计算机

10. 在下列关于图灵机的说法中，错误的是（　　）。

     A. 现代计算机的功能不可能超越图灵机

     B. 图灵机不能计算的问题现代计算机也不能计算

     C. 图灵机是真空管机器

     D. 只有图灵机能解决的计算问题实际计算机才能解决

11. 对学生 8 门课的成绩进行求平均的统计，如果只计算 3 名学生的数据，那么可选择手工方法完成，但如果是 30 000 名学生的数据，你将选择（　　）方法来完成。

     A. 手工   B. 计算器

     C. 计算机应用软件   D. 计算机语言编程

12. 当交通灯会随着车流的密集程度自动调整，而不再是按固定的时间间隔放行时，我们说这是计算思维（　　）的表现。

     A. 人性化   B. 网络化   C. 智能化   D. 工程化

13. 计算思维最基本的内容为（　　）。

     A. 抽象   B. 递归   C. 自动化   D. A 和 C

14. 图灵机由 3 部分组成：一条双向都可无限延长的被分为一个个方格的纸带、（　　）和一个读写头。

     A. 一个无限状态寄存器   B. 一个控制器

     C. 一个读写控制器   D. 一个有限状态控制器

15. 下面对计算机特点的说法中，不正确的说法是（　　）。

     A. 随着计算机硬件设备及软件的不断发展和提高，其价格也越来越高

     B. 计算精度高

     C. 存储能力强

     D. 运算速度快

16. 办公自动化是计算机的一项应用，按计算机应用的分类，它属于（　　）。

     A. 数据处理   B. 科学计算   C. 实时控制   D. 辅助设计

17. 以下说法不正确的是（　　）。

     A. 数值计算或科学计算是计算机的主要应用领域之一

     B. 无论进行什么计算，计算机都要比人更精确

    C. 实时控制主要是应用于生产自动化，利用计算机对工业生产过程中的某些信号自动进行检测，并把检测到的数据存入计算机，再根据需要对这些数据进行处理

    D. 人工智能是计算机重要的发展方向之一

18. 我国的计算机"曙光星云"和"天河二号"属于（　　）。

    A. 巨型机　　　　B. 中型机　　　　C. 微型机　　　　D. 笔记本电脑

19. 计算思维是运用计算机科学的（　　）进行问题求解、系统设计以及人类行为理解等涵盖计算机科学之广度的一系列思维活动。

    A. 实验方式　　　B. 思维方式　　　C. 程序设计原理　　D. 基本概念

20. 目前普遍使用的笔记本电脑，所采用的电子元器件是（　　）。

    A. 大规模和超大规模集成电路　　　　B. 小规模集成电路

    C. 晶体管　　　　　　　　　　　　　D. 电子管

第 2 章　计算机系统概述

导读：

目前，计算机已是人们的日用消费品，事实上在 30 年前计算机就已经是最大的消费类电子产品了。计算机也被称为电脑，它是一个设备，也是一个系统，还是产生数据（Data）、存储数据、处理数据的载体，因此计算系统是基于计算机和数据的一个系统，计算机所计算的对象就是数据。

随着计算机技术的快速发展以及应用的不断扩展，计算机系统越来越复杂、功能越来越强大，但是计算机的基本组成和工作原理还是大体相同的。

本章从"计算机是什么"这个问题开始，按照计算机系统的结构，从计算机硬件和计算机软件两个方面，介绍计算机系统的基本组成、计算机的工作原理。通过介绍微型计算机体系结构，让读者深刻地理解计算机硬件的组成和功能，希望读者通过学习对计算系统有一个初步的、整体的认识。

知识地图：

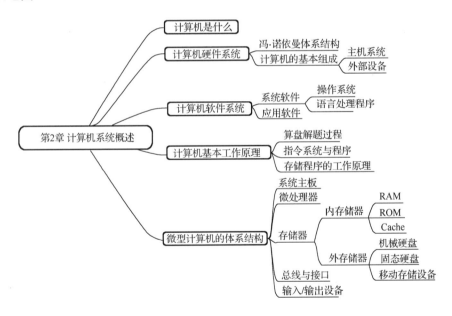

第 2 章 课程学习任务单

任务编码	201	任务名称		第 2 章 计算系统概述
要求	通过在线上学习 MOOC/SPOC 相关视频内容、做练习、讨论，完成第 2 章的学习，学习教材有关章节内容，把不懂地方标在课程学习任务单上。此课程学习任务单需要打印出来，再手工填写。			
学习目标	教学目的及要求： 1. 掌握计算机硬件及软件系统的组成； 2. 掌握计算机的工作原理； 3. 掌握存储程序的概念； 4. 掌握微型计算机的硬件组成。 教学重点及难点： 1. 存储程序的概念； 2. 指令与程序的概念； 3. 计算机的工作原理。			
学习内容	1. 观看 MOOC/SPOC 上"第 2 讲计算机系统"的视频。 2. 完成 MOOC/SPOC 上"第 2 讲计算机系统"后的随堂测验及讨论。 3. 阅读教材的"第 2 章"并完成课后习题。 4. 认真完成本次课程学习任务单要求并认真填写。			
讨论问题	1. 指令与程序有什么区别？简述计算机执行指令的过程。 2. 要使一台计算机正常运行，需要哪些设备？ 3. 冯·诺依曼机的结构特点是什么？它是如何实现程序存储的？ 4. 字长说明了计算机的什么能力？字长和字节的区别是什么？ 5. CPU 由哪些部分组成？简述各部分功能。 6. 如何提高 CPU 的性能？ 7. ROM 和 RAM 的作用和区别是什么？ 8. 总线的概念是什么？简述总线类型。 9. 输入/输出设备有什么作用？常用输入/输出设备有哪些？ 10. 计算机为什么能进行计算？ 11. 如果计划为自己购买一台计算机，那么主要考虑计算机哪些技术指标？			
学习记录总结反思				

2.1 计算机是什么

什么是计算机？计算机（Computer）是计算的机器，今天的人们对于"计算机"一词已经非常熟悉了。但在17世纪，英文Computer的意思是"从事计算任务的人"。在1940年以前，为执行计算任务而设计的机器称为计算器和制表机，而不是计算机。直到20世40年代的第二次世界大战时期，为破译通信密码和解决新型火炮弹道的复杂计算，第一台电子计算设备问世，这时人们才开始使用"计算机"这一术语并赋予它现代的定义，从此"计算机"被赋予了机器的含义。

计算机的重要贡献者冯·诺依曼最早将其称为"自动计算系统"，后来以"电子通用数字计算机"命名，现在已经没有人使用它的正式名称，而是称之为"计算机"或"计算机系统"。这里的计算和数学中的计算有所不同，计算机承担的是数据计算，数据包含数值，而更多的是非数值，如文本、图形/图像、语音等。理解计算系统首先要了解计算机，本书中的"计算机"或"计算机系统"多与机器相关，计算系统则指机器和数据。

计算机作为一台机器，大到占地超过足球场的超级计算机，小到可以握在手上的智能手机（也称为智能终端），无论是哪一种它都是一台机器更是一个系统，即计算机系统（Computer System）。我们知道"系统"肯定是由多个部分组成的，单一部件是不能被称为系统的，因此计算机系统是一个大概念，也是一个很复杂的系统。

计算机与计算（Computation）是密切相关的，计算是数学的基础，也是计算机的基础。最初人们期望计算机实现数学意义上的"自动计算"，但是随着计算机科学与技术的迅速发展，人们对计算机的巨大潜能开始有了新的认识，即客观世界的许多形态都能被"数字化"，也就是说我们生存的这个世界上的各种物质的形态都能够被计算机所存储、处理、交换以及分析运用。如今，工程师使用计算机进行产品的设计、制造；导演利用计算机拍摄电影、电视剧；气象学家利用计算机进行天气预报；科学家利用计算机进行科学研究；学生使用计算机学习知识等。

不论人们将来从事什么工作都离不开计算机。如果人们想要把工作做得更好，那么就需要更好地利用计算机。因此人们不仅需要知道计算机究竟能够帮助自己做什么，还应该知道它是如何做到的。有科学家把这个问题归结为"计算思维"（Computational Thinking），也就是说对客观世界中的问题进行抽象表示，再由计算机处理。

2.2 计算机系统

通常所说的计算机实际上指的是计算机系统，一个完整的计算机系统包括硬件系统和软件系统两大部分。计算机硬件系统是物理上存在的实体，也是构成计算机的各种物质实体的总和；计算机软件系统是指包括计算机正常使用所需的各种程序和数据，只有这两者密切地结合在一起，才能成为一个正常工作的计算机系统，计算机系统的组成如图2.2.1所示。

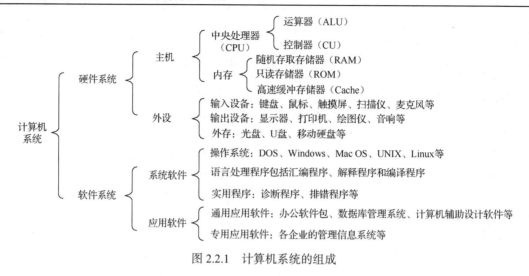

图 2.2.1 计算机系统的组成

2.3 计算机硬件系统

计算机硬件是组成计算机系统的物理设备，根据冯·诺依曼体系结构构成的计算机由运算器、控制器、存储器、输入设备、输出设备 5 部分组成。

半个多世纪以来，计算机制造技术发生了巨大变化，但冯·诺依曼体系结构仍然沿用至今。

2.3.1 冯·诺依曼体系结构

电子计算机问世的最重要的奠基人是英国科学家艾兰·图灵（Alan Turing）和美籍匈牙利科学家冯·诺依曼（John Von Neumann）。图灵的贡献是建立了图灵机的理论模型，该模型奠定了人工智能的基础，而冯·诺依曼则是首先提出了计算机体系结构的设想。

1946 年，冯·诺依曼提出存储程序原理，即把程序本身当作数据来对待，程序和该程序处理的数据用同样的方式存储，并确定了存储程序计算机的 5 大组成部分和基本工作方法。

冯·诺依曼理论的要点是："存储程序"与"采用二进制"，计算机应该按照程序顺序执行。人们把冯·诺依曼的这个理论称为冯·诺依曼体系结构，该结构奠定了现代计算机的结构理念。计算机的基本结构如图 2.3.1 所示。

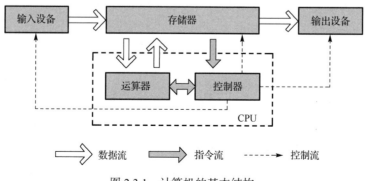

图 2.3.1 计算机的基本结构

冯·诺依曼体系结构是现代计算机的基础，现在大多计算机仍是冯·诺依曼计算机的组织结构，并且只是做了一些改进，并没有从根本上突破冯体系结构的束缚。冯·诺依曼也因此被人们称为"现代计算机之父"，但是由于传统冯·诺依曼计算机体系结构所具有的局限性，这从根本上限制了计算机的发展。

2.3.2 计算机的基本组成

冯·诺依曼体系结构的计算机必须具有如下功能：把需要的程序和数据送至计算机中；必须具有长期记忆程序、数据、中间结果及最终运算结果的能力；能够完成各种算术、逻辑运算和数据传送等数据加工处理的能力；能够根据需要控制程序走向，并能根据指令控制机器的各部件协调操作；能够按照要求将处理结果输出给用户。

将指令和数据同时存放在存储器中，这是冯·诺依曼计算机方案的特点之一。下面介绍冯·诺依曼计算机的5个组成部分。

1. 运算器

运算器也称为算术/逻辑单元（Arithmetic and Logic Unit，ALU），它的功能是算术与逻辑运算。算术运算是指加、减、乘、除操作；而逻辑运算是指"与""或""非""比较"和"移位"等操作。在控制器的控制下，它对取自内存或内部寄存器的内容进行算术运算或逻辑运算。

2. 控制器

控制器一般由程序计数器、指令寄存器、指令译码器、时序电路和控制电路组成，控制器的作用是控制整个计算机的各个部件有条不紊地工作，它的基本功能是从内存取指令和执行指令。所谓执行指令就是控制器首先按程序计数器所指出的指令地址从内存中取出一条指令，并对指令进行分析，然后根据指令的功能向有关部件发出控制命令，从而控制它们执行这条指令所规定的功能。这样逐一执行一系列指令，就能够使计算机按照指令组成的程序要求自动完成各项任务。

控制器与运算器合在一起被称为中央处理单元（Central Processing Unit，CPU），它是控制计算机的核心。

3. 存储器

存储器是计算机中用于存放信息的部件，如数据、指令和运算结果等。存储器一般分为*内部存储器*（内存）与*外部存储器*（外存）两大类。

（1）内部存储器也称主存储器。一般安装在主板上相应的插槽中，它用于存放当前计算机正在执行的程序和数据，并且数据必须调入内存后才能由CPU调用和执行。另外，内存可以被CPU直接访问。

内部存储器和运算器、控制器紧密联系与计算机各个部件进行数据传送。因为内部存储器的存取速度直接影响计算机的整体运行速度，所以在计算机的设计和制造上，内部存储器和运算器、控制器是通过内部总线紧密连接的，它们采用同类电子元件制成的。通常将运算器、控制器、内部存储器这3部分合称为计算机的主机。

内部存储器按功能分为随机存取存储器（Random Access Memory，RAM）和只读存储器

（Read Only Memory，ROM）。RAM 是内存储器的主体部分，主要用来存放数据、用户程序和部分系统程序。RAM 的特点是既可读出信息又可写入信息，当计算机掉电后，存放的信息将全部丢失，我们通常所说的计算机内存就是指 RAM。ROM 主要用来存放计算机厂家的出厂固化程序、计算机的引导程序和基本的输入/输出底层模块。它的特点是用户只能读出信息不能写入信息，信息一旦写入不能更改，可以长期保存，即使计算机掉电后也不会丢失。

（2）外存储器，又称辅助存储器简称辅存。它的容量一般都比较大且容易移动，同时便于不同计算机之间进行信息交流。它是内存的扩充，用于存放备用的程序和资料，需要时，可成批地和内存进行信息交换。外存只能与内存交换信息，不能被计算机系统其他部件直接访问，外存储器也可作为输入/输出设备。目前常用的外存储器主要有硬盘、光盘和 U 盘等。

内存储器和外存储器的区别是：内存储器的容量较小、成本和价格较高、存取速度快，计算机掉电或重新启动后，内存中 RAM 中的信息将全部丢失；外存储器的容量相对较大、成本和价格相对较低，但是存取速度慢，其中的数据与信息可以永久存放，即使关闭计算机也不会丢失。

4．输入设备

输入（Input）设备用来接收用户输入的原始数据和程序，并将它们变为计算机能识别的形式（二进制）存放到内存中。常用的输入设备有键盘、鼠标、扫描仪、光笔和数字化仪等。

5．输出设备

输出（Output）设备用于将存放在内存中由计算机处理的结果转化为人们所能接受的形式。常用的输出设备有显示器、打印机和绘图仪等。

2.4 计算机软件系统

软件是指程序、程序运行所需要的数据，以及开发、使用与维护这些程序所需要文档的集合。软件系统（Software Systems）是指由系统软件与应用软件组成的计算机软件系统，计算机软件系统一般可以分为系统软件与应用软件两类。

2.4.1 系统软件

系统软件是指控制计算机的运行、管理计算机的各种资源，以及为应用软件提供支持和服务的一类软件。在系统软件的支持下，用户才能运行各种应用软件，系统软件通常包括操作系统、语言处理程序和各种实用程序等。

1．操作系统

操作系统（Operating System，OS）是电子计算机系统中负责支撑应用程序运行环境以及用户操作环境的系统软件，同时也是计算机系统的核心与基石。它的职责通常包括对硬件的直接监管、对各种计算资源（如内存、处理器时间等）的管理，以及提供如作业管理之类的面向应用程序的服务等。

操作系统是方便用户管理和控制计算机软硬件资源的系统软件（或程序集合）。从用户角度看，操作系统可以看成是对计算机硬件的扩充；从人机交互方式来看，操作系统是用户与机器的接口；从计算机的系统结构看，操作系统是一种层次、模块结构的程序集合，属于有序分层法，是无序模块的有序层次调用。操作系统在设计方面体现了计算机技术与管理技术的结合。

操作系统是最基本的系统软件，它在计算机系统中的作用大致可以从两方面理解：对内，操作系统管理计算机系统的各种资源，扩充硬件；对外，操作系统提供良好的人机界面，方便用户使用计算机，它在整个计算机系统中具有承上启下的地位。目前典型的操作系统有 Windows、UNIX、Linux、Mac OS 等。

2．程序设计语言与语言处理程序

（1）程序设计语言。自然语言是人们交流的工具，不同的语言描述的形式各不同，如汉语、英语等；而程序设计语言是人与计算机交流的工具，是用来书写计算机程序的工具，也可用不同的语言来进行描述。按照程序设计语言发展的过程，程序设计语言大概分为 3 类：机器语言、汇编语言和高级语言。

① 机器语言。机器语言是由 0 和 1 二进制代码按一定规则组成的，能被机器直接理解和执行的指令集合。

机器语言的优点在于编写的程序代码不需要翻译，且所占空间少、执行速度快。然而机器语言编程工作量大，且难学、难记、难修改，只适合专业人员使用，并且由于不同的机器其指令系统不同，因此机器语言随机而异且通用性差，该语言是面向机器的语言。

例 2.1 计算 $s=10+5$ 的机器语言程序。

```
1011000000001010       ：把 10 放入累加器 A 中
0010110000000101       ：5 与累加器 A 中的值相加，结果仍放入 A 中
11110100               ：结束
```

② 汇编语言。为了克服机器语言的缺点，人们将机器指令用英文助记符来表示，代替机器语言中的指令和数据。如用 ADD 表示"加"，SUB 表示"减"，JMP 表示程序跳转等，这种指令助记符的语言就是汇编语言，又称符号语言。

汇编语言在一定程度上克服机器语言难读、难改的缺点，同时继承了机器语言编程质量高、占据存储空间少、执行速度快的优点。但汇编语言面向机器且通用性差，另外不具有可移植性，因此维护和修改困难，同时用汇编语言编写的程序必须翻译成计算机所能识别的机器语言后，才能被计算机执行。这些缺点推动了高级语言的出现。

例 2.2 计算 $s=10+5$ 的汇编语言程序。

```
MOV    A, 10       ：把 10 放入累加器 A 中
ADD    A, 5        ：5 与累加器 A 中的值相加，结果仍放入 A 中
HLT                ：结束
```

③ 高级语言。为了根本改变机器语言与汇编语言带来的缺陷，使计算机语言更接近于自然语言并力求语言脱离具体机器，从而达到程序可移植的目的，20 世纪 50 年代，出现了高级语言，该语言是一种接近自然语言和数学公式的程序设计语言，同时具有很强的通用性，并且用高级语言编写的程序能使用在不同的计算机系统上。

例 2.3　计算 $s=10+5$ 的 Visual Basic 语言程序。

```
s=10+5              ：10 与 5 相加的结果放入变量 s 中
Print s             ：显示结果
End                 ：程序结束
```

高级语言分为面向过程语言和面向对象语言两种。用面向过程语言编写程序，用户不必了解计算机的内部逻辑构造，而主要考虑解题算法、逻辑与过程的描述，即把解决问题的执行步骤通过语言告诉计算机。

随着计算机技术的发展，程序越来越庞大，早期面向过程的程序设计语言已不能满足要求，面向对象的程序设计语言由此产生。它充分体现了人们看待周围事物而采用的面向对象的观点，这种观点认为：人们周围的世界是由一个个对象组成的，而周围所发生的一切是对象间相互作用的结果。面向对象的技术进一步缩小了人脑与计算机思维方式上的差异，并可以使人们在利用计算机解决问题时，不是将主要精力放在如何描述解决问题的过程上（即编程上），而是针对要解决问题的分析上。

对于高级语言编写的程序，计算机是不能直接识别和执行的。要执行高级语言编写的程序，首先要将高级语言编写的程序翻译成计算机能识别和执行的二进制机器指令，然后供计算机执行。

（2）语言处理程序。在所有的程序设计语言中，除用机器语言编写的程序能够被计算机直接理解和执行外，其他的程序设计语言编写的程序都必须经过一个翻译的过程才能转换为计算机所能识别的机器语言程序，实现这个翻译过程的工具是语言处理程序，即翻译程序，翻译程序也称为编译器。用非机器语言编写的程序称为"源程序"，通过翻译程序翻译后的程序称为"目标程序"。针对不同的程序设计语言编写的程序，它们有各自的翻译程序，这些程序互相不通用。

① 汇编程序。汇编程序是将汇编语言编制的源程序翻译成机器语言表示的目标程序的工具，它的工作过程如图 2.4.1 所示。

② 高级语言翻译程序。高级语言翻译程序是将高级语言编写的源程序翻译成目标程序的工具，翻译程序有两种工作方式：解释方式和编译方式。

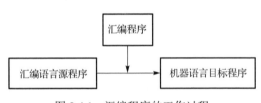

图 2.4.1　汇编程序的工作过程

a. 解释方式。解释方式的翻译工作由解释程序来完成，解释程序对源程序进行逐句分析，若没有错误，则将该句翻译成一个或多个机器语言指令，然后立即执行这些指令；若解释时发现错误，则立即停止，同时报错并提醒用户更正代码。该方式的工作方式是：翻译一句，执行一句，即边翻译边执行，另外，解释方式不产生目标程序。其工作过程如图 2.4.2 所示。

b. 编译方式。翻译工作由编译程序来完成，编译程序对整个源程序经过编译处理，产生一个与源程序等价的目标程序，但目标程序还不能直接执行，因为程序中还可能要调用一些其他语言编写的程序或库函数，所有这些通过连接程序将目标程序和有关的程序库组合成一个完整的可执行程序。产生的可执行程序可以脱离编译程序和源程序独立存在并反复使用，因此编译方式执行速度快，但每次修改源程序都必须重新编译。大多数高级语言都采用编译方式，其工作过程如图 2.4.3 所示。

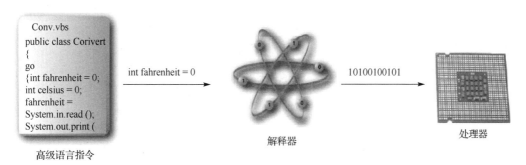

图 2.4.2　解释方式的工作过程

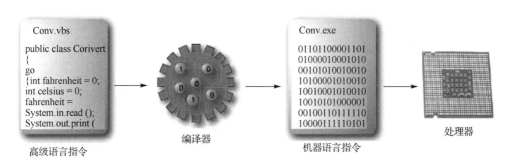

图 2.4.3　编译方式的工作过程

例如，C/C++编写的源程序编译方式的大致工作过程和生成文件如图 2.4.4 所示。

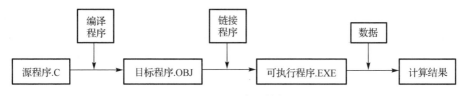

图 2.4.4　C 源程序的执行过程

（3）常用的程序设计语言主要有以下 6 种。

① FORTRAN 语言：是世界上最早出现的高级程序设计语言，该语言于 1951 年着手研究开发，1954 年正式对外发布，广泛应用于科学和工程计算领域，目前的应用面还比较广泛。

② Pascal 语言：是结构化程序设计语言，该语言 1968 年推出，适用于教学、科学计算、数据处理与系统软件开发等。随着 C 语言的流行，该语言已经逐步被取代。

③ BASIC 语言：为初学者设计的语言，该语言 1964 年推出，简单易学且人机对话功能强。面向对象的程序设计语言 Visual Basic 是在 Windows 环境下开发软件广泛使用的语言之一。

④ C 语言：1972 年推出该语言，该语言功能丰富、语法简练、使用灵活、编译产生代码短、执行速度快、可移植性强。适用于系统软件、数值计算和数据处理等，C 语言虽然形式上是高级语言，但却具有与机器硬件打交道的底层处理能力。目前已成为高级语言中使用最多的语言之一。

⑤ C++语言：1983 年，在 C 语言中加入了面向对象的概念，对程序设计思想和方法进

行了彻底的革命,将 C 语言改名为 C++语言,面向对象的技术在系统程序设计、数据库及多媒体应用等领域得到了广泛应用。

⑥ Java 语言:是 1995 年推出的一种新型的跨平台、分布式程序设计语言,主要为网络应用开发使用。Java 以它简单、安全、可移植、面向对象、多线程处理等特性引起世界范围的广泛关注,其最大特点在于"一次编写,处处运行"。但用 Java 语言编写的程序要依靠一台虚拟机(Virtual Machine,VM)才能运行。

2.4.2 应用软件

应用软件(Application Software)是和系统软件相对应的,是指利用计算机的软硬件资源为某一专门目的而开发的软件。如科学计算、工程设计、数据处理、事务管理和过程控制等方面的程序。

1. 文字处理软件

文字处理软件主要是用于将文字输入到计算机,该软件存储在外存中,用户能对输入的文字进行修改、编辑,并能将输入的文字以多种字体、多种字形及各种格式打印出来。目前常用的文字处理软件有 Microsoft Word、WPS 等。

2. 表格处理软件

表格处理软件主要用于处理各种各样的表格,它可以根据用户的要求自动生成各种各样的表格,表格中的数据可以输入也可以从数据库中取出。根据用户给出的计算公式,可以完成复杂的表格计算,计算结果自动填入对应栏目里,如果修改了相关原始数据,那么结果数据也会自动更新。一张表格制作完成后可存入外存,也可通过打印机打印出来。目前常用的表格处理软件是 Microsoft Excel。

3. 信息管理软件

信息管理软件用于输入、存储、修改、检索各种信息,如工资管理软件、人事管理软件、仓库管理软件、计划管理软件等。这种软件发展到一定水平后,各个单项的软件互相联系起来,使计算机和管理人员组成一个和谐的整体,各种信息在其中合理地流动形成一个完整、高效的管理信息系统,简称 MIS。

4. 辅助设计软件

辅助设计软件用于高效地绘制、修改和输出工程图纸,以及进行设计中的常规计算,并且帮助人们寻求好的设计方案。应用该软件能使各行各业的设计人员从繁重的绘图设计中解脱出来,使设计工作计算机化。目前在汽车、船舶、超大规模集成电路(VLSI)设计和制造过程中,该软件都占据越来越重要的地位。常用的软件有 AutoCAD 等。

5. 实时控制软件

实时控制软件用于随时搜集生产装置、飞行器等的运行状态信息,以此为依据按预定的方案实施自动或半自动控制,从而安全、准确地完成任务。用于生产过程控制的计算机一般都是实时控制,对计算机的速度要求不高,但可靠性要求很高,否则会生产出不合格产品,或者造成重大事故。目前比较常用的软件有 FIX、Intouch、Lookout 等。

2.5 计算机的基本工作原理

通过学习计算机的基本组成,我们知道计算机只是一个电子设备,它本身并不具备主动思维的能力,更没有先天的"智能",但是计算机却可以完成人无法轻易完成的复杂计算和信息处理,而且是完全"自动化"执行。下面通过对计算机的基本工作原理的介绍,了解计算机是怎样工作的。

2.5.1 算盘解题过程

计算机的工作原理可以从我国古代的算盘说起,假设有一个算盘、一张纸和一支笔,如果要进行一个连续复杂的计算,需要事先把解题步骤写下来。以简单的计算"$y=a+b$"为例。首先在纸上写上序号,每一行占一个序号,如表 2.5.1 所示。然后把使用算盘进行解题的步骤详细记录在纸上。

加法运算与
算盘运算
(来自腾讯平台)

(1)存放数据。把计算式中给定的两个数 a,b 分别写在序号 6 和 7 后。
(2)列出解题步骤。在序号 1 后写第 1 步,序号 2 后写第 2 步,以此类推。
(3)进行计算。根据表列出的解题步骤,从序号 1 开始一步一步进行计算,最后得到所要求的结果。
(4)记录结果。将计算出的结果记录在纸上。

表 2.5.1 解题步骤和数据

序　号	解题步骤和数据	说　明
1	取第 6 行数据→算盘	取数据 a
2	取第 7 行数据→算盘	完成 $a+b$ 计算,结果在算盘上
3	存放结果数据 y	把算盘上的 y 值记到第 8 行
4	输出	把算盘上的 y 值写到纸上
5	停止	运算完毕,暂停
6	a	参加运算的数据
7	b	参加运算的数据
8	y	计算结果数据

回顾在完成 $y=a+b$ 的计算过程中,首先,用到了编有序号的纸,纸上有原始数据和解题步骤,这个步骤就是"程序"。纸"存储"了解题的程序和原始数据,起到了存储器的功能。其次,算盘用来对数据进行加、减、乘、除等算数运算,相当于运算器;再次,通过使用笔把原始数据和解题步骤记录在纸上,同时也把计算结果记录下来,这就是输出。整个过程还有一个重要的控制机构——人,在人的控制下,通过使用算盘、纸和笔,按照解题步骤一步一步进行操作,直到完成全部运算。

计算机进行解题的过程和人用算盘解题的过程相似,两者都必须有运算工具、解题步骤和原始数据的输入与存储、运算结果的输出,以及整个计算过程的调度控制。与算盘不同的是:计算机进行解题都是由电子线路和其他设备自动进行的。

2.5.2 指令系统与程序

按照冯·诺依曼计算机模型,人首先把需要计算机完成的所有工作分解成计算机能够识别并可执行的操作指令,这些指令按一定的顺序排列起来组成程序(Program),这些程序事先存放在计算机中,当计算机运行时,按照程序规定的流程由控制器从存储器中取出程序中的一条条指令分析并执行。这种方式称为"存储程序,程序控制",从而使计算机实现了自动化。

程序就是为了解决某一特定问题而用某一种计算机语言编写的指令序列(由若干计算机指令组成的有序集合)。人们可以通过编写程序告诉计算机每一步做什么,计算机就会严格执行程序中规定的每个步骤来实现人们需要的功能。

程序一旦编写完成就可以无限次使用,计算机都会严格地按程序中的指令执行操作,精确地解决同类问题。显然,如果懂得编写计算机程序,那么便能更灵活地发挥计算机速度快、内存大、精度高和不知疲倦等特性,实现信息处理的自动化、提高信息加工的效率。

另外,组成程序的指令数量必须是有限的,按照一般的理解,计算机指令是进行基本操作的机器代码。早期的计算机没有"编程(Programming)"这个概念。目前编程是指在实际处理数据之前,确定处理这些数据的方法和过程。

1. 指令及格式

所谓指令(Instruct)是指能够被计算机识别并执行的二进制编码,又称为机器指令,它规定了计算机能够执行的操作以及操作对象所在的位置。在计算机中,每条指令表示一个简单的操作,许多条指令的功能实现了计算机复杂的功能。

每条指令都拥有与之对应的0和1的序列,如00000100可能对应"加"指令。机器语言是指微处理器指令系统的编码列表,它能由处理器的电路直接执行,而程序所使用的一系列机器语言指令称为机器代码。

一条指令由两部分组成,即操作码和操作数。操作码(Operation Code)是指代表操作(如加、比较或跳转)的命令字;而操作数指定需要操作的数据或数据的地址。在下面所示的指令中,操作码表示"加",而操作数是"1",所以这条指令的意思是"加1"。

单条高级指令经常要转换成多条机器语言指令。图2.5.1展示了对应一个简单高级程序的机器语言指令的数目。

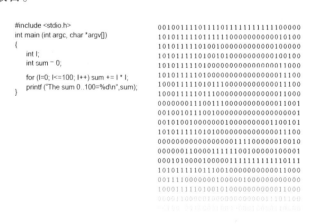

图2.5.1　一个简单高级程序的机器语言指令的数目

图 2.5.1 可能需要许多机器语言指令才能实现简单的从 0 到 100 的累加平方和。

一条指令的执行过程一般可分为取指令、分析指令、执行指令这 3 个阶段。一系列指令的执行过程实际上就是在不断重复上述 3 个阶段的过程。

计算机在运行时，先通过指令寄存器从内存中取出第 1 条指令，通过控制器的译码分析，并按指令要求从存储器中取出数据进行指定的算术运算或逻辑运算；然后再按地址把结果送到内存中；接着按照程序的逻辑结构有序地取出第 2 条指令，在控制器的控制下完成规定操作。依次执行，直到遇到结束指令，指令的执行过程如图 2.5.2 所示。

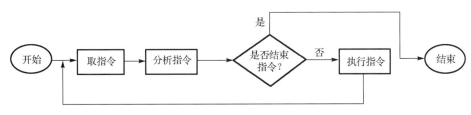

图 2.5.2 指令的执行过程

2．指令系统（指令集）

指令系统指计算机的 CPU 所能执行的全部指令的集合，它描述了计算机内全部的控制信息和"逻辑判断"能力。

由于微处理器是硬布线式的，因此只能做有限的事情，如加法、减法、计数和比较。这些预编好程序的活动集合称为指令集，通常又称为指令系统。由于指令集不是用来执行特定任务（如文字处理或音乐播放）的而是通用的，因此程序员可以创造性地使用指令集，从而编制各种数字设备能使用完成多种任务的程序。

不同计算机的指令系统所拥有的指令类型和数目是不同的，一般来说，任何指令系统按功能划分都应具有 5 类功能的指令：数据传送指令、数据处理指令、程序控制指令、输入/输出指令、状态管理指令。

（1）数据传送指令：包括寄存器之间、寄存器与主存储器之间的传送指令等。

（2）数据处理指令：包括算术运算指令、逻辑运算指令、移位指令、比较指令等。

（3）程序控制指令：包括条件转移指令、无条件转移指令、转子程序指令等。

（4）输入/输出指令：包括各种外围设备的读写指令等。有的计算机将输入/输出指令包含在数据传送指令类中。

（5）状态管理指令：包括如实现置存储保护、中断处理等功能的管理指令。

指令系统是表征一台计算机性能的重要因素，它的格式与功能不仅影响到机器的硬件结构，而且也直接影响到系统软件和机器的适用范围。所以，指令系统在很大程度上决定了计算机的处理能力。指令系统功能越强，人们使用就越方便，但机器结构也就越复杂。

3．高级语言到机器语言的转化过程

程序员使用编程语言编写人们能读懂的源代码，然后编译器或解释器将源代码转换成机器代码，而机器代码指令则是对应处理器指令集的一系列的"0"和"1"，然后计算机执行机器代码，最后将结果输出。转化过程如图 2.5.3 所示。

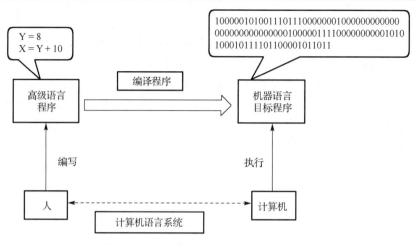

图 2.5.3 高级语言到机器语言的转化过程

2.5.3 存储程序的工作原理

按照冯·诺依曼计算机的概念，计算机的基本工作原理是存储程序与程序的自动控制，计算机的工作过程就是执行程序的过程，按程序的顺序一步步取出指令，自动地完成指令规定的操作。

计算机是怎样工作的
（来自腾讯视频）

存储程序的工作原理是当代计算机结构设计的基础，它使计算机的自动运算成为可能，是计算机与所有其他手算工具的根本区别。虽然计算机技术发展很快，但是"存储程序工作原理"至今仍然是所有计算机都采用的基本工作原理。因此，人们把现代电子计算机称为冯·诺依曼式计算机。

在冯·诺依曼体系中，程序被要求在执行之前放到计算机存储器中，还要求程序和数据采用同样的格式，即存储器只接收二进制数据。

依照存储程序的工作原理，计算机的工作方式应该有两种基本功能：一是能够存储程序和数据；二是能够自动地执行程序。于是，计算机中必须有一个存储器用来存储程序与数据；有一个计算器用以执行指定的操作；有一个控制部件以便实现自动操作；还要有输入部件和输出部件以便输入原始数据、程序和输出计算结果。

由此可见，计算机的硬件系统一般由 5 个基本功能部件组合而成，即运算器、控制器、存储器、输入设备与输出设备。具体内容详见 2.3.2 节。

2.6 微型计算机的体系结构

微型计算机简称微机，主要面向个人用户，包括台式计算机和笔记本计算机两种。

2.6.1 微型计算机的系统组成

微型计算机由主机系统与外部设备组成，如图 2.6.1 所示。主机系统安装在主机箱内，装有计算机的主要部件，包括主板、CPU、内存、硬盘、电源等，如图 2.6.2 所示，外部设备有鼠标、键盘、显示器和打印机等，外部设备通过各种总线接口连接到主机系统。

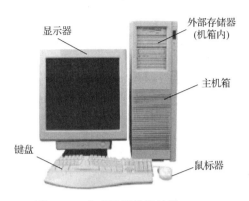

图 2.6.1　台式计算机的外形

图 2.6.2　微型计算机主机箱内部组成

微型计算机从系统的组成角度上将其分为芯片、主板、系统单元 3 个物理层。

身体中的芯片
（来自腾讯视频）

1. 芯片

微机里需要很多电路，这些电路大多为集成电路，用特殊工艺将大量诸如三极管、电阻、电容、连线等电子元件做成微小的电路，并蚀刻在半导体晶片上制成。一个或多个集成电路可以封装成一个芯片，芯片一般与邮票大小相同。微机中最重要的芯片就是 CPU，同其他芯片一起安装在一个电路板上。如图 2.6.3 所示。

(a) 外观

(b) 芯片内部

图 2.6.3　芯片

2. 主板

微机中最大的一块电路板称为主板（Mainboard），也称系统板（System board）或母板（Motherboard）。主板安装在机箱内，CPU 和内存直接安装在主板上，除此之外，主板上还安装了组成计算机的主要电路系统，包括 BIOS 芯片、输入/输出的 I/O 控制芯片、键盘、面板控制开关接口、指示灯插接件、扩充插槽、直流电源等。此外，主板上还有蚀刻的电路，为芯片之间传送数据提供通道。主板作为其他硬件运行的平台，为计算机的运行发挥了连通和纽带的作用，是微机最基本的也是最重要的部件之一。如图 2.6.4 所示。

主板采用开放式结构，通常会有若干扩展插槽，用于插接外部设备的控制卡（适配器）。通过更换这些控制卡可以对微机的相应子系统进行局部升级，使厂家和用户在配置计算机时有更大的灵活性。

图 2.6.4 主板

主板直接影响到整个系统的性能，主板上的芯片组是其核心组成部分，对于主板而言，芯片组是主板的灵魂，它决定了主板的结构及 CPU 的使用，如果说 CPU 是整个计算机系统的大脑，那么芯片组将是整个系统的心脏。可以这样说，计算机系统的整体性能和功能在很大程度上由主板上的芯片组决定。

主板上的芯片组由平台控制器芯片（Platform Controller Hub，PCH）组成，PCH 主要负责对 USB 接口、I/O 接口、SATA 接口等接口的控制，以及对高级能源管理等功能。PCH 芯片一般位于离 CPU 插槽较远的下方即扩展插槽的附近，这种布局是考虑到它所连接的 I/O 总线较多，并且离 CPU 远一些有利于布线。

3. 系统单元

从系统的观点看，通常把主机箱看成是一个独立的系统单元，为保护微机部件，通常将微机硬件系统中不属于独立设备的各部件都装在一个金属或塑料箱子内，由于主板、微处理器、内存等都装在这个箱子里，因此俗称为"主机箱"。值得说明的是：主机箱里并不只有主机部件，还有电源、硬盘、风扇以及其他一些设备的驱动器等。主机箱连同其内的各种部件统称为系统单元。其他外部设备，如键盘、鼠标、麦克风、显示器、打印机等，它们放置在系统单元外，通过电缆和接口与系统单元相连。

2.6.2 微处理器

微型计算机与一般大、中、小型计算机一样，都沿用冯·诺依曼体系结构，运算过程也同样采用二进制数，因此无本质区别。但是微型计算机有自己的两个结构特点：一是采用微处理器作为 CPU；二是采用总线实现系统连接。

半导体芯片制造
（来自腾讯视频）

1. 微处理器

所谓微处理器，就是将 CPU（运算器、控制器）以及一些需要的电路集成在一个半导体芯片上。CPU 是计算机的核心，负责处理、运算计算机内部所有数据，计算机上所有的其他设备在 CPU 的控制下，有序、协调地工作。与传统的 CPU 相比，微处理器具有体积小、重量轻和容易模块化等优点。如图 2.6.5 所示是几款不同时期的微处理器。

CUP 是如何工作的
（来自腾讯视频）

图 2.6.5　不同时期的微处理器

2．主要性能指标

（1）主频、睿频和 QPI 总线。主频是指 CPU 的时钟频率，也是 CPU 的工作频率，单位是 Hz。一般来说，主频越高，运算速度也就越快。CPU 的运算速度还和 CPU 的其他性能指标有关，如高速缓存、CPU 的位数等，因此不能绝对只看一种性质指标。

睿频也称为睿频加速，是一种能自动超频的技术。当开启睿频加速后，CPU 会根据当前的任务量自动调整 CPU 主频，重任务时提高主频发挥最大的性能，轻任务时降低主频进行节能。

QPI（Quick Path Interconnect）总线是用于 CPU 内核与内核之间、内核与内存之间的总线，也是 CPU 的内部总线。QPI 总线可实现多核处理器内部的直接互连，而无须像以前一样必须经过芯片组。

QPI 总线的特点是数据传输延时短、传输速率高。QPI 总线每次传输 2B 有效数据，而且是双向的，即发送的同时也可以接收。因此 QPI 总线带宽的计算公式为

QPI 总线带宽=每秒传输次数（即 QPI 频率）×每次传输的有效数据×2

例如，QPI 频率为 6.4GHz 的总带宽=6.4GHz×2B×2=25.6GB/s。另外，QPI 带宽越高意味着 CPU 数据处理能力越强。

（2）字长与位数。在计算机中，作为一个整体参与运算、处理和传送的一串二进制数称为一个"字"，组成"字"的二进制数的位数称为字长，字长等于通用寄存器的位数。通常所说的 CPU 位数就是 CPU 的字长。如 64 位 CPU 是指 CPU 的字长为 64，也是 CPU 中通用寄存器为 64 位。

（3）高速缓冲存储器容量。高速缓冲存储器（Cache）是位于 CPU 与内存之间的高速存储器，运行频率极高，一般是和 CPU 同频运作。Cache 能减少 CPU 从内存读取指令或数据的等待时间。CPU 往往需要重复读取同样的数据块，而大容量的 Cache，可以大幅度提升 CPU 内部读取数据的命中率，而不用再到内存上读取，因此提高系统性能。

（4）多核和多线程。多核技术的开发是因为单一提高 CPU 的主频无法带来相应的性能提高，反而会使 CPU 短时间内产生更多的热量，这样很快就会烧毁 CPU。在一个芯片上集成多个核心，通过提高程序的并发性从而提高系统的性能。多核处理器一般需要一个控制器来协调多个核心之间的任务分配、数据同步等工作。

CPU 内每个核心包括两大部件：控制器和运算器。控制器在读取和分析指令时运算器闲置，增加一个控制器能独立进行指令读取和分析，同时共享运算器，这样就组成另一个功能完整的核心，这就是多线程。

多线程减少了 CPU 的闲置时间，并且提高了 CPU 的运行效率。但是要发挥这种效能除操作系统支持外，还必须要应用软件支持。就目前来说，大部分的软件不能从多线程技术上得到好处。

2.6.3 存储器

对于计算机存储系统，总希望做到存储容量大并且存取速度快、价格低。但这三者之间恰好是矛盾的，所以仅仅采用一种技术组成单一的存储器是不可能同时满足这些要求的。随着计算机技术的不断发展，通常是把几种存储技术结合起来构成多级存储体系，多级存储体系比较好地解决了存储容量、存取速度和成本价格的问题。

RAM 和 ROM
有什么区别
（来自腾讯视频）

1．内存储器

内存储器是 CPU 能够直接访问的存储器，它用于存放正在运行的程序和数据。内存储器可分为 3 种类型：随机存取存储器（Random Access Memory，RAM）、只读存储器（Read Only Memory，ROM）和高速缓冲存储器（Cache）。

（1）RAM。RAM 就是人们通常所说的内存，如图 2.6.6 所示。RAM 中的内容可按其他地址随时进行存取，RAM 的主要特点是数据存取速度较快，但是掉电后数据不能保存。

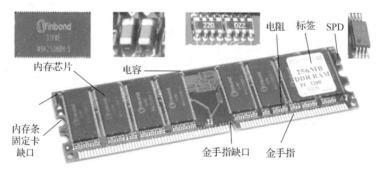

图 2.6.6　内存（RAM）

RAM 主要性能指标有两个：存储容量和存取速度。主板上一般有两个或 4 个内存插槽，存储容量的上限受 CPU 位数和主板设计的限制；存取速度主要是由内存本身的工作频率决定的，目前可以达到 3200MHz。

（2）ROM。ROM 是主要用于存放计算机启动程序的存储器。与 RAM 相比，ROM 的数据只能被读取而不能写入，掉电以后 ROM 中的数据会自动保存。

在计算机开机时，CPU 加电并且准备执行程序，此时由于电源关闭，RAM 中没有任何的程序和数据，因此这时 ROM 就发挥了作用。

BIOS（Basic Input Output System）即基本输入/输出系统，它实际上是被固化到主板 ROM 芯片上的程序。它是一组与主板匹配的基本输入/输出系统程序，能够识别各种硬件，还可以引导系统，这些程序指示计算机如何访问硬盘、加载操作系统并显示启动信息。如图 2.6.7 所示。

（3）高速缓冲存储器（Cache）。高速缓冲存储器（Cache）设置在微处理器和内存之间，由静态随机存储器（SRAM）组成，通常集成在 CPU 芯片内部，其容量比内存小得多，但速度比内存高得多，接近于 CPU 速度。在计算机中，CPU 的速度很快而内存的速度相对较慢，为了解决这一矛盾，在 CPU 和内存之间放置 Cache，CPU 访问它的速度比访问主板上内存的速度快得多，因此大容量的 Cache 可以提高计算机的性能。

图 2.6.7 基础输入/输出系统（BIOS）

2. 外存储器

外存储器作为内存储器的辅助和必要补充，在计算机中也是必不可少的，它一般具有大容量、能长期保存数据的特点。

需要注意的是，任何一种存储技术都包括两个部分：存储设备与存储介质。存储设备是在存储介质上记录和读取数据的装置，如硬盘驱动器、DVD 驱动器等。有些技术的存储介质和存储设备是封装在一起的，如硬盘和硬盘驱动器；有些技术的存储介质和存储设备是分开的，如 DVD 和 DVD 驱动器。

（1）机械硬盘（如图 2.6.8 所示）。机械硬盘是计算机的主要外部存储设备，绝大多数微型计算机以及数字设备都配有机械硬盘，主要原因是其存储容量大、存取速度很快、经济实惠。

由于机械硬盘是由许多个盘片叠加组成的，因此它有很多面，而且每个面上有很多磁道，每个磁道上有很多扇区。如图 2.6.9 所示。机械硬盘的主要技术指标有两个：存储容量和转速。

图 2.6.8 机械硬盘

① 存储容量是机械硬盘最主要的参数。一般微型计算机配置的机械硬盘容量为几百个 GB 到几个 TB。存储容量的计算公式为

存储容量=盘面数×磁道数×扇面数×扇区容量

例如，一个机械硬盘有 64 个扇面，1600 个磁道，1024 个扇区，每个扇区 512 字节，则它的容量是 64×1600×1024×512÷1024÷1024÷1024B=50GB。

② 转速是指硬盘盘片每分钟转动的圈数，单位是 rpm。转速越快意味着数据存取速度越快，机械硬盘的转速主要有 3 种：5400rpm，7200rpm，10 000rpm。

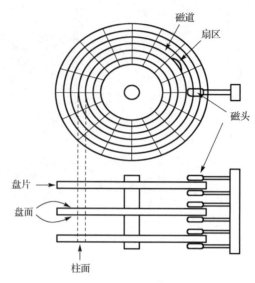

图 2.6.9　机械硬盘结构示意图

（2）固态硬盘。固态硬盘（Solid State Disk，SSD）是运用 Flash/DRAM 芯片发展出的最新硬盘，其存储原理类似于 U 盘。和机械硬盘相比，固态硬盘读写速度快、容量小、价格高、使用寿命有限。

目前的微型计算机的硬盘配置一般采用固态硬盘和机械硬盘双硬盘的这种混合配置方式。将操作系统的系统文件保存在固态硬盘中，通过减少文件读取时间而提高操作系统的运行效率，将非系统文件（如重要的数据、文档等）保存在机械硬盘中且可以长久保存。

硬盘接口的作用是在硬盘和主机内存之间传输数据。目前硬盘接口类型是 SATA 接口且是一种串行接口，无论是机械硬盘还是固态硬盘都采用这种接口。SATA 有多种版本，具体数据传输如下。

① SATA 1.0：数据传输率达到 150Mbps。
② SATA 2.0：数据传输率达到 300Mbps。
③ SATA 3.0：数据传输率达到 600Mbps。

（3）光盘。光盘盘片是在有机塑料基底上加各种镀膜制作而成的，数据通过激光刻在盘片上。光盘存储器具有体积小、容量大、易于长期保存等优点。

读取光盘的内容需要光盘驱动器，简称光驱。光驱有两种：CD（Compact Disk）驱动器与 DVD（Digital Video Dis）驱动器。CD 光盘的容量一般为 650MB，而 DVD 采用更有效的数据压缩编码，具有更高的磁道密度，因此 DVD 光盘的容量更大。

衡量一个光驱性能的主要指标是读取数据的速率，光驱的数据读取速率是用倍速来表示的，CD-ROM 光驱的 1 倍速是 150kbps，DVD 光驱的 1 倍速是 1350kbps。如某一个 CD-ROM 光驱是 8 倍速的，就是指这个光驱的数据传输速率为 150kbps×8=1200kbps。目前 CD-ROM 光盘驱动器的数据传输速率最高为 64 倍速；而 DVD 光驱的速率最高到 20 倍速，这个速度基本上已经接近光盘驱动器的极限了。

（4）移动存储。常用的移动存储设备主要有 Flash 存储器与移动硬盘两种。

① Flash 存储器是一种新型半导体存储器，它的主要特点是在掉电时也能长期保存数据，而且加电后很容易擦除和重写，并且有很高的存取速度。随着集成电路的发展，Flash 存储器集成度越来越高，而价格越来越便宜。

常用的 Flash 存储器有 U 盘和 Flash 卡，它们的存储介质相同而接口不同。U 盘采用 USB 接口，主要有两种：USB 2.0 和 USB 3.0，计算机上的 USB 接口版本必须与 U 盘的接口类型同时满足接口标准，才能达到最高的传输速度。

Flash 卡一般用作数码相机和手机的存储器，如 SD 卡。Flash 卡虽然种类繁多，但存储原理相同只是接口不同，每种 Flash 卡需要相应接口的读卡器与计算机连接，计算机才能对其进行读写。

② 移动硬盘通常由笔记本电脑硬盘和带有数据接口电路的外壳组成。数据接口有两种：USB 接口和 IEEE 1394 接口。笔记本电脑硬盘只是比普通的台式机硬盘尺寸小，它的直径为 1.8 英寸，而台式机硬盘直径是 2.5 英寸。

2.6.4 总线与接口

1. 总线

在微型计算机中，为了既方便数据传送，又能将所有计算机用到的部件都集中到一个系统单元（机箱）内，其体系结构采用了总线设计方案。

CPU 与内存之间通过总线传递信息，因为外部设备所对应的各种接口电路也是挂在总线上，所以总线与微机的系统结构扩展密切相关，形成了以总线为数据通道的微机体系结构。

总线的类型分为内部总线、系统总线和外部总线 3 种。

（1）内部总线。内部总线是在 CPU 集成电路芯片内部的总线，是 CPU 内部各组件之间的连线，也称为片内总线。内部总线作为 CPU 内部的公共数据通道，用于提高控制器、运算器及逻辑单元之间的信息传送效率。

（2）系统总线。系统总线主要提供了 CPU 与计算机系统各部分之间的信息通路，并且决定了 CPU 与主存、内部与外部的联络方式。

从系统观点上看，把微机各部件之间需要进行传递的信号分为 3 类：数据信号、地址信号和控制信号，对应这 3 类信号传递的总线也分成 3 组：数据总线（Data Bus，DB）用于传输指令和数据信息；地址总线（Address Bus，AB）专门用于传输指令和数据的地址信息；控制总线（Control Bus，CB）将微处理器与微机系统各部件之间进行连接，同时传递 CPU 发出的各种控制信号以及各部件的回答信号。这就是著名的微机三总线结构，也是以总线为数据通道的微机结构特色。如图 2.6.10 所示。

（3）外部总线。外部总线是微机与外部设备之间的总线，也称为扩展总线。主板上存在一些插槽，也称为扩展槽，扩展槽中的金属线就是外部总线，外部板卡插到扩展槽中时，管脚的金属线与槽口的外部总线相接触实现了信号互通的目的。外部总线提供了计算机系统的功能扩展，如更换显卡或网卡，增加新的外部设备等。

总线的主要技术指标有 3 个：总线带宽、总线位宽和总线工作频率。

（1）总线带宽。总线带宽是指在单位时间内总线上传送的数据量，反映了总线数据传输

速率。总线带宽与位宽和工作频率之间的关系是

$$总线带宽=总线工作频率×总线位宽×传送次数/8$$

其中传输次数是指每个时钟周期内的数据传输次数，一般为1。

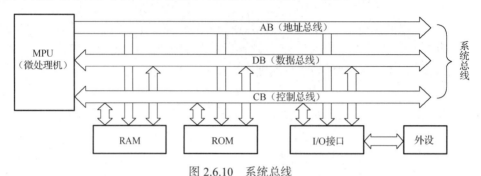

图 2.6.10　系统总线

（2）总线位宽。总线位宽是指总线能够同时传送的二进制数据的位数，如 32 位总线、64 位总线等。另外，总线位宽越宽则带宽越大。

（3）工作频率。总线的工作频率以 Hz 为单位，工作频率越高则总线工作速度越快且总线带宽越大。

例如，某总线的工作频率是 33MHz，总线位宽为 32 位，一个时钟周期内数据传输一次，则该总线带宽=33MHz×32bit×1 次/8=132MB/s。

2．接口

各种外部设备通过接口与计算机主机相连。使用接口连接的常见外部设备有打印机、扫描仪、U 盘、MP3 播放器、数码相机、数码摄像机、移动硬盘、智能手机、写字板等。

主板上常见的接口有 USB 接口、HDMI 接口、音频接口和显示接口等。如图 2.6.11 所示。

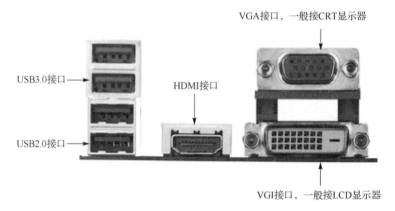

图 2.6.11　外部设备接口

（1）USB 接口。通用串行总线（Universal Serial Bus，USB）接口是一种串行总线接口，于 1994 年由 Intel、Compaq、IBM、Microsoft 等多家公司联合提出的计算机新型接口技术，成为目前外部设备的主流接口方式。USB 接口就是为了解决现行 PC 与周边设备的通用连接而设计的，其设计目的是使所有的低速设备（如键盘、鼠标、扫描仪、数字音箱、数字相机以及 Modem 等）都可以连接到统一的 USB 接口上。此外，这种接口还支持功能传递，也就

是说用户只需要为支持 USB 标准的设备准备一个 USB 接口即可，这些外设可以相互连接成串，而通信功能不会受到丝毫影响，用户甚至不需要为这些设备准备外接电源线，因为 USB 接口本身就提供电源。至于该接口的即插即用功能，对于重要计算任务来说是非常重要的，用户可以完全摆脱增加或去掉外设时重新开机造成的损失。USB 可以用树状结构连接 127 个几乎目前所有的外部设备，如显示器、数字音响、扫描仪、数字照相机、Modem、打印机、键盘、Mouse、游戏杆及优盘等。它支持多个设备并行操作、支持自动处理错误并进行恢复、支持设备热插拔，并能为设备提供电源。

USB 接口目前常用的有以下两种规范。

① USB 2.0（黑色）：理论上传输速率可达 480Mbps。

② USB 3.0（蓝色）：理论上传输速率可达 5Gbps，足以满足大多数外设的要求。使用 USB 3.0 的接口，不必担心兼容性问题。

（2）IEEE 1394 接口。IEEE 1394 接口是为了连接多媒体设备而设计的一种高速串行接口标准。IEEE 1394 目前传输速率可以达到 400Mbps，将来会提升到 800Mbps、1Gbps、1.6Gbps。同 USB 一样，IEEE 1394 也支持热插拔，可为外设提供电源，能连接多个不同设备。现在支持 IEEE 1394 的设备不多，主要是数字摄像机、移动硬盘、音响设备等。

（3）HDMI 接口。高清晰多媒体接口（High Definition Multimedia Interface，HDMI）是一种数字化视频/音频接口技术，可同时传送视频和音频信号，最高数据传输速度为 18Gbps。

HDMI 接口是替代数字显示接口（Digital Visual Interface，DVI）的高清显示输出的新接口。由于 DVI 接口暴露出各种问题，因此这些问题成为高清视频技术发展的瓶颈。DVI 接口不兼容平板高清电视，DVI 接口只有 8 位的 RGB 信号，不能让广色域的显示器发挥最佳性能，DVI 接口只能传输图像信号，不能传输视频信号。人们迫切需要一种能满足未来高清视频行业发展的接口技术，也正是基于此才促使 HDMI 的诞生。

2.6.5 输入/输出设备

1. 输入设备

微型计算机的基本输入设备有键盘、鼠标、扫描仪、触摸屏。

（1）键盘。键盘是微型计算机必备的输入设备，用户不仅可以通过按键盘上的键输入命令或数据，还可以通过键盘控制计算机的运行，如热启动、命令中断、命令暂停等。键盘通常连接在主机箱的 PS/2（紫色）口或 USB 口上。近年来，利用"蓝牙"技术无线连接到计算机的无线键盘也越来越多。

键盘通常可分为两大类：普通键盘（如图 2.6.12 所示）和人体工学键盘（如图 2.6.13 所示），后者按照人体工学原理设计，使用起来较舒适，不容易造成指关节疲劳，但价格较高。

图 2.6.12 普通键盘

图 2.6.13 人体工学键盘

（2）鼠标。鼠标是微型计算机的基本输入设备，通过单击或拖动鼠标，用户可以很方便地对计算机进行操作。它通常连接在主机箱的 PS/2（绿色）口或 USB 口上。与无线键盘一样，无线鼠标也越来越多。

鼠标按工作原理分为机械、光电式和光学式 3 类。

① 机械式鼠标：机械式鼠标的底部有一个滚球，当鼠标移动时，滚球随之滚动，产生移动信号给 CPU。机械式鼠标价格便宜，使用时无须其他辅助设备，只需在光滑平整的桌面上即可进行操作。

② 光电式鼠标：光电式鼠标的底部有两个发光二极管，当鼠标移动时，发出的光被下面的平板反射，从而产生移动信号给 CPU。光电式鼠标的定位精确度高，但必须在反光板上操作。

③ 光学式鼠标：保留了光电鼠标的高精度、无机械结构等优点，又具有高可靠性和耐用性，它底部没有滚轮，不需要借助反射板来实现定位，可在任何地方无限制地移动。

另外，在笔记本电脑中，一般还配备了轨迹球（TrackBall）、触摸板（TouchPad），它们都是用来控制鼠标的。

（3）扫描仪。扫描仪是一种将图片和文字转换为数字信息的输入设备，有手持式扫描仪、平板式扫描仪（如图 2.6.14 所示）和滚筒式扫描仪（如图 2.6.15 所示）。扫描仪能把照片、文本页面、图纸、美术图画、照相底片、菲林软片，甚至纺织品、标牌面板、印刷板样品等三维对象作为扫描对象，提取并将原始的线条、图形、文字、照片、平面事物转换成可以编辑的对象加到文件中并存储到计算机。

此外，扫描仪还能把文本信息扫描并存储到计算机中，通过文字识别软件技术可方便迅速地将其转换成文本文字，大大提高输入效率。

图 2.6.14　平板式扫描仪

图 2.6.15　滚筒式扫描仪

（4）触摸屏。触摸屏是一种新型输入设备，它是目前最简单、方便、自然的一种人机交互方式。触摸屏尽管诞生时间不长，但是因为它可以代替鼠标或模拟键盘，故应用范围非常广阔。目前，触摸屏主要应用公共信息的查询和多媒体应用等领域，如银行、城市街头等区域的信息查询。

触摸屏一般由透明材料制成，安装在显示器的前面，它将用户的触摸位置，转变为计算机的坐标信息输入到计算机中。触摸屏简化了计算机的使用，即使是对计算机一无所知的人也能够马上使用，使计算机展现出更大的魅力。

2．输出设备

微型计算机的基本输出设备主要有显示器和打印机两类。

（1）显示器。显示器是微型计算机必备的输出设备，目前常用的显示器是液晶显示器（LCD），如图 2.6.16 所示。液晶显示器的主要技术指标有分辨率、颜色质量与响应时间。

① 分辨率。分辨率指显示器上像素的数量，分辨率越高，显示器上的像素越多。常见的分辨率有 1024×768，1280×1024，1600×800，1920×1200 等。

② 颜色质量。颜色质量指显示一个像素所占用的位数，单位是位（bit）。颜色位数决定了颜色数量，颜色位数越多数量越多，如将颜色质量设置为 24 位（真彩色），则颜色数量为 2^{24} 种。现在显示器允许用户选择 32 位的颜色质量，Windows 允许用户自行选择颜色质量。

图 2.6.16 液晶显示器

③ 响应时间。响应时间指屏幕上的像素由亮转暗或由暗转亮所需要的时间，单位是毫秒（ms）。响应时间越短，显示器闪动就越少，在观看动态画面时不会有尾影。目前液晶显示器的响应时间是 16ms 和 12ms。

（2）打印机。打印机是计算机最基本的输出设备之一。打印机主要的性能指标有两个：一是打印速度，单位是 ppm，即每分钟可以打印的页数（A4 纸）；二是分辨率，单位是 dpi，即每英寸的点数，分辨率越高打印质量越高。

目前使用的打印机主要有以下 4 种。

① 针式打印机。针式打印机是利用打印钢针按字符的点阵打印出文字和图形。针式打印机按打印头的针数可分为 9 针打印机、24 针打印机等。针式打印机工作时噪声较大，而且打印质量不好，但是具有价格便宜、能进行多层打印等优点，它被银行、超市广泛使用。如图 2.6.17(a)所示。

② 喷墨打印机。喷墨打印机将墨水通过精制的喷头喷到纸面上形成文字和图像。喷墨打印机体积小、重量轻、噪声低，打印精度较高，特别是彩色印刷能力很强，但打印成本较高，适于小批量打印。如图 2.6.17(b)所示。

③ 激光打印机。激光打印机利用激光扫描主机送来的信息，将要输出的信息在磁鼓上形成静电潜像并转换成磁信号，它将碳粉吸附在纸上，经加热定影后输出。激光打印机具有最高的打印质量和最快的打印速度，可以输出高质量的文稿，也可以直接输出在用于印刷制版的透明胶片上。如图 2.6.17(c)所示。

(a) (b) (c)

图 2.6.17 针式打印机、喷墨打印机、激光打印机

④ 3D 打印机。3D 打印是一种以计算机模型文件为基础，运用粉末状塑料或金属等可黏

合材料，通过逐层打印的方式来构造物体的技术。它是一种新型的快速成型技术，传统的方法制造出一个模型通常需要数天，而用 3D 打印的技术则可以将时间缩短为数小时。3D 打印被用于模型制造和单一材料产品的直接制造，3D 打印具有广泛的应用领域和广阔的应用前景。如图 2.6.18 所示。

 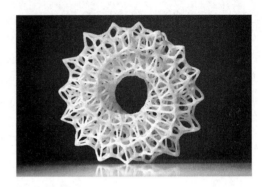

图 2.6.18　3D 打印机及成品

本 章 小 结

计算机系统是基于计算机和数据的一个系统，计算机的计算对象就是数据。

计算机系统包括硬件系统和软件系统。组成计算机的物理设备称为硬件，其主要元件是电子器件。计算机的软件系统包括系统软件和应用软件，系统软件是管理计算机需要的那些软件，如操作系统、编程语言系统、工具软件等；应用软件是解决特定的应用问题的软件。从数据的角度看，程序的主要功能就是完成数据处理。

计算机是自动运行程序的，它从存储器加载程序并在 CPU 中执行，在执行过程中也从中读取数据和保存数据，或者输出数据到外部设备上。

课后自测练习题

用微信扫描右侧二维码，进入答题页面，进行测试练习，答题结束后有答案解析。

1. 一个完整的计算机系统由（　　）组成。
   A．主机、显示器和键盘　　　　　B．主机和外设
   C．系统软件和应用软件　　　　　D．硬件系统和软件系统
2. 计算机的主机指的是（　　）。
   A．CPU 和内存储器　　　　　　　B．计算机的主机箱
   C．运算器和控制器　　　　　　　D．运算器和输入/输出设备
3. 下面关于 ROM 的说法中，不正确的是（　　）。
   A．ROM 是只读的，所以它不是内存而是外存
   B．ROM 中的内容在掉电后不会消失
   C．ROM 是只读存储器的英文缩写
   D．CPU 不能向 ROM 随机写入数据

4. 指令的执行一般分为 3 个步骤，以下（　　）不属于 3 个步骤之一。
   A．取指令　　　　B．删除指令　　　　C．执行指令　　　　D．分析指令
5. 对于汇编语言的评述中，不正确的（　　）。
   A．汇编语言采用一定的助记符来代替机器语言中的指令和数据，又称为符号语言
   B．汇编语言运行速度快，适用编制实时控制应用程序
   C．机器语言、汇编语言和高级语言是计算机语言发展的 3 个阶段
   D．汇编语言有解释型和编译型两种
6. 计算机应由 5 个基本部分组成，下面各项不属于这 5 个基本组成的是（　　）。
   A．总线　　　　　　　　　　　　　B．控制器
   C．运算器　　　　　　　　　　　　D．存储器、输入设备和输出设备
7. 一般来说，CPU 的（　　）越高，运算速度也就越快。
   A．主频　　　　B．位数　　　　C．带宽　　　　D．字长
8. CPU 的主频是指 CPU 的（　　）。
   A．电流频率　　　B．电压频率　　　C．时钟频率　　　D．无线电频率
9. Cache 可以提高计算机的性能，这是因为（　　）。
   A．提高了 RAM 的容量　　　　　　B．提高了 CPU 的主频
   C．提高了 CPU 的倍频　　　　　　D．缩短了 CPU 访问数据的时间
10. 关于显示器的说法，错误的是（　　）。
    A．显示器越大越好　　　　　　　　B．颜色位数越多越好
    C．分辨率越高越好　　　　　　　　D．刷新频率越高越好
11. 下列设备组中，完全属于外部设备的一组是（　　）。
    A．扫描仪、CPU、硬盘、显示器
    B．光驱、内存、显示器、打印机
    C．显示器、键盘、运算器、硬盘
    D．光驱、鼠标、扫描仪、显示器
12. 以下（　　）不属于指令系统的指令。
    A．数据传送指令　　　　　　　　　B．数据处理指令
    C．数据加密指令　　　　　　　　　D．程序控制指令
13. 微机系统中的内存条指的是（　　）。
    A．ROM　　　　B．CD-ROM　　　　C．RAM　　　　D．CMOS
14. 用高级语言编写的程序称为（　　）。
    A．编译程序　　　B．源程序　　　C．可执行程序　　　D．编辑程序
15. 计算机存储容量的基本单位 PB 等价于（　　）。
    A．1024GB　　　　　　　　　　　　B．1024×1024TB
    C．1024×1024×1024MB　　　　　　 D．1024×1024×1024kB
16. 运算器的主要功能是进行（　　）。
    A．代数和逻辑运算　　　　　　　　B．代数和四则运算
    C．算术和逻辑运算　　　　　　　　D．算术和代数运算
17. 第一门高级程序设计语言是（　　）。

  A．C 语言   B．BASIC   C．Java   D．FORTRAN

18．所谓"裸机"是指（　　）。

  A．单片机   B．微型机

  C．不装备任何软件的计算机   D．只装备操作系统的计算机

19．计算机系统的整体性能和功能在很大程度上由主板上的（　　）来决定。

  A．内存条   B．芯片组   C．PCI 总线   D．硬盘

20．不属于微型计算机性能的是（　　）。

  A．运算速度 B．内存储器容量 C．字长   D．抗病毒能力

第 3 章 操作系统基础

导读：

　　计算机是由硬件和软件组成的复杂系统，硬件主要有 CPU、存储器，以及各种各样的输入/输出设备。当计算机工作时，有多个程序都在各自运行，同时共享着大量的数据和少量的硬件资源，因此需要有一个对所有硬件和软件资源进行统一管理的软件，从而使计算机能够协调一致、高效率地完成用户交给它的各项任务，这个软件就是操作系统。

　　操作系统是计算机系统中最重要的软件，它对计算机系统的软硬件资源进行管理、协调，并代表计算机与外界进行通信，同时提供友善的人机互动。正是有了操作系统才使得计算机硬件系统成为真正可用的系统，对于每位计算机用户来说，认识和理解操作系统非常重要。

　　本章首先介绍操作系统的基本概念，明确操作系统在计算机系统中的地位、作用，以及主要功能。其次，根据操作系统的系统管理角色和功能，依次介绍程序管理、文件管理、存储管理、磁盘管理和用户接口。最后介绍几种常用的操作系统。

知识地图：

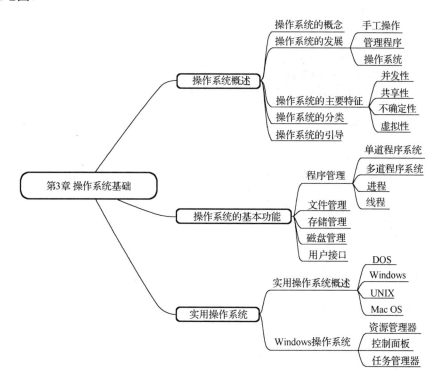

第3章 课程学习任务单

任务编码	301	任务名称	第3章 操作系统基础
要求	通过在线上学习MOOC/SPOC相关视频内容、做练习、讨论，完成第3章的学习。学习教材有关章节内容，标记出不容易理解的地方。此课程学习任务单需要打印出来，再手工填写。		
学习目标	教学目的及要求： 1. 了解操作系统的概念及发展历程； 2. 了解操作系统的特征、分类，以及操作系统的引导； 3. 了解操作系统的基本功能； 4. 了解实用操作系统； 5. 了解Windows操作系统的使用。 教学重点及难点： 1. 操作系统的基本概念和分类； 2. 操作系统的基本功能。		
学习要求	1. 观看MOOC/SPOC上"第3讲操作系统基础"视频，阅读教材"第3章"。 2. 完成MOOC/SPOC上"第3讲操作系统"后的随堂测验及讨论。 3. 认真完成本次课程学习任务单的要求并认真填写。		
讨论问题	1. 什么是操作系统？ 2. 操作系统在计算机系统中处于何种地位和角色？ 3. 计算机配置操作系统的目的是什么？ 4. 操作系统的发展经历了哪几个阶段？各阶段有何特点？ 5. 操作系统的主要特征有哪些？ 6. 如何对纷繁多样的操作系统进行分类？ 7. 什么是操作系统的引导？ 8. 操作系统的基本功能有哪些？ 9. 如何区分单道程序系统和多道程序系统？ 10. 什么是进程？进程的生命周期中有哪3种基本状态以及各种状态之间怎样转换？ 11. 如何区分程序、进程和线程的概念？ 12. 文件管理的作用是什么？ 13. 什么是虚拟内存？ 14. 操作系统提供的用户接口主要有哪些种类？ 15. 常见操作系统有哪些？ 16. Windows操作系统中的控制面板和任务管理器有什么作用？ 17. Windows注册表的本质是什么？		
学习记录总结反思	学习MOOC/SPOC和在课堂学习中存在什么困难？		

3.1 操作系统概述

操作系统（Operating System，OS）是计算机最重要的系统软件，它是对计算机系统资源控制和管理的中心。从一般用户的角度来看，可以把操作系统看作是用户与计算机硬件系统之间的接口，如图 3.1.1 所示；从资源管理的角度来看，则可把操作系统视为计算机系统资源的管理者。操作系统的主要目的就是简单、高效、公平、有序和安全地使用计算机系统资源。

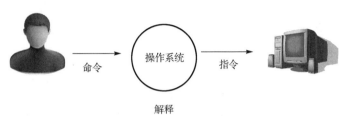

图 3.1.1　用户与计算机硬件之间的接口

3.1.1 操作系统的概念

什么是操作系统？下面给出一种操作系统的定义。

操作系统是管理和控制计算机系统中的硬件和软件资源，合理组织计算机的工作流程，方便用户使用计算机的一组程序和数据的集合，是计算机系统中最基本的系统软件。

没有安装任何软件的机器叫"裸机"，操作系统直接运行在裸机上，是对计算机硬件系统的第一次扩充。在裸机上配置了操作系统后就构成了"虚拟机"，而用户就是在这个被操作系统扩充后的计算机上工作。操作系统为用户提供了一个基础性的工作平台，用户面对的计算机如图 3.1.2 所示。操作系统的主要作用有以下两方面。

1．管理计算机系统各种资源

计算机系统中通常包含各种各样的硬件资源和软件资源。操作系统是各种软硬件资源的管理者和仲裁者，负责为运行的程序分配资源，对系统中的资源进行有效管理，使系统资源很好地为用户服务，同时保证系统资源有效利用，使整个计算机系统能高效地工作。

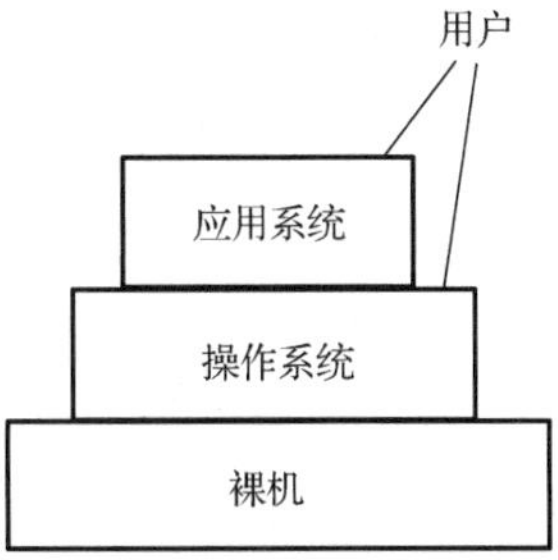

图 3.1.2　用户面对的计算机

2．方便用户使用计算机

大多数用户都是通过操作系统来使用计算机的，因此一个好的操作系统应该为用户提供良好的操作界面，使用户能够便捷、安全、可靠地操纵计算机硬件和运行自己的程序，而不必了解硬件和软件的细节就可以方便地使用计算机。

3.1.2 操作系统的发展

操作系统并不是与计算机硬件一起诞生的，它经历了从无到有、规模从小到大、功能从弱到强的发展过程。操作系统是人们在使用计算机的过程中，为了满足提高资源利用率和增强计算机性能这两大需求，伴随着计算机硬件技术和软件技术的发展而逐步形成和完善的。操作系统的形成过程大致经历了手工操作、管理程序和操作系统 3 个阶段。

1. 手工操作

第一代计算机时代，人们采用手工方式使用计算机。程序员将对应于程序和数据的已穿孔的纸带（或卡片）装入输入机，然后启动输入机把程序和数据输入计算机内存，接着通过控制台开关启动程序；计算完毕，打印机输出计算结果；用户取走结果并卸下纸带（或卡片）后才让下一个用户上机。这种操作方法很落后，其主要缺点有以下两个。

（1）资源独占：一旦某个用户开始操作，计算机的全部资源都被该用户单独占用，因此计算机的利用率相当低。

（2）操作不方便：用户通过操作面板使用计算机，操作步骤烦琐。在程序运行期间，用户必须守在面板前进行干预。除此之外，用户还必须了解硬件细节，如程序的启动地址、用户程序所能使用的内存空间等，这对于一般应用人员来说是相当困难的。

手工操作方式存在的严重问题是操作速度慢，这与不断提高的计算机速度极不相称，这些都促使人们寻求更加有效地管理和使用计算机的方法。

2. 管理程序

计算机发展到第二代以后，不仅计算速度有了很大的提高，而且存储容量也大大增加，特别是以磁盘为主的外存储器为用户存放程序和数据提供了可能。人们开始考虑能否利用计算机自身的能力管理计算机，具体办法就是编写一个叫"管理程序"的软件，对计算机的软硬件进行管理和调度。管理程序以半自动化方式控制计算机，它除协助操作员操纵计算机外，还负责管理计算机内部资源的分配。

3. 操作系统

第三代计算机时代，计算机的内存和外存容量又有了更进一步的增加，这给操作系统的形成创造了物质条件。

在这一阶段，用户程序的批处理方式出现了，批处理方式把用户从手工操作方式中解放出来。可是随着 CPU 速度的不断提高，系统设计人员又开始面临一个新的问题，即低速外设与高速 CPU 速度的严重不匹配问题。为了大大提高对系统中最宝贵的资源 CPU 的利用率，系统设计人员提出了多道程序系统，即在内存中同时存放几道相互独立的程序，并使它们在系统控制下交替地运行。为了实现批处理和多道的功能，计算机中的管理程序变得更为复杂，它要负责内存的分区、分配和回收，还要负责多个作业的调度，特别是要实现 CPU 的动态分配和程序执行的切换。因此原本功能简单的管理程序迅速发展成为系统软件的核心，即操作系统。

多道批处理系统实现了计算机工作流程的自动化，不足之处是程序运行期间用户不能进行人工干预，并且出现错误不能及时修改。这一问题导致分时操作系统的出现，又由于不断出现的新需求，因此在分时系统后又相继出现了实时操作系统。

多道批处理、分时、实时系统的相继出现，标志着操作系统的不断完善与功能上的扩充，标志着计算机操作系统的正式形成。

3.1.3 操作系统的主要特征

为了更好地利用计算机的软硬件资源，操作系统经过长时间的不断发展和优化，衍生出了一系列重要的功能特征。这些功能特征充分体现了操作系统的优越性，对于理解操作系统并合理有效地使用它具有重要的意义。

1．并发性

并发性指两个或两个以上的事件或活动在同一时间间隔内发生。操作系统具有并发机制，能协调多个终端用户同时使用计算机和系统资源，能控制多道程序同时运行。如当一个程序等待 I/O 时，就让出 CPU 给另一个程序使用。这样 CPU 就不会空闲，多个 I/O 设备可以同时工作，I/O 设备和 CPU 计算也可以同时进行，这就是并发技术。

采用了并发技术的系统称为多任务系统。并发技术的本质思想是：当一个程序发生事件（如等待 I/O）时，让出其占用的 CPU 而由另一个程序运行。实现并发技术的关键之一是如何对系统内的多个程序（进程）进行切换的技术。

在多处理器系统中，程序的并发性不仅体现在宏观上，而且在微观上也有体现。并发性体现在微观上时称为并行性，即两个或两个以上事件或活动在同一时刻发生。并行的事件或活动一定是并发的，但反之并发的事件或活动未必是并行的，并行性是并发性的特例，而并发性是并行性的扩充。

2．共享性

由于操作系统具有并发性，因此整个系统的软硬件资源不再为某个程序所独占，而是由许多程序共同使用，即许多程序共享系统中的各种资源。

因为操作系统程序和多个用户程序共同享有计算机系统的所有资源，所以必然会有共享资源的需求。从经济上考虑，一次性向每个需求程序提供它所需要的全部资源，不仅浪费而且有时也是不可能实现的。资源共享的方式主要有以下两种。

（1）互斥访问：系统中的某些资源（如打印机）虽然可以供给多个程序使用，但在同一时间段内却只允许一个程序访问使用，即要求互相排斥地使用这些资源。这种同一时间只允许一个程序访问的资源称为临界资源。许多物理设备、某些数据，以及表格都是临界资源，它们只能互斥地被访问和共享。

（2）同时访问：系统中还有些资源（如磁盘）允许同一时间内的多个程序对它们进行访问，这里的"同时"是宏观上的表现，从微观来看多个程序访问资源仍然是交错的，只是这种交错访问的顺序对访问结构没有影响而已。

程序的并发必然引起系统资源的共享，而合理有效地管理共享资源又为程序能够并发执行提供了重要保障。并发性与共享性相辅相成，是操作系统的两个基本特征。

3．不确定性

不确定性也称为异步性或随机性。宏观上操作系统控制着多道程序同时运行，然而微观上各个程序的运行是异步的。由于运行环境的影响，程序的运行时间、运行顺序，以及同一程序或数据的多次运行结果等均具有不确定性。如一个进程在 CPU 上运行一段时间后，由于等待资源满足或事件发生，因此该进程被暂停执行，它的 CPU 转让给另一个进程执行。系中的进程何时执行？何时暂停？以什么样的速度向前推进？进程要花多长时间才能执行完成？这些都是不可预知的。

虽然异步性在计算机系统中随处可见，但是操作系统的一个重要任务是确保捕捉到任何一个随机事件、正确处理可能发生的随机事件、正确处理任何一个产生的随机事件序列，从而保证对系统资源的合理控制使用和程序的正确执行。

4．虚拟性

"虚拟"是把一个物理上的客观实体变为若干逻辑上的对应物，虚拟性体现在操作系统的方方面面。多道程序在单 CPU 的计算机上同时运行的机制使得多个程序好像独占一个 CPU；若干终端用户分时使用一台主机，好像每人独占了一台计算机；虚拟存储器使得计算机可以运行总容量比主存更大的程序。以上这些都体现了操作系统的虚拟性，采用虚拟技术的目的是为了给用户提供易于使用、方便高效的操作环境。

3.1.4 操作系统的分类

操作系统经过多年的迅速发展，已经能够适应各种不同的应用和各种不同的硬件配置。随着它的发展及其相关技术的不断涌现，操作系统的类型也逐渐多样化，面对类型繁多的操作系统，可以用多种标准加以分类。

1．根据与用户对话的界面划分

操作系统按与用户对话的界面可分为命令行界面操作系统（如 MS DOS、Novell 等）和图形用户界面操作系统（如 Windows、Mac OS 等）。

2．根据应用领域划分

操作系统按应用领域可分为桌面操作系统（如 MS DOS、Windows）、服务器操作系统（如 UNIX）和嵌入式操作系统（如 Linux、Windows Embedded、Android 等）。

桌面操作系统主要配置在微型计算机上。服务器操作系统一般指安装在大型计算机上的操作系统，如 Web 服务器、应用服务器和数据库服务器等，同时服务器操作系统也可以安装在个人计算机上。在一个具体的网络中，服务器操作系统要承担额外的管理、配置、稳定、安全等功能，它处于网络中的心脏部位。嵌入式操作系统是应用在嵌入式系统中的操作系统，它广泛应用在生活的各个方面，涵盖范围从便携设备到大型固定设备，如手机、平板电脑、数码相机、交通灯、家用电器、医疗设备、航空电子设备和工厂控制设备等。

3．根据硬件结构划分

操作系统按硬件结构可分为单 CPU 操作系统、多 CPU 操作系统、网络操作系统（如 Netware、Windows NT）、多媒体操作系统（如 Amiga）与分布式操作系统等。

4．根据所支持的用户数目划分

操作系统按所支持的用户数目可分为单用户操作系统（如 MS DOS、OS/2、Windows 桌面系统）与多用户操作系统（如 UNIX、Linux）。

5．根据源代码开放程度划分

操作系统按源代码开放程度可分为开源操作系统（如 Linux、FreeBSD、Android）与闭源操作系统（如 Mac OS X、Windows）。

6．根据使用环境和对作业处理方式划分

操作系统按使用环境和对作业处理方式可分为批处理操作系统（如 MVX、DOS/VSE）、分时操作系统（如 Linux、UNIX、XENIX、Mac OS X）与实时操作系统（如 iEMX、VRTX、RTOS、RT WINDOWS）。

在批处理操作系统（Batch Processing Operating System，BPOS）环境中，用户是以提交作业的方式把任务交给计算机去完成。系统操作员将许多用户作业组成一批作业输入到计算机中，在系统中形成一个自动转接的连续作业流；然后启动操作系统，系统自动、依次执行每个作业；最后由操作员将作业结果交给用户。批处理操作系统又分为单道批处理系统与多道批处理系统。

分时操作系统（Time Sharing Operating System，TSOS）是一台主机连接了若干终端，每个终端有一个用户交互式地向系统提出命令请求，系统采用时间片轮转方式处理每个用户的处理服务请求，并通过交互方式在终端上向用户显示结果，以便让用户根据不同情况做出下一步的操作。分时系统具有交互性、多路性、独占性与及时性的特征。

（1）交互性：指用户根据系统响应结果进一步提出新请求（用户直接干预每一步）。

（2）多路性：指允许多个用户使用一台计算机，宏观上是多个人同时使用一个处理机，微观上是处理机按时间片轮转方式在轮流给每个终端用户服务。

（3）独占性：指每个终端用户感觉不到计算机为其他人服务，就像整个系统被他独占。

（4）及时性：指系统对用户提出的请求及时响应。

常见的通用操作系统是分时系统和批处理系统的结合，其原则是：分时优先，批处理在后，"前台"响应需频繁交互的作业，"后台"处理时间性要求不强的作业。

实时操作系统（Real Time Operating System，RTOS）要求计算机对外部事件请求做出及时响应，严格在规定的时间内完成对该事件的处理。所谓"实时"就是"立即"或"及时"的含义，实时操作系统最主要的特征是实时性与可靠性，对于系统资源的分配和调度首要考虑实时性然后才是效率问题。根据实时操作系统应用的领域不同，又可分为实时信息处理系统（如机票预订、银行业务、情报检索等）与实时过程控制系统（如导弹、人造卫星、机械加工等）。

3.1.5 操作系统的引导

要想使用计算机，首先必须把操作系统调入内存，这个过程称为操作系统的引导。在计算机电源关闭的情况下，开机启动计算机称为冷启动；在电源打开的情况下，重新启动计算机称为热启动。

启动计算机就是把操作系统的核心程序和其他需要经常使用的指令从外存调入内存的过程。操作系统的核心部分功能就是管理 CPU、存储器和其他设备，维持计算机的时钟，调配计算机的设备、程序、数据和信息等资源。操作系统的核心部分是常驻内存的，其他部分通常放在硬盘上，等需要的时候才被调入内存。

无论计算机规模如何，其引导过程都是相似的。下面以 Windows 操作系统的冷启动为例，说明操作系统的大致引导过程。

（1）当计算机加电时，电源给主板及其他设备发出电信号。

（2）电脉冲使处理器芯片复位，并查找含有 BIOS 的 ROM 芯片。BIOS 代表基本输入/输出系统，是一段含有计算机启动指令的系统程序，它存放在一个 ROM 芯片中，所以也称为 ROM-BIOS。

（3）BIOS 进行加电自检，即检测各种系统部件，如总线、系统时钟、扩展卡、RAM 芯片、键盘鼠标及驱动器等，以确保硬件连接合理及操作正确。自检的同时显示器会显示检测得到的系统信息。

（4）系统自动将自检结果与主板上的 CMOS 芯片中的数据进行比较。CMOS 即互补金属氧化物半导体（Complementary Metal Oxide Semiconductor），它是一种特殊的存储器，其中存储了计算机的配置信息。如果发现问题，那么计算机可能会发出提示声响，显示器会给出出错信息提示；若问题严重，则计算机还可能停止操作。

（5）如果加电自检成功，那么 BIOS 就会到外存去查找一些专门的系统文件（也称引导程序），一旦找到，这些系统文件就被调入内存并执行。接下来，由这些系统文件把操作系统的核心部分导入内存，然后操作系统就接管、控制计算机，并把操作系统的其他部分调入计算机。

（6）操作系统把系统配置信息从注册表调入内存。

当上述步骤完成后，显示器屏幕就会出现 Windows 的桌面和图标。接着操作系统自动执行"启动文件夹"中的程序，至此，操作系统的引导过程结束，用户可以开始操作计算机了。

3.2 操作系统的基本功能

为了让程序能运行起来，操作系统需要提供多种服务。其主要功能是数据存储管理和程序运行管理等，其核心就是对计算机系统中的软硬件资源进行有效的管理和控制，同时合理地组织计算机的工作流程，为用户提供一个使用计算机的接口和界面。下面简单介绍操作系统的 5 项主要基本功能，即程序管理、文件管理、存储管理、磁盘管理和用户接口。

3.2.1 程序管理

操作系统管理着程序的运行，主要目的是要把 CPU 的时间有效、合理地分配给各个正在运行的程序。以下分别介绍程序管理功能中 5 个重要的概念。

1. 单道程序系统

在早期的计算机系统中，一旦某个程序开始运行，它就占用了整个系统的所有资源，一直到该程序结束运行，这就是所谓的单道程序系统。在单道程序系统中，任一时刻只能允许一个程序在系统中执行，正在执行的程序控制了整个系统资源，一个程序执行结束后才能执行下一个程序，因此系统的资源利用率很低。系统大量的资源在许多时间内都处于闲置状态。例如，图 3.2.1 是在单道程序系统中某个程序在 CPU 中依次运行的情况。ABC 三个程序不能交替运行，只有当 A 运行完全结束时，B 才能开始运行，当 B 运行结束时，C 才能被加载并开始运行。

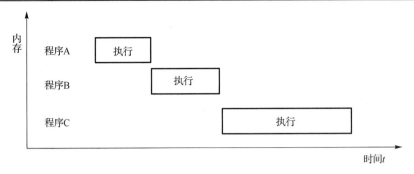

说明：任何时刻内存中只有一道程序，一个程序运行完全结束后才能运行下一个程序。

图 3.2.1　单道程序系统中程序的执行过程

2. 多道程序系统

为了解决单道系统中系统资源利用率低的问题，后来的操作系统都允许同时有多个程序被加载到内存交替执行，这样的操作系统被称为多道程序系统。从宏观上看，多道程序是并行执行的；从微观上看，在任一时刻仅能执行一道程序，各个程序是交替执行的。多道程序共享系统资源，提高了系统资源的利用率，例如，图 3.2.2 中是 3 个程序 A、B、C 在 CPU 中交替执行的情况。程序 A 没有结束就放弃了 CPU，让程序 B 和程序 C 执行，程序 C 没有结束又让程序 A 抢占了 CPU。在操作系统的控制和调度下，CPU 按时间片轮流为 3 个程序服务。

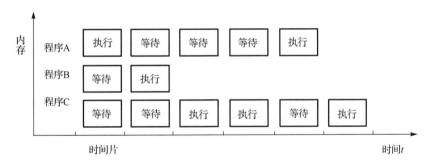

说明：等待是指等待CPU或系统资源，处于等待状态的程序虽然不占用CPU，但仍然驻留内存。

图 3.2.2　多道程序系统中程序交替执行的过程

3. 进程

进程与线程的
概念和区别
（来自腾讯平台）

当程序与其数据一起在计算机上顺序执行时所发生的活动称为进程，简单地说进程就是一个正在执行的程序，它是一个动态的概念。程序是静态的，它是以文件的形式存放在外存上的指令和数据的集合，当操作系统开始执行程序时，先要将程序从外存调入内存。一个程序被加载到内存，系统就会创建一个进程，当程序执行结束后，该进程也就消亡了。当一个程序同时被执行多次时，系统就会为同一个程序创建多个进程。

进程在它的生命周期中有 3 个基本状态：就绪、运行和挂起。

（1）就绪状态。进程已经获得了除 CPU 外的所有资源，并且做好了运行的准备，一旦得到了 CPU 便立即执行，并且立即进入执行状态。

（2）执行状态。进程已经获得 CPU，其程序正在执行。在单 CPU 系统中，只能有一个进程处于执行状态，而在多 CPU 系统中，则可能有多个进程处于执行状态。

（3）挂起状态。挂起状态也称为"等待"状态或"睡眠"状态，它是指进程因等待某个事件而暂停执行时的状态。

在程序运行期间，进程不断地从一种状态转换到另一种状态。如图 3.2.3 处于执行状态的进程，因为时间片用完所以就转为就绪状态；因为需要访问某个被占用的资源，所以进程由执行状态转换为挂起状态；处于挂起状态的进程因满足了所需要的资源就转为就绪状态；处于就绪状态的进程被分配到 CPU 后就转为执行状态。

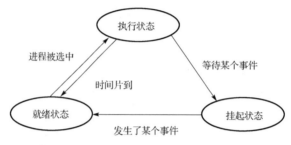

图 3.2.3　进程的状态及其转换

4．进程控制块（PCB）

系统如何建立一个进程呢？当启动一个程序时，系统就为其建立一个进程控制块（Process Control Block，PCB）。进程控制块就是进程存在于系统中的实体，它相当于一个电子表格记录了该进程的描述信息、控制信息与资源信息。PCB 的一些主要内容如下。

（1）进程标识名（系统中唯一标识一个进程的名字）。

（2）进程所属的用户（用户名）。

（3）进程当前状态（系统根据进程状态决定如何控制进程）。

（4）进程优先级（进程调度的依据）。

（5）进程的起始地址（该进程代码从内存的哪个地址开始执行）。

（6）进程使用资源的信息（使用了哪些外部设备、文件等）。

（7）CPU 现场保护信息（当进程暂停运行时，要保留 CPU 现场以便该进程能从断点处再次恢复执行）。

PCB 是系统感知进程存在的唯一实体。操作系统通过访问 PCB 就知道哪些进程存在，以及每个进程处于什么状态，这样就可以对进程进行调度，同时为进程分配软硬件资源。当进程结束时，系统通过释放 PCB 回收进程所占用的各种系统资源。

5．线程

随着计算机硬件与软件技术的不断发展，同时为了更好地实现并发处理与共享资源，以及提高 CPU 的利用率，目前许多操作系统把进程再"细分"成线程（Threads）。当一个进程被细分成多个线程后，进程可以更好地共享系统资源。

在任务管理器的"进程"选项卡中，可以看到一个进程所包含的线程数。图 3.2.4 中进程 QQ.exe 有 106 个线程，进程 WINWORD.EXE 有 24 个线程。

在 Windows 中，线程是 CPU 的分配单位。把线程作为 CPU 的分配单位的好处是充分共享资源、减少内存开销、提高并发性、切换速度相对较快。目前，大部分的应用程序都是多线程的结构。

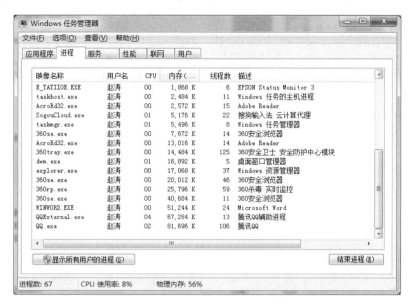

图 3.2.4　某 Windows 7 的任务管理器窗口

3.2.2　文件管理

文件是存储在外存上的信息的集合，它可以是源程序、目标程序、一组命令、图形、图像或其他数据。在操作系统中，文件管理有时也被称为信息管理，它以"文件"为单位管理外存上的数据（如磁盘、光盘、U 盘等），同时对存储器的空间进行组织分配，以及负责数据的存储，并对存入的数据进行保护检索的系统。文件管理系统使得用户可以按照文件名访问文件，而不必考虑各种外存储器的差异，不必了解文件在外存储器上如何存放以及文件存放的具体物理位置。文件管理系统提供给用户一个简单、统一的访问文件方法，因此它也被称为用户与外存储器的接口。

1．目录结构

为了高效率地管理和使用存储在磁盘上的文件，文件系统将所有文件组织成树状结构来管理。用户通常在磁盘上创建文件夹（目录），在文件夹下再创建子文件夹（子目录），然后将文件分门别类地存放在不同的文件夹中，这种目录管理结构好像一棵倒置的树，如图 3.2.5 所示。树根为根文件夹（根目录），树中每个分枝为文件夹（子目录），树叶代表文件。用户可以将同一个项目有关的文件放在同一个文件夹中，也可以按文件用途或文件类型将文件分类存放以便于集中管理。

2．文件路径

当一个磁盘目录结构被建立后，所有的文件可以分门别类地存放在所属的文件夹中，接下来的问题是如何访问这些文件。若要访问的文件不在同一个目录中，则用户就必须添加文件路径，以便文件系统可以查找到所需要的文件。文件路径分为绝对路径与相对路径两种。

（1）绝对路径：从根目录开始依序到某个文件之前的名称。

（2）相对路径：从当前目录开始到某个文件之前的名称。

在图 3.2.5 所示的目录结构中，Notepad.exe 和 Test.doc 文件的绝对路径分别为 C:\Windows\System32\Notepad.exe 与 C:\User1\Test.doc。若当前目录为 System32，则 Data.mdb 文件的相对路径为..\..\ User1\Data.mdb。（".."表示上一级目录）。

图 3.2.5　树形目录结构

3．文件系统

文件系统规定了计算机对文件和文件夹进行操作处理的各种标准和机制，用户对所有文件和文件夹的操作都是通过文件系统完成的。不同的操作系统一般使用不同的文件系统，不同的操作系统能够支持的文件系统也不一定相同。

Windows 支持的常用文件系统有：FAT、NTFS 和 EXFAT。

（1）FAT（File Allocation Table）表示"文件分配表"。FAT16 最大可以管理 2GB 的分区，但每个分区最多只能有 65 525 个簇（簇是磁盘空间的配置单位），以前使用的 DOS、Windows 95/98/2000/XP 等均支持 FAT16 文件系统。FAT32 是 FAT16 的增强版本，可以支持 2TB 的分区，由于 FAT32 使用的簇比 FAT16 小，因此 FAT32 能有效地节约硬盘空间。

（2）EXFAT 全称为扩展 FAT，它是为解决 FAT32 不支持 4GB 以上文件推出的文件系统。对闪存来说，NTFS 文件系统不适合使用，而 EXFAT 更为适用。

（3）NTFS 是微软 Windows NT 内核的系列操作系统所支持的，它是一个特别为网络和磁盘配额、文件加密等管理安全特性设计的磁盘格式。NTFS 可为用户提供更高层次的安全保证，它是 Windows 7 的标准文件系统。

（4）ReFS 文件系统是 NTFS 文件系统的继承者，它在 Windows 10 Pro for Workstation 中正式使用，支持容错，能够优化大数据量任务并实施自动更正。

（5）ext2，ext3 是 Linux 操作系统适用的磁盘文件格式，该文件系统使用索引节点来记录文件信息，它的作用与 Windows 的文件分配表类似。

3.2.3　存储管理

存储管理主要是管理计算机的内存资源，它的内容主要包括内存空间的分配、保护与扩充。

凡是要执行的程序都要进入内存，所以在内存中，只要有操作系统（以及其他系统软件）就有工具软件与用户程序。如何为所有正在执行的程序分配内存？如何保证系统及用户程序的存储区互不冲突？这正是存储管理需要解决的问题。存储管理的功能有很多，由于涉及的内容非常专业，这里只介绍虚拟内存。

任何一个程序都要调入内存才能被执行，CPU是按内存地址取指令执行的。为了能够运行更大的程序，同时也为了能运行多道程序就需要配置较大的内存。然而软件的规模越来越大，但内存的扩充是有限的，有没有可能让较小的内存运行更大的程序呢？目前广泛采用的"虚拟存储技术"就是解决这个问题的重要技术。该项技术将主存和一部分外存空间构成一个整体，为用户提供一个比实际物理存储器大得多的"虚拟存储器"，简称"虚存"。为了与其呼应，将实际的物理内存称之为"实存"。虚拟内存为用户提供一个比实际内存大得多的内存空间，用户面对的是由内、外存组成的一个统一整体。在计算机的运行过程中，当前使用的程序和数据保留在内存中，其他暂时不用的程序和数据暂时放在外存中，操作系统根据需要负责进行内、外存的交换。

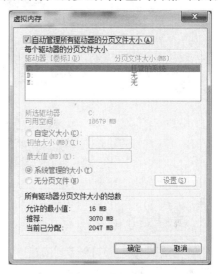

虚拟内存的最大容量与CPU的寻址能力有关。若CPU的地址线是20位的，则虚拟内存最多是1MB；若地址线是32位的，则虚拟内存可以达到4GB。

虚存和实存的空间都被分割成若干页，虚存与实存之间的导入/导出通常是以"页"为单位进行的，在Windows操作系统中虚拟内存被称为页面文件（pagefile.sys）。图3.2.6所示是某台计算机Windows 7系统中虚拟内存的情况（在"控制面板"选择"系统"选项，然后选择"高级系统设置"选项，再在"高级"选项卡的"性能"区域中单击"设置"按钮）。

图3.2.6 Windows 7 虚拟内存设置窗口

3.2.4 磁盘管理

磁盘是微型计算机必备的最重要的外存储器，对于磁盘的管理工作是一项计算机使用时的常规任务。为了确保信息安全，掌握有关磁盘基本知识与管理磁盘的正确方法是非常必要的。下面主要介绍磁盘分区、磁盘格式化、磁盘碎片整理与磁盘清理4项常规操作。

一个新的硬盘（假定出厂时没有进行过任何处理）需要进行两方面处理：一是创建磁盘主分区与扩展分区（扩展分区由所有的逻辑驱动器组成）；二是格式化磁盘主分区与逻辑驱动器。

1．磁盘分区

计算机中存放信息的主要设备就是硬盘，但是硬盘不能直接使用，必须对硬盘进行分割，分割成的一块一块的硬盘区域就是硬盘分区。对于硬盘进行分区的主要原因有以下两点。

（1）硬盘容量很大，分区后便于管理。

（2）分区后可以安装不同的系统。

主分区是能够安装操作系统且能够进行计算机启动的分区，主分区比较独立，通常位于硬盘的最前面区域中，一块硬盘可以有一到三个主分区和一个扩展分区。除主分区外，剩余的磁盘空间统称为扩展分区，扩展分区可以继续进行扩展切割分为多个逻辑分区。扩展分区是一个概念，它在实际硬盘中是看不到的，另外也无法直接使用扩展分区。图3.2.7是一块硬盘的分区示意图，它有一个主分区C，而扩展分区被进一步分为4个逻辑驱动器D、E、F和G。

我们可以借助一些第三方的软件来实现磁盘分区，也可以使用由操作系统提供的磁盘管理平台来进行。无论采用哪种分区方式，我们都要遵循以下顺序。

建立主分区→建立扩展分区→建立逻辑分区→激活主分区→格式化所有分区

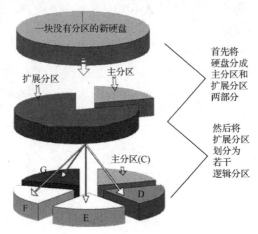

图3.2.7　磁盘分区示意图

2. 磁盘格式化

磁盘格式化是指对磁盘或磁盘中的分区进行初始化的一种操作。当磁盘创建了分区和逻辑驱动器后，接下来需要做的就是格式化，格式化不仅把磁盘划分成磁道和扇区，而且还为磁盘安装文件系统以及建立根目录。

旧磁盘也可以进行格式化操作，因为此时磁盘上的原有信息将被删除，所以在对旧磁盘做格式化操作时要特别谨慎。需要说明的是，对旧磁盘进行的完全删除和格式化是不一样的，即删除是针对性的，而格式化是全面的。当计算机运行一段时间后，磁盘的利用效率会因为里面的垃圾、碎片和一些顽固文件（如病毒）而逐渐下降，这些情况是无法通过删除或重装系统而彻底解决。这时，为了把这些东西全部干干净净完全清理掉，只有格式化才能实现。

磁盘可以被格式化的条件是：磁盘不能处于写保护状态也不能有打开的文件。格式化磁盘的操作很简单，只要在欲格式化的磁盘驱动器图标上单击鼠标右键打开快捷菜单，选择格式化命令即可。图3.2.8是格式化本地磁盘的窗口。

3. 磁盘碎片整理

磁盘碎片整理是通过系统软件或专业的软件对计算机磁盘在长期使用中产生的碎片和凌乱的文件进行重新整理，以提高计算机整体性能和运行速度为目的的一项常规操作。

磁盘碎片也称为文件碎片，是指一个文件没有被保存在一个连续的磁盘空间上，而是被分散存放在许多地方。当计算机工作一段时间后，由于大量的读写操作就会逐渐产生碎片，太多的文件碎片会影响到数据的读写速度，解决这一问题就需要进行磁盘碎片整理。我们可以通过专业的碎片整理软件（如Diskeeper）或系统自带的工具对磁盘做碎片整理，如图3.2.9所示是某Windows 7操作系统自带的"磁盘碎片整理程序"窗口。用户可以先进行"分析磁盘"，根据分析结果选择要不要进行"磁盘碎片整理"。通过"配置计划"可以有计划地对系统进行定期维护。

图 3.2.8　格式化本地磁盘窗口　　　　图 3.2.9　Windows 7 磁盘碎片整理程序窗口

4．磁盘清理

计算机运行时都会或多或少地产生垃圾，我们日常用计算机工作、上网、看电影或是玩游戏等，这些都会产生一些对我们来说无用的文件和数据，称其为磁盘垃圾。磁盘垃圾的不断积累会导致计算机磁盘空间不足、系统运行速度变慢，为了清理磁盘中的垃圾、释放磁盘空间，我们需要对计算机进行磁盘清理。

磁盘清理可以通过专业的软件（如 360 安全卫士）或系统自带的磁盘清理工具来完成。Windows 操作系统中启动磁盘清理程序的方法是：单击"开始"/"所有程序"/"附件"/"系统工具"中的磁盘清理命令。图 3.2.10 是 Windows 7 的磁盘清理：驱动器选择窗口。用户可以选择需要清理的驱动器，然后单击"确定"按钮即可。

图 3.2.10　磁盘清理：驱动器选择窗口

3.2.5　用户接口

操作系统的第 5 项功能是为用户提供一个友好的操作界面，即用户接口（用户界面），使用户能够方便、快捷、安全、可靠地操纵计算机硬件和运行自己的程序。由于操作系统是一个系统软件，因此这种接口是软件接口。图 3.2.11 是操作系统作为软件接口示意图，可以看出用户通过三种方式使用计算机。

1．命令行界面

操作系统提供一组联机命令接口，允许用户通过键盘输入有关命令来取得操作系统的服务，并控制用户程序的运行。这是为联机用户提供的调用操作系统功能，请求操作系统为其服务的手段。

用户在看到命令界面提示符后，从键盘上输入命令，系统执行这个命令为用户提供相应服务，如 MS DOS 和 UNIX 的命令行界面。在 UNIX 操作系统中，用户在命令提示符下发出 UNIX 系统命令，UNIX 命令解释程序（即 Shell）接收并解释这些命令，然后把它们传递给 UNIX 操作系统内部的程序，最后执行相应的功能。

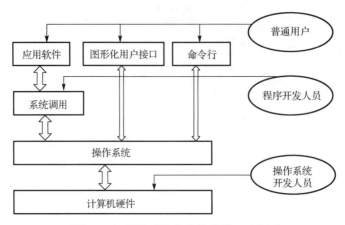

图 3.2.11　操作系统作为软件接口示意图

2．图形化界面

用户虽然可以通过命令行方式获得操作系统的服务并控制自己的作业运行，但要牢记各种命令和其参数的使用，这样既不方便又很耗时间，于是图形化用户接口（Graphics User Interface，GUI）应运而生，并且成为这些年来最为流行的联机用户接口形式。

GUI 使用 WIMP 技术（即窗口 Window、图标 Icon、菜单 Menu 和鼠标 Pointing Device），引入生动形象的各种图标，将系统的各项功能、各种应用程序和文件直观且逼真地表示出来。用户可以不必死记硬背操作命令就能轻松自如地完成各项操作，使计算机系统成为一种非常有效且生动有趣的工具。

3．系统调用界面

系统调用是为了扩充机器功能、增强系统能力、方便用户使用而建立的。用户可以在自己的应用程序中通过相应的系统调用实现与操作系统的通信，并取得操作系统的服务。程序接口又称为应用编程接口（Application Programming Interface，API），它由一组系统调用组成，因此用户在编写的程序中，通过 API 使用系统调用就可以获得操作系统的底层服务，使用或访问系统管理的各种软硬件资源。由于系统调用能直接进入内核执行，因此其执行效率很高。

3.3　实用操作系统

3.3.1　实用操作系统概述

操作系统种类很多，在曾经和现在的实际应用中主要有 Windows、UNIX、Linux、Mac OS、DOS、Android、BSD、iOS、Windows Phone 和 z/OS 等。除了 Windows 和 z/OS 等少数操作系统，大部分操作系统都为类 UNIX 操作系统。下面简要介绍 6 种最为常见的操作系统。

1. DOS

DOS（Disk Operating System）是微软研制的配置在个人计算机上的单用户、单任务的磁盘操作系统，它曾经广泛应用在 PC 端，并且对于微型计算机的应用普及功不可没。

常见的 DOS 有两种：Microsoft 公司的 MS-DOS 与 IBM 公司的 PC-DOS，两种 DOS 在功能和命令格式上都是相同的。由于 DOS 操作系统只提供命令行界面，因此用户不仅需要熟记各种命令和参数，而且必须要严格遵守命令的书写格式，另外 DOS 操作系统的可执行程序还受到 640kB 常规内存的限制。基于 DOS 操作系统的这些不足，微软公司又随后开发了 Windows 操作系统。

2. Windows

Windows 是微软公司于 20 世纪 90 年代开发的全新的基于图形用户界面、多任务的操作系统，它以其生动形象的用户界面、极其简便的操作方法吸引着成千上万的用户，因此成为目前个人机装机普及率最高的一种操作系统。

3. UNIX

UNIX 是 1969 年 AT&T 公司 Bell 实验室的 Ritchie 与 Thompson 在 PDP-7 小型计算机上开发的，它是在通用型、交互式、多用户、多任务应用领域的主流操作系统之一。由于 UNIX 具有强大的功能和优良的性能，因此它早已成为业界公认的工业化标准的操作系统，即使是以今天的眼光来看待 UNIX，它仍然是一个非常成功的操作系统。

UNIX 自问世以来一直占有操作系统市场较大的份额，它的优点是可移植性强、可运行在许多不同类型的计算机上、支持网络管理和网络应用、具有较好的可靠性和安全性。但其缺点是缺乏统一的标准、应用程序不够丰富、不易学习，这些都限制了 UNIX 的普及应用。

4. Linux

Linux 是一套任何人都可以免费使用和自由传播的类 UNIX 操作系统，它实际上是从 UNIX 发展起来的，并且与 UNIX 兼容，同时能够运行大多数的 UNIX 工具软件、应用程序和网络协议。Linux 操作系统的主要特点就是源代码开放，具有完备的网络功能，且稳定性、灵活性和易用性都比较强。

Linux 版本众多，厂商们利用 Linux 的核心程序，再加上外挂程序就变成了现在的各种 Linux 版本。现在主要流行的版本有 Red Hat Linux、SUSE Linux 和 Ubuntu Linux。用户可以通过 Internet 免费获取 Linux 及其生成工具的源代码，然后进行修改可以建立一个自己的 Linux 开发平台，以及开发 Linux 软件。

5. Mac OS 与 iOS

Mac OS 是一套由苹果公司自主开发的运行在苹果 Macintosh 系列计算机上的操作系统，它是首个在商用领域成功的图形用户界面操作系统。Mac OS 操作系统界面非常独特，它突出了形象的图标和人机对话，同时具有较强的图形处理能力，并且广泛用于桌面出版和多媒体应用等领域。Mac OS 的缺点是与 Windows 缺乏较好的兼容性，从而影响了它的普及。

iOS 也是属于类 UNIX 的操作系统，它是由苹果公司开发的移动操作系统。iOS 最初是设计给 iPhone 使用的，后来陆续应用到 iPod Touch、iPad，以及 Apple TV 等产品上。iOS 操作系统以其清晰易懂的界面、丰富的功能和极其稳定的性能深受广大用户的喜爱和推崇。

6．Android

Android 是目前智能手机上最重要的操作系统之一，它是基于 Linux 的自由及开放源代码的操作系统。Android 操作系统最初由 Andy Rubin 开发，主要支持智能手机，后来逐渐扩展到平板电脑及其他领域。

3.3.2 Windows 操作系统

Windows 操作系统是一款由美国微软公司开发的窗口化操作系统。GUI 图形化操作模式使得 Windows 操作系统操作十分简便，自问世以来，Windows 操作系统一直受到用户的青睐和推崇，成为目前装机普及率最高的一种操作系统。尽管 Windows 家族产品繁多，但主要有两个系列产品：一是面向个人消费者和客户机开发的 Windows XP/Vista/7/8/10 系列；二是面向服务器开发的 Windows Server2003/2008/2012/10。Windows 10 是新一代跨平台及设备应用的操作系统，不仅可以运行在台式机和笔记本电脑上，还可以运行在智能手机、物联网等设备上。本节从总体上讲授 Windows 操作系统中重要的概念和常用工具，而不具体到某一种 Windows 版本。

1．文件及其操作

文件是一组有名字的相关信息的集合体，计算机中所有的程序和数据都是以文件的形式存放在外存储器（如磁盘）上的。操作系统以文件为单位管理计算机中的信息资源，如各种可执行程序、Word 文档、C++或 VB 源程序等都是文件。

（1）文件名。任何一个文件都有文件名，文件名是存取文件的依据，即按名存取。一般来说，文件名由以圆点隔开的两部分组成，分别是文件主名与扩展名两部分，如 Winword.exe、resume.docx、001.jpg 等。

文件名是文件存在的标识，操作系统根据文件名来对其进行控制和管理。不同的操作系统对文件命名的规则略有不同，即文件名的格式和长度因系统而异。有些操作系统对于文件名是区分大小写的，如 UNIX、Linux；而有些操作系统则不区分，如 Windows 和 MS-DOS。

（2）文件类型。一般文件可以分为可执行文件和数据文件两大类。可执行文件的内容主要是一条一条可以被计算机理解和执行的指令，它可以让计算机完成各种复杂的任务，这种文件主要是一些应用软件，通常以 exe 作为文件的扩展名。数据文件包含的是可以被计算机加工、处理、展示的各种数字化信息，如输入的文本、制作的表格、描绘的图形、录制的音乐、采集的视频等。常见的数据文件扩展名有 doc（docx）、pdf、txt、jpg、wav、ram、html 等。

在绝大多数操作系统中，文件类型可以通过文件扩展名体现出来。如 exe 是可执行程序文件、cpp 是 C++源程序文件、wav 是流媒体文件、htm 是网页文件、rar 是压缩文件等。

（3）文件属性。文件属性是对于文件的一些描述性的信息，如文件大小、占用空间、修改日期、所有者信息等。文件属性不包含在文件的实际内容中，仅仅是提供一些文件的独特性质，文件的常见属性主要有以下 3 个。

① 只读属性。对于具有只读属性的文件，它能被应用、复制，但不能被修改和删除。将文件属性设置为只读可以起到保护文件的作用。

② 隐藏属性。具有隐藏属性的文件一般情况下是不被显示的，如果要将其显示出来可以在文件夹窗口中选择"工具/文件夹选项/查看"在弹出的对话框中进行设置，如图 3.3.1 所示。

③ 归档属性。一个文件被创建后，系统会自动将其设置成归档属性，这个属性常用于文件的备份。

（4）文件删除。一般情况下，文件删除后被送入回收站，回收站是 Windows 操作系统中的一个系统文件夹，主要用来存放用户临时删除的文档资料。放入回收站中的文件可以被恢复，但是若删除文件时按住 Shift 键，则被删除的文件没有被送入回收站，是不可以恢复的。

（5）通配符。通配符是一种特殊符号，主要有星号"*"和问号"?"两种，它用来模糊搜索文件。当模糊查找文件时，通配符可以用来代替一个或多个真正的字符。"?"代表它所在位置上的任意一个字符，"*"代表它所在位置上的任意一串字符。如"*.docx"代表扩展名为 docx 的所有文件，"?B*.exe"代表第二个字符为 B 的所有程序文件。若要指定多个文件名，则可以使用分号、逗号或空格作为分隔符。

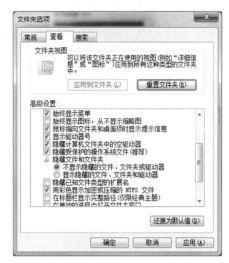

图 3.3.1　文件夹选项对话框

2．快捷方式

快捷方式是 Windows 操作系统提供的一种快速启动程序、打开文件或文件夹的方法，它是应用程序的快速链接，快捷方式的一般扩展名是.lnk。在桌面上，有些图标左下角有一个非常小的箭头，这个箭头表明了该图标是一个快捷方式。需要说明的是，快捷方式图标仅仅是一个指向对象的软链接，并非对象本身。

快捷方式对于经常使用的程序、文件和文件夹非常有用，用户可以为 Windows 中的任何一个对象创建快捷方式，如可以为程序、文档、文件夹、控制面板、打印机或磁盘创建快捷方式。

3．资源管理器

资源管理器是 Windows 操作系统提供给用户的一个管理文件和文件夹的重要工具，它能够清晰地显示出整个计算机中的文件夹结构及内容。用户使用资源管理器可以方便地进行文件打开、复制、移动、删除或重新组织等操作。

资源管理器的窗口分为上、中、下 3 个部分。窗口上部有地址栏、搜索栏和菜单栏；窗口中部分为左右两个区域，左边区域是导航栏，用于显示计算机资源的结构组织，右边是文件夹区域，显示的是左边导航栏中选定对象所包含的内容；窗口下部是状态栏，用以显示某选定对象的一些属性。如图 3.3.2 所示是某台装有 Windows 7 操作系统的计算机资源管理器窗口。

在 Windows XP 及之前的版本中，文件管理的主要形式是以用户的个人意愿用文件夹的形式作为基础分类存放，然后再按照文件类型进行细化。但随着文件数量和种类的增加，加上用户行为的不确定性，原有的文件管理方式往往会造成文件存储混乱、重复文件多等情况，因此该管理方式已经无法满足用户的实际需求。为了克服这些问题，在 Windows 7 操作系统中引入了"库"，使得文件管理更加便捷，用户可以把本地或是局域网中的文件添加到"库"中收藏起来。

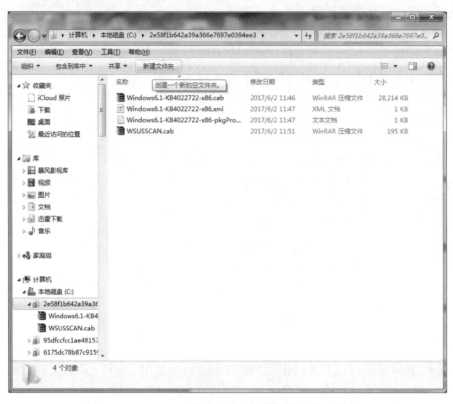

图 3.3.2　Windows 7 操作系统的计算机资源管理器窗口

"库"和传统文件夹有很多相似的地方，但其本质上却有着不同之处。传统文件夹（如"计算机"保存的文件或子文件夹）都存储在同一个地方，而在"库"中存储的文件则可以来自"五湖四海"（如可以来自用户计算机上的关联文件或者来自移动磁盘上的文件）。这个差异虽然比较细小，但却是传统文件夹与"库"之间的最本质差异。

4．控制面板

计算机是由硬件与软件构成的一个系统，操作系统是对这个系统进行管理的系统程序，在使用计算机的过程中，用户往往需要对其硬件与软件进行重新配置。Windows 操作系统为用户提供了"控制面板"功能，用户通过它可以方便地重新设置系统。

Windows 的"控制面板"集中了计算机所有的相关系统设置，包括系统和安全、用户账户和家庭安全、网络和 Internet、外观和个性化、硬件和声音、时间、语言和区域、程序和轻松访问中心等几大类，每一大类中再分成子类。这种组织使得操作变得简单快捷、一目了然。

打开控制面板的方法很多，最简单的做法是：单击"开始"/"控制面板"命令。从控制面板里启动一个设置的方法是：先选择某个相关设置的类别，然后选择一个子类，此时会出现所选子类包含的设置应用程序，最后在列表中选择一个具体的应用程序，这样就可以启动相应的应用程序窗口或对话框，完成设置操作。

在控制面板中，用户可以方便、快捷地管理设备、用户，以及卸载应用程序等。

（1）管理设备。每台计算机都配备了很多硬件设备，它们的各项性能和操作方式都不一样，在 Windows 操作系统中，用户对设备进行集中管理的工具是设备管理器。通过设备管理器，用户可以了解计算机上的硬件如何安装和配置信息，以及硬件如何与计算机程序交互的信息，还可以检查硬件状态，并更新安装在计算机上的硬件的设备驱动程序。通过设备管理器，用户可以极其方便地添加和管理硬件设备。图 3.3.3 为 Windows 7 操作系统中设备管理器对话框。

（2）管理用户。Windows 允许多个用户共同使用同一台计算机，每个用户都有自己的工作环境，如"桌面"和"我的文档"等，这就需要进行用户管理包括创建新用户以及为用户设置权限等。

用户管理是通过控制面板中相关的用户账户类别启动相应的窗口和对话框进行设置，一般的用户分为"管理员"和"标准用户"两种类型。管理员具有对计算机的完全访问权限，可以对计算机做任何修改；而标准用户则可以使用大多数的软件以及更改不影响其他用户或计算机的系统设置。

（3）卸载应用程序。应用程序的安装通常是通过应用程序自带的安装程序进行安装的，而其卸载即可通过程序自带的卸载工具卸载，也可以通过一些系统优化工具（如 360 安全卫士）进行

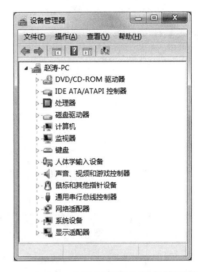

图 3.3.3　Windows 7 操作系统中设备管理器对话框

软件卸载，这里简要介绍最常见的通过控制面板来卸载应用程序。

在不同版本的 Windows 操作系统中，其控制面板都提供了对于程序的管理和设置，图 3.3.4 是 Windows 7 操作系统中控制面板提供的"程序和功能"模块，当选中列表中某一项欲卸载的程序后，单击"卸载或更改程序"即可根据提示进行卸载。

图 3.3.4　Windows 7 操作系统中控制面板"程序和功能"模块

5. 剪贴板

剪贴板是 Windows 操作系统中一个非常实用的工具，它是一块在 Windows 程序和文件之间用于传递信息的临时存储区。剪贴板不仅可以存储文字，还可以存储图像、声音等其他信息。通过剪贴板可以把多个文件的文字、图像、声音粘贴在一起，从而形成一个图文并茂、有声有色的文件。

剪贴板的使用步骤是：先将对象复制或剪贴到剪贴板这个临时存储区，然后将插入点定位到需要放置对象的目标位置，使用粘贴命令将剪贴板中信息传递到目标位置中。在 Windows 操作系统中，可以把整个屏幕或某个活动窗口作为图像复制到剪贴板上。具体操作如下。

（1）复制整个屏幕：按 Print Screen 键。

（2）复制窗口、对话框：先将窗口选择为活动窗口，然后按 Alt + Print Screen 组合键。

6. 任务管理器

Windows 任务管理器提供了有关计算机上所运行的程序和进程的信息，并显示标签页，窗口底部则是状态栏，从这里可以查看到当前系统的进程数、CPU 使用率、物理内存等数据。默认设置下的系统每隔两秒钟对数据进行一次自动更新，也可以单击"查看"菜单，对其"更新速度"重新设置。如图 3.3.5 所示是 Windows 7 操作系统中任务管理器的窗口界面。

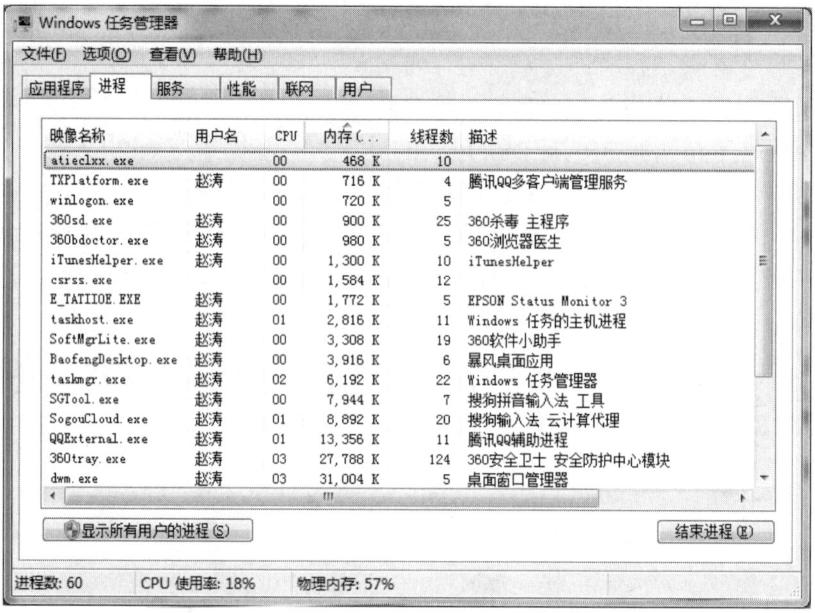

图 3.3.5　Windows 7 操作系统中任务管理器窗口

在 Windows 98 或更高版本中，通常使用 Ctrl + Alt + Delete 组合键就可以直接调出任务管理器窗口，除查看当前的系统信息外，任务管理器还有以下两个用途。

（1）终止未响应的应用程序。当系统出现像"死机"一样的状态时，往往存在未响应的应用程序。此时，可以通过任务管理器终止这些未响应的应用程序，这样系统就恢复正常了。

（2）终止进程的运行。当 CPU 的使用率长时间达到或接近 100%，或系统提供的内存长时间处于几乎耗尽的状态时，通常是因为系统感染了蠕虫病毒的缘故。利用任务管理器找到 CPU 或内存占用率高的进程，然后终止该进程。需要注意的是，系统进程无法终止。

7. 注册表

注册表是 Windows 操作系统、各种硬件设备，以及应用程序得以正常运行的核心"数据库"。几乎所有的软硬件以及系统设置问题都和注册表息息相关，Windows 操作系统通过注册表统一管理系统中的各种软硬件资源。注册表与系统之间的关系如图 3.3.6 所示。

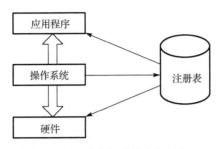

图 3.3.6　注册表与系统之间的关系

注册表数据库中保持着系统硬件和软件设置信息，在系统启动、配置安装程序等重要事件发生时，向系统提供重要数据信息。如在系统启动时，系统从注册表中读取信息，包括设备驱动程序及其加载顺序，设备驱动程序从注册表中获得配置参数，以及系统收集动态的硬件配置信息等。

注册表是一种层次数据库，其中的层次类似于硬盘上的目录结构。用户可以通过注册表编辑器（regedit.exe）来编辑注册表，如图 3.3.7 所示。需要特别强调的是：当编辑注册表时不会有"存盘"操作，任何修改都是"立即"发生的，所以在对注册表做任何修改之前都要先备份好注册表，否则对注册表错误的修改可能导致系统的彻底瘫痪。因此，在修改注册表时一定要慎重。

图 3.3.7　注册表编辑器窗口

8. 帮助和支持

Windows 帮助和支持是 Windows 的内置帮助系统，基于 HTML 的界面更友善、更好用，在这里可以快速获取常见 Windows 问题的答案、疑难解答提示以及操作执行说明。若计算机连接到 Internet，则可以获得如下的帮助和支持。

（1）在 Windows 帮助和支持设置为"联机帮助"的情况下，可以获得最新的帮助内容。

（2）通过远程协助获得帮助。

（3）使用 Web 上的资源。

若需要对不属于 Windows 的程序的帮助，则需要查询该程序的帮助，几乎每个程序都包含自己的内置帮助系统。打开程序帮助系统的方法有以下两种。

（1）在程序的"帮助"菜单上，单击列表中的第一项，如"查看帮助""帮助主题"或类似短语。

（2）按 F1 键。在几乎所有的程序中，按 F1 功能键将打开"帮助"。如图 3.3.8 所示是在 Word 应用程序中按下 F1 键获得的 Word 帮助窗口。

除特定于程序的帮助外，有些对话框和窗口也包含有关其特定功能的帮助主题的链接。如图 3.3.9 中的"？"和某些窗口中带下画线的彩色文本链接，单击它也可以打开帮助窗口。

图 3.3.8　Word 帮助窗口

图 3.3.9　插入表格对话框

本 章 小 结

操作系统是管理和控制计算机硬件和软件资源的计算机程序，它为整个计算机系统提供了软件平台的支持。操作系统是直接运行在"裸机"上的最基本的系统软件，它不仅是用户和计算机的接口，同时也是计算机硬件和其他软件的接口。伴随着计算机硬件技术的飞速发展，操作系统经历了从无到有、功能从弱到强的发展历程。操作系统的不断发展使得人们对于软件平台的需求从最初的实现基本的科学计算逐步转变到更加高效的多任务并行计算、多用户共享资源，以及更加便捷、高效的人机交互方式。

本章以计算机配置操作系统的主要作用为出发点，在引入操作系统的基本概念、主要特征和分类的同时，对于操作系统的主要功能从程序管理、文件管理、存储管理、磁盘管理和用户接口 5 大模块进行了深入论述，从而阐明了操作系统如何有效地管理和控制计算机资源，以及如何合理地组织安排计算机的工作流程以达到方便用户高效、便捷地使用计算机的目的。

由于操作系统种类繁多，因此本章在简要介绍各类常见操作系统的同时，还以目前装机普及率最高的 Windows 操作系统为例，向大家阐明了操作系统平台的基本思想、主要方法和功能。相信读者在深刻理解软件平台管理思想和基本原理的基础上，结合互联网、物联网以及移动系统的不断发展，一定能更好地让软件平台为应用服务，从而建立更加高效、便捷、安全、文明的信息化社会。

课后自测练习题

用微信扫描右侧二维码，进入答题页面，进行测试练习，答题结束后有答案解析。

1. 操作系统负责管理计算机的（　　）。
   A. 功能　　　　　B. 硬件　　　　　C. 程序　　　　　D. 资源
2. 以下（　　）不属于操作系统的特征。
   A. 并发性　　　　B. 虚拟性　　　　C. 确定性　　　　D. 共享性
3. 下列操作系统中，哪一组全为源代码开放的操作系统（　　）。
   A. FreeBSD、UNIX　　　　　　　　B. Linux、Android
   C. iOS、Windows　　　　　　　　　D. DOS、Mac OS
4. 以下哪种操作系统能够使计算机对外部事件请求做出及时响应，严格在规定的时间内完成对该事件的处理（　　）。
   A. 分时操作系统　　B. 批处理操作系统　C. 网络操作系统　　D. 实时操作系统
5. 把操作系统调入计算机内存，这个过程称为操作系统的（　　）。
   A. 引导　　　　　B. 启动　　　　　C. 调用　　　　　D. 运行
6. 以下关于程序和进程的说法中，错误的是（　　）。
   A. 进程是动态的，它代表一个正在执行的程序；而程序是静态的，它是外存上的指令和数据的集合
   B. 当一个程序同时被执行多次时，系统只需要创建一个进程就可以了
   C. 处于就绪状态的进程一旦得到了 CPU 便立即执行，进入执行状态
   D. 若在多 CPU 系统中，则可能有多个进程处于执行状态
7. 以下关于线程的说法中，正确的是（　　）。
   A. 为了更好地提高系统资源的利用率，线程通常被细分成多个进程
   B. 在 Windows 中，线程是 CPU 的分配原则和依据
   C. 把线程作为 CPU 的分配单位的好处是充分共享资源，减少内存开销，提高并发性
   D. 每个进程都包含有多个线程
8. 以下关于文件管理的说法中，不正确的是（　　）。

A. 文件管理系统可以被称为用户与外存储器之间的接口

B. 绝对路径是指从当前目录开始到某个文件之前的名称

C. 不同的操作系统能够支持的文件系统不一定相同

D. Windows 文件目录管理结构好像一棵倒置的树，树根为根文件夹（根目录），树中每个分枝为文件夹（子目录），树叶代表文件

9. （　　）主要管理计算机内存空间的分配、保护和扩充。

　A. 存储管理　　　B. 磁盘管理　　　C. 处理机管理　　　D. 虚拟内存

10. 以下关于硬盘的说法中，不正确的是（　　）。

　A. 新硬盘在使用之前一般要进行分区和格式化处理

　B. 由于大量的读写操作硬盘会产生大量的碎片，因此这会影响到硬盘数据的读写速度

　C. 格式化是彻底清除硬盘病毒的有效办法

　D. 磁盘管理仅仅是操作系统管理硬盘的重要手段

11. 以下哪种用户界面是最为流行的联机用户接口形式（　　）。

　A. 多媒体界面　　　　　　　B. 图形化用户界面（Graphics User Interface，GUI）

　C. 命令行界面　　　　　　　D. 系统调用界面

12. 以下哪一种操作系统不属于多任务操作系统（　　）。

　A. UNIX　　　B. Windows　　　C. DOS　　　D. Mac OS

13. 以下不属于数据文件的扩展名的是（　　）。

　A. dat　　　B. bmp　　　C. pptx　　　D. exe

14. 关于文件的说法，下列不正确的是（　　）。

　A. 将文件属性设置为只读可以起到保护文件的作用

　B. 在 Windows 中，具有隐藏属性的文件也可以通过设置让其可见

　C. 具有只读属性的文件，它可以被修改

　D. 一个文件被创建后，系统会自动将其设置成归档属性，这个属性常用于文件的备份

15. 在 Windows 操作系统中，各应用程序之间的信息交换是通过（　　）进行的。

　A. 写字板　　　B. 剪贴板　　　C. 记事本　　　D. 画图程序

16. Windows 操作系统提供给用户的一个管理文件和文件夹的重要工具是（　　）。

　A. 树形目录管理　　B. 任务管理器　　C. 资源管理器　　D. 控制面板

17. Windows 的（　　）集中了计算机所有的相关系统设置。

　A. 控制面板　　B. 设备管理器　　C. 资源管理器　　D. 任务管理器

18. 以下关于快捷方式的说法中，正确的是（　　）。

　A. 只有应用程序可以创建快捷方式　　　B. 一个对象只能创建一个快捷方式

　C. 快捷方式的一般扩展名是.lnk　　　　D. 快捷方式其实就是对象本身

19. 同时按下（　　）键可以打开 Windows 任务管理器。

　A. Alt + Tab　　B. Ctrl+ Alt + Delete　　C. Ctrl + Shift　　D. Ctrl+ Alt + Esc

20. （　　）是 Windows 操作系统中的一个核心数据库，其中存放着各种参数，直接控制着 Windows 的启动、硬件驱动程序的装载以及一些应用程序的运行。

　A. 控制面板　　B. 设备管理器　　C. 资源管理器　　D. 注册表

第 2 部分　信息表示与数据处理

第 4 章　信息与编码

第 5 章　数据处理与呈现

第 6 章　数据组织与管理

第 7 章　算法与程序设计

第 4 章 信息与编码

导读：

数据是对客观事物的符号表示，如数值、文字、声音、图形、图像等都是不同形式的数据；信息则是数据经过处理后的结果，是经过处理后有意义、有用处的数据，数据是信息的载体。计算机所做的一项重要工作就是将数据转换成信息，数据和信息在计算机内部采用二进制来保存。无论是指令还是数据，若想存入计算机中，则都必须采用二进制数编码形式，即使是图形、图像、声音等信息，也必须转换成二进制才能存入计算机中。

编码是什么？在本章中，这个词的意思是指一种用来在机器与人之间传递信息的方式。换句话说，编码就是交流，对任何能听见我们声音并理解我们所说的语言的人来说，我们发出声音所形成的词语就是一种编码。

本章的重要内容概括为 3 个部分，即信息的概念及信息在计算机中的表示方法、进制的概念及进制之间的转换、非数值数据的数字化编码方法。本章围绕计算机信息数字化原理与方法展开，对数制的概念、数值与数据的表示方式、数值计算，以及字符编码、汉字编码、图形与图像编码等进行具体介绍。目的是强调编码思路，并以条形码与 RFID 技术来说明编码方法的具体应用，旨在引导读者理解计算机科学的基本原理与方法。

知识地图：

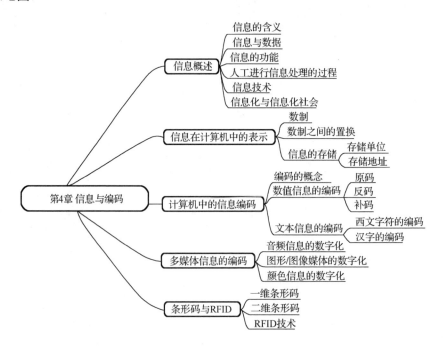

第 4 章　课程学习任务单

任务编码	401	任务名称	第 4 章　信息与编码
要求	通过在线上学习 MOOC/SPOC 相关视频内容，进行练习、讨论，完成第 4 章的学习。学习教材有关章节内容，把不懂地方标在课程学习任务单上。此课程学习任务单需要打印出来，再手工填写。		
学习目标	教学目的及要求： 1. 理解信息的概念、数据与信息的关系； 2. 理解进制的概念，掌握进制间的转换方法； 3. 理解用二进制表示数值信息的原则，理解各种码制的概念； 4. 掌握定点和浮点的编码方法； 5. 掌握常见字符编码方法，即 ASCII 码、汉字国标码等编码方法。 教学重点及难点： 1. 进制的概念及进制间的转换方法； 2. 数值编码和字符编码。		
学习要求	1. 观看 MOOC/SPOC 上"第 4 讲信息与编码"视频，阅读教材的"第 4 章"。 2. 完成 MOOC/SPOC 上"第 4 讲信息与编码"后的随堂测验及讨论。 3. 请认真完成本次课程学习任务单要求并认真填写。		
讨论问题	1. 数据和信息有什么区别？ 2. 计算机为什么采用二进制？在日常生活中，常用的数制有哪些？ 3. 在计算机中，为什么整数要用补码表示？ 4. 什么是补码？在计算机中，为什么引入补码？ 5. 为什么需要对计算机中的信息进行编码？ 6. 请讨论 ASCII 的编码规律。 7. 输入码、区位码、国标码、机内码、字形码之间有什么区别和联系？ 8. 图形和图像有什么区别？ 9. 图像的数字化过程是如何进行的？ 10. 音频、视频数字化过程是如何进行的？		
学习记录总结反思	学习 MOOC/SPOC 和在课堂学习中有什么困难？本格填写不下，写在本单反面。		

4.1 信息概述

人类从产生的那一天开始就生活在信息的海洋中。如原始人在森林中搜寻野果、野兽，以及各种猎物的信息。人类很早就懂得利用信息的一些性质来达到特定的目的，如结绳记事就是利用信息的可存储性。

在当代信息社会中，信息已成为人们所共知的流行词，日益受到人们的重视，它同能量和物质一起被称为人类社会与生活必不可少的三大资源。由此也引出什么是信息、什么是数据以及信息与数据有什么区别等一系列问题。

4.1.1 信息的含义

"信息"对应的英文单词是"Information"，它来源拉丁文"Informatio"，意思是解释、陈述。在中国港台地区，"Information"常被译为"资讯"。

什么是信息
（来自腾讯平台）

信息沟通的三要素
（来自腾讯平台）

在汉语中，"信"和"息"二字都有音信、消息等含义。在人类社会的早期和日常生活中，人们对信息的认识是比较宽泛和模糊的，多将信息看作消息的同义语。据考证，"信"和"息"二字连成一个词最早见于《三国志》，书中记载："诸葛恪围合肥新城，城中遣士刘整出围传消息，王子俭期曰：正数欲来，信息甚大。"

在人们的日常生活中几乎分分秒秒都要与信息打交道，人们会听到、看到、接触到各种信息，小到人们的衣食住行，大到社会的交流沟通、科技的发展进步、经济的繁荣昌盛、国家的兴旺发达，这些无不与信息密切相关。但是人们在对信息一词的理解和使用上仍然存在着不少分歧，如果有人问："什么是信息？"，获得的答案恐怕是五花八门，所以目前还未形成统一完整的关于信息的定义。

作为科学术语，由于人们接触信息的角度不同，因此不同的人给出了不同的信息定义和描述。据不完全统计，有文可考的"信息"定义已不少于一百种，虽然它们从不同侧面反映了信息的部分特征，但都存在着这样或那样的局限性。

一般来说，信息是表示一定意义的符号的集合，它可以是数字、文字、图形、图像、动画、声音等，它可以对客观世界直接进行描述并可以进行知识的传递，它是观念性的与载荷信息的物理设备无关。

从计算机应用角度看，通常将信息看成是人们进行各种活动所需要的或所获取的知识。在用计算机采集、处理信息时，必须要将现实生活中的各类信息转换成计算机能识别的符号，再加工处理成新的信息。数据可以是文字、数字或图像，它是信息的表示形式、信息的载体。

4.1.2 信息与数据

数据是指人们看到的形象和听到的事实，是信息的具体表现形式，它反映了信息的内容。信息是数据表达的含义，数据是各种各样的物理符号及其组合，信息是抽象的逻辑意义。数据可以用不同的形式表示，如图形、图像、曲线、数字等；而信息不会随数据形式的不同而改变。例如，某个时间的股票行情上涨就是信息，但它不会因为这个信息的描述形式是数据、图表或语言等形式而改变。

传统意义上的"数据"是指"有根据的数字"，数字之所以产生是因为人类在实践中发现仅仅用语言、文字和图形来描述这个世界是不精确的，同时也是远远不够的。例如，有人问："姚明有多高？"，如果有人回答说："很高""非常高""最高"，别人听了只能得到一个抽象的印象，因为每个人对"很""非常"有不同的理解，"最"也是相对的，但如果回答说："姚明的身高是 2.26 米"，这样就一清二楚。除了描述世界，数据还是我们改造世界的重要工具，人类的一切生产、交换活动，可以说都是以数据为基础展开的，如度量衡、货币的背后都是数据，它们的产生和发展都极大地推动了人类文明的进步。

严格意义上来讲，数据由原始数字组成，通过组织原始数字计算机可以生成信息。可以把数据看作是脱离上下文的事实，就像这页上的各个字那样，单独来看时许多字没有任何意义，但是把数据组合在一起后就可以传达特定的含义，就像可以利用大楼外侧的数千盏灯组合出美丽的图案一样，计算机可以把毫无意义的数据组成有用的信息，如电子数据表、图形和报告。

衣服标签上的信息
（来自腾讯平台）

由于信息与数据是密切关联的，因此在某些不需要严格区分的场合，也可以把两者不加区别地使用，如信息处理也可以说成数据处理。信息是有价值的，为了提高信息的价值就要对信息和数据进行科学的管理以保证信息的及时性、准确性、完整性和可靠性。随着计算机技术的发展，用来处理和管理信息的数据库技术正在快速地发展并趋于完善。

人们将原始信息表示成数据，该数据称为源数据。然后对这些源数据进行处理，从原始的、无序的、难以理解的数据中抽取或推导出新的数据，这些新数据称为结果数据。结果数据对某些人来说具有重要的价值和意义，它表示新的信息可以作为某种决策的依据并用于新的推导，这个过程通常称为数据处理或信息处理。

数据经过处理后其表现形式仍然是数据。处理数据是为了便于更好地解释，只有经过解释数据才有意义，才能成为信息，因此信息是经过加工并对客观世界产生影响的数据。

信息与数据是不同的，信息有意义而数据没有。例如，全班学生考试成绩被保存在计算机中，这些考试成绩是原始数据，如果某位老师想知道某名学生某门课程每次测验成绩是否及格，那么他想得到的就是信息。如图 4.1.1 所示。

图 4.1.1 数据、信息、知识三者之间的关系

可以看出，信息是经过加工处理后对人有用的数据和消息，同物质财富一样，信息具有价值，并可以使物质财富具有更高的价值。人们不断地采集（获取）、加工信息、运用信息为社会各个领域提供服务，因此信息是知识、技术、资源和财富。

传统意义上的数据、信息、知识也都是完全不同的概念，数据是信息的载体；信息是有背景的数据；而知识是经过人类归纳和整理后最终呈现规律的信息。如图 4.1.2 所示。

数据最早来自测量，所谓"有根据的数字"是指数据是对客观世界测量结果的记录，而不是随意产生的。测量是从古至今科学研究最主要的手段，可以说，没有测量就没有科学；也可以说，一切科学的本质都是测量。就此而言，数据之于科学的重要性，就像语言之于文学、音符之于音乐、形色之于美术一样，离开数据就没有科学可言。

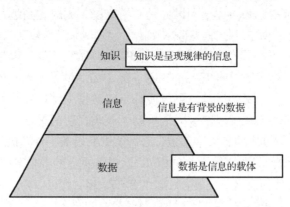

图 4.1.2　数据、信息、知识

除测量外，新数据还可以由老数据经计算衍生而来。测量和计算都是人为的，也就是说，世上本没有数，一切数据都是人为的产物。我们说的"原始数据"并不是"原始森林"这个意义上的"原始"，原始森林是指天然就存在的，而原始数据仅仅是指最初的、没有经过人为修改的数据。

但进入信息时代后，"数据"二字的内涵开始扩大，即不仅指代"有根据的数字"，还统指一切保存在计算机中的信息，包括文本、图片、视频等。这其中的原因是：20 世纪 60 年代，软件科学取得了巨大进步，同时产生了数据库，此后数字、文本、图片都不加以区分地保存在计算机的数据库中，数据也逐渐成为数字、文本、图片、视频等内容的统一，也即"信息"的代名词。

图 4.1.3　数据的三大来源

文本、音频、视频本身就已经是信息，而且其来源也不是对世界的测量，而是对世界的一种记录，所以信息时代的数据又多了一个来源，即记录。数据的三大来源如图 4.1.3 所示。

进入信息时代后，数据成为信息的代名词，两者可以交替使用。一封邮件虽然包含很多条信息，但从技术的角度出发，可能还是"一个数据"，就此而言，现代意义上的数据的范畴其实比信息还大。

4.1.3　信息的功能

现代社会的各个学科、各个领域都在谈论信息有着广泛的用途。中国著名学者、原北京邮电大学副校长钟义信教授在《信息与信息化》一书中提出信息具有 8 大功能：信息是存在的资源、信息是知识的源泉、信息是决策的依据、信息是控制的灵魂、信息是思维的材料、信息是实际的准绳、信息是管理的基础、信息是组织的保证。作为事物运动的状态和方式，信息对人类的生存和发展都具有重要的意义，可将信息的基本功能概括为以下 3 个方面。

1. 信息是人类生存的前提

按照进化论学说，"适者生存"是一切生物生存进化的根本法则。任何事物要想获得自身发展，其根本前提就是要能够适应不断变化的环境；否则就会被大自然所淘汰。类似地，人们为了适应环境，首先要发现并观察环境的变化，即要能够从环境中不断获取信息，并根据信息来制定行动策略。总之，人类要是没有信息就不能够生存。

2. 信息是人类发展所必需的重要资源

从根本上说，信息、物质和能量是人类社会资源的三大支柱。作为资源，信息为人们提供无穷无尽的知识和智慧，物质、能量与信息构成"三位一体"、相辅相成、不可或缺的关系，特别是在高级的、有目的性的系统中这种关系更为明显。总之，没有物质，系统便无形体；没有能量，系统便无活力；没有信息，系统便无灵魂。

3. 信息是人类一切智慧与知识的源泉

在人类认识和实践过程中，信息扮演的角色至关重要。为了认识世界，人们首先要通过自己的感官去感知世界各种事物运动的状态和方式，即通过信息感官去获得外部世界的信息；然后将这些信息传给大脑，并在大脑中进行存储、变换、比较、分析、去伪存真，然后提取有用的部分，形成初步的判断，获得相应的认识。这种经过对外界信息加工而产生的新信息，称为决策信息，它借助于一定的物质和能量的形式又反作用于外部世界，这样就完成了由客观到主观，再由主观到客观的第一次循环。

4.1.4 人工进行信息处理的过程

在日常生活中，我们时刻都在与信息打交道。如报纸、新闻、成绩、上下课的铃声、刮风下雨、节气变化等，这些用文字、图像、声音、数字、现象、情景等表示的内容称为信息。

人类的生产和生活很大程度上依赖于信息的收集、处理和传送。获取信息并对其进行加工处理，使之成为有用的信息并发布出去的过程称为信息处理。信息处理的过程主要包括信息的获取、储存、加工、发布和表示。

人们用眼睛、耳朵、鼻子、手等感觉器官直接获取外界的各种信息，然后经神经系统传递到大脑，再经过大脑的分析、归纳、综合、比较、判断等处理后，能产生更有价值的信息，并且采用说话、写字、动作、表情等方式输出信息。人工进行信息处理的过程如图4.1.4所示。

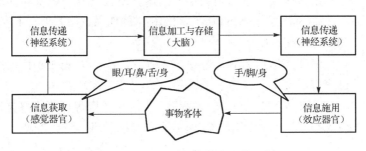

图 4.1.4 人工进行信息处理的过程

人工信息处理的不足：算不快、记不住、传不远、看（听）不清。由此可见，人们要借助于信息技术（IT）来弥补人工信息处理的不足。

4.1.5 信息技术

在浩如烟海的信息世界里,要有目的地搜集和获取信息,并对获取的信息进行必要地加工从而得到有用的信息就需要通过信息技术来实现。

1. 什么是信息技术

从技术的本质意义上讲,信息技术是人类在认识自然、改造自然的过程中,为了延长自身信息器官的功能,同时争取更多、更好的生存发展机会从而产生和发展起来的技术。信息技术是能够提高或扩展人类获取信息能力的方法的总称。

现代信息技术
(来自腾讯平台)

根据使用的目的、范围和层次不同,对信息技术的定义也有所不同。一般来说,信息技术(Information Technology,IT)是指获取信息、处理信息、存储信息、传输信息等所用到的技术,这些技术包括计算机技术、通信技术、微电子技术、传感技术、网络技术、新型元器件技术、光电子技术、人工智能技术、多媒体技术等。其核心技术主要包括传感技术、通信技术、计算机技术以及微电子技术等。可以形象地说,传感技术是扩展人的感觉器官收集信息的功能;通信技术是扩展人的神经系统传递信息的功能;计算机技术是扩展人的思维器官处理信息和决策的功能;而微电子技术可以低成本、大批量地生产出具有高可靠性和高精度的微电子结构模块,同时扩展了人类对信息的控制和使用能力。

2. 信息技术的发展及其在人类社会中的作用

信息技术随着科学技术的进步而不断发展。在远古时代,人类只能利用感觉器官来收集信息,用大脑存储和处理信息;19世纪末,电报、电话的诞生扩大了人们进行信息交流的空间,缩短了信息交流的时间;进入20世纪后,随着无线电技术、计算机技术和卫星通信技术的发展,人类传输和处理信息的能力得到很大的提高。

信息技术发展的
5次革命
(来自腾讯平台)

目前,人们可以利用收音机收听国内外的新闻,通过电视收看电视节目,用传真机传送图文资料,在网络上用计算机检索信息,实现远程教育等。

人类的信息技术发展历程就是信息革命的历史,人类的进步与科学的发展离不开信息革命。迄今为止,人类社会已经经历了5次信息革命。

第1次信息革命是语言的使用,使人类有了交流和传播信息的工具。

第2次信息革命是文字的使用,使人类有了记录和存储信息的工具。

信息技术在土地
资源管理中的应用
(来自腾讯平台)

第3次信息革命是造纸和印刷术的使用,使人类有了生产、存储、复制和传送信息的媒介。

第4次信息革命是电报、电话、广播和电视的使用,使人类有了广泛、迅速传播文字、声音、图像等信息的多媒体。

第5次信息革命是计算机、通信、网络等现代信息技术的综合使用,使人类有了大量存储、高速传递、精确处理、广泛交流、普遍共享信息的方法。

现代信息技术
助力农业普查
(来自腾讯平台)

信息技术影响到人类生产和生活的各个方面,每次信息革命都推动了当时人类在生产和生活等方面的进步,不同的信息革命在人类历史上起着不同的推动作用，而且一次比一次的作用更大、意义更深远。例如，计算机已经在很大的广度和深度上成为人类大脑思维的延伸，并成为人类进行现代化生产和生活无法取代的工具。又如无线电广播用了 38 年的时间使听众达到了 5000 万，电视用了 13 年的时间使观众达到了 5000 万，而 Internet 只用了 5 年的时间就使它的用户超过了 5000 万。另外，第 5 次信息革命大大加速了人类进入信息化社会的进程。

信息技术包括计算机技术、通信技术和网络技术，其核心技术是计算机技术。建立在微电子技术及软件技术基础上的计算机是现代社会的"大脑"，那么由程控交换机、大容量光纤、通信卫星及其他现代化通信设备交织而成，覆盖全球的通信网络就是现代社会的"神经系统"。

4.1.6 信息化与信息化社会

信息化（Informatization）是指在经济和社会活动中，通过普遍采用现代信息技术和信息装备建设和完善先进的信息基础设施，发展信息技术和信息产业，增强开发和利用信息资源的能力，促进经济发展和社会进步，并且使信息产品和服务在国民经济中占据主导地位，同时使物质生产与精神生活的质量和水平实现高度发展历史进程的目标。

关于信息化的表述，在中国学术界和政府内部做过较长时间的研讨。例如，有的人认为：信息化就是计算机、通信和网络技术的现代化；有的人认为：信息化就是从物质生产占主导地位的社会向信息产业占主导地位的社会转变的发展过程；还有的人认为：信息化就是从工业社会向信息社会演进的过程，还有其他很多关于信息化的表述，在这里不一一列举。

信息化技术让城市更"智慧"
（来自央视平台）

1997 年，我国召开的首届全国信息化工作会议上，对信息化和国家信息化定义为："信息化是指培育、发展以智能化工具为代表的新的生产力并使之造福于社会的历史过程"。国家信息化就是指在国家统一规划和组织下，在农业、工业、科学技术、国防及社会生活各个方面应用现代信息技术深入开发、广泛利用信息资源，同时加速实现国家现代化进程。实现信息化就要构筑和完善 6 个要素（开发利用信息资源，建设国家信息网络，推进信息技术应用，发展信息技术和产业，培育信息化人才，制定和完善信息化政策）的国家信息化体系。

信息化驱动现代化
（来自腾讯平台）

在信息化社会（Information Society）里，信息作为一种新颖的资源而在社会生产的经济发展中起着主导和决定性的作用。人们将逐渐减少同以物质资源为代表的自然界打交道，而更多地与信息资源打交道。信息资源的开发和利用将成为这个时代生产力发展水平的重要标志。

互联网时代的智能城市
（来自腾讯平台）

有学者认为，信息化社会必须具备两个条件：一是，信息产业的产值占国民经济总产值的一半以上；二是，从事信息产业的人员占总从业人员的一半以上。由此判断，人类社会离信息化社会的到来还有一段距离，但是信息化社会的实现也是可以预期的，其优越性已能预见。

无论是经济领域还是社会生活的各个方面，信息化对整个社会都产生了深远的影响。信息化对传统的思维模式、发展模式、贸易模式、管理模式都产生了巨大的冲击，并推动信息化产业成为全球最具活力的产业。

在信息社会中，数字化是重要的技术基础。数字化是用二进制编码对多种信息，包括文字、数字、声音、图形、图像、视频等进行表达、存储、传输和处理，这是数字化的基本过程，其核心思想和技术是用计算机的数字逻辑世界来映射现实物理世界。数字化技术中的"bit"已经成为信息社会中人们的生存环境和生存基础的 DNA，并不断改变着人类的生活、工作、学习和娱乐方式。离开数字化的信息社会就是空中楼阁，因此有时经常将数字化社会作为信息社会的代名词。

4.2 信息在计算机中的表示

日常生活中的信息是由各种符号表示的，但对于计算机来说一切都是数字。即数字是数字，字母和标点符号是数字，声音和图片还是数字，甚至计算机自己的指令也是数字，在计算机屏幕上看到字母时，看到的只是计算机表示数字的方法之一。例如，考虑句子"Here are some words."对于我们来说这是一串字母字符，但是对于计算机来说这个句子则是由一串 1 和 0 组成的。

在计算机系统中，所有的符号都要用电子元件的不同状态（即电信号）来表示。因此计算机处理信息的首要问题就是要解决不同的信息在计算机中如何表示的问题。

4.2.1 数制

从很小的时候开始，我们就懂得了数字和计数的概念，如幼儿园的小朋友就利用 10 个手指进行计数。在人们的日常生活中，通常讲的数是由 0~9 这 10 个数字以及小数点和正负号构成的，人们将由 10 个数字符号构成的数称为十进制数。数有两个用途：一个用途是记数；另一个用途是计算。记数就是记录"数量"，数量的大小与表示它的进制是没有关系的；但是在计算的过程中，数的计算需要物理实现，不同的数制其计算的实现必将不同，数的进制直接关系到计算机的硬件设计和构造。

日常生活中除十进制外，还有二十四进制（24 小时为一天）、六十进制（60 分钟为 1 小时，60 秒为 1 分钟）、二进制（鞋、袜子等两只为一双）等。

1. 数制的概念

数制（Numbering System）也称计数制，是指用一组数码符号和规则来表示数值的方法，分别有进位计数制和非进位计数制。按照进位的原则进行计数的数制称为进位计数制，简称进制；表示数值大小的数码与它在数中的位置无关的数制称为非进位计数制，如罗马数制就是典型的非进位计数制。

我们使用的数制以 10 为基数，这很可能是因为我们有 10 根手指。尽管存在很多不同的数制，但是数制仅仅是一种计数方法。

人们习惯使用基数 10 表示数字，而计算机使用的是基数 2 表示数字，因此计算机的数据看起来特别陌生。因为使用 10 个符号：0，1，2，3，4，5，6，7，8 和 9，所以称其为十进制数制（Decimal Number System，Deci 在拉丁文中表示"10"），该数制的基数为 10。当需要表示大于 9 的数字时，应当使用两个符号，如 9+1=10。因为一个数字中的每个符号都被称为一个"数位"，所以 10 是一个两位数。若要组成十进制数中的所有两位数（10~99），则必须用完该数制中 10 个符号的全部组合，组成 90 个两位数以后，接着是三位数（100~999），以此类推。即利用最开始的 10 个符号，这种模式就可以不断地延续下去。

随着数字变得越来越长，位置的概念也变得越来越重要。以 1324 为例，这个数字包含 4 个位置：千位、百位、十位和个位。因此 1 在千位，3 在百位，2 在十位，4 在个位。

2．进位计数制的基本特点

（1）基 R 数制。在采用进位计数的数字系统中，若只用 R 个基本符号（如 0，1，2，…，R–1）表示数值，则称其为基 R 数制（Radix-R Number System），R 称为该数制的基（Radix）。如十进制数（Decimal）的基数为 10，其符号有 10 个：0～9；二进制数（Binary）的基数是 2，其符号有两个：0 和 1；八进制数（Octal）的基数为 8，其符号有 8 个：0～7；十六进制数（Hexadecimal Number）的基数为 16，其符号有 16 个：0～9，a～f（或 A～F）。

（2）逢 R 进一。在不同数制中各自都有一套统一的规则。R 进制的规则是逢 R 进一，如十进制数逢 10 进 1，八进制数逢 8 进 1，二进制数逢 2 进 1，十六进制数逢 16 进 1。

（3）采用位权表示法。表示数值大小的数码与它在数中的位置有关，即处于不同位置的数符所代表的值不同，且与它所在位置的"权"值有关。位权值的大小是以基数 R 为底，以该数所在位置的序号为指数的整数次幂。如十进制数的整数部分的位权值从个位开始向左依次为 10^0，10^1，10^2，…，十进制小数部分的位权从小数点后第一位开始向右依次为 10^{-1}，10^{-2}，10^{-3}，…。如十进制数 8888.888 可表示为

$$8888.888 = 8\times10^3 + 8\times10^2 + 8\times10^1 + 8\times10^0 + 8\times10^{-1} + 8\times10^{-2} + 8\times10^{-3}$$

可以看出，各种进位计数制中的权的值恰好是基数的某次幂。因此，任何一种进位计数制表示的数都可以写出按其权展开的多项式之和，任意一个 R 进制数 N 可表示为

$$N = \sum_{i=m-1}^{-k} D_i \times R^i = D_{m-1} \times R^{m-1} + \cdots + D_2 R^2 + D_1 \times R^1 + D_0 R^0 + D_{-1} \times R^{-1} + D_{-2} R^{-2} + \cdots + D_{-k} R^{-k}$$

式中的 m 是整数位位数，k 是小数位位数，D_i 为该数制采用的基本数符，R^i 是权，R 是基数，且不同的基数表示不同的进制数。表 4.2.1 所示的是计算机中常用的进位计数制的基数和数字符号。

数码、基数和位权是进位计数制中的 3 个要素。无论是什么进制的数都按照基数来进位、借位，并且用位权值来计数。

例 4.1 十进制数 678.34 的位权展开式为

$$678.34 = 6\times10^2 + 7\times10^1 + 8\times10^0 + 3\times10^{-1} + 4\times10^{-2}$$

上述式子中，6、7、8 为数码，10 为基数，10^1 为位权。

表 4.2.1　计算机常用的进位计数制的基数和数字符号

进位制	二 进 制	八 进 制	十 进 制	十 六 进 制
规则	逢二进一	逢八进一	逢十进一	逢十六进一
基数	2	8	10	16
数字符号	0，1	0～7	0～9	0～9，A，B，C，D，E，F
权	2^i	8^i	10^i	16^i

3．计算机中的各种数制

在计算机中，信息广泛采用二进制数形式表示。由于二进制数在表示一个数时，对应的进制

数字串较长,因此很多时候也使用八进制数和十六进制数来表示数,它们主要用来描述存储单元的地址。4 种常用进制数的表示及其与十进制数之间的对应关系见表 4.2.2。在日常工作和生活中,数字通常是十进制数,它主要用在计算机外部便于查看。为了区分不同进制的数,常采用括号外面加数字下标的表示方法,或在数字后面加上相应的英文字母来表示它所采用的进制:字母 D 表示数据为十进制;字母 B 表示数据为二进制(Binary Notation,Bi 在拉丁文中表示"2");字母 O 表示数据为八进制(Octal Notation);字母 H(或在数据前加"0x")表示数据为十六进制(Hexadecimal Notation)。如十进制的 36 可表示为 $(36)_{10}$ 或 36D、二进制的 10011 可表示为 $(10011)_2$ 或 10011B,八进制的 36 可表示为 $(36)_8$ 或 36O,十六进制的 36 可表示为 $(36)_{16}$ 或 36H。

表 4.2.2 4 种常用进制数的表示及其与十进制数之间的对应关系

十进制数 D	二进制数 B	八进制数 O	十六进制数 H	十进制数 D	二进制数 B	八进制数 O	十六进制数 H
0	0	0	0	8	1000	10	8
1	1	1	1	9	1001	11	9
2	10	2	2	10	1010	12	A
3	11	3	3	11	1011	13	B
4	100	4	4	12	1100	14	C
5	101	5	5	13	1101	15	D
6	110	6	6	14	1110	16	E
7	111	7	7	15	1111	17	F

4.二进制及其意义

在数的各种进制中,二进制是最简单的一种计数进制,它的数码只有两个,即 0 和 1。二进制对于现代计算机的研制具有重要的理论意义,通常表现在以下 3 个方面。

二进制与易经
(来自腾讯平台)

计算机为什么
采用二进制编码
(来自腾讯平台)

(1)二进制在物理上最容易实现。在自然界中具有两种状态的物质比比皆是,如电灯的亮与灭、电平的高与低、电磁场的 N 极和 S 极等,这些状态容易实现数的表示和存储。计算机的电子器件、磁存储和光存储的原理都采用了二进制的思想,即通过磁极取向、表面凹凸来记录数据 0 和 1。

(2)二进制的运算规则简单且只有 3 种运算法则,即

$$0+0=0,\ 0+1=1,\ 1+1=10(向高位进位)$$

这样的运算很容易实现,在电子电路中只需运用简单的算术逻辑运算元件即可完成。同时采用数据的补码表示可以将数据的减法运算变为加法运算,另外由于乘法运算可以通过加法实现,除法运算可以通过减法实现,因此只需要设计一个加法器,就可以完成加、减、乘、除运算,极大地降低了计算装置的设计难度。

(3)进制码的两个符号"1"和"0"正好与逻辑命题的两个值"是"和"否"或称"真"和"假"相对应,为计算机实现逻辑运算和程序中的逻辑判断提供了便利的条件。

正是基于上述原因,二进制成为现代计算机的重要理论基础。

4.2.2 数制之间的转换

将数由一种数制转换成另一种数制称为数制间的转换。由于计算机采用二进制表示数据,而日常生活或数学中人们习惯使用十进制数,因此计算机在进行数据处理时必须把输入的十

进制数转换成计算机能识别的二进制数，处理结束后再把二进制数转换成人们习惯的十进制数。这两个转换过程是由计算机系统自动完成的。

1．R 进制数转换为十进制数

R 进制数转换为十进制数非常简单，只要将该进制数按位权展开并逐项求和即可。

例 4.2 将二进制数 11010111 转换成十进制数。

$$11010111B = 1 \times 2^7 + 1 \times 2^6 + 0 \times 2^5 + 1 \times 2^4 + 0 \times 2^3 + 1 \times 2^2 + 1 \times 2^1 + 1 \times 2^0 = (215)_{10}$$

例 4.3 将十六进制数 A12F.28 转换成十进制数。

$$A12F.28H = A \times 16^3 + 1 \times 16^2 + 2 \times 16^1 + F \times 16^0 + 2 \times 16^{-1} + 8 \times 16^{-2} = (41263.15625)_{10}$$

2．十进制数转换为 R 进制数

将十进制数转换为 R 进制数，需要对整数部分和小数部分分别进行转换。

进制转换
（来自腾讯平台）

整数部分的转换采用"除基数取余数法"或"除 R 取余数法"，即用基数 R 多次整除被转换的十进制数的整数部分，直到商为 0。每次整除后所得的余数按倒序排列便是对应 R 进制数的整数部分，即第一次整除基数所得的余数是该进制数的最低位，最后一次整除基数所得的余数是最高位。

小数部分的转换采用"乘基数取整法"或"乘 R 取整法"，即用基数 R 多次乘以被转换的十进制数的小数部分，每次相乘后所得的乘积的整数部分按正序排列便是对应 R 进制数的小数部分，即第一次乘基数所得的整数部分是该进制数的最高位（小数点后一位），最后一次所得的是最低位。

将一个十进制数的整数部分和小数部分分别转换后再组合，一个完整的转换过程就完成了。

例 4.4 将十进制数 35.625 转换为二进制数，计算过程如下。

整数部分转换：采用"除基数取余数法"。

35÷2=17	余数为 1
17÷2=8	余数为 1
8÷2=4	余数为 0
4÷2=2	余数为 0
2÷2=1	余数为 0
1÷2=0	余数为 1

根据上述计算过程，得到整数 35 的二进制数为 100011，即有 $(35)_{10} = (100011)_2$。

小数部分转换：采用"乘基数取整法"。

0.625×2=1.250 　整数位 1
0.250×2=0.5 　　整数位 0
0.500×2=1.0 　　整数位 1

根据上述计算过程，得到小数 0.625 的二进制数为 .101：$(.625)_{10} = (.101)_2$。

最后结果：$(35.625)_{10} = (100011.101)_2$。

3．二进制数与八进制数、十六进制数之间的相互转换

因为 $8 = 2^3$ 与 $16 = 2^4$，也就是说 1 个八进制数位等于 3 个二进制数位，1 个十六进制数位

等于 4 个二进制数位。因此，可以很容易地实现二进制数与八进制数、二进制数与十六进制数之间的转换。

二进制数转换为八进制数：以小数点为分界点，左右每 3 位二进制数为一组，不足 3 位以零补足。小数点左面的二进制数不足 3 位在最前面补零，小数点右面的二进制数不足 3 位在最后面补零。

例 4.5　将二进制数 101101.01 转换成八进制数。

101101.01B=101 101.010B=55.2O　　（整数高位和小数低位补零）

二进制数转换为十六进制数：以小数点为分界点，左右每 4 位二进制数为一组，不足 4 位以零补足。小数点左面的二进制数不足 4 位在最前面补零，小数点右面的二进制数不足 4 位在最后面补零。

例 4.6　将二进制数 101101.01 转换成十六进制数。

101101.01B=0010 1101.0100B=2D.4H　　（整数高位和小数低位补零）

八进制数转换成二进制数，将每位八进制数以 3 位二进制数表示。

例 4.7　将八进制数 76.42 转换成二进制数。

76.42O=111 110.100 010B=111110.10001B

十六进制数转换成二进制数，将每位十六进制数以 4 位二进制数表示。

例 4.8　将十六进制数 A3B.C 转换成二进制数。

A3B.C=1010 0011 1011.1100B=101000111011.11B

4.2.3　信息的存储

计算机是以二进制方式组织、存放信息的。这是因为二进制数只有 0 和 1 两个数码，即对应两种状态，用电子器件表示两种状态是很容易的（十进制数有 10 个数码对应 10 种状态，用电子技术实现起来很困难），如电灯的亮和灭、晶体管的导通和截止、电压的高和低等。如果电子器件的这两种状态分别用 0 和 1 表示，那么按照数位进制的规则，并且采用一组同类物质可以很容易地表示出一个数据。另外，二进制数的运算规则很简单，即 0+0=0，0+1=1，1+1=10，这样的运算很容易实现，在电子电路中，只要用一些简单的逻辑运算元件就可以完成。再加上由于二进制数只有两个状态，因此数字的传输和处理不容易出错，使计算机工作的可靠性得到提高。因此在计算机内部，一切信息（包括数值、字符、图形、指令等）的存放、处理和传送均采用二进制数的形式。

1. 信息的存储单位

信息的存储单位有位、字节和字等。在计算机内，一个二进制位也称比特，记为 bit 或 b，这是最小的信息单位，用 0 或 1 表示。由于 1 比特太小，无法用来表示出信息的含义，因此又引入了字节，字节也称拜特，记为 Byte 或 B（注意：这里 B 作为信息量大小的单位，不要与数的表示中表示为二进制数的 B 混淆）,它是信息存储中最常用的基本单位。在计算机中规定，1 字节为 8 个二进制位（1B=8bit），除字节外，还有千字节（kB）、兆字节（MB）、

存储单位的区别
（来自腾讯视频）

吉字节（GB）、太字节（TB），拍字节（PB）。它们之间的换算关系如下。

1kB=1024B=2^{10}B

1MB=1024kB=2^{10}kB=2^{20}B

1GB=1024MB=2^{10}MB=2^{20}kB=2^{30}B

1TB=1024GB=2^{10}GB=2^{20}MB=2^{30}kB=2^{40}B

1PB=1024TB=2^{10}TB=2^{20}GB=2^{30}MB=2^{40}kB=2^{50}B

计算机中也经常用字表示信息，字常记为 Word 或 W，字是计算机进行信息处理时，CPU能够直接处理的一组二进制位数。一个字由若干字节构成，通常将组成一个字的位数称为该字的字长。若一个字由 4 字节（即 32 位）组成，则该字字长为 32 位。字长取决于计算机的类型，常见的字长有 32 位（如 386 机、486 机）、64 位（如 586 机、Pentium 机系列）等。一般情况下，字长越长运算速度越快，计算精度就越高且处理能力也越强，所以字长是衡量计算机硬件品质优劣的一项重要的技术指标。

2．存储设备结构

计算机中用来存储信息的设备称为存储设备，常见的有内存、硬盘、优盘、光盘等。不论什么存储设备，存储设备的最小单位都是"位"，而存储数据的单位是"字节"，一字节称为存储器的一个存储单元（Memory Cell），数据的传输是按字节的倍数进行的，即存储设备中数据是按字节组织存放的。

（1）存储单元。存储单元一般应具有存储数据和读写数据的功能，一个存储单元可以存储 1 字节，也就是 8 个二进制位。计算机存储器的容量是以字节为最小单位来计算的，对于一个有 128 个存储单元的存储器，可以说它的容量为 128 字节。

计算机是如何存储信息的
（来自腾讯视频）

如果 1kB 的存储器有 1024 个存储单元，那么它的编号范围为 0～1023。存储器被划分成了若干存储单元，每个存储单元都是从 0 开始顺序编号，若一个存储器有 128 个存储单元，则它的编号范围是 0～127。

存储单元的特点是：只有在往存储单元里写新的数据时，该存储单元的内容才会被新值替代；否则永远保留旧值。

（2）存储容量。存储容量是指一个存储设备所能容纳的二进制信息量的总和，它是衡量计算机存储能力的主要指标，且通常用字节来计算和表示。随着计算机技术的发展，存储容量会越来越大。

3．编址与地址

通常假设存储单元的位是排成一行的，该行的左端为高位端，右端为低位端。高位端的最左一位称高位或最高有效位，低位端的最右一位称低位或最低有效位。字节型存储单元的结构如图 4.2.1 所示。

存储器是由一个个存储单元构成的，为了对存储器进行有效地管理就需要对各个存储单元编号，即给每个单元最高有效位赋予一个地址码，称为编址，这些都是由操作系统完成的。经编址后，存储器在逻辑上便形成一个线性地址空间。

图 4.2.1　字节型存储单元的结构

存储地址一般用十六进制数表示，而每个地址所标注的存储单元中又存放着一组二进制（或十六进制）表示的数，通常称为该存储单元中的内容。值得注意的是，存储单元地址和存储单元内容两者是不一样的，前者是存储单元的编号，表示存储器中的某个位置；而后者表示这个位置里存放的数据。如前者是房间号码，而后者是房间里住的人。

地址号与存储单元是一一对应的，CPU 访问存储单元中的信息（数据、程序）是 CPU 操作的对象。存储体的结构如图 4.2.2 所示。

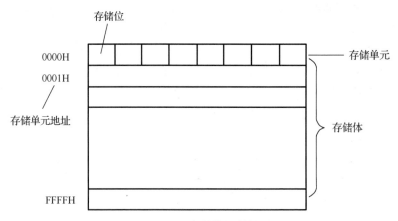

图 4.2.2　存储体的结构

存放一个机器字的存储单元，通常称为字存储单元，相应的单元地址称为字地址。而存放 1 字节的单元，称为字节存储单元，相应的地址称为字节地址。若计算机中可以编址的最小单元是字存储单元，则该计算机称为按字寻址的计算机；若计算机中可编址的最小单位是字节，则该计算机称为按字节寻址的计算机；若机器字长等于存储器单元的位数，则一个机器字可以包含数字节，所以一个存储单元也可以包含多个能够单独编址的字节地址。如一个 16 位二进制的字存储单元可存放 2 字节，可以按字地址寻址，也可以按字节地址寻址，当用字节地址寻址时，16 位的存储单元占两个字节地址。

4.3　计算机中的信息编码

计算机的发明最初确实是为了科学计算，但发展到今天，计算机主要成为我们常用的信息机器，我们使用计算机来处理各种各样的文档，这些文档中有中文文档也有英文文档，对于英文中的字符如何进行编码？在计算机中又如何进行处理？这是这一节的主要内容，今天的计算机作为信息机器可以处理各种各样的数据，这些数据包括数字、数值、文本信息、图形/图像、音频和视频信息。那么对于数值信息如何表示？如何完成科学计算？文本信息（各种语言的文本字符）在计算机内是如何被表示、如何被处理的？这些问题都是讨论的重点。

计算机最主要的功能是处理信息，信息有数值、文字、声音、图形和图像等多种形式。在计算机内部，各种信息都必须经过数字化编码后才能被传送、存储和处理。因此掌握信息编码的概念与处理技术是至关重要的。

4.3.1 编码的概念

编码的概念
（来自腾讯视频）

在数字化社会中，编码与人们生活、学习密切相关，如我们熟悉的身份证号、电话号码、邮政编码、条形码、学号、工号等都是编码。

所谓编码就是采用少量的基本符号，选用一定的组合原则以表示大量复杂多样的信息。基本符号的种类和这些符号的组合规则是一切信息编码的两大要素。如用10个阿拉伯数码表示数字，用26个英文字母表示英文词汇等，这些都是编码的典型例子。

编码具有3个主要特征，即唯一性、公共性和规律性。唯一性是指每种组合都有确定的、唯一的含义；公共性是指所有相关者都认同、遵守和使用这种编码；规律性是指编码应有一定的规律和一定的编码规则，便于计算机和人们识别它并使用它。以长安大学学生的学号编码为例，学号由10位数字构成，其中1～4位为入学年份；第5位为学生类别（如本科生、硕士生、博士生、留学生，其中全日制本科生类别编码为9）；6～10位为顺序号。按照这个规则，可以对每个新入学的学生进行编码，知道了这个规则就可以从学号中了解学生的相关信息。

在计算机中处理的数据分为数值型和非数值型两类。由于计算机中采用二进制编码，因此这些数据信息在计算机内部都必须以二进制编码的形式表示，即所有输入计算机中的数据都对应一个唯一的0和1组合。

对于不同类型的数据其编码方式是不同的，并且编码的方法也很多，一般都制定了相应的国家标准或国际标准。如数值型数据的原码、反码、补码的编码方案；西文字符的ASCII码；汉字编码的国标码、机内码、字形码等方案。因此输入计算机中的各种数据，都必须先把它转换成计算机能识别的二进制编码。

4.3.2 数值信息的编码

在计算机中，数的表示和运算都是以二进制的形式进行的，计算机中所有的信息都应数值化，参与运算的数的符号自然也不例外。

1. 带符号整数的编码

在计算机中，因为只有0和1两种形式，所以为了表示数的正（+）、负（−）号就要将数的符号以0和1编码。通常把一个数的最高位定义为符号位，称为数符，用0表示正，1表示负，其余位仍表示数值。

例4.9 一个8位二进制数−0101100，它在计算机中表示为10101100，如图4.3.1所示。

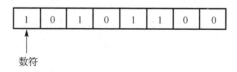

图 4.3.1 机器数

这种把符号数值化的数称为"机器数"，而它代表的数值称为此机器数的"真值"。在例4.9中，10101100为机器数，−0101100为此机器数的真值。

数值在计算机内采用符号数字化后，计算机就可识别和表示数符了，在对两个数做加减法运算时，若将符号位和数值位同时参与运算，则会得出错误的结果。

例 4.10 (−5)+4 的结果应为−1。但在计算机中若按照上面讲的符号位同时和数值参加运算，则运算结果如下。

```
      10000101       −5 的机器数
  +   00000100        4 的机器数
      ─────────
      10001001       运算结果为−9
```

因此，一个带符号位的机器数通常有原码、反码和补码 3 种不同的表示方式。正数的原码、反码和补码形式完全相同，负数则有不同的表示形式。

（1）原码。原码最简单，它就是机器数，其符号用 0 表示正号，用 1 表示负号，通常用[X]$_原$表示 X 的原码。

例如，假设计算机用 16 位二进制码表示数据，则有

[+1]$_原$=[+0000000 00000001]$_原$=00000000 00000001

[−1]$_原$=[−0000000 00000001]$_原$=10000000 00000001

[+32767]$_原$=[+111111111111111]$_原$=0111111111111111

[−32767]$_原$=[−111111111111111]$_原$=1111111111111111

注意，数字 0 的表示有两种原码形式，分别为

[+0]$_原$=[+000000000000000]$_原$=00000000 00000000

[−0]$_原$=[−000000000000000]$_原$=10000000 00000000

原码表示的数据范围因字长而定，当采用 16 位二进制原码表示时，其真值的表示范围为[−(2^{15}−1)，+(2^{15}−1)]，即二进制的取值范围为[1111111111111111，0111111111111111]。

当用原码对两个数做加法运算时，若两个数符号相同，则数值相加，符号不变；若两个数符号不同，则数值部分实际上是相减的，这时必须比较两个数哪个绝对值大，才能决定运算结果的位和值，因此两个数符号不同时用原码运算不方便。

（2）反码。反码可以由原码得到，反码表示法规定：正数的反码与原码相同，负数的反码是对原码除符号位外的所有数位取反（0 变 1，1 变 0），通常用[X]$_反$表示 X 的反码。

例如，假设计算机用 16 位二进制码表示数据，则有

[+1]$_反$=[+0000000 00000001]$_原$=[00000000 00000001]$_反$

[−1]$_反$=[−0000000 00000001]$_原$=[11111111 11111110]$_反$

[+32767]$_反$=[+111111111111111]$_原$=[0111111111111111]$_反$

[−32767]$_反$=[−111111111111111]$_原$=[1000000000000000]$_反$

注意，数字 0 的表示有两种反码形式，分别为

[+0]$_反$=[+000000000000000]$_原$=[00000000 00000000]$_反$

[−0]$_反$=[−000000000000000]$_原$=[11111111 11111111]$_反$

反码表示的数据范围由字长而定，当采用 16 位二进制原码表示时，其真值的表示范围为[−(2^{15}−1)，+(2^{15}−1)]，即二进制的取值范围为[1000000000000000，0111111111111111]。

同样，两个数符号不同时用反码运算也不方便。

（3）补码。补码也可以由原码得到，补码表示法规定：正数的补码与原码相同，负数的补码由在其反码的末位上加 1 得到，通常用[X]$_\text{补}$表示 X 的补码。

例如，假设计算机用 16 位二进制码表示数据，则有

[+1]$_\text{补}$=[+0000000 00000001]$_\text{原}$=[00000000 00000001]$_\text{反}$=[00000000 00000001]$_\text{补}$

[−1]$_\text{补}$=[−0000000 00000001]$_\text{原}$=[11111111 11111110]$_\text{反}$=[11111111 11111111]$_\text{补}$

[+32767]$_\text{补}$=[+111111111111111]$_\text{原}$=[0111111111111111]$_\text{反}$=[0111111111111111]$_\text{补}$

[−32767]$_\text{补}$=[−111111111111111]$_\text{原}$=[1000000000000000]$_\text{反}$=[1000000000000001]$_\text{补}$

而对于数字 0 的补码表示只有一种形式，即

[+0]$_\text{补}$=[−0]$_\text{补}$=00000000 00000000

补码表示的数据范围由字长而定，当采用 16 位二进制补码表示时，其真值的表示范围为[−2^{15}，+2^{15}−1]，即二进制整数取补的取值范为[1000000000000000，01111111 11111111]。

例 4.11 已知 X=+12D=+0001100B，Y=+10D=+0001010B，通过其补码表示法计算 X−Y 的值。为书写方便，假设计算机用 8 位二进制码表示数据。

解：X−Y=X+(−Y)

[X]$_\text{补}$=[+0001100]$_\text{补}$=00001100

[−Y]$_\text{补}$=[−0001010]$_\text{原}$=[11110101]$_\text{反}$+1=[11110110]$_\text{补}$

[X−Y]$_\text{补}$=[X]$_\text{补}$+[−Y]$_\text{补}$=00001100+11110110=00000010（超出字长的进位丢弃）

由于

[[X−Y]$_\text{补}$]$_\text{原}$=[00000010]$_\text{原}$=00000010

故

X−Y==00000010=+2D

例 4.12 已知 X=−6D=−0000110B，Y=−10D=−0001010B，通过其补码表示法计算 X+Y 的值。

解：[X]$_\text{补}$=[−0000110]$_\text{补}$=[10000110]$_\text{原}$+1=[11111001]$_\text{反}$+1=[11111010]$_\text{补}$

[Y]$_\text{补}$=[−0001010]$_\text{补}$=[10001010]$_\text{原}$+1=[11110101]$_\text{反}$+1=[11110110]$_\text{补}$

[X+Y]$_\text{补}$=[X]$_\text{补}$+[Y]$_\text{补}$=11111010+11110110=11110000（超出字长的进位丢弃）

由于

[[X+Y]$_\text{补}$]$_\text{原}$=[11110000]$_\text{原}$=10010000

故

X+Y=10010000= −16D

从以上的例子可以看出，对于补码有：

① 可以将减法运算转化为加法运算来完成；

② 数的符号位可参与运算；

③ 两数和（差）的补码等于两数的补码之和（差）。

因此现代计算机内部大都采用补码表示数值，运算结果也用补码表示，以达到简化运算的目的。

2. 带符号实数的编码

在计算机中数值、数据的小数点是不占位置的,一般通过隐含规定小数点的位置来表示,根据约定的小数点的位置是否固定,分为定点表示和浮点表示两种表示方法。采用定点表示的数称为定点数;采用浮点表示的数称为浮点数。

(1)定点表示法。数的定点表示法是指机器数中,小数点的位置固定不变,定点表示法有定点整数和定点小数两种约定。

定点整数约定小数点位置在机器数的最后一位之后,定点整数是用来表示纯整数的,前面在介绍原码、反码和补码时,实际上约定的是纯整数。

定点小数约定小数点位置在符号位之后,定点小数是用来表示纯小数的,即所有数均小于1。例如,当字长为8位时,数据$+2^7-1$和-2^{-7}的定点表示如图4.3.2所示。

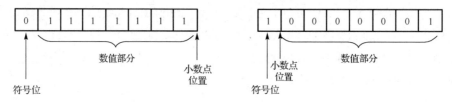

图4.3.2　8位字长数据的定点表示

由于定点表示法的数值范围在许多应用中是不够用的,尤其是在科学计算中,因此为了扩大数的表示范围也可以通过编程技术,采用多字节表示一个定点数,如8字节等。

(2)浮点表示法。数的浮点表示法是指机器数中,小数点的位置是浮动的,浮点表示法类似于科学计数法,任意一个数均可通过改变指数部分使小数点位置发生移动。例如,十进制数1122.33可以写成$10^4×0.112233$、$10^3×1.12233$、$10^2×11.2233$等不同形式。浮点数由两部分组成:尾数部分和阶码部分。二进制数浮点表示法的一般形式为

$$N=2^E×M$$

其中,2是数制的基数,在计算机内部表示时是隐含的;E和M都是带符号的数,E称为阶码,是一个整数,其本身的小数点约定在阶码最右面(即用补码表示成定点纯整数);M称为尾数,是一个纯小数,其最高位从数据中第一个非零数位开始(即规格化处理),其小数点位置位于尾数部数符位之后(即用补码表示成定点纯小数)。由此可见,浮点数是定点整数和定点小数的混合。浮点数的一般格式如图4.3.3所示。

| 阶符 | 阶码 | 数符 | 尾数 |

图4.3.3　浮点数的一般格式

假设机器字长为32位,其阶码占8位,尾数占24位,二进制数0.00000011101011的M值为0.11101011,阶码E为-110,其浮点数表示如图4.3.4所示。

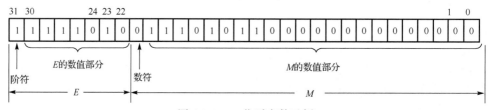

图4.3.4　32位浮点数示例

不同的计算机中，阶码 E 的长度和尾数 M 的长度都是有规定的。显然，浮点数的表示范围比定点数的表示范围大。

在程序设计语言中，最常见的有以下两种类型的浮点数。

① 单精度浮点数（Float or Single）占 32 位，阶码部分占 7 位，尾数部分占 23 位，阶符和数符各占 1 位。

② 双精度浮点数（Double）占 64 位，阶码部分占 10 位，尾数部分占 52 位，阶符和数符各占 1 位。与单精度浮点数的区别在于占用的内存空间大，这如同宾馆的单人房和双人房的区别。双精度浮点数类型使得表示的数精度更高、范围更大。

例 4.13　26.5 作为单精度浮点数在计算机中的表示。

格式化表示 $(26.5)D=(11010.1)B=+0.110101\times 2^5$。

因此在计算机中的存储如图 4.3.5 所示。

1 位	7 位	1 位	23 位
0	0000101	0	11010100000000000000000
阶符	阶码	数符	尾数

图 4.3.5　26.5 作为单精度浮点数在计算机中的存储

4.3.3　文本信息的编码

计算机除能处理数值数据外，还能处理其他大量的非数值数据，非数值数据中主要是字符数据。由字符数据转换成二进制数值数据，最好的方法就是为字符编码，即对字符进行编号，对字符进行编码可以节省存储空间，数据处理的过程也很容易完成。字符编码的方法很简单，首先要确定有多少字符需要进行编码，因为字符的个数决定了编码的位数；然后对每个字符进行编号。在日常处理的字符数据中，分为西文字符和中文字符两种，由于两种字符形式的不同，编码的方法也不同。

1．西文字符的编码

西文字符包括各种运算符号、关系符号、控制符号、字母和数字等。在计算机中对字符进行编码，通常采用的是 ASCII 编码，ASCII 编码的含义是美国标准信息交换代码（American National Standard Code for Information Interchange）。此编码被国际标准化组织（ISO）采纳后，作为国际通用的信息交换标准代码。

ASCII 码有两个版本：7 位码版本和 8 位码版本。国际上通用的是 7 位码版本，即用 7 位二进制表示一个字符，因为 $2^7=128$，所以有 128 个字符，其中包括：0～9 共 10 个数码，26 个小写英文字符，26 个大写英文字符，34 个通用控制符和 32 个专用字符。如表 4.3.1 所示。

表 4.3.1　7 位 ASCII 码表

$b_7b_6b_5$	$b_4b_3b_2b_1$	000	001	010	011	100	101	110	111
		0	1	2	3	4	5	6	7
0000	0	NUL	DLE	SP	0	@	P	`	p
0001	1	SOH	DC1	!	1	A	Q	a	q
0010	2	STX	DC2	"	2	B	R	b	r

(续表)

$b_7b_6b_5$	$b_4b_3b_2b_1$	000	001	010	011	100	101	110	111
		0	1	2	3	4	5	6	7
0011	3	ETX	DC3	#	3	C	S	c	s
0100	4	EOT	DC4	$	4	D	T	d	t
0101	5	ENQ	NAK	%	5	E	U	e	u
0110	6	ACK	SYN	&	6	F	V	f	v
0111	7	BEL	ETB	'	7	G	W	g	w
1000	8	BS	CAN	(	8	H	X	h	x
1001	9	HT	EM	)	9	I	Y	i	y
1010	A	LF	SUB	*	:	J	Z	j	z
1011	B	VT	ESC	+	;	K	[	k	{
1100	C	FF	FS	`	<	L	\	l	|
1101	D	CR	GS	-	=	M	]	m	}
1110	E	SO	RS	.	>	N	↑	n	~
1111	F	SI	US	/	?	O	↓	o	DEL

要确定某个数字、字母、符号或控制符的 ASCII 码，可以在表中先找到它的位置，然后确定它所在位置的相应行和列，再根据行确定低 4 位编码（$b_4b_3b_2b_1$），根据列确定高 3 位编码（$b_7b_6b_5$），最后将高 3 位编码与低 4 位编码合在一起就是字符的 ASCII 码。

其中，常用的控制字符的作用如表 4.3.2 所示。

表 4.3.2　常用的控制字符的作用

控制字符	作用	控制字符	作用
BS（Backspace）	退格	CR（Carriage Return）	回车
CAN（Cancel）	作废	DEL（Delete）	删除
LF（Line Feed）	换行	FF（Form Feed）	换页
SP（Space）	空格	NUL（NULL）	空

在书写字符的 ASCII 码时，也经常使用十六进制数和十进制数，如 30H（48D）是数字 0 的 ASCII 码，61H（97D）是字母 a 的 ASCII 码。西文字符在排序时是根据它的编码大小来确定的。

2．汉字的编码

汉字与西文字符相比，其特点是个数繁多、字形复杂，要解决这两个问题需要采用对汉字的编码来实现。首先，键盘上对应的是西文字符没有汉字，故不能利用键盘直接输入，对此人们提出用汉字的输入码来对应汉字；其次，计算机只识别由 0、1 组成的代码，ASCII 码是英文信息处理的标准编码，汉字信息处理也必须有一个统一的标准编码。我国国家标准总局颁布了《信息交换用汉字编码字符集——基本集》（代号 GB2312-80），即国标码，由于国标码与 ASCII 码均为二进制编码，因此为了区分它们引入机内码（机器内部编码），汉字字形变化复杂，需要用对应的字库来存储字形码且方便输出汉字。

因此，在一个汉字处理系统中，输入、内部处理、输出等不同的过程需要不同的汉字编码，一般分为：汉字输入码、汉字国标码、汉字机内码、汉字字形码与汉字地址码。

（1）汉字输入码。输入汉字使用的编码称为汉字输入码，也称为汉字外部码，简称外码，它的作用是用键盘上的字母与数字来描述汉字。汉字具有字量大、同音字多等特点,怎样实现汉字的快速输入是需要解决的重要问题之一。目前,我国的汉字输入码编码方案已有上千种,在计算机中常用的有十几种,如全拼输入法、双拼输入法、智能 ABC 输入法、表形码输入法、五笔字型输入法等。不同的输入法其输入码也不同,如"汉"字在拼音输入法中为"han",而在五笔字型输入法中为"icy"。目前,已经出现了汉字的语音输入法,实际上是用录音设备将采集到的声音数据作为汉字输入码,汉字输入码不是汉字在计算机内部的表示形式,只是一种快速有效的输入汉字的手段。不管采用什么汉字输入方法,输入的外码到机器内部都要转换成机内码才能被存储和进行各种处理。

(2)区位码与汉字国标码。计算机只识别由 0、1 组成的代码,ASCII 码是英文信息处理的标准编码,汉字信息处理也必须有一个统一的标准编码,每个汉字有一个二进制编码,称为汉字国标码。

汉字国标码创建于 1980 年,目的是为了使每个汉字有一个全国统一的代码而颁布了汉字编码的国家标准。国标码共对 6763 个汉字和 682 个图形字符进行了二进制编码,其编码原则为:汉字用 2 字节表示,每字节用 7 位码(高位为 0)表示。在该标准的汉字编码表中,将汉字与图形符号排列在一个 94 行 94 列的矩阵中,每一行称为一个"区",每一列称为一个"位",区、位的序号均为 01~94。一个汉字的编码由它所在的区号与位号组成,称为区位码,在 01~09 区为符号、数字区,16~87 区为汉字区,10~15 区、88~94 区是有待进一步标准化的空白区。GB 2312 将收录的汉字分成两级:第 1 级是常用汉字计 3755 个,置于 16~55 区,按汉语拼音字母/笔形顺序排列;第 2 级汉字是次常用汉字计 3008 个,置于 56~87 区,按部首/笔画顺序排列。故国标码最多能表示 6763 个汉字。

在区位码表中每个字符可用 4 位十进制数编码唯一表示,前两位十进制的编码称为区码,后两位十进制的编码称为位码,如"保"字在矩阵中处于 17 区第 3 位,区位码即为"1703"。

国标码并不等于区位码,它是由区位码稍做转换得到。为了与标准 ASCII 码兼容,先将十进制的区码和位码转换为十六进制的区码和位码,区码和位码分别加上十六进制数 20H 就构成了汉字国标码,如"保"的区位码的十六进制数表示为 1103H,而"保"字的汉字国标码则为 3123H。汉字国标码和区位码的换算关系是

$$汉字国标码=汉字区位码+2020H$$

由于区位码与汉字属性之间没有直接的对应关系且用户难以记忆,因此区位码一般用于输入一些特殊符号。

(3)汉字机内码。汉字机内码是指一个汉字在计算机内部处理和存储时所用的汉字编码,也称汉字的内码。

国标码是汉字信息交换的标准编码,其作用相当于处理西文用的 ASCII 码。但因其前后字节的最高位为 0,所以与 ASCII 码发生冲突,如"保"字,国标码为 31H 和 23H,而西文字符"1"和"#"的 ASCII 也为 31H 和 23H,现假如内存中有 2 字节为 31H 和 23H,这到底是一个汉字还是两个西文字符"1"和"#",于是就出现了二义性。显然,国标码是不可能被计算机内部直接采用的,于是,汉字的机内码采用变形国标码,其变换方法为:将国标码的每字节都加上 128,即将 2 字节的最高位由 0 改为 1,其余 7 位不变,这样就容易与西文的 ASCII 码区分了。例如,由上面我们知道"保"字的国标码为 3123H,前字节为 00110001B,

后字节为 00100011B，高位改成 1 为 10110001B 和 10100011B 即为 B1A3H，因此汉字的机内码就是 B1A3H。

以 GB 2312-80 国家标准为依据制定的汉字机内码也称为 GB2312 码，它和区位码及汉字国标码换算关系为

汉字机内码=汉字区位码+A0A0H=汉字国标码+8080H

与西文字符一样，汉字在排序时也是根据它的编码大小来确定的，即分在不同区里的汉字由机内码的第 1 字节的大小决定，在同一区中的汉字则由第 2 字节的大小来决定。由于汉字的内码都大于 128，因此汉字无论是高位内码还是低位内码都大于 ASCII 码（仅对 GB 2312 码而言）。机内码是汉字最基本的编码，汉字机内码应该是统一的，而实际上目前世界各地的汉字系统都还不相同。

字形码编码
（来自腾讯视频）

（4）汉字字形码与汉字地址码。汉字信息用输入码送入计算机，然后用机内码进行各种处理，处理后如果要将汉字信息在输出设备上输出，那么就要用到汉字字形码。汉字字形码又称汉字字模，它是指汉字图形信息的数字代码并且存放在汉字库中。在目前的汉字处理系统中，汉字字形码有点阵码和矢量码两种，点阵码是指汉字字形点阵信息的数字代码，主要用于显示输出，汉字点阵有多种规格，如 16×16、24×24、32×32、48×48 点阵等。以 24×24 的字形点阵为例，每个汉字需要 72 字节，存储一、二级汉字约需 600kB 的存储空间，而 32×32 的字形点阵，每个汉字需要 128 字节，存储一、二级汉字约需 1MB 的存储间。总之点阵规模越大，字形越清晰、越美观，但在汉字库中所占用的空间也越大。字形点阵及编码如图 4.3.6 所示。

	0	1	2	3	4	5	6	7	8	9	10	11	12	13	14	15	十六进制码			
0							●	●									0	3	0	0
1							●	●									0	3	0	0
2							●	●									0	3	0	0
3							●	●						●			0	3	0	4
4	●	●	●	●	●	●	●	●	●	●	●	●	●	●	●		F	F	F	E
5							●	●									0	3	0	0
6							●	●									0	3	0	0
7							●	●									0	3	0	0
8							●	●									0	3	0	0
9							●	●				●					0	3	8	0
10						●	●				●						0	6	4	0
11					●	●						●					0	C	2	0
12				●	●								●				1	8	3	0
13				●						●	●			●			1	0	1	8
14		●													●		2	0	0	C
15	●															●	C	0	0	7

图 4.3.6 字形点阵及编码

矢量码是采用抽取特征的方法形成汉字轮廓描述的代码，当要输出汉字时，通过计算机的计算，由汉字字形描述生成所需大小和形状的汉字。这种字形的优点是字体美观，可以任意地放大、缩小甚至变形，可产生高质量的汉字输出，如 Postscript 字库、Truetype 字库就是这种字形码。

点阵和矢量方式的区别在于：前者编码与存储方式简单，无须转换直接输出，但字形放大后产生的效果差；矢量方式的特点正好与前者相反。

每个汉字字形码在汉字库中的逻辑地址称为汉字地址码。当要向输出设备输出汉字时，必须通过汉字地址码才能在汉字库中取到所需的字形码，最终在输出设备上形成可见的汉字字形。汉字地址码的设计要考虑与机内码有一个简单的对应转换关系。

计算机对汉字的输入、保存和输出过程为：在输入汉字时，操作者在键盘上输入输入码，通过输入码找到汉字国标码，再计算出汉字的机内码然后保存。而当显示或打印汉字时，则首先从计算机内取出汉字的内码，然后根据内码计算出汉字的地址码，通过地址码从汉字库中取出汉字的字形码，再通过一定的软件转换，将字形输出到屏幕或打印机上，其转换过程如图 4.3.7 所示。

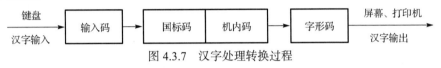

图 4.3.7　汉字处理转换过程

4.4　多媒体信息的编码

为了能对多媒体信息进行综合处理，首先就要获取各种媒体，而现实生活中媒体的物理形式是多种多样的，如声音的物理形式是声波，图像的物理形式是由二维或三维空间中连续变化的光和色彩组成的，它们都属于模拟信号，在幅度和时间上是连续变化的。而在计算机内部只能存储和处理数字信号，数字信号是离散的，因此多媒体信息必须转化成数字信息。

多媒体信息的数字化过程一般包括三个阶段：采样、量化和编码，如图 4.4.1 所示。

图 4.4.1　多媒体信息的数字化过程

计算机的 0 和 1 是如何表示信息的（来自腾讯视频）

采样：就是按照一定的规律，每隔一定时间间隔抽取模拟信号的值。

量化：理论上采样得到的样本值可以是 $-\infty\sim+\infty$ 之间的任意值，量化就是对样本值进行离散化处理，即事先规定一组数据，每个数据按一定规则近似地表示一组相关采样值。

编码：经过量化后得到的数字信息，还必须按一定格式转换成计算机可以识别的二进制形式，才能在计算机中保存。用二进制形式表示量化值的过程称为编码。

4.4.1　音频信息的数字化

音频是多媒体中的一种重要的媒体，是声音信号的形式。人类能够听到的所有声音都称为音频（Audio），规则音频是一种连续变化的模拟信号，可用一条连续的曲线来表示，音频信号不仅在时间上连续，而且在幅度上也是连续的。在时间上"连续"是指在一段指定的时间范围内声音信号的幅值有无穷多个，在幅度上"连续"是指幅度的数值有无穷多个。我们把在时间和幅度上都连续的信号称为模拟信号。

音频通常有两个基本参数：振幅和频率。振幅反映了声音音量的大小，频率反映了声音的音调。频率在 20Hz～20kHz 的波称为音频波，频率小于 20Hz 的波称为次音波，频率大于 20kHz 的波称为超音波。

常见音频的频率范围如下。

（1）电话音频：200Hz～3400Hz。

（2）调频广播音频：20Hz～15kHz。

（3）调幅广播音频：50Hz～7kHz。

什么是声音
（来自腾讯视频）

1. 音频信号的数字化过程

由于音频信号是一种模拟信号，因此计算机不能直接处理，所以音频信号必须先数字化。若要用计算机对声音处理，则要将模拟信号转换成数字信号，才能在计算机中进行处理，这个转换过程称为模拟音频的数字化。数字化过程涉及声音的采样、量化和编码，音频信号的数字化过程如图 4.4.2 所示。

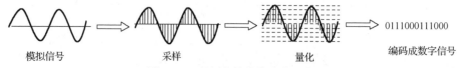

图 4.4.2　音频信号的数字化过程

声音的数字化
（来自腾讯视频）

（1）采样。采样的对象是通过话筒等装置转换后得到的模拟电信号。采样是每隔一定时间间隔（称为采样周期）在模拟波形上取一个电压值（称为样本值），采样是对连续时间的离散化。采样频率越高，采样数据表示的声音就越接近于原始波形，同时数字化音频的质量也就越高。常见的采样频率标准有 44.1kHz、22.05kHz、11.025kHz 等。

（2）量化。由于采样得到的幅值是无穷多个实数值中的一个，因此幅值还是连续的。若把信号幅度取值的数目加以限定，则可以用有限个数值表示得到的幅值，实现幅值的离散化。例如，输入电压的范围是 0V～0.7V，假设它的取值只限定为 0，0.1，0.2，…，0.7 共 8 个值，若采样得到的幅值是 0.122V，则它的取值就应算作 0.1V；若采样得到的幅值是 0.26V，则它的取值就算作 0.3V，这样连续的幅值就被离散化了。

事先把模拟电压取值范围划分为若干区域，这个区域中的所有电压取值都用一个数字表示，把采样得到的模拟电压值用所属区域对应的数字来表示，这个过程就称为量化。

用来量化数字的二进制位数 n 称为量化位数，n 的值越大所得到的量化值就越接近原始波形的取样值。常见的量化位数有 24，16 和 8 等。例如，对如图 4.4.3 所示波形采样得到的采样值进行量化，若 $n=4$，则能用 16 个等级表示取样值，量化后的结果如图 4.4.3 所示。

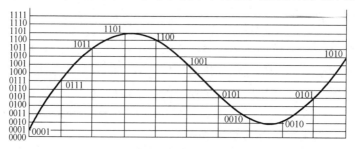

图 4.4.3　音频信号量化后的结果

（3）编码。把量化后的数据用一定字长的二进制数形式表示这个过程称为编码。编码后得到的数字音频数据是以文件的形式保存在计算机中的。

可以看出，决定数字音频质量的两个主要因素是"采样频率"和"量化位数"。

2．计算机中的数字音频文件

计算机中广泛应用的数字音频文件主要分为以下两类。

一类是采集各种声音的机械振动而得到的数字文件（也称为波形文件），其实就是声音模拟信号的数字化结果。波形文件的形成过程是：声源发出的声音（机械振动）通过麦克风转换为模拟信号，模拟声音信号经过声卡的采样、量化、编码得到数字化的结果。常见的数字文件有 WAV 文件、MP3（MPEG Audio Layer3）文件、WMA（Windows Media Audio）文件。

（1）WAV 文件。WAV 是使用最为广泛的一种音频文件（波形文件格式），该文件未经处理和压缩并具有很高的音质，是 PC 端最流行的声音文件格式。该文件尺寸较大，多用于存储简短的声音片段，由于未经压缩，因此 WAV 的存储容量特别大，不利于用户存储歌曲，更不利于音乐的网上传播。

（2）MP3 文件。MP3 是一种高性能的声音压缩编码方案，是 MPEG（动态图像专家组）标准的第 3 层声音压缩标准，压缩率高达 1∶10～1∶12。由于大多数人听不到 16kHz 以上的声音，因此 MP3 编码器便剥离了频率高于预设频率的所有音频，只是人们没有觉察到罢了。MP3 成功创造了与 CD 几乎具有相同音质但所占有存储空间又小得多的声音文件，如一首 50MB 的 WAV 格式的歌曲用 MP3 压缩后只需 4MB 左右的存储空间。

（3）WMA 文件。WMA 是 Microsoft 公司推出的与 MP3 格式齐名的一种新的音频格式。由于 WMA 在压缩比和音质方面都超过了 MP3，更是远胜于 RA（Real Audio），即使在较低的采样频率下也能产生较好的音质，再加上 WMA 有 Microsoft 的 Windows Media Player 作其强大的后盾，因此一经推出就赢得一片喝彩。网上的许多音乐纷纷转向 WMA 格式，许多播放器软件也纷纷开发支持 WMA 格式的插件程序。

另一类是专门用于记录乐器声音的 MIDI（Musical Instrument Digital Interface）文件。MIDI 是乐器数字化接口的英文缩写，是一种技术规范，专门用于记录乐器声音的文件，常见的文件格式有 MID、MOD 及 RMI 文件等。它是把电子乐器键盘的演奏过程（如按下的是哪个键，压力多大，时间多长等信息）记录下来，这些信息称为 MIDI 信息（相当于一个乐谱），把 MIDI 信息作为文件存储起来即成为 MIDI 文件，其扩展名为 MID。该文件与波形文件不同，它记录的不是声音本身而是将每个音符记录成一个数字，其本质就是数字形式的乐谱，因此可以节省空间且适合存储时间较长的音乐。MIDI 文件与普通音频文件的区别有以下两点。

（1）文件大小不同。一首可以播放 5 分钟左右的 MIDI 歌曲，其容量只有几十 kB 或几百 kB；而同样这首歌的波形音乐文件如 WAV，则高达 50MB 左右，即使是经过 MP3 技术进行高比例压缩处理也有 5MB。

（2）对音乐的记录不同，MIDI 文件本身不包含任何声音信息而是作为发音命令，记录的是 MIDI 设备的音色、声音的强弱、声音持续多长时间等数字信号；而 WAV 是把声音的波形记录下来，将这些模拟波形转换成数字信息，这些信息所占用的存储空间显然要比只是简单描述性的 MIDI 文件大得多。

3. 声音素材的采集和制作

声音素材的采集和制作主要有以下 4 种方式。

（1）利用一些软件光盘中提供的声音文件。

（2）通过计算机中的声卡从麦克风中采集语音生成 WAVE 文件，如制作课件中的旁白。

（3）通过计算机中声卡的 MID 接口，从带 MIDI 输出的乐器中采集音乐，用连接在计算机上的 MIDI 键盘创作音乐，最后形成 MIDI 文件。

（4）使用专门的软件工具抓取 CD 或 VCD 光盘中的音乐生成声音素材，再利用声音编辑软件对声音素材进行剪辑、合成，最终生成所需要的声音文件。

4.4.2 图形/图像媒体的数字化

在计算机中，图形（Graphics）与图像（Image）是一对既有联系又有区别的概念，它们都是一幅图，但图的产生、处理、存储方式不同。

图形与图像可以生动、直观地表达非常丰富的信息量，是多媒体技术的重要组成部分。图像物理形式是二维或三维空间中连续变化的光和色彩，属于模拟信号，在幅度和时间上是连续变化的，计算机中描述的图像可以分为静态图像和动态图像两类。静态图像根据它们在计算机中生成的原理不同，又分为位图图像和矢量图形两种；动态图像又分为视频和动画两种。

1. 静态图像与图形的数字化

（1）数字图像与图形。在计算机中一幅数字图像可以通过两种不同的方法得到，一种方

图形/图像的基本概念
（来自腾讯视频）

法是通过对模拟图像进行采样、量化而得到，称为位图图像（Bit Based Map），简称位图。位图实际上把图像分解为若干点（称为像素），将像素的颜色、亮度及其他属性用若干二进制位来描述，如使用扫描仪或数码相机得到的图像属于位图图像，又如前面章节中的汉字点阵实际上就是表示一个汉字的图像。另一种方法是通过一组程序指令集来描述构成一幅图形的所有点、线、框、圆、弧、面等几何元素的位置、维数、大小和色彩，即以数学的方法来表示，这类图像称为矢量图形（Vector），如剪贴画就属于矢量图形。

位图图像是由扫描仪、数字照相机、摄像机等输入设备捕捉的真实场景的画面而产生的映像，同时在数字化后以位图形式存储。位图文件中存储的是构成图像的每个像素点的亮度、颜色，位图文件的大小与分辨率和色彩的颜色种类有关，并且放大、缩小位图图像会产生失真。位图图像的优点是色彩显示自然、柔和、逼真；缺点是图像在放大或缩小的转换过程中会产生失真（如图 4.4.4 所示），并且随着图像精度的提高或尺寸增大，所占用的磁盘空间也急剧增大。

图像的数字化
（来自腾讯视频）

图 4.4.4 位图图像和局部放大后的位图图像

图形一般是指通过绘图软件绘制的，由直线、圆、圆弧、任意曲线等图元组成的画面，并且以矢量图形文件形式存储。矢量图文件中存储的是一组描述各个图元的大小、位置、形状、颜色、维数等属性的指令集合，通过相应的绘图软件读取这些指令可将其转换为输出设备上显示的图形。矢量图文件的优点是信息存储量小、分辨率完全独立，以及在图像的尺寸放大或缩小过程中图像的质量不会受到丝毫影响，而且它占用的存储空间小。缺点是用数学方程式来描述图像，需要进行大量复杂的计算，而且制作出的图像色彩显示比较单调，看上去比较生硬不够柔和也不够逼真。矢量图形主要用于广告设计、美术字、统计图和工程制图等。

图像数字化过程
（来自腾讯视频）

（2）静态图像的数字化。可以通过扫描仪或数码相机等设备把看到的图像传入到计算机中进行处理，那么这些设备是如何把生活中的图像传入到计算机中的呢？这就需要经过采样和量化两个过程。

① 采样。图像的采样是指将图像转变成像素集合的一种操作。常见的图像一般都是采用二维平面信息的分布方式，要将这些图像信息输入到计算机中进行处理就必须将图像离散成为 m 列、n 行，这个过程称为图像的采样；经过采样之后，图像就分解成为 $m×n$ 个采样点，每个采样点称为图像的一个"像素"，也就是说用一个 $m×n$ 的像素矩阵来表达一幅图像，就能得到计算机中的图像像素信息。m 与 n 称为图像的分辨率，分辨率越高图像就会越清晰、失真就越小。如果是黑白图像，那么每个像素只有 2 个值：黑（0）/白（1），所以每个像素用一个二进制位表示，因此一幅黑白图像可使用一个矩阵表示，如图 4.4.5 所示。经过采样后，图像被分解成在时间和空间上离散的像素，但这些像素值仍然是连续量。

② 量化。量化就是把这些连续的灰度值变换成离散值的过程。将像素点色彩、浓淡的值以整数值表示，整数值的占位数称为量化级数，即颜色深度。

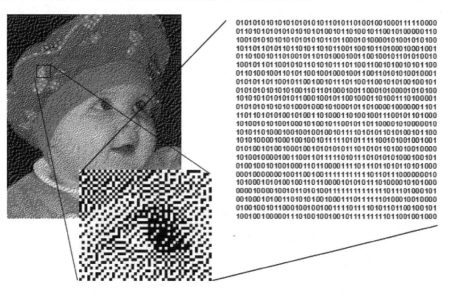

图 4.4.5 黑白图像的表示（每个像素使用 1 比特表示：0=黑；1=白）

静态图像的采样量化编码过程如图 4.4.6 所示。

（3）静态图像的存储格式。计算机中的图像可以有多种不同的存储格式，每种格式都有自己的特点和使用场合。

图 4.4.6　静态图像的采样量化编码过程

① JPEG（Joint Photographic Experts Group）格式：24 位的图像文件格式，也是一种有损压缩格式。这种格式的图像经过压缩后存储空间很小，但质量有所下降。

② BMP（Bitmap）格式：是在 DOS 和 Windows 上常用的一种标准图像格式，能被大多数应用软件所支持。它支持 RGB、索引颜色、灰度，但不支持透明，需要的存储空间较大。

③ GIF（Graphic Interchange Format）格式：即图形交换格式，是 CompuServe 公司开发的图像文件存储格式。1987 年开发的 GIF 文件格式的版本号是 GIF87a，1989 年进行了扩充，扩充后的版本号定义为 GIF89a。GIF 格式文件占用空间很小，是网络上广泛使用的一种图像格式。

④ PSD（Photo Shop Document）格式：是 Photoshop 内定的文件格式，它支持 Photoshop 提供的所有图像模式，包括多通道、多图层和多种色彩模式。

⑤ TIFF（Tag Image File Format）格式：为 Macintosh 机开发的一种图像文件格式，最早流行于 Macintosh。现在 Windows 上主流的图像应用程序都支持该格式，大多数扫描仪也都可以输出这种格式的图像文件。这种格式支持色彩数量最高达 16 384 种，并且存储图像质量高，但占用的存储空间也非常大，其大小是相应的 GIF 图像的 3 倍、JPEG 图像的 10 倍。此格式有压缩和非压缩两种形式，由于 TIFF 格式是独有的可变结构，因此对 TIFF 文件解压缩非常困难。

2．动态图像的数字化及动画与视频文件

（1）基本概念。帧是一个完整且独立的窗口视图，作为要播放的视图序列中的一个组成部分，它可能占据整个屏幕，也可能只占据屏幕的一部分。

帧速率是指每秒播放的帧数，两幅连续帧之间的播放时间间隔（即延时）通常是恒定的，合适的帧速率必须保证产生平稳运动的影像，这取决于个体与被播放事物的性质。通常，产生平稳运动的影像至少要以 16 帧/秒的帧速率，电影为 24 帧/秒。如美、日电视标准为 30 帧/秒，欧洲标准 25 帧/秒，HDTV（高清晰度电视）标准 60 帧/秒。

动态图像包括动画和视频信息，是指连续渐变的静态图像或图形序列沿时间轴顺次更换显示，从而构成运动视感的媒体。当序列中每帧图像是由人工或计算机生成时，称为动画。当序列中每帧图像是通过实时摄取自然景象或活动对象时，称为影像视频。视频最常见的来源有电影、电视。

视频的数字化
（来自腾讯平台）

（2）动态图像的数字化。动画可以描述一个过程，与静止的图像相比它具有更丰富的信息内涵。对动画进行数字化处理就是把动画分解为若干静止图像，再对每个静止图像进行数字化（即通过采样、量化等步骤生成相应的位图图像），最后形成动画的数字化编码文件。

由于普通的视频信号都是模拟信号，因此视频信号必须进行数字化处理（即视频信号的扫描、采样、量化和编码）后，才能由计算机进行处理。视频与动画的主要区别在于组成视频的每帧图像是自然景物的图像，所以二者的数字化过程基本类似。

（3）动态图像存储格式。常见的动画文件有 MPG 文件、GIF 文件、FLIC 文件、SWF 文件等格式。其中，MPG 文件是用了压缩技术处理后的文件（即 VCD 文件）；GIF 格式的文件尺寸较小，在网页制作中被广泛采用；FLIC 格式是 Autodesk 公司在其出品的 Autodesk Animator、Animator Pro、3D Studio 等二维、三维动画制作软件中采用的彩色动画文件格式，它也是 FLC 和 FLI 的统称；SWF 格式是 Macromedia 公司的产品 Flash 的矢量动画格式，它采用曲线方程描述其内容，因此这种格式的动画在缩放时不会失真，并且非常适合描述由几何图形组成的动画，如教学演示等。

常见的视频文件格式包括以下 3 种。

① AVI（Audio Video Interleaved）文件是 Microsoft 公司开发的一种数字音频与视频文件格式，主要用来保存电影、电视等各种视频信息，有时也出现在 Internet 上，供用户下载影片的精彩片段。

② MPG 文件是使用 MPEG 方法进行压缩的全运动视频图像，该文件压缩效率非常高，并且图像和音响的质量也非常好，目前市场上的 VCD、DVD 都采用 MPEG 技术。

③ MOV（Movie digital Video technology）即 Quicktime 格式，是 Apple 公司开发的一种音频、视频的文件格式，用于保存音频和视频信息，现在它被包括 Apple Mac OS、Microsoft Windows 在内的所有主流操作系统平台支持。MOV 文件格式支持 25 位彩色，同时支持 RLE、JPEG 等领先的集成压缩技术，并且提供 150 多种视频效果，另外提供 200 多种 MIDI 兼容音响与设备的声音装置。

3．动态图像素材的采集方法

（1）通过软件工具创作。利用多媒体创作软件提供的动画制作功能，如 Micromedia 公司推出的 Authorware 是功能强大的多媒体创作工具，能让屏幕上的对象以直线或曲线运动。Director 能制作文字特技动画、物体转动效果等，一般来说，多媒体创作软件提供的动画功能比较简单且容易实现。

（2）捕捉屏幕动态图像。捕捉屏幕动态图像有两种方法：一是利用专门的软件，如 HyperCam，它可以捕捉 Windows 平台屏幕上的动作，同时能够记录来自系统麦克风的声音，还可以自定义屏幕捕捉区域；二是利用软件来截取 VCD 上的视频片段（形成 MPG 文件或 BMP 图像序列文件），或者把 DAT 视频文件转换成 Windows 系统通用的 AVI 文件。

（3）捕获录像带或广播视频节目。最常见的是用视频捕捉配合相应的软件（如 Ulead 公司的 Media Studio 及 Adobe 公司的 Premiere）来采集录像带上的画面。

（4）使用已有光盘中的视频动画文件。

（5）从网络教育资源库中搜索。

4.4.3 颜色信息的数字化

颜色是大脑所产生的一种对光的视觉效应。我们肉眼所看到的光线是由波长范围很窄的电磁波产生的，不同波长的电磁波表现为不同的颜色。

彩色图像的表示

红（Red）、绿（Green）、蓝（Blue）是颜色的三原色，以不同比例将三原色混合可以产生其他的颜色，这便是颜色的 RGB 模型。计算机中采用的正是 RGB 颜色系统，也就是每种颜色采用红、绿、蓝 3 种分量，若每种颜色分量的取值范围为 0～255，一共有 256 种可能，则计算机中所能表示的颜色有 256×256×256=16 777 216 种，这也是 16M 色的由来。计算机中的颜色表示法有以下 3 种。

（1）直接用 RGB 分量表示。如(255,0,0)就表示红色，其中这 3 个数字分别表示红、绿、蓝 3 种颜色分量的取值。

（2）用颜色的对应英文表示。这些英文必须是系统中认可的颜色，如果是自己定义的，那么计算机不予认可。用这种方法表示的颜色有近 200 种，如 Wheat 表示小麦色，该颜色的 RGB 分量为(255,222,179)。

（3）3 种颜色分量用十六进制数表示。即用 00 表示 0，用 FF 表示 255，这样就可以用 6 位十六进制数表示一种颜色。如#FF0000 表示红色。

另外，还有一些其他的颜色表示方法，基本上都是基于以上 3 种表示方法。在有些图像处理软件中，还采用了其他的颜色模型，但基本上是应用于印刷行业，而在显示器上显示的还是 RGB 颜色系统。

★4.5 条形码与 RFID

条形码与 RFID 均是近年来广泛使用的一种物品信息标识技术，其方法是赋予物品一个特别的编号，由该编号可以获知该物品的详细信息。如何采用条形码与 RFID 对物品信息进行编码是本节的主要内容。

二维码与条形码史话
（来自腾讯视频）

4.5.1 一维条形码

条形码是将宽度不等的多个黑条和空白按照一定的编码规则排列，表达一组信息的图形标识符。条形码通过"条"和"空"的不同宽度和位置来传递信息，信息量的大小由条码的宽度和印刷的精度来决定。这种条码技术只能在一个方向上通过"条"和"空"的排列组合来存储信息，所以称之为"一维条形码"。

通常一个完整的一维条形码是由两侧的空白区、起始符、数据字符、校验符（左侧数据符、中间分隔符、右侧数据符）、终止符号等组成的，如图 4.5.1 所示。其中，空白区用于提示扫描器准备扫描；起始符和终止符分别用来标识条形码的开始与结束位置，同时提供码制识别信息和阅读方向信息；数据字符是指位于条形码中间的条、空结构，包含所要表达的特定信息；校验符用于检查解码后的资料结果是否正确，若正确则可输入系统中进行存储和计算；若不正确则输出警告信息，以便用户重新输入。

一维条形码的种类很多，常见的有 20 多种，目前使用频率最高的几种一维条形码有 EAN、

UPC 等。其中 UPC 主要用于北美地区；EAN 条码又称通用商品编码，由国际物品编码协会制定，是目前国际上使用最广泛的一种商品条形码。EAN 商品条形码分为 EAN-13（标准版）和 EAN-8（缩短版）两种。我国目前在国内推行使用的是 EAN 条形码。

商品条形码
背后的秘密
（来自腾讯视频）

图 4.5.1 一维条形码组的成结构示意图

（1）EAN-13 通用商品条形码。EAN（European Article Number）是欧洲物品编码的缩写，EAN-13 由 13 位数组成，分别为：前缀码（3 位）、制造商代码（4 位）、商品代码（5 位）、校验码（1 位）。其中前缀码用来标识国家或地区，由国家物品编码协会（GSI）负责分配，如 690～695 代表中国大陆。另外，制造商代码由各个国家或地区的物品编码组织负责分配。

商品条形码的内容
（来自腾讯视频）

（2）ISBN 条形码。ISBN（International Standard Book Number）国际标准图书编号，是国际通用的图书或独立的出版物（除定期出版的期刊外）代码。原有 ISBN 长度为 10 位，后经国际标准化组织修订后升至 13 位。10 位 ISBN 码由组号、出版社代码、书序码和校验码组成，中间用"-"相连，13 位 ISBN 码则是在原有 10 位 ISBN 码前加上 3 位 EAN 分配的图书编码 978，如图 4.5.2 所示。如 ISBN 7-305-01568-7，组号是代表一个国家或地区语种的编号，中国的编号为 7；出版者号是出版社的代号，由国家或地区的 ISBN 中心设置和分配，可取 1～7 位数字；书名号是由出版者给予每种出版物的编号；校验号是 ISBN 号的最后一位数，它能够校验出 ISBN 号是否正确。如将 ISBN 1～9 位数字顺序乘以 10～2 这 9 个数字，将这些乘积之和再加上校验号，假如能被 11 整除，则这个 ISBN 号是正确的，算式为

图 4.5.2 ISBN 条形码示意图

$$7\times10+3\times9+0\times8+5\times7+0\times6+1\times5+5\times4+6\times3+8\times2+7=198，198/11=18$$

若能被 11 整除，则校验号只能是一位数；若校验号为 10 时，则记为罗马数字 X。

4.5.2 二维条形码

二维条形码（二维码）是用某种特定的几何图形按一定规律在平面（二维方向）上分布

二维码中的信息
如何存储
（来自腾讯视频）

的黑白相间的图形记录数据符号信息。二维码可以在二维方向上表示信息，其存储量远远高于一维条形码，一个邮戳大小的二维码可存储数千个字符信息，因此二维码的应用领域要广得多。表 4.5.1 是一维条形码和二维码的性能对比。

表 4.5.1 一维条形码和二维码的性能对比

对 比 项	一维条形码	二维条形码
密度	低	高
容量	小	大
存储类别	数字	数字、字符、文字、图片
纠错	仅探测错误	具备不同等级的纠错
安全	不具备加密功能	可加密
主要用途	标识物品	描述物品

二维码小知识
（来自腾讯视频）

二维码有多种不同的编码方式，根据编码原理通常可分为堆叠式和矩阵式两类。堆叠式二维码是有多行短小的一维条形码堆叠而成；矩阵式二维码又称棋盘式二维码，是通过黑、白像素在矩阵中的不同分布进行编码。如图 4.5.3 所示。

随着移动互联网及智能终端的产生，二维码的应用已经涉及生活的方方面面，它作为简单、方便的信息获取方式越来越受到推崇。如二维码就是通过手机扫描二维码的方式，方便地上网、拨号、发短信、交换资料、自动输入文字等，深受手机用户的追捧。又如移动支付功能，消费者可以通过使用手机扫描二维码，快速地进入支付平台进行手机支付。

二维码的应用
（来自腾讯视频）

图 4.5.3 矩阵式二维码

4.5.3 RFID 技术

射频识别（Radio Frequency Identification，RFID）技术是自动识别技术的一种，可通过无线射频方式进行非接触双向数据通信，从而实现对目标的识别。一个典型的 RFID 系统一般由 RFID 标签、读写器，以及计算机系统等部分组成，如图 4.5.4 所示。

与传统的识别方式相比，RFID 技术无须直接接触、无须光学可视、无须人工干预即可完成信息的输入和处理，且操作方便快捷，能够广泛应用于生产、物流、交通、运输、医疗、防伪、跟踪、设备和资产管理等需要收集和处理数据的应用领域。

RFID 工作流程通常如下。

RFID 技术介绍
（来自腾讯视频）

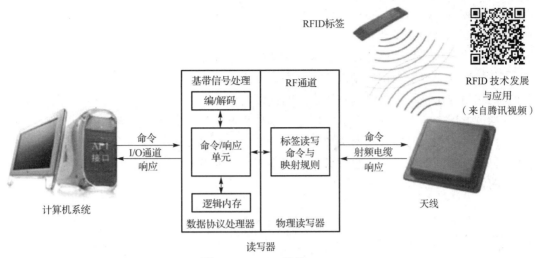

图 4.5.4　RFID 系统

（1）读写器通过天线发送出一定频率的射频信号。
（2）当 RFID 标签进入读写器工作场时，其天线产生感应电流从而激活 RFID 标签。
（3）标签将自身编码等信息通过天线发送出去。
（4）读写器天线接收到来自标签的载波信号将其传送至读写器。
（5）读写器对接收到的信号进行解调和解码后送至计算机系统进行处理。
（6）计算机系统根据逻辑运算判断该标签的合法性，针对不同的设定做出相应的处理和控制，然后发出指令信号控制执行机构的动作。

[练习与思考]

（1）请使用自己手机中的"扫一扫"工具扫描教材封底和图 4.5.2 中的一维条形码、图 4.5.3 中的二维码，看看会有什么发现。
（2）请列举所知道的 RFID 技术应用的领域，如在物流管理中的应用，并简单描述其原理和相关产品。

本 章 小 结

从计算机应用角度看，信息是人们进行各种活动所需要获取的知识。在用计算机采集、处理信息时，必须要将现实生活中的各类信息转换成计算机能识别的符号，再加工处理成新的信息。数据是数值、文字、数字或图像，是信息的表示形式，是信息的载体。

数制也称计数制，是指用一组数码符号和规则来表示数值的方法，分为进位计数制和非进位计数制。计算机在进行数据处理时必须把输入的十进制数转换成计算机能识别的二进制数，处理结束后再把二进制数转换成人们习惯的十进制数，这两个转换过程是由计算机系统自动完成的。

在计算机内部，各种信息都必须经过数字化编码后才能被传送、存储和处理。所谓编码是采用少量的基本符号，选用一定的组合原则，以表示大量复杂多样的信息。对于不同类型的数据，其编码方式是不同的，编码的方法也很多，包括：西文字符采用 ASCII 编码；汉字编码有国标码、机内码、字形码等方案。进入计算机中的各种数据都必须先把它转换成计算机能识别的二进制编码。

多媒体信息的数字化过程一般包括3个阶段：采样、量化和编码。

条形码与 RFID 均是近年来广泛使用的一种物品信息标识技术，其方法是赋予物品一个特别的编号，由该编号可以获知该物品的详细信息。

通过学习本章内容，应该了解信息的本质和特点，信息技术在信息化社会中的地位和作用，以及信息技术对社会各个领域的影响，特别是对教育的影响。熟悉计算机中信息的表示及各种数制之间的转换。熟悉各种类型信息在计算机中的编码方法。本章的学习对今后进一步学习计算机技术具有十分重要的意义。

课后自测练习题

用微信扫描右侧二维码，进入答题页面，进行测试练习，答题结束后有答案解析。

1. 对于信息，下列说法错误的是（　　）。
   A．信息是可以处理的
   B．信息是可以传递的
   C．信息是可以共享的
   D．信息可以不依赖于某种载体而存在

2. 下面叙述正确的是（　　）。
   A．因特网给我们带来大量的信息，这些信息是可信的，可以直接使用的
   B．在因特网上，可以使用搜索引擎查找我们所需要的一切信息
   C．有效获取信息后，要对其分类、整理和保存
   D．保存在计算机中的信息是永远不会丢失和损坏的

3. 下列叙述正确的是（　　）。
   A．信息技术就是现代化通信技术
   B．信息技术是有关信息的获取、传递、存储、处理、交流、表达和应用的技术
   C．微电子技术和信息技术是两个互不关联的两个技术
   D．信息技术是处理信息的技术

4. 20世纪末，人类开始进入（　　）。
   A．农业社会　　　B．工业社会　　　C．信息社会　　　D．高科技社会

5. 现代信息技术的核心技术的是（　　）。
   A．计算机技术　　B．通信技术　　　C．传感技术　　　D．网络技术

6. 第5次信息革命是（　　）。
   A．计算机技术和通信技术的应用
   B．计算机技术和网络技术的应用
   C．计算机技术和传感技术的应用
   D．计算机技术、通信技术、网络技术等现代信息技术的综合使用

7. 1kB 表示（　　）。
   A．1000 位　　　B．1024 位　　　C．1000 字节　　　D．1024 字节

8. 在计算机中，1 字节所包含的二进制位的个数是（　　）。
   A．2　　　　　　　B．4　　　　　　　C．8　　　　　　　D．16

9. 与十六进制数 200 等值的十进制数为（　　）。
   A．256　　　　　　B．512　　　　　　C．2048　　　　　　D．1024

10. 下列不同进制的数中最大的是（　　）。
    A．1010011B　　　B．257O　　　　　C．689　　　　　　D．1FFH

11. 下列字符中 ASCII 码值最大的是（　　）。
    A．X　　　　　　B．x　　　　　　　C．b　　　　　　　D．B

12. 下列 4 组数应依次为二进制，八进制，十六进制，符合这个要求的是（　　）。
    A．10，68，79　　　　　　　　　　　B．21，57，18
    C．12，80，10　　　　　　　　　　　D．11，77，39

13. 假定某台计算机的字长为 8 位，一个数的补码为 11111111，则这个十进制数是（　　）。
    A．255　　　　　　B．−1　　　　　　C．127　　　　　　D．128

14. 按 16×16 点阵存放国标 GB 2312-80 中一级汉字(共 3755 个)的汉字库，大约需占（　　）存储空间。
    A．1MB　　　　　　B．512kB　　　　　C．256kB　　　　　D．118kB

15. 计算机中表示信息的最小单位是（　　）。
    A．位　　　　　　　B．字节　　　　　　C．字　　　　　　　D．字长

16. 与十进制 36.875 等值的二进制数是（　　）。
    A．110111.011　　　B．100100.111　　　C．100110.111　　　D．100101.101

17. 一个汉字的区位码需要用（　　）字节表示。
    A．1　　　　　　　B．2　　　　　　　C．3　　　　　　　D．4

18. 在存储一个汉字内码的 2 字节中，每字节的最高位是（　　）。
    A．1 和 1　　　　　B．1 和 0　　　　　C．0 和 1　　　　　D．0 和 0

19. MIDI 文件中存储的是（　　）。
    A．波形声音的模拟信号　　　　　　　B．波形声音的数字信号
    C．计算机程序　　　　　　　　　　　D．符号化的音乐指令

20. （　　）是静态图像压缩标准。
    A．PAL　　　　　　B．JPEG　　　　　C．MPEG　　　　　D．NTSC

第 5 章 数据处理与呈现

导读：

在大数据时代，"数据"是一种资源并且蕴含着无尽的能量。如何在海量数据中找寻有价值的信息，已经成为数据处理的热门技术之一，因此掌握基本的数据搜集、整理、分析和处理等数据处理技术是时代需求。随着大数据时代的到来，研究热点已经从计算速度转向大数据处理能力，从编程开发为主转变为以数据处理为中心。大数据时代事事都要靠数据说话，因此数据的价值越来越重要，在商业、经济、医疗、科学计算等各个领域中，人们不再仅凭经验和直觉做出决策，而更多是基于数据分析来获得更为深刻、全面的决策。

本章从数据处理的角度，从介绍数据的概念、数据处理的概念开始，接着介绍计算机如何获取现实世界中的各种信息，并将这些信息以电子文件的方式存储到计算机中，对其进行加工处理，最后再根据用户需要以各种形式或格式呈现出来。最后介绍了数据处理工具 Excel，从计算、管理、分析 3 个方面讲解 Excel 对数据进行处理的过程。

知识地图：

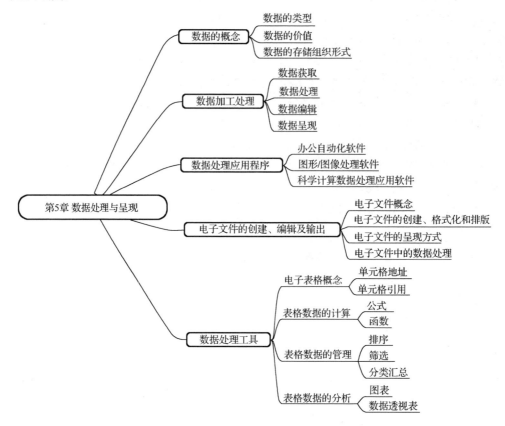

第 5 章　课程学习任务单

任务编码	501	任务名称	第 5 章 数据处理与呈现
要求			通过在线上学习 MOOC/SPOC 相关视频内容、做练习、讨论，完成第 5 章的学习。学习教材有关章节内容，把不懂地方标在课程学习任务单上。此课程学习任务单需要打印出来，再手工填写。
学习目标			教学目的及要求： 1. 了解数据的相关概念； 2. 了解数据加工处理的过程； 3. 对各种常用的数据处理应用程序进行基本认知； 4. 掌握电子文件的创建、编辑和输出过程。 5. 掌握利用数据处理工具 Excel 进行计算、管理、分析的基本操作。 教学重点及难点： 1. 数据获取、处理、呈现的方式； 2. 电子文件的创建、编辑和输出； 3. 数据处理工具 Excel 的操作。
学习要求	colspan		1. 观看 MOOC/SPOC 上 "第 5 讲数据处理与呈现" 视频，阅读教材 "第 5 章"。 2. 完成 MOOC/SPOC 上 "第 5 讲数据处理与呈现" 后的随堂测验及讨论。 3. 请认真完成本次课程学习任务单的要求并认真填写。
讨论问题	colspan		1. 现实世界中的客观事物如何转换成为计算机的结果数据？ 2. 数据在计算机的组织存储方式是什么？ 3. 数据获取的主要途径有哪些？ 4. 数据处理的主要方法有哪几种？ 5. 从软件版本和兼容性方面讨论用户在安装应用软件时应该注意哪些问题？ 6. 请说明在本专业的学习过程中会使用到哪些数据处理应用程序？ 7. 请说明制作一份内容丰富的动态网页文件有可能使用到哪些软件？ 8. 电子文件的创建流程是什么？ 9. 请举例说明电子邮件合并功能的日常应用有哪些？ 10. 电子文件的呈现方式有哪些？
学习记录总结反思	colspan		学习 MOOC/SPOC 和在课堂学习中有什么困难？本格填写不下，写在本单反面。

5.1 数据的概念

日常生活中，遇到的各种信息将在人脑中形成各种情景、想象或记忆，如通过眼睛看到雪花和冰柱，就会想"这是寒冷的冬天"；看到一位男士和一位女士并肩在路上行走，就会想"这可能是一对情侣"；看到一栋建筑物，就会想"这是一个宾馆或者一所住宅楼"。又如，通过耳朵听到脚步声，就会想"也许是有人来探望我"；听到电话铃，就会想"也许是我的快递到了"；听到打雷声，就会想"马上要下雨了"。人们通过各种方式感知信息后，该如何描绘这些信息呢？于是，人们就会借助各种方法对信息进行采集，如用笔和纸记录、用相机或摄像机拍摄、用录音笔录制，再利用各种电子设备将这些采集到的信息输入计算机中，通过编码形成各种类型的磁盘数据文件。接着，利用计算机软件对这些原始数据文件进行清洗、筛选、综合分析及加工，产生满足用户需求的各种结果数据文件，并以一定的格式呈现给用户，如一份打印文档、一份电子表格、一首歌曲、一段动画或视频、一节微课等。

互联网时代的数据
（来自腾讯视频）

从原始信息到原始数据，再由原始数据到加工处理后的结果数据，整个过程如图 5.1.1 所示。该过程可视为计算机对现实世界事物的 3 次抽象：第 1 次，从现实世界获取信息，并将信息通过各种载体呈现出来，如一幅画、一张照片、一段音频、一份笔记等；第 2 次，将这些载体上的数据信息以各种方式输入到计算机中，利用各种软件形成计算机可处理的磁盘数据文件；第 3 次，通过各种软件，对这些磁盘数据文件进行加工处理，并转存为各种结果数据文件呈现给用户。

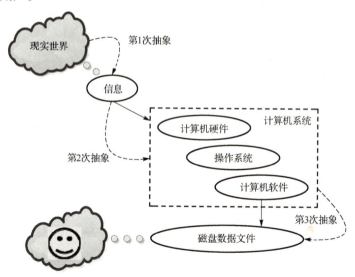

图 5.1.1 现实世界信息的获取到磁盘数据文件的产生过程

5.1.1 认识数据

关于数据的概念，我们在第 4 章已经做过讨论，在这里做一下简单回顾。数据是记载客观事物性质、状态、相互关系的物理符号或是符号组合，它是可被识别的、抽象的符号。这些符号不仅指数字，还包括字符、文字、图形等，其中数值型数据使得客观世界严谨有序，其他类型的数据使得客观世界丰富多彩。

计算机中的数据既包括自然界中各种事物抽象后利用电子设备或其他方式输入或转存到计算机中的一切原始数据，又包括由这些原始数据经过加工处理后得到的结果数据。

5.1.2 数据的类型

计算机中的数据形式多样，包括阿拉伯数字"0~9"、代数值或常量值、大小写英文字母、汉字、图形/图像、音频、视频等。通常，将计算机中的数据分为数值型和非数值型两类，数值型数据是指一个代数值且有具体量的含义，如-3.1415926、1314.520；非数值型数据是指非量化的数据，如一张电子照片、一段电子音乐等。所有这些数据在计算机中都要以一个个文件的方式组织存储并编码，即以二进制的方式存储并进行处理，最终以一定的格式呈现给用户，其输入/输出、加工处理过程如图 5.1.2 所示。

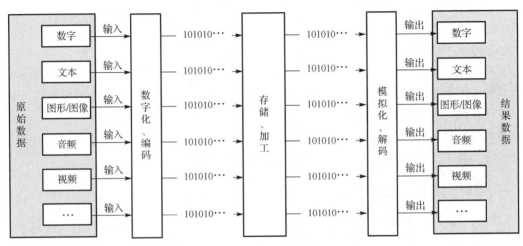

图 5.1.2　数据在计算机中的处理过程

5.1.3 数据的价值

数据经过加工后，其表现形式仍是数据，处理数据是为了更好地解释数据拥有的含义，只有经过解释，数据才变得有意义，才能成为有效信息。有效信息是经过加工并对客观世界产生影响的数据，同时也是数据的价值体现。如假定广播播报某日天气实时温度为39℃，39 这个数据本身是没有意义的，39 是什么意思呢？什么物质是 39 呢？但是，当数据以某种形式经过处理、描述或与其他数据进行比较时，一些意义就出现了，如某日气温为39℃，表明这天是个高温酷暑天，这才是数据想要传达的有效信息。因此，信息与数据是不同的，信息有意义，而数据没有，数据的价值主要体现在为各种信息提供支持。例如，一封求职信、一份个人简历表、一幅图片、一份数值分析统计报告与实验结果等所能传达的信息都充分体现了数据的价值。

冬至网购的饺子
（来自腾讯视频）

仅有数据是不够的，对于身处大数据时代的企业而言，成功的关键还在于找出大数据所隐含的真正价值。以前，人们总是说信息就是力量，但如今对数据进行分析、利用和挖掘才是力量所在。

很多年前，人们就开始利用数据完成大量工作，如航空公司利用数据为机票定价、银行利用数据确定贷款对象、信用卡公司利用数据侦破诈骗等。但是直到最近的大数据时代，数据才真正成为人们日常生活的一部分。随着 Facebook（脸书）、谷歌（Google）、推特（Twitter），以及 QQ、微信、淘宝等的出现，大数据被永远改变了。你和我或者任何一个享受这些服务的用户都生成了数据足迹，它能够反映出我们的行为。每次我们进行搜索，如查找某个人或者访问某个网站，这都加深了这条足迹。互联网企业开始通过创建新技术来存储、分析新增的数据，结果导致了"大数据"的创新爆炸。

进入 2012 年以来，由于互联网和信息行业快速发展，大数据越来越引起人们的关注，已经引发云计算、互联网之后 IT 行业的又一大颠覆性的技术革命。人们用大数据来描述和定义信息爆炸时代产生的海量数据，并命名与之相关的技术发展与创新。云计算主要为数据资产提供了保管、访问的场所和渠道，而数据才是真正有价值的资产。企业内部的经营信息、互联网世界中的商品物流信息、互联网中的人与人交互信息与位置信息等，其数量将远远超越现有企业 IT 架构和基础设施的承载能力，另外实时性要求也将大大超越现有的计算能力。如何盘活这些数据资产，使其成为国家治理、企业决策乃至个人生活服务的重要组成部分，这是大数据的核心议题，也是云计算内在的灵魂和必然的升级方向。

当前身处大数据时代，IT 产业是发展大数据处理技术的主要推动者，一个国家拥有数据的规模和运用数据的能力将成为综合国力的重要组成部分。哈佛大学社会学教授加里·金说："这是一场革命，庞大的数据资源使得各个领域开始了量化进程，无论学术界、商界还是政府，所有领域都将开始这种进程。"因此，如何使用计算机更好、更充分地获取和处理各种原始数据，并将其加工成有效信息来服务自身生活是极其重要的。

5.1.4 数据的存储组织形式

计算机怎样存储数据？在计算机系统中，所有获取的数据都以电子文件形式存储在外部存储器（例如硬盘、光盘、U 盘等，简称外存），需要时再由外存调入内存进行加工处理。因此，电子文件是数据在计算机内部的存储组织形式，它可以是源程序代码文件、文本文件、表格文件、演示文件、图像文件、语音文件、视频文件等，这些电子文件都是由操作系统的文件系统进行组织管理的。

5.2 数据加工处理

获取数据、处理数据并将其以一定形式呈现，这已经成为生活在信息时代每个人必备的能力之一。尽管数据获取与处理的方法多种多样，但是如何更加充分地利用数据、呈现数据并保护数据是应用的关键。

5.2.1 数据获取

数据获取是指利用一种装置将来自各种数据源的数据自动收集到一个装置中，其中被采集数据是已被转换为电信号的各种物理量，如温度、水位、风速、压力等，这些信号既可以是模拟量，又可以是数字量。采集一般是采样方式的一种，即隔一段时间（称为采样周期）对同一点数据重复采集，采集的数据大多是瞬时值，也可能是某段时间内的一个特征值，准确的数据量测是数据采集的基础。

测绘学中的移动测量（来自腾讯视频）

数据量测方法有接触式和非接触式,并且检测元件多种多样。不论哪种方法和元件,均以不影响被测对象状态和测量环境为前提,从而保证数据的正确性。

数据获取含义很广,包括对面状连续物理量的采集。在计算机辅助制图、测图、设计中,对图形或图像数字化过程也可称为数据获取,此时被采集的是几何量(或包括物理量,如灰度)数据。

数据获取方法非常多,主要有两种:第1种是利用计算机的专用程序直接将数据由输入设备录入到计算机中,并以文件形式存储在计算机的存储设备中,如利用计算机应用程序创建文档文件并直接通过键盘录入而产生的工作报告、论文、作业等;第2种是利用各种电子设备直接获取,如数码相机、摄像机、手机、录音笔、扫描仪、RFID 等。这些电子设备都有与计算机连接的接口(一般为 USB 接口),通过数据线或读卡器连接可将数据导入计算机中,再经过转换形成计算机可识别并存储的文档文件。此外,还可以将已经呈现的数据再次进行捕获处理,如来自网站页面的数据、从服务器下载的文件、电子邮件传送的信件、来自图书上的数据等。获取到的各种数据都是有价值或珍贵的原始资料,若需要长期记录与备份或者再利用,则要将这些数据以文件的形式存储在计算机的存储设备中。

我们在日常学习、工作或生活中将所看到的、听到的或者是发生的一切事物,通过各种方式或利用各种电子设备捕获下来,这就是数据获取的一种方式。如使用数码相机或摄像机拍摄外出旅游看到的风景;使用录音笔或专业录音设备录制演唱会上歌唱家演唱的歌曲;使用计算机键盘录入新闻报道、课堂学习笔记或日记等;还包括通过网络获取到的数据、数字电视上采集的数据,甚至是借助手机通过 4G、Wi-Fi、蓝牙等移动通信方式获取的文本、音频、视频数据等。

在这个用数据说话的时代,能够打动人的往往是用数据说话的理性分析,无论是对于职场打拼的年轻人,还是需要数据进行分析和研究的学生,能够找到合适的数据源都是非常重要的。特别是想要对一个新的领域进行研究和探索,拥有这个领域的数据则具有十分重要的意义。

收集数据与学习如何收集数据都是重要的能力。数据的来源是没有穷尽的,当人们转换一种思维时,那么就可以获得不一样的数据,每个人喜欢收集数据的渠道不尽相同,只有尽量多地去见识和实践才能发现更多的适合自己的数据获取方式。 在互联网高度发达的今天,数据资源异常的丰富和庞大,因此如何高效地获取数据成为一种重要的能力。当然往往只需要熟练掌握一两种获取数据的方法,便足够应付大多数场景和需求,因此选择合适的数据获取方法还需要亲自探究。

5.2.2 数据处理

数据处理(Data Processing)是对数据(包括数值和非数值)的采集、存储、检索、加工、变换和传输的一种操作过程,通过各种软件将不同形式的数据输入和编辑,经过加工处理成易于被人们接收的信息形式,并将处理后的信息进行存储,随时通过外部设备输出给信息使用者。

随着计算机的日益普及,在计算机应用领域中,数值计算所占比重很小,通过计算机数据处理进行信息管理已成为主要的应用,如测绘制图管理、仓库管理、财会管理、交通运输管理、技术情报管理、办公自动化等。在地理数据方面,既有大量自然环境数据(土地、水、气候、生物等各类资源数据),也有大量社会经济数据(人口、交通、工农业等),这些数据一般要求进行综合性数据处理。故需建立数据库,然后系统地整理和存储数据,从而减少冗余、发展数据处理软件,同时充分利用数据库技术进行数据管理与处理。

总之,数据处理的基本目的是从大量的、杂乱无章的、难以理解的数据中,抽取并推导出对于某些特定的人们来说有价值、有意义的数据。

5.2.3 数据处理方式

数据处理方式有很多,主要方式包括以下 3 种。

(1) 利用各种应用程序,创建包含各类数据信息的电子文件(包括文本文件、表格文件、图形/图像文件、音频和视频文件等),这里的应用程序还包括利用计算机语言编写程序而开发出的各种专用应用程序,最典型的应用就是面向企/事业单位用户的人事管理系统或财务管理系统、面向学校用户的学籍管理系统等。经过应用程序的加工处理,这些电子文件可以长期保存并进行再利用。

(2) 通过数据库管理软件(如 Access、Oracle、MySQL、Sybase 等)构建数据库系统,同时集中组织和管理海量数据以及面向特定目标进行数据分析和挖掘,主要特点是待处理的数据量大,并且具有多复合、多交叉的数据类型与结构。

(3) 利用程序设计进行数据处理,主要是指对科学研究、工程计算或生活中所遇到的各种问题进行数据处理的过程,包括数值计算、算法分析、游戏开发、数学建模、数据可视化、数据分析等。

各种方式根据不同的用户与不同的数据规模,采用不同的数据处理技术。本章主要介绍第 1 种数据处理应用,即如何利用各种已有的应用程序创建包含各类数据信息的电子文件。电子文件是指人们在社会活动中形成的,以计算机的磁盘、光盘等化学磁性介质为载体包含数据信息的材料,它依赖计算机系统存取并可在通信网络上传输。

5.2.4 数据编辑

数据编辑(Data Edit)是将输入系统的数据进行校验、检查、修改、重新编排、处理、净化,组织成便于内部处理的格式的过程。常用的编辑软件有文字编辑、图像编辑、音频/视频编辑等软件。

高级编辑与基本编辑的主要区别是对大量数据进行重复性的编辑操作,尤其是对有格式的文本段落或长文本通常需要使用高级编辑。如要对文本文件中已有的全部"英文"字符按"大小写"进行匹配修改;或者将文本文件中已有的词组用其他词组来替换,这就需要使用方便、快捷的高级编辑。

一般的数据处理应用程序都有高级编辑功能,如在办公自动化软件窗口中,通过查找和替换即可实现高级编辑。查找是指在文件窗口中根据指定的关键字找到相匹配的字符串并进行查看,这些关键字可以是一个字符、一个字符串、一个单词或单词的一部分,也可以是词组、句子、制表符、特殊字符或数字等;替换是指用新字符串代替查找到的旧字符串。高级编辑通常支持带格式的编辑,即查找与替换的对象带有格式控制,如查找的对象是否区分大小写、是否使用通配符;替换的对象是否带有颜色格式或特殊字符等。

5.2.5 数据呈现

在不同应用中,对数据的描述方式或呈现方式通常不尽相同,如一篇报道既可以用一些文字来描述，又可以用一段音频来记录；一个演讲汇报，既可以是简单的文档文件，又可以通过集文字、图表、动画为一体的多媒体视频来呈现；而对于统计人口增长率、职工工资增长率、学生成绩分布状况等这类数据，既可以用表格方式呈现，又可通过直观性更好的数据图表方式来呈现。只要对获取的数据进行合理运用，不仅可以用优美的词句来表示，还可以做出各种美观、清晰的图形与分析图表，让枯燥的数据易于理解，同时增加数据的说服力且充分体现数据的价值。

数据呈现是指对经过计算机加工处理的各种数据文件进行显示或打印输出的过程，如打印输出的书稿、论文报告、学习心得笔记、家庭收支状态记录表等；通过电视媒体展示的个人风采记录短片、新闻、广告、影视等；通过计算机网络发送的电子邮件、发布的个人网站等。

数据呈现的形式多样，一般要根据电子文件内容与用户需求选择合适的数据呈现方式。对于正在编辑的电子文件，最典型、最简单的方式就是通过显示器显示输出，并且随时查看编辑效果，直至满意再产生最终包含数据结果的电子文件，包含数据结果的电子文件生成后，可以再根据需要以其他方式呈现出来。经常采用的数据呈现方式有：通过打印机打印输出、通过绘图仪绘制、通过传真机或电子邮件发送给他人、通过网站发布在网络上；还可以是以动画、媒体或音频、视频方式产生的各种电子文件；或者由一个电子文件产生另一个或多个电子文件，甚至是不同类型的电子文件。例如，将 Word 文本文件转换成 PDF 格式的电子文件或网页文件；由表格文件产生数据统计文件或图表分析文件；由数学软件进行数值统计分析后产生各种图形文件。值得注意的是：由不同电子设备传输到计算机中的数据所形成的文件格式或类型是不同的，即需要使用不同的计算机应用程序来创建、显示和加工处理不同数据类型的电子文件。

5.3 数据处理应用程序

数据处理应用程序是为了完成某项或某些特定数据处理任务而开发的运行于操作系统之上的计算机程序，如 Office 套件、Flash、Photoshop、Dreamweaver 等都是运行在 Windows 系统的应用程序。其特点如表 5.3.1 所示。数据处理应用程序是创建各种电子文件的应用软件，用户只有打开应用程序窗口才能创建各种类型的电子文件。尤其是对于各种电子设备捕获的信息必须通过应用程序加工处理，才能形成存储在计算机磁盘中的电子文件，这样便于用户长期使用或再利用。

表 5.3.1 数据处理应用程序特点

特 点	说 明
运行平台	Windows、UNIX、Linux、Mac OS
运行方式	具有统一的运行与关闭方式
操作方式	基于窗口图形界面
数据处理范围	文本、表格、演示文稿、图形/图像、音频/视频等
文档窗口工作模式	多种视图模式，如页面视图、普通视图、浏览视图、大纲视图等
资源共享	数据文件之间的转换与数据共享

为了方便用户使用和维护数据处理应用程序，很多数据处理应用程序都以应用软件或软件包的方式存在，表 5.3.2 列出了部分常用软件。目前，典型的应用软件包括：Microsoft 公司推出的支持办公自动化的"Office 套件"；香港金山公司推出的"WPS 套件"；Macromedia

公司（后被 Adobe 公司收购）开发出的网页编辑工具，俗称"网页三剑客"（由 Dreamweaver，Fireworks，Flash 三个软件组成）；Adobe 公司推出的集图形设计、影像编辑与网络开发为一体的创意套件 Creative Suite，主要包括图像处理软件（Photoshop）、矢量图形编辑软件（Illustrator）、音频编辑软件（Audition）、文档创作软件（Acrobat）、二维矢量动画创作软件（Animate）、视频特效编辑软件（After Effects）、视频剪辑软件（Premiere Pro）等。总之，各种数据处理的应用软件数不胜数、各具特色，因此用户应根据实际需求做出选择。

表 5.3.2 部分常用软件列表

应用程序名	可执行文件名	说明
记事本	notepad.exe	Windows 附件（创建基于纯 ASCII 码的文件）
写字板	wordpad.exe	Windows 附件（创建文本文件）
PDF 文件阅读器	AcroRd32.exe/Foxit Reader.exe	阅读 PDF 文件
字处理	Winword.exe / wps.exe	Office 套件/WPS 办公套件（创建文本文件）
表处理	Excel.exe / et.exe	Office 套件/WPS 办公套件（创建表格文件）
演示文稿	PowerPoint.exe / wpp.exe	Office 套件/WPS 办公套件（创建演示文稿文件）
画图	mspaint.exe	Windows 附件（创建位图文件）
矢量图制作	Visio.exe	Office 套件（创建矢量图文件）
计算机辅助设计	Acad.exe	二维或三维图形设计
图像处理	Photoshop.exe	图像处理（主要处理由像素所构成的数字图像）
动画制作	Flash.exe	创建动画文件
网页编辑	FrontPage.exe/Dreamweaver.exe	创建网页文件

一般而言，在不同操作系统平台上开发的数据处理应用程序通常需要运行在自身平台上。当然，很多软件开发商都注意到了这一点，因此开发商都提升了软件的兼容性，很多数据处理应用程序都可以运行在多种操作系统平台上，但有些软件的兼容性还是有一定局限性。因此，用户在选择数据处理应用程序时，要注意软件对不同操作系统平台的兼容性，避免产生无法运行等问题。还需注意的是，每款数据处理应用程序都会推出多个版本，版本越高对计算机硬件及操作系统配置要求也会越高，相应的功能也会越多，用户使用起来也会越方便。如 Office 2003 最好运行在 Windows XP 上，而 Office 2016 则最好运行在 Windows 10 上。用户不要盲目追求高版本的数据处理应用程序，而是要根据自身计算机的配置及使用需求来综合选择相应的软件版本。

5.3.1 办公自动化软件

美国微软（Microsoft）公司、香港金山公司分别推出了支持办公自动化的 Office 套件，套件中均包括字处理软件、演示文稿软件和表处理软件。此外，还有支持文档阅读的便携文档阅读软件（PDF 格式）和中国期刊阅读软件（CAJ 格式）。

1. 字处理软件

字处理是对文字信息进行组织加工的处理过程，字处理软件正是为了实现字处理功能而开发的应用软件，其功能有文档的创建、编辑、格式设置（包括图、表、艺术字、公式等各种对象的插入及混排）及打印，还可以创建具有独立章节、目录、索引和其他特征的长文档。常用的字处理软件有 Windows 系统自带的记事本、写字板，Microsoft Office 套件中的 Word

软件,WPS Office 套件中的 WPS 文字软件,iWork 套件中的 Pages 软件,UNIX 系统下的 Vi 软件等,图 5.3.1 给出了不同操作系统平台上的字处理软件。

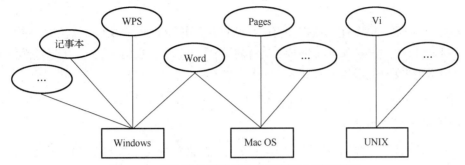

图 5.3.1 不同操作系统平台上运行的字处理软件

对于不同的字处理软件而言,其功能有所区别,但基本操作大同小异,因此要根据实际需要选择相应的软件。例如,如果要建立一篇纯中文或纯英文的文档文件,这时选择 Windows 的记事本;如果要创建的文档包含图形、表格或数据图表,这时就不能选择记事本,因为它本身不支持图形或表格数据,这时就需要选择 Word 软件、WPS 文字软件或 Pages 软件,这几种软件都可以设计出类似专业印刷厂产品的文档。

2. 演示文稿软件

演示文稿软件用来生成一系列幻灯片(Slide),幻灯片是包含文字、数字和图形(如图表、剪贴画或者图片)组合的单屏图像。对于任何需要给群体演示信息的人来说,演示文稿软件都是一种重要的工具,如销售人员或市场营销人员保留许多"常备的"演示幻灯片,可以为不同客户或产品自定义这些演示;经理使用幻灯片给新雇员介绍公司信息,解释公司文化、福利及岗位职责等;教师在课堂上采用板书与幻灯片相结合的方式为学生讲解课程内容。常用的演示文稿程序有 Microsoft Office 套件中的 PowerPoint 软件、WPS Office 套件中的 WPS 演示软件、iWork 套件中的 Keynote 软件等。

3. 表处理软件

表处理是指对大量有规律的数据进行编辑、计算、汇总与打印的过程。计算机的表处理软件通常包含 3 种:一是嵌入在某个数据处理应用软件中,直接在该软件中实现表格处理功能,如用户可以在字处理软件 Word、WPS 及 Pages 创建的文档文件中插入表格,但计算功能单一且制作效率不高;二是能够独立进行表处理的数据处理应用软件,如 Excel、WPS 表格、Numbers 等,这些软件一般都将表格自动提供给用户,因此用户不必再在制作表格上浪费时间而是直接向表格输入数据,这些软件还为用户提供了丰富的数据处理功能,如查询、排序、筛选、分类汇总和透视表等,利用这些功能可以方便地对数据进行分析和处理。

4. 便携文档阅读软件

PDF(Portable Document Format)意为"便携式文档格式",该文件格式由 Adobe 公司设计开发,其目的是支持多媒体集成信息,特别是网络信息的跨平台出版和发布。PDF 文件格式不管是在 Windows、UNIX 还是 Mac OS 操作系统中都是通用的,它以 PostScript 语言图像模型为基础,将文字、字形、格式、颜色及独立于设备和分辨率的图形/图像等封装在一个文件中,还可包含超文本链接、声音和动态影像等电子信息,同时支持特长文件,另外集成度和安全可靠性都较高，这些特点使它成为在 Internet 上进行电子文档发行和数字化信息传播的理想文档格式。越来越多的电子图书、产品说明、公司文告、网络资料、电子邮件均开始使用 PDF 格式文件。

对普通用户而言，需要使用便携文档阅读软件打开并浏览 PDF 文件，常用的便携文档阅读软件有 Adobe 公司的 Acrobat Reader 软件、福昕公司的 Foxit Reader 软件、苹果公司的 iBooks 软件等。使用便携文档阅读软件打开的 PDF 文件会真实地再现原稿的每个字符、颜色及图像，同时具有纸版书的质感和阅读效果，并且显示大小可任意调节，为读者提供了个性化的阅读方式。

5．中国学术期刊阅读软件

在写论文时，我们经常会从网上下载一些 CAJ 格式的文献资料，CAJ 是中国学术期刊（China Academic Journals）的英文缩写，需要使用专用阅读软件 CAJViewer 浏览 CAJ 格式的文献资料。CAJViewer 是中国期刊网的专用全文格式阅读器，是光盘国家工程研究中心、清华同方知网（北京）技术有限公司的系列产品，该系列产品除支持 CAJ 格式外，还支持 NH、KDH 和 PDF 格式。它可以在线阅读中国期刊网的原文，也可以阅读下载到本地硬盘的中国期刊网全文，并且打印效果与原版的效果一致。

5.3.2 图形/图像处理软件

图形的绘制与处理方法很多，通常采用 3 种方式：一是利用数据处理应用程序自带的绘图工具绘制图形，如 Word 中提供的形状绘制工具使用简单方便、易学易用，但处理功能与效果有限；二是利用专用的图形处理应用软件绘制图形，如 Windows 自带的画图附件（Visio）、Photoshop、AutoCAD、Freehand、ACDSee、我形我速等，这些专门的绘图软件不仅功能强大而且应用性强；三是通过程序、问题求解处理后产生或转存为图形、文件，如利用 Python 语言的图形处理绘制图形文件，由 MATLAB 数据处理结果生成的图形。

下面介绍 6 款常用的图形/图像处理应用软件，如表 5.3.3 所示。

表 5.3.3 常用图形/图像处理应用软件列表

图标	可执行文件名	应用程序名	说 明
	mspaint.exe	画笔	基于 Windows 环境的简单图形制作
	Visio.exe	绘图程序	Office 套件，用于 IT 和商务专业人员创建图形，尤其是程序流程图
	Acad.exe	AutoCAD	计算机辅助设计软件，主要用于二维或三维设计
	Photoshop.exe	图像处理	Adobe 公司提供的图像处理软件
	Flash.exe	动画制作	创建动画文件
	MindManager.exe	思维导图	一款能快速激发灵感、有助于提升人的创意思考能力的图形软件

1．利用应用程序自带的绘图工具绘制图形

在办公软件 Office 套件的字处理软件和演示文稿软件中，为了使文章更加生动、清晰，除插入图片外，还可以自制一些简单图形。Word 和 PowerPoint 均提供了自选图形功能，自选图形库中包含有大量的常用图形（如三角形、长方形、星形等），如图 5.3.2 所示。在文档编辑中可以选择图形，随意进行绘制，并允许对"形状对象"进行大小调整、旋转、翻转、着色、添加文字，以及组合生成更复杂的形状等设置。另外，形状都有调整控制点，可以用来更改形状的部分属性。

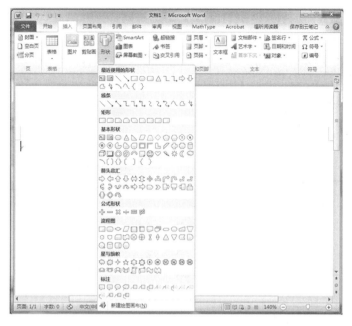

图 5.3.2　Word 中的自选图形

2．利用专门的图形处理应用程序绘制图形

（1）Windows 附件中的画图。画图是 Windows 系统自带的一款简单、易学、易用的图形/图像处理应用软件。用户可以自己绘制图形，也可以对扫描的图像进行编辑修改，在编辑完成后，可以存储成多种格式的图形/图像文件，最常见的有 BMP 和 JPEG 格式。画图软件默认的存储格式为 24 位位图文件，文件扩展名为"bmp"，也可存储成其他格式的文件，如单色位图文件、16 色位图文件、256 色位图文件、JPEG 文件或 GIF 文件等。其中 BMP 格式的图形文件占用存储空间较大，不宜制作网络中的图形文件，所以一般应将画图软件制作的图形转存成 JPEG 格式，JPEG 格式是一种占用存储空间较少的图像压缩格式。

（2）Visio。Visio 是 Microsoft 公司开发的 Office 套件中的一款图形处理应用软件，有助于 IT 和商务专业人员轻松地将复杂信息、系统和流程进行可视化处理、分析和交流。大多数图形处理软件通常依赖于用户的艺术设计，然而在 Visio 中可通过模板将形状直接拖放到绘图页中，从而以可视化方式传递信息。Visio 提供了各种模板（如流程图、网络图、工作流图、数据库模型图等），这些模板可用于可视化和简化业务流程、跟踪项目和资源、绘制组织结构图、映射网络、绘制建筑地图以及优化系统等。

（3）Photoshop。Photoshop 是美国 Adobe 公司开发的，迄今为止世界上最畅销的平面图形/图像处理和制作软件。Photoshop 界面简捷、功能完善、性能稳定、图形/图像处理功能强大，被广泛应用在图形/图像的编辑、广告设计、电脑绘图、室内装潢等诸多领域且具有很好的兼容性，尤其对于用数码相机拍摄的照片都可以通过 Photoshop 进行处理，从而达到更好的效果。Photoshop 自 1990 年推出，经过了多个版本的不断升级，其功能越来越强大、处理领域也越来越广，因此它逐渐确立了在图像处理软件领域的霸主地位。

Photoshop 基本功能包括图像编辑、图像合成、校色调色及特效制作等。图像编辑是图像处理的基础，可以对图像做各种变换（如放大、缩小、旋转、倾斜、镜像、透视等），也可进行复制、去除斑点、修补、修饰图像残损等；图像合成则是将几幅图像通过图层操作、工具应用合成完整的、传达明确意义的图像，这是美术设计的必经之路，这样可以实现外来图像与创意很好地融合；校色、调色可以方便快捷地对图像颜色进行明暗、色偏的调整和校正，也可在不同颜色进行切换以满足图像在不同领域如网页设计、印刷、多媒体等方面的应用；特效制作主要由滤镜、通道及工具综合应用完成，包括图像的特效创意和特效字的制作，如油画、浮雕、石膏画、素描等常用的传统美术技巧都可以由该软件特效完成。

（4）AutoCAD。AutoCAD 是美国 Autodesk 公司开发的自动计算机辅助设计软件，该软件用于二维绘图、详细绘制、设计文档和基本三维设计，现已成为国际上广为流行的绘图工具，并且广泛应用于土木建筑、装饰装潢、工业制图、工程制图、电子工业、服装加工等多个领域，AutoCAD 具有良好的用户界面，通过交互菜单或命令行方式便可以进行各种操作，它的多文档设计环境，让非计算机专业人员也能很快地学会使用。总之，AutoCAD 具有广泛的适应性，可以在各种操作系统支持的微型计算机和工作站上运行。

3. 通过程序、问题求解处理后产生或转存为图形

以下是 Python 语言的一段程序代码，图5.3.3 所示是在该 Python 程序运行后，绘制的正弦余弦波图形。

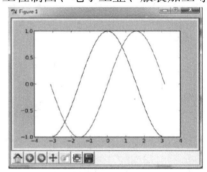

图 5.3.3　Python 绘制的正弦余弦波图形

```
from pylab import *
subplot(1,1,1)
X = np.linspace(-np.pi, np.pi, 256,endpoint=True)
C,S = np.cos(X), np.sin(X)
plot(X, C, color="blue", linewidth=1.0, linestyle="-")
plot(X, S, color="red", linewidth=1.0, linestyle="-")
xlim(-4.0,4.0)
xticks(np.linspace(-4,4,9,endpoint=True))
ylim(-1.0,1.0)
yticks(np.linspace(-1,1,5,endpoint=True))
savefig( d:\exercice.png",dpi=72)
show()
```

5.3.3　科学计算数据处理应用软件

科学计算也称数值计算，是计算机应用的一个重要领域。科学计算数据处理是指对科学研究与工程计算中的数值进行处理的过程，主要包括算法开发、数学建模、数据可视化、数据分析以及数值计算等，而实现科学计算数据处理强有力的工具就是数学软件。

目前，比较流行和著名的数学软件主要有 Matlab、Maple、Mathematica，它们各具优势与特点，且版本越来越高，功能越来越强，应用范围也越来越广泛。Matlab、Maple、Mathematica 并称为三大数学软件。

1. Matlab

Matlab（Matrix Laboratory）是由美国 MathWorks 公司发布的教学软件，主要用于科学计算、可视化及交互式程序设计的高科技计算环境，Matlab 的意思是"矩阵实验室"，它的基本数据单位是矩阵。该软件提供了许多创建向量、矩阵和多维数组的方式，并且可以进行矩阵运算、绘制函数/数据图像、创建用户界面及调用其他语言编写的程序等。它将数值分析、矩阵计算、科学数据可视化，以及非线性动态系统的建模和仿真等诸多强大功能集成在一个易于使用的视窗环境中，为科学研究、工程设计以及必须进行有效数值计算的众多科学领域提供了一个全面的解决方案。它的指令表达式与数学、工程中常用的形式十分相似，故用 Matlab 来求解问题要比用 C、FORTRAN 等程序设计语言完成相同的事情简便得多，并且在新的版本中也加入了对程序设计语言 C、FORTRAN、C++、Java 的支持。Matlab 的一个重要特点是可扩展性，作为配套软件包 Simulink 和其他所有 MathWorks 产品的基础，Matlab 可以通过附加的工具箱（Toolbox）进行功能扩展，每个工具箱就是一个实现特定功能函数的集合。MathWorks 提供的工具箱功能强大、类型丰富，主要包括数学和优化、统计和数据分析、控制系统设计和分析、信号处理和通信、图像处理、测试和测量、金融建模和分析、应用程序部署、数据库连接、报表和分布式计算等类型。Matlab 可以运行在多种操作系统平台上，如基于 Windows 9X/NT/XP/7、OS/2、Macintosh、Sun、UNIX、Linux 等。Matlab 的工作界面如图 5.3.4 所示。

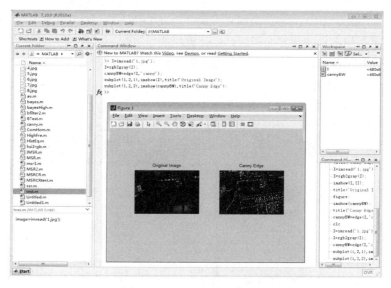

图 5.3.4　Matlab 的工作界面

2. Maple

Maple 是目前世界上最为通用的数学和工程计算软件之一，在数学和科学领域享有盛誉，有"数学家的软件"之称。Maple 内置超过 5000 个计算命令，数学和分析功能覆盖几乎所有的数学分支，如微积分、微分方程、特殊函数、线性代数、图像语音处理、统计、动力系统等。Maple 采用字符行输入方式，输入时需要按照规定的格式输入，虽然与一般常见的数学格式不同，但灵活方便且很容易理解。输出则可以选择字符方式和图形方式，产生的图形结果可以很方便地剪贴到 Windows 应用程序中。用户通过 Maple 产品可在单一环境中完成多领域系统建模和仿真、符号计算、数值计算、程序设计、技术文件、报告演示、算法开发、外部程序连接等功能，从而满足从高中生到高级研究人员各个层次用户的需要。Maple 的工作界面如图 5.3.5 所示。

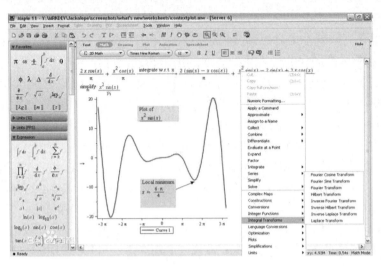

图 5.3.5　Maple 的工作界面

3．Mathematica

Mathematica 是由美国 Wolfram 公司开发的一个功能强大的数学软件系统，自从 1988 年发布以来，它已经对如何在科技和其他领域运用计算机产生了深刻的影响，其关键是发明了一种新的计算机符号语言，这种语言能用很少量的基本元素制造出很多的事物，这满足了科技计算的广泛性需求。随着时间的变化、技术的发展，Mathematica 在许多重要领域得到了广泛的应用，如物理、生物、社会学等领域，尤其是用于数学建模。Mathematica 的工作界面如图 5.3.6 所示。

图 5.3.6　Mathematica 的工作界面

5.4　电子文件的创建、编辑及输出

电子文件是指人们在社会活动中形成的，以计算机的磁盘、光盘等化学磁性介质为载体包含数据信息的材料，依赖计算机系统存取并可在通信网络上传输。

正如前面所述，各种数据（包括由各种电子设备捕获的数据）都需要通过接口输入到计算机中，再经过相关应用程序的编辑处理，以电子文件形式保存在存储设备上，这个过程即为数据处理。在数据处理过程中，要根据处理对象的数据类型选择相应的应用程序，从而产生相应类型的电子文件。

下面看一个网页页面的例子，如图 5.4.1 所示。显然，它是一个大学图书馆网站的首页（http://lib.chd.edu.cn/Default/Index），该网页由图片、文字、动画等数据组成。那么这些数据需要用哪些数据处理应用程序而产生的呢？又是由什么程序集成这样一个页面呢？就这个页面而言，涉及多个数据处理应用程序的使用。首先需要制作页面的各种素材，如利用图形/图像处理软件（如 Photoshop）绘制各个图片；然后由字处理软件（如 Word）建立文本文件；再由动画制作软件（如 Flash）制作动画；最后由网页制作软件（如 Dreamweaver）根据页面风格集成这些素材并形成这个网页文件。

该网页页面上部原本应该是一幅图，但制作者将其分成了两幅图。当鼠标放在页面上部不同位置并单击鼠标右键，选择"图片另存为"选项后会分别下载这两张图片，如图 5.4.2 所示。本网页制作者采用表格定位，将大图片切成一幅幅小图片嵌入到表格中再合成整体，这种将大图片切割成小图片最大的益处就是网页传输下载显示速度较快且避免用户长时间等待。此外，在网页页面中间左上部分有一个用户登录窗口，通过该窗口可以进入数据访问交互页面。显然，这是一个动态网站主页面，因此还需使用数据库技术支持动态网站的实现。

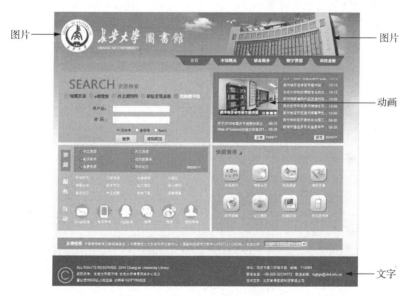

图 5.4.1　网站上的某一个页面

（1）标志 1

（2）标志 2

图 5.4.2　网站标志图片

5.4.1 创建和编辑

1. 创建文件

创建文件是指运行某个数据处理应用程序,在打开的应用程序工作窗口中,利用计算机的输入设备将数据输入到当前文件中,此时文件数据保存在计算机内存中,再对文件中的数据进行编辑处理,然后由内存存储到外存从而形成磁盘文件。

不同应用程序所能接收处理的数据类型各有不同,用户要根据实际获取的数据类型选择相应的应用程序。如 Windows 记事本程序无法处理带有图、文、表混排的综合数据,而只能处理和存放 ASCII 码文本数据。

一般来说,数据处理应用程序的使用大同小异,尤其是在 Windows 系统中,通常具有统一的界面风格,只是每个应用程序所处理的数据对象类型有所区别,以及提供数据处理的功能和方法也有一定差异,并且文件编辑窗口也会有所不同。Windows 环境下的数据处理应用程序工作窗口基本都包括标题栏、菜单栏、工具栏、状态栏及数据输入区。其中,字处理软件如 Word、WPS 文字、Pages、记事本、写字板等的工作窗口均提供类似白板的界面,供用户创建文本文件;表处理软件如 Excel、WPS 表格、Numbers 等的工作窗口均提供表格式的界面,供用户创建表格文件;演示文稿软件如 PowerPoint、WPS 演示、Keynote 等的工作窗口则提供幻灯片格式的界面,供用户创建演示文稿文件。在这些页面窗口中,利用应用程序窗口菜单命令或工具栏中的快捷按钮都可以实现文件的创建。创建文件主要包括以下 4 个步骤,如图 5.4.3 所示。

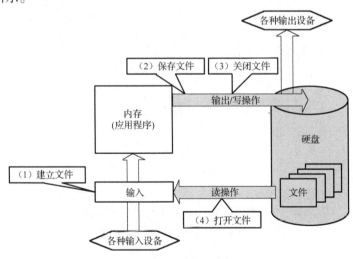

图 5.4.3 电子文件的创建过程

(1) 建立文件。建立文件是指将各种数据信息输入到应用程序的当前工作窗口中,实现数据信息由外部到内存的输入操作,数据信息可以由键盘直接输入产生,这是最基本的文件建立方式。例如,文件可以是由数码相机拍摄的照片,通过数据线导入到计算机中的图像文件;可以是已经存储在外部存储器上的已有文件;可以是来自剪贴板中的内容(其他文件的一部分或是整个文件);还可以是由扫描仪等任何电子设备生成的文件等。

(2) 保存文件。保存文件是指将当前建立的数据信息以文件形式保存在外部存储设备上,这个过程称为输出，即写操作，并且实现数据信息由内存到外存的传送。当然也可以直接输出到显示器供用户浏览，或者输出到打印机打印成纸质文件等，一旦数据信息形成，文件存储在外部设备上就可以反复使用，从而实现数据信息的传输与共享。

（3）关闭文件。关闭文件是指结束本次文件的创建，也就是退出应用程序的运行，这个过程称为输出，即写操作文件（由内存写入到外存）。

（4）打开文件。打开文件是指利用数据处理应用程序对已有的文件进行浏览或者再次进行编辑操作，这个过程称为输入，即读操作（文件由外存读入内存）。

电子文件的参数设置，正如前面所述，任何类型的数据信息都必须以文件方式存储在外部设备上才能再次使用。在生成文件的过程中，或者再次打开使用已有文件时，用户需要提供哪些参数才能正确地创建文件并再次使用这些文件呢？

可以利用"保存"或"另存为"命令实现文件从内存到外存的创建。在"另存为"对话框中需要提供 4 个方面信息：一是文件所要存放的设备信息，即要将文件保存在哪一个外部设备上，一般是本地硬盘；二是文件放置在该设备上的位置信息，即哪一级目录或哪个文件夹中；三是文件的类型，一般选择当前应用程序的默认类型（默认值），或者在支持的文件类型中选定；四是文件的名字，按文件命名规则命名。同样，打开文件也需要提供这 4 个方面的信息，即要在哪个外部设备上的哪个文件夹中打开哪个类型、哪个名字的文件。

以 Word 2010 为例，了解保存或打开一个文件所需参数的设置方法。

例 5.1 新建空白 Word 文件，将该文件保存在 D 盘的"test"文件夹，文件类型取应用程序的默认值"docx"，文件命名为"test1"。

【操作步骤】新建空白文档：包括两种途径，一是双击 Word 2010 桌面快捷图标会自动进入一个空白文本编辑窗口；二是双击已有 Word 文件，通过单击"文件"菜单中的"新建"命令，或使用快捷键 Ctrl+N 即可进入空白文件编辑状态。

保存该文件：在 Word 文本编辑窗口中，单击"文件"菜单弹出下拉菜单，选择"保存"或"另存为"命令，弹出"另存为"对话框。

设置文件参数：在"另存为"对话框中选择或输入参数，最后单击"保存"按钮即可，如图 5.4.4 所示。

图 5.4.4 "另存为"对话框

2. 插入对象

插入对象是指在当前文件的插入点处输入新的数据信息，必须是当前应用程序支持的数据类型，如在 Word 文档中可以插入文字数据、表格数据、图形数据等，但在记事本中只能插入字符数据。

插入对象的方法很多，主要方法有：一是直接由键盘输入或粘贴来自剪贴板上的数据；二是直接插入对象，这些对象必须是该应用程序支持的数据类型，如图片、图形、公式或符号等；三是以嵌入对象的方式插入数据，即在当前应用程序窗口中，将另一个应用程序文件以独立的对象方式嵌入到当前文件窗口的插入点处。

对于以嵌入对象方式插入的数据，双击插入的对象即可关联打开相应的另一个应用程序窗口，然后编辑该对象，即可实现在一个应用程序窗口中，编辑另一个应用程序文件的数据。如在 Word 窗口中以对象方式编辑已经插入的 Excel 表格、Viso 绘图、数学公式等。

以 Word 2010 和 Visio 2010 为例，了解如何以嵌入对象的方式插入数据。

例 5.2 在 Word 文件中插入 Visio 绘图。

【操作步骤】打开 Word 文件，确定插入点。

选择"插入"→"对象"命令，弹出"对象"对话框，如图 5.4.5 所示。在"对象"对话框中有"新建"和"由文件创建"两个选项卡，默认为"新建"选项卡，在"对象类型"列表区中给出了允许插入的对象类型。若选择"对象"对话框右侧"显示为图标"复选框，表示以图标方式显示所插入的对象。

在"对象类型"列表框中选择插入的对象类型为"Microsoft Visio 绘图"，单击"确定"按钮，即产生虚框的表，表示进入到嵌入对象的应用程序窗口中，如图 5.4.6 所示。

此时，用户可以在 Visio 中绘制并编辑图形，完成后用鼠标在虚框外任意地方单击，即可结束插入对象操作，然后返回到 Word 文件窗口中。所绘制的图形以矢量图方式插入到已有的 Word 文件中，双击即可再次进入 Visio 编辑状态进行编辑操作，通过拖拽图形四周的句柄可以放大或缩小图形。如图 5.4.7 所示。

图 5.4.5 "对象"对话框

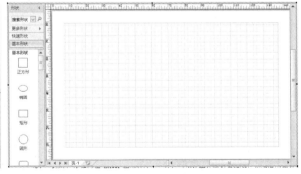
图 5.4.6 在 Word 文件嵌入 Visio 对象

在科学计算中，有大量的数学公式、数学符号要表示，利用公式编辑器（Equation Editor）可以方便地实现，并能自动调整公式中各元素的大小、间距和格式编排等。在公式输入时，插入点光标的位置很重要，它决定了当前输入内容在公式中所处的位置，通过在所需的位置单击来改变光标位置。在 Word 2010 中通过单击"插入"选项卡"符号"组的"公式"按钮，可以在下拉列表中选择内置公式，还可通过"插入新公式"命令输入自定义公式。公式插入后，显示"公式工具/设计"动态选项卡，如图 5.4.8 所示，可对公式进行编辑，其中"符号"组用于插入各种数学字符，"结构"组用于插入一些积分、矩阵等公式符号。

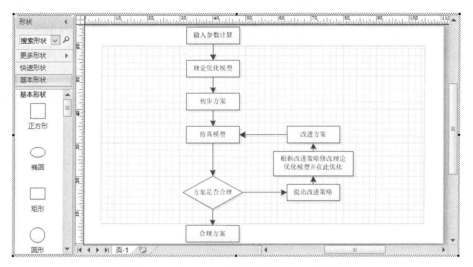

图 5.4.7　在 Word 文件中编辑 Visio 矢量图

图 5.4.8　"公式工具/设计"动态选项卡

利用这两个组中的各种符号可以建立类似下面的数学公式，即

$$g(x,y,\sigma)=\frac{1}{2\pi\sigma^2}\exp\left[-\frac{x^2+y^2}{2\pi\sigma^2}\right]$$

3．编辑文件

编辑文件是指对文件中已有的数据信息进行"增、删、改"操作，一般分为基本编辑与高级编辑。"增"是指在已有的文件中添加新内容；"删"是指将某些内容从文件中清除掉；"改"是指将某些内容置换成新内容，或将某些内容由文件一处移到另一处等。无论进行哪种操作，操作前都必须先选定操作对象才可进行相应操作，如利用 Windows 系统任意应用程序窗口中的"剪切""复制"和"粘贴"命令，即工具栏中对应的"✂""▤"和"▤"按钮，或它们的快捷键"Ctrl+X""Ctrl+C"和"Ctrl+V"都可以实现相应的编辑操作。其中，剪切是指从文件窗口中删除选定的对象，并将其置于剪贴板上；复制是指为选定的对象生成副本，并将副本置于剪贴板上，原数据依然存在；粘贴是将剪贴板上的信息粘贴到当前文档的插入点处。

高级编辑与基本编辑的主要区别是对大量数据进行重复性的编辑操作，尤其是对有格式的文本段落或长文本，通常需要使用高级编辑。例如，要对文本文件中已有的全部"英文"字符按"大小写"进行匹配修改；或者将文本文件中已有的词组用其他词组来替换，这就需要使用方便快捷的高级编辑功能。

一般的数据处理应用程序都有高级编辑功能，例如，在办公自动化软件窗口中，通过查找和替换即可实现高级编辑。查找是指在文件窗口中根据指定的关键字找到相匹配的字符串并进行查看，这些关键字可以是一个字符、一个字符串、一个单词或单词的一部分，也可以是词组、句子、制表符、特殊字符或数字等；替换是指用新字符串代替查找到的旧字符串。高级编辑通常支持带格式的编辑，即查找与替换的对象带有格式控制，如搜索的对象是否区分大小写、是否使用通配符；替换的对象是否带有颜色格式或特殊字符等。

下面以 Word 2010 为例，了解高级编辑中的带格式替换。

例 5.3 将文档中所有的英文字母改为带有红色双下画线的深蓝色字。

【操作步骤】打开 Word 应用程序及要替换文本的 Word 文档文件。

单击"开始"选项卡"编辑组"中的"替换"按钮，弹出"查找和替换"对话框，此对话框在查找和替换过程中始终出现在屏幕上。对话框的上方有 3 个选项卡："查找"选项卡定义要查找的关键词；"替换"选项卡定义要替代的字符串；"定位"选项卡用于定义查找区域的起始点，并且系统默认从文档开始处查找。

令"替换"选项卡为当前工作状态，将插入点定位于"查找内容"文本框中，单击"更多"按钮后展开对话框，单击"特殊格式"按钮后选择"任意字母"选项，"查找内容"文本框以"^$"显示。

图 5.4.9 带格式的替换

将插入点定位于"替换为"文本框中，通过"格式"按钮在对应的"字体"对话框中进行格式设置，界面如图 5.4.9 所示。

最后单击"全部替换"按钮进行批量替换。

利用替换功能还可以简化输入、提高效率。例如，如果在一个文本文件中经常出现"Microsoft Office Word 2010"字符串，可以在输入时使用一个不常用的字符来表示，然后利用替换功能用这一字符串代替该字符，当然替换时要防止出现二义性。

5.4.2 格式化与排版

大多数据处理应用程序都提供了操作简单、功能强大的格式化手段，格式化按照字符、段落和页面这 3 个层次进行，且具有相应的工具和排版命令。

下面以 Word 2010 为例，介绍文件的格式化及排版方法。

1. 格式刷、样式与模板

为提高格式效率和质量，Word 2010 提供了 3 种工具来实现格式化。

（1）格式刷。格式刷可以方便地将选定源文本的格式复制给目标文本，从而实现文本或段落格式的快速格式化。如果要复制格式多次，那么可定位在源文本处并双击"格式刷"工具，复制多次后再单击"格式刷"工具取消格式复制状态。

（2）样式。已经命名的字符和段落格式供直接引用，通过"开始"选项卡的"样式"组来实现。利用样式可以提高文档排版的一致性,尤其在多人合作编写文档、长文档的目录生成时必不可少。通过更改样式可建立个性化的样式,如编辑排版书的章、节、小节可利用"标题 1""标题 2""标题 3"三级样式来统一格式化;然后在 Word 2010 提供的"视图"选项卡的"显示"组的"导航窗格"中,可直观地显示文档的各层结构,如图 5.4.10 所示。

图 5.4.10 导航窗格

(3)模板。模板就是系统已经设计好的,扩展名为.dotx 的文件,它提供了基本框架和一整套样式组合。在创建新文件时可套用已有模板,如信封模板、证书和奖状模板、名片模板等。另外,默认空白文档模板名为 Normal.dotm。

2. 字符排版

字符排版是以若干文字为对象进行格式化,常见的格式化有字体、字号、字形、文字的修饰、字间距和字符宽度等,还有中文版式等。可通过"开始"选项卡"字体"组中的相应按钮来实现,也可以打开"字体"对话框的"字体"选项卡进行设置,如图 5.4.11 所示。

3. 段落排版

段落是文本、图形、对象或其他项目等的集合,后面跟有一个段落标记符,一般为一个硬回车符(按 Enter 键)。段落的排版是指整个段落的外观,包括对齐、缩进、行间距、段间距、项目符号和编号、边框和底纹等。可通过"开始"选项卡的"段落"组中的相应按钮来实现,也可以单击"段落"对话框进行设置,如图 5.4.12 所示。

4. 页面排版

页面排版反映了文件整体外观和输出效果,包括页眉和页脚、页码、文件打印的纸张大小、页边距、分栏等设置。这主要通过"插入"选项卡的"页眉和页脚"组和"页面布局"选项卡的"页面设置"组来实现。

图 5.4.11 "字体"对话框

图 5.4.12 "段落"对话框

（1）页眉和页脚。页眉和页脚是指在文件每一页顶部和底部加入的信息，这些信息可以是文字或图形形式，内容可以是文件名、标题名、日期、页码、文章的标题或书籍的章节标题、单位名、单位徽标等。页眉和页脚的内容还可以是用来生成各种文本的"域代码"（如页码、日期等），域代码与普通文本不同的是：它在打印时将被当前的最新内容所代替。例如，生成日期的域代码是根据打印机内的时钟生成当前的日期，可通过"页眉和页脚"组的"页眉"按钮，进入编辑页眉状态；单击"日期和时间"按钮选中其对话框中的  复选框即可；同样页码也是根据实际页数自动生成的。

（2）页面设置。在新建一个文档时，Word 提供了预定义的 Normal 模板，其页面设置适用于大部分文档。用户也可以根据需要进行所需的设置，可通过选择"页面布局"选项卡的"页面设置"组打开其对话框，如图 5.4.13 所示，其对话框有以下 4 个标签。

"页边距"：是打印文档与纸张边缘的距离。Word 通常在页边距以内打印正文，包括脚注和尾注，而页码、页眉和页脚等都打印在页边距上。在设置页边距的同时，还可以添加装订边以方便装订，或者选择打印方向。

"纸张"：选择打印纸大小，用户也可以自定义纸张大小。

"版式"：设置页眉、页脚与页边界之间的距离，奇偶页，首页的页眉、页脚内容，还可以为每行加行号。

"文档网格"：设置每行、每页打印的字数、行数，文字打印的方向以及是否要打印行、列网格线等。

需要注意的是，不要混淆页边距和段落缩进。段落缩进是指从文本区开始算起缩进的距离，图 5.4.14 中表示了缩进、页边距、页眉和页脚之间的位置关系。"脚注"和"尾注"等的插入是通过"引用"选项卡的"脚注"组中的按钮实现的。

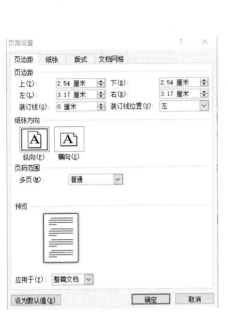

图 5.4.13 "页面设置"对话框

图 5.4.14 缩进、页边距、页眉和页脚之间的位置关系

5.4.3 表格和图文混排

表格和图在很多电子文件中必不可少,表格可以简明、直观地表达一份文档或报告的含义,而插入图片使得文件图文并茂。以 Word 2010 为例,介绍电子文件中的表格与图文混排方法。

1. 表格

表格由若干行和若干列组成,行列的交叉称为单元格。单元格内可以输入字符、图形,甚至还可以插入另一个表格。

(1)建立表格。表格的建立通过"插入"选项卡的"表格"下拉列表框进行,如图 5.4.15 所示,单击相应的按钮建立表格。在表格建立好后,可向单元格输入文字、图形等内容。

(2)编辑表格。在建立好表格后,若要对表格进行编辑(如增加/删除行、列或单元格),只要选中表格后从鼠标右侧单击(简称右击),在弹出的快捷菜单中选择所需操作即可。也可直接在动态显示的"表格工具"标签里选择相应按钮进行表格编辑。例如,若单击"绘制表格"选项,则鼠标将以一支笔的形状显示,可直观地进行表格绘制;若单击"擦除"按钮则可删除表格线。

(3)格式化表格。对表格整体格式化,包括相对页面水平方向的对齐方式、行高、列宽等,可选中表格后在快捷菜单中执行"表格属性"命令,在如图 5.4.16 所示的对话框中进行相应设置。对表格内容的格式化,包括字体、对齐方式(水平与垂直)、缩进、设置制表位等,与普通文本的格式化操作相同。

Word 2010 为用户提供了数十种预先定义好的表格样式,在动态"表格工具"标签的"设计"选项卡下直接选用"表格样式"中的格式即可。

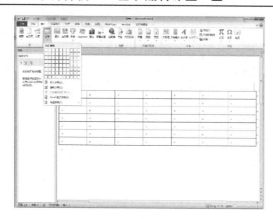

图 5.4.15　建立表格　　　　　　　　图 5.4.16　"表格属性"对话框

2. 图片和图形

图片的插入和图形的建立主要通过"插入"选项卡"插图"组中对应的按钮来实现。

（1）插入图片和格式化。插入图片一般通过"图片"按钮选择各种已保存的图形/图像文件，而"剪贴画"按钮选择系统提供在剪辑库中的剪贴画。

插入的图片是个整体，对其只能进行整体编辑。选中要编辑的图片对象，则出现相应的动态"图片工具"标签下的"格式"选项卡，如图 5.4.17 所示。可使用"调整"组下的按钮改变图片色调；使用"图片样式"组下的按钮改变图片外形；使用"大小"组下的按钮裁剪和缩放图片；同时，也可通过快捷菜单的"设置图片格式"命令来实现图片编辑。

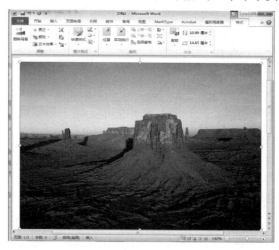

图 5.4.17　"图片工具"标签下的"格式"选项卡

Word 2010 增加的形状裁剪功能可依托"形状"组剪裁出各种形状图形，对插入的图片进行格式化后，其效果如图 5.4.18 所示。

（1）插入原始图　　（2）"调整"组的删除背景　　（3）"图片样式"组的棱台透视　　（4）剪裁为七角星

图 5.4.18　图片格式化

(2)绘制图形与格式化。Word 2010 提供了功能丰富的图形绘制工具,主要基于"形状"和"SmartArt"两类。在"形状"菜单中,提供了各种各样的图形,根据需要选择即可。SmartArt 图形则是信息的视觉表示形式,系统提供了多种样式的模板,方便用户从多种不同布局中进行选择来创建 SmartArt 图形,从而快速、轻松、有效地表示信息,同时构建各种样式的结构图形。

对图形的格式化主要是设置边框线、填充颜色及添加文字等。对图形编辑很重要的一项工作是将绘制的图形组合成一个整体,便于缩放、复制和移动等操作。通过选中图形中的每个简单图形对象,右击后在快捷菜单中选择"组合"选项可使所选图形对象形成一个整体。

(3)文字图形效果的实现。文字图形效果的实现是指将输入的文字以图形方式进行编辑、格式化等。在 Word 2010 中,主要有以下两种效果。

首字下沉:在报刊文章中,经常看到文章第一段落的第一个字比较大,其目的就是希望引起读者的注意,并由该字开始阅读。可通过在"插入"选项卡的"文本"组的"首字下沉"下拉列表中选择首字下沉的形式,这时将插入点所在段落的首字变成图形效果,还可进行字体、位置布局等格式设置。

艺术字:在文章中,为达到美化效果,可将一些文字以艺术化形式展示,可通过单击"插入"选项卡的"文本"组的"艺术字"按钮来实现,在艺术字库中选择所需艺术字类型,随后显示"绘图工具/格式"动态选项卡,进行字的"形状样式"和"艺术字样式"等的设置。

3. 混排

在一个电子文件中,往往包含多种类型的数据信息,如一个文本文件或者网页文件中有时包含多种数据信息,以及表格、艺术字、图形/图像等,这就需要设置混排方式使他们有序呈现。最典型的就是 Word 中的图文混排,即将文字与图片混合排列,主要有嵌入方式、环绕方式和层次方式 3 类。嵌入型方式是指嵌入的图片与文档中的文字占有一样的实际位置,它在文档中与上下左右文本的相对位置始终保持不变;"四周型环绕""紧密型环绕""穿越性环绕"和"上下型环绕"是指图形环绕文字的方式,一旦设置环绕则在文档中可以随意移动图片,此时其文字的位置也会随之变化;"衬于文字下方"与"浮于文字上方"是指将图片作为文档文字的背景与前景,即图文的层次方式。通过这些设置可以使文档正文编排的美观、简捷,更富有层次感。

若插入的图片默认为嵌入方式,则图片占据了文本的位置不能随便移动图片;若绘制的图形默认为环绕方式则图片可随意移动。另外当在同处绘制多个图形时,最先绘制的图形在最底层。对图片利用快捷菜单的"大小和位置"命令、图形利用快捷菜单的"其他布局选项"命令打开"布局"对话框,如图 5.4.19 所示,可选择或改变环绕方式,从而实现图文混排。

图 5.4.19 "布局"对话框的"文字环绕"选项卡

例 5.4　设置自绘图形的图文混排效果。

【操作步骤】确定图形在文档中的插入点，依次选择"插入"→"形状"中的"星与旗帜：32 角星"，绘制出一个 32 角星图形。调整好图形大小后右击，在弹出的下拉菜单中选择"添加文字"命令，在图形上添加文字"图文混排"。

选中绘制的图形，单击动态标签"绘图工具"的"格式"选项卡下的 "自动换行"按钮，在弹出的下拉菜单中选择"紧密环绕"即可，如图 5.4.20 所示。

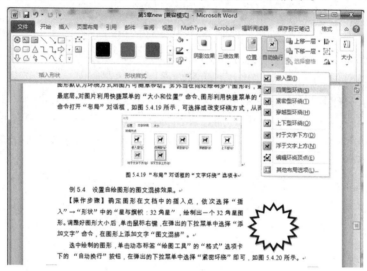

图 5.4.20　设置自绘图形的图文混排格式

5.4.4　电子文件的呈现方式

电子文件的呈现是指对已经编辑好的电子文件进行输出。一般来说，电子文件呈现的方式多种多样，如将电子文件打印输出到纸质介质上；将电子文件以邮件方式传送给他人，甚至是一个群体；将文本文件转换成 PDF 格式文件，发布到网络上、电视上或者各种电子刊物上，以供大家浏览；还可以对电子文件进行编辑，将其转换成一幅图、一份数据图表、一份演讲报告、一幅由绘图仪绘制的图纸等。

1. 输出到显示器

一般来说，任何电子文件创建之后，最简单直观地应用就是输出到显示器上。用户可以通过显示器浏览电子文件实际效果，并根据要求进行修改、编辑直至满足格式设置要求，从而完成电子文件的再次编辑。

2. 输出为 PDF 文件

当打印各类文件时，如一份申报书、一篇论文或一个表格等，经常会出现各种打印排版格式等问题，即便是同一个应用程序版本加工编辑的文档，也会出现格式改变的情况，因此将已有文件输出为 PDF 文件就可以很好地解决这些问题。

PDF 格式的文件最突出的特点是不依赖于操作系统平台、字体及显示设备，因此阅读起来很方便而且安全性更高。利用 PDF 制作的电子书具有纸质书的质感和阅读效果，同时可以"逼真地"展现书的质感，而且可任意调节显示大小，为读者提供个性化的阅读方式。此外，由于

PDF 是一种通用文件格式，不管创建源文档时使用的是什么系统平台下的应用程序，它均可以保留源文档的字体、图形/图像和版面设置。PDF 文件已经经过压缩和完善处理，可通过免费的便携文档阅读软件（如 Adobe Reader、国产福昕、iBook 等阅读软件）创建，进行共享与查看。

那么如何创建 PDF 格式的文件呢？就目前来说，PDF 文件的创建方法主要有两种：一种是利用应用程序自身提供的转存功能生成 PDF 格式文件，如 Office 2010 提供了将文档文件转存为 PDF 格式文件的功能，这极大方便了用户的使用；另一种是利用专门的 PDF 生成器建立，如 PDF Creator 这样的程序。PDF Creator 是一个开源应用程序，任何支持 Windows 打印功能的程序都可以使用它来创建 PDF 文件。PDF Creator 不仅能够创建 PDF 类型的电子文件，也可以生成 PNG、BMP、JPEG 等图形格式文件，其强大的合并功能可以将多个独立的文件转化成一个 PDF 文件。当然，该类型的文件还可以用 Adobe 公司提供的用于生成和阅读 PDF 文件的商业软件创建，如 Acrobat Pro，它是专用于 PDF 格式文件的阅读器和编辑器，主要用于企业文件和电子书刊发行。

例 5.5 将 Word 文件"工作笔记.docx"转存为 PDF 文件。

【操作步骤】在 Word 2010 中打开已有文件"工作笔记.docx"。

单击窗口左上角的"文件"菜单，在弹出的下拉菜单中选择"另存为"命令弹出"另存为"窗口。

按保存文件的要求，分别设置文件存放的位置、文件夹、文件名等参数。

单击"文件类型"下拉按钮，选择文件类型为"PDF"，再单击"保存"按钮，即将原 Word 文件转存为 PDF 文件，其文件名仍与源文件相同，只是文件扩展名变为"pdf"，如图 5.4.21 所示。

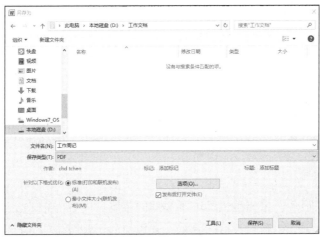

图 5.4.21 将 Word 文件转存为 PDF 文件

3．不同格式电子文件的转换

在电子文件的使用过程中，用户经常遇到不同格式、版本问题的困扰，就好比使用不同语言的人不能直接交流，需要将一方的语言转换为另一方语言。在电子文件的相互转换中，最常用的是文本文件、PDF 文件和 CAJ 文件之间的相互转换。下面介绍利用 Office 组件实现不同格式的电子文件间的转换。

（1）PDF 文件和文本文件的相互转换。文本文件转换为 PDF 格式文件的方法很多，并且有很多专门的软件提供了文本文件到 PDF 文件的转换，但最为方便的方式是 Word 2010 直接提供的将文本文件以 PDF 格式保存的功能，解决了以往需要利用专用软件进行转换的不便。而 PDF 文件转换为文本文件最为简便的方法是利用 Office 中的 Microsoft Office Document Imaging 组件来实现 PDF 格式文件转换成 Word 文档，方法如下。

首先用 Adobe Reader 打开想转换的 PDF 文件，接下来执行"文件"→"打印"命令，在打开的对话框中将"打印机"栏中的名称选择为 Microsoft Office Document Image Writer，单击"确定"按钮后将该 PDF 文件输出为 MDI 格式的虚拟打印文件。

然后运行 Microsoft Office Document Imaging，并利用它来打开刚才保存的 MDI 格式文件，执行"工具"→"将文本发送到 Word"命令，在弹出的对话框中选中"在输出时保持图片版式不变"复选框，确认后系统会提示"Microsoft Office Document Imaging 必须在您执行此操作前识别该文档中的文本（OCR），这可能需要一些时间"，单击"确定"按钮即可。

通过 Word 将文本文件保存为 PDF 文件后，若再转换成文本文件则正确率很高；若是其他格式或图片的转换，则正确率就低一些。若不需要全文转换，则可利用 Adobe Reader 或国产福昕阅读器浏览文档时选定所需的内容，通过常规的复制和粘贴来实现。

如果没找到 Microsoft Office Document Image Writer 选项，那么使用 Office 2010 安装光盘中的"添加/删除组件"更新安装该组件，选中"Office 工具 Microsoft DRAW 转换器"复选框即可。

（2）CAJ 格式文档和 Word 文档的相互转换。目前最新版本的 CAJ 通用浏览器 CAJViewer 增加了对屏幕取词软件、图像工具的支持，以及可以快速保存文件中的原始图片，可以进行打印，可以发送 E-mail，可以进行文字识别等多种操作。

利用 Office 2010 的 Microsoft OneNote 组件可以方便地将 CAJ 文件转换为 PDF 文件，方法如下：在 CAJViewer 阅读器内打开 CAJ 文档，接下来执行"文件"→"打印"命令，在"打印"对话框中将"打印机"栏中的名称选择为"发送到 OneNote 2010"，这样该文档就转换成了 OneNote 文档形式。然后在 OneNote 2010 里面将转换好的文件另存为 PDF 格式即可。

将 CAJ 文档转换为文本文件的方法有 3 种：一是注册购买专门开发的转换软件；二是先将 CAJ 文档转换为 PDF 文件，然后利用上面介绍的将 PDF 文件转换为 Word 文档的方式，这种方式同为 Office 的组件且正确率高；三是利用 CAJViewer 提供的"文字识别"功能，将选中的文字直接识别出并剪贴到所需要的文档中，从而实现文字的部分转换。

4．打印文件

打印文件的方法很多，主要是根据电子文件的位置、内容与格式，选择不同的方式打印输出，打印前需要设置打印参数，这些参数主要包括：一是对打印文件的参数设置，主要包括对纸张的选择，如 A4、B5、信纸等；页边距设置，建议初学用户选择系统默认值；打印方向设置，即以横向打印还是纵向打印；打印的份数等。二是对打印机的选择，即在单机环境下，本地计算机至少要连接一台打印机才可以打印；当连接多台打印机时，可以根据需要选择打印机；在网络环境下且又有多台联网打印机时，也需要选择打印机。

任何应用程序基本都提供打印功能，使用方法也基本相同，只是文件打印参数的设置有所不同。下面以 Word 2010 为例，介绍文件打印参数的设置方法。

首先运行 Word 2010，打开要打印的文本文件。该文本文件既可由 Word 创建，又可以由其他应用程序创建，但 Word 能够支持该文本文件。

第 5 章 数据处理与呈现

在 Word 窗口中，单击窗口"文件"菜单，选择"打印"命令，进入"打印"窗口，如图 5.4.22 所示。在窗口的右侧给出了当前页面的打印效果示意，窗口中间给出相关参数设置选项，如打印的份数、打印机的选择及属性设置，以及页面设置等。通过拖拽滚动滑块可选择相应的功能选项。

根据需要进行参数设置。单击"打印机"按钮，在弹出的下拉菜单中显示本机已安装的打印机型号，从中选择即可，一般采用系统的默认设置。在"设置"区，设置打印参数，包括打印的页数、打印方式（单面还是双面打印、纵向还是横向打印等）。

拖动滚动滑块，定位到显示"页面设置"功能按钮，单击"页面设置"按钮，弹出"页面设置"对话框，进行页面参数设置，如图 5.4.23 所示。

参数设定好后，应先通过"显示比例滑块"，在屏幕上浏览观察整个文档的打印效果。如果不满意可以再进行设置，直到满意为止。实际打印时，直接单击"打印"按钮即可。

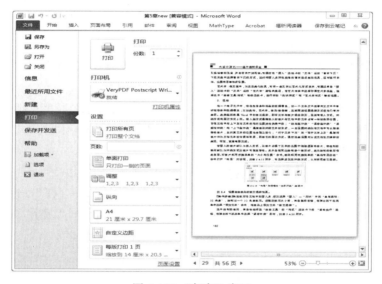

图 5.4.22 "打印"窗口

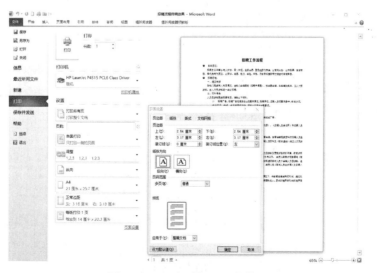

图 5.4.23 "页面设置"对话框

5.4.5 电子文件中的数据处理

为了提高工作效率，数据处理应用程序提供了一系列高效的自动化数据处理功能，这里介绍一些常用的数据处理方法。

1. 邮件合并

在日常工作中，经常要发一些公函或报表之类的文档，这类文档的内容通常分为固定不变的内容和变化的内容。例如，会议的邀请函中，所有邀请函的内容是一样的，变化的内容是客户的名称。如果一封一封地填写客户名称，比较烦琐和费力，然而一些字处理程序如Word、WPS文字等软件提供的"邮件合并"功能可以使这类工作变得轻松而简单。

邮件合并的过程包括3个步骤：第1步是创建数据源（每人的数据不同）；第2步是建立主文档（公共不变的固定内容）；第3步是将数据源与主文档合并。数据源通常是已经建立好的，如客户名来自客户资料。

例 5.6 使用邮件合并在 Word 2010 环境中快速创建学生成绩通知单。学生的成绩单已经建好并存储在磁盘中，文件名为"学生成绩单.xls"（如图 5.4.24 所示），要求根据该成绩单创建出每个同学的成绩通知单，实例效果如图 5.4.25 所示。

【操作步骤】准备数据源。检查数据源"学生成绩单.xls"是否完整，邮件合并中的数据源最好使用表处理软件生成的工作表，且必须在表格的第一行输入标题，第二行开始为数据，这样才方便在 Word 2010 中调用。

创建主文件。按照图 5.4.25 所示内容在 Word 2010 中建立一份文档，如图 5.4.26 所示。

连接主文件和数据源文件。在"邮件"选项卡的"开始邮件合并"组选择"选择收件人"下拉列表，选择"使用现有列表"选项，打开已准备好的数据源文件。若数据源文件为表格文件，则打开数据源时会提示选择工作表，由于数据源文件里有3个工作表，因此需要选择存放数据的工作表，单击"确定"按钮，这样主文件就与数据源文件连接好了。注意当打开数据源时，数据源文件必须关闭。

插入合并域。将光标定位到要插入数据源的位置，选择"编写和插入域"组的"插入合并域"下拉列表中的所需字段名，插入到主文档，效果如图 5.4.27 所示。

图 5.4.24 学生成绩单　　　　　　　　　图 5.4.25 实例效果

单击"预览结果"组的"预览结果"按钮依次查看合并效果。

最后选择"完成并合并"下拉列表的"编辑单个文档"选项，打开"合并到新文档"对话框，选择"合并记录"为"全部"，单击"确定"按钮后最终形成合并文档。合并的结果放在一个新文件中，这时所有的成绩通知单就制作完成了，效果如图 5.4.25 所示。

从合并结果可以看出，如果在一张 A4 纸上仅打印一份成绩单会造成很大的浪费。如果想在一页纸上打印多个成绩单，只需将 5.4.27 制作的结果复制需要的份数，在前一个和后一个成绩单之间插入一个"下一记录"域，如图 5.4.28 所示。在完成文档合并后，即可看到一页上显示多个成绩单的效果，如图 5.4.29 所示。

图 5.4.26　主文件内容　　　　　　　图 5.4.27　主文档中加入各合并域

值得注意的是，邮件合并的结果可以不写入文件页直接打印。只需要单击"完成合并文档"下拉列表的"打印文档"按钮即可。

图 5.4.28　插入"下一记录"域　　　　图 5.4.29　一页多个合并结果

2. 长文档目录生成

当编写书籍、论文时，一般都应有目录，以便全面反映文档的内容和层次结构且便于阅读。同时，在生成目录时目录页码和正文页码应采用不同的页码形式加以区分。

例 5.7 为已有的长文生成目录，实例效果如图 5.4.30 所示。

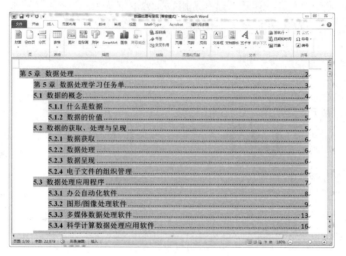

图 5.4.30　目录生成效果

【操作步骤】使用"视图"→"大纲视图"切换到大纲视图，将长文的三级章节标题从高到低分别设置样式为"标题 1""标题 2"和"标题 3"。

为各章节编号设置多级编号。选择"开始"→"多级列表"→"多级编号"命令，打开如图 5.4.31 的对话框，选中含有标题的编号样式，单击"自定义按钮"，设置各级标题样式的编号格式。

使用"视图"→"页面视图"切换到页面视图，将光标移动到正文开始处，选择"插入"→"分页"→"分页符"命令，在正文前插入一个分页符，使文档从正文开始处另起一页。

将光标重新移动到文档开始处，选择"引用"→"目录"→"插入目录"命令，在打开的"目录"对话框（如图 5.4.32 所示）中进行相应的设置，完成后单击"确认"按钮即可自动生成目录。

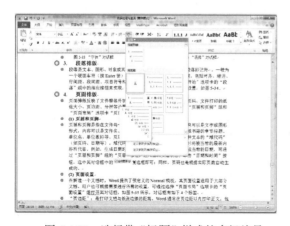

图 5.4.31　选择带"标题"样式的多级编号

图 5.4.32　"目录"对话框

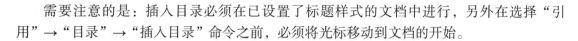

需要注意的是：插入目录必须在已设置了标题样式的文档中进行，另外在选择"引用"→"目录"→"插入目录"命令之前，必须将光标移动到文档的开始。

5.5 数据处理工具

在进行数据处理时，人们经常会遇到以二维表方式呈现的数据或数值计算问题，如周期安排表、学生档案表、学生成绩单、总成绩或平均成绩、职工的实发工资、统计职工男性或女性的人数、工资增长分布状态，以及各种数据的分类汇总、排序与索引等。

这些数据处理可以通过电子表格软件完成，尤其是利用公式与函数可以很方便地处理这些数据。当然，对于大量的数据处理，则需要以数据库的方式处理，这样会更快速、更方便。

5.5.1 电子表格基础

1．认识表格

什么是电子表格？电子表格能够使用行和列的数字创建真实情况的模型或表示，是以二维表方式呈现的数据。电子表格应用是利用电子表格软件对表格数据进行数值计算与处理的过程。电子表格软件（如 Office 中的 Excel）提供了创建电子表格的工具，它就像一张"聪明"的纸，可以自动将写在上面的一列数字相加，它还可以根据用户输入的简单公式或函数进行其他计算。另外，电子表格软件还可以将数据转换成各种形式的彩色图形，它还有特定的数据处理功能，如对数据进行分类、查找满足特定条件的数据以及打印报表。我们利用电子表格软件，可以快速实现对表格数据的计算、管理与分析。

2．建立数据表

建立数据表的方法很多，如在 Word 文档中既可以通过插入表格命令创建表，又可以利用"笔"绘制表，这种方式尤其适合于创建非二维的表格制作。在 Excel 中则完全不同，运行 Excel 应用程序后即进入表格文档窗口，直接在文档窗口的单元格中输入数据即可。

3．编辑数据表

对于已经建立的数据表可以进行编辑，包括对表格的修改与单元格数据的修改。对于单元格数据的编辑，可以采用文档编辑的方法，即先选中要编辑的单元格数据，然后执行编辑命令。

4．单元格格式设置

单元格格式设置是指对单元格数据对象的格式化，如设置数据居中对齐方式、颜色、数值是否带有货币符号等。这些都是通过"设置单元格格式"命令实现的。

首先，选中要进行格式设置的单元格或单元格区域右击，在弹出的快捷菜单中选择"设置单元格格式"命令，弹出"设置单元格格式"窗口。窗口中提供了各种格式设置选项卡，当前位于"数字"选项卡。在分类列表区给出了对数据进行各种设置的功能，可以根据需要进行选择。例如，若想实现对单元格的负数值以红色标志，则需要选择分类为"数值"，当为负数时则选择"红色"样式。

显然，利用"设置单元格格式"命令，可以实现对工作表单元格的各种功能设置，既包括对数据的类型与格式设置，又包括对表格外观的设置。例如，当进入 Excel 工作表文档时，初始文档的表格线呈虚状且不是实线，这仅仅是为用户输入数据提供方便，也就是说显示或打印文档时是没有表格线的。如果需要有实际的表格线，那么就需要通过格式化文档操作添加，或者通过 Excel 窗口的 按钮设置，或者利用"设置单元格格式"窗口"边框"选项卡中的各个功能按钮实现，使之具有实线表。

5．单元格地址

在 Excel 工作表中的每个单元格都对应着唯一的列号和行号，称为单元格地址，其中行号用阿拉伯数字 1，2，3，…，顺序排列；列号用英文字母由 A～Z，再由 AA～AZ，BA～BZ，…，排列。单元格地址通常分为相对地址、绝对地址和混合地址 3 种。

（1）相对地址。相对地址是指直接用列号和行号组成的单元格地址，如 A11、H8、WW22 等都是对应单元格的相对地址。

（2）绝对地址。绝对地址是指在列号和行号的前面加"$"字符而构成的单元格地址，如$A$1 是指第 A 列和第 1 行交界处的单元格地址。

（3）混合地址。混合地址是指在列号或行号之一采用绝对地址表示的单元格地址，如$G8 或 G$8 都是混合地址，它们一个列号采用绝对地址，一个行号采用绝对地址。也就是说在混合地址中，若列号为绝对地址，则行号就只能为相对地址，反之亦然。

6．单元格引用

单元格引用是对工作表中的一个或一组单元格进行标志，从而告诉公式使用哪些单元格的值。通过引用可以在一个公式中使用工作表不同部分的数据，也可以在几个公式中使用同一个单元格中的数据，还可以引用同一个工作簿上其他工作表中的单元格，或者引用其他工作簿甚至其他应用程序中的数据。单元格的引用方式有 3 种：相对引用、绝对引用和混合引用。

（1）相对引用。相对引用是指把一个含有单元格地址的公式复制到一个新的位置，对应的单元格地址发生变化，即引用单元格的公式而不是单元格的数据。表示在用一个公式填入一个区域时，公式中的单元格地址会随着改变，自然单元格中的数据也就发生变化。利用相对引用可以快速实现对大量数据的同类运算，如计算所有职工的实发工资（求和运算）或平均值等。

（2）绝对引用。绝对引用是指在把公式复制或填入到新单元格位置时，使其中的单元格地址与数据保持不变。例如，若单元格 A2、B2、C2 中的数据都是 11，在单元格 D2 中输入公式=A2+B2+C2，则单元格 D2 值为 33。这时，若在单元格 E2 中输入公式"=$D$2"或将 D2 单元的公式复制粘贴到 E2 中，则 E2 与 D2 的值相同都是 33。也就是说，不仅引用单元格地址，同时还引用单元格的数据。

（3）混合引用。混合引用是指在一个单元格地址中，既有绝对地址引用，又有相对地址引用，如单元格地址$G2 表示保持"列号"不发生变化，而"行"随着新的复制位置发生变化。同样道理，单元格地址 G$2 表示保持"行号"不发生变化，而"列号"随着新的复制位置发生变化。

5.5.2 数据的计算

在进行数据处理时，人们经常会遇到以二维表方式呈现的数据计算问题。对于已创建的电子表格文件,如工程进度表、学生档案表、学生成绩单、员工工资表等,除对它们进行一般的数据维护和格式编辑外,最主要的还是对输入数据进行计算并获取所需结果,这离不开公式和函数。公式是函数的基础,是单元格中一系列值、单元格引用、名称或运算符的组合,利用这些公式可以生成新的值;函数则是表示处理软件预定义的内置公式,可以进行数学、文本、逻辑的运算。

1. 公式

公式也称为表达式,计算结果为一个值,公式由运算对象和运算符按照确定的规则连接而成,其中运算对象可以是常量、文本数据或逻辑值,如 123.55 为数字常量,"男"为文本数据常量,"TRUE"为逻辑值;也可以是单元格引用(单元格地址),如 A1 或 HS6。运算符包括算术运算符、关系运算符和文本运算等几种类型。在工作表中输入数据后,可通过公式对这些数据进行自动、精确、高速的运算处理。

例 5.8 以 Excel 2010 为例进行公式的创建。

【操作步骤】双击 Excel 2010 桌面图标,打开工作簿 1,在工作表"Sheet 1"中的单元格"A1"中输入数值"200"。

当输入公式时,在工作表"Sheet 1"中选择要输入公式的单元格"B1",在所选的单元格或其编辑栏中输入"=A1*10",公式输入完毕,按 Enter 键或编辑栏中的"输入"按钮即可。

按上述方法分别在单元格"C1""D1"中输入另外两个公式:"=(B1+A1)/A1""=A1−C1"。

默认状态下,其计算值就会显示在单元格中,公式则显示在"编辑栏"中,如图 5.5.1 所示。

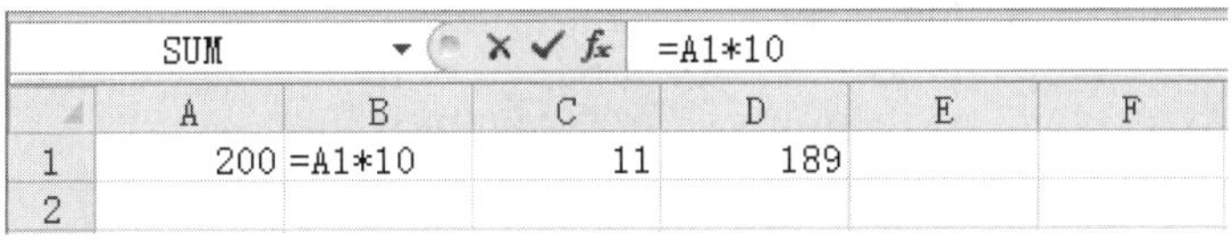

图 5.5.1 公式的输入和结果

(1)运算符。运算符是表示运算关系的符号,是公式中的基本元素。通过运算符可以将公式中的元素按照一定的规律进行特定类型的运算,常用运算符有算术运算符、关系运算符、比较运算符、文本运算符和引用运算符等几种类型。算术运算符用于完成基本的数学运算;比较运算符用于比较两个数值的大小,其结果是一个逻辑值,即 TRUE 或 FALSE;文本运算符用于将一个或多个文本字符串连接成一个组合文本;引用运算符用于对单元格区域进行合并计算。各个运算符的含义及用法参见表 5.5.1—表 5.5.5。

表 5.5.1 算术运算符表

算术运算符	名 称	用 途	示 例
+	加号	加	3+8
−	减号	减或表示负数	7−3
*	星号	乘	5*3
/	斜杠号	除	8/2
%	百分号	百分比	50%
^	脱字符	乘方	8^3 (与 8*8*8 相同)

表 5.5.2 比较运算符表

比较运算符	名 称	用 途	示 例
=	等号	等于	A1=B1
>	大于号	大于	A1>B1
<	小于号	小于	A1<B1
>=	大于等于号	大于等于	A1>=B1
<=	小于等于号	小于等于	A1<=B1
<>	不等于	不等于	A1<>B1

表 5.5.3 文本运算符表

文本运算符	名称	用途	示 例
&	连接号	连接	"Micro" & "soft"

表 5.5.4 引用运算符号及举例

引用运算符	名称	用 途	示 例
:	冒号	区域运算符,表示单元格区域	=SUM(A1:A10)
,	逗号	联合运算符,将多个引用合并为一个引用	= SUM(A1:A3,A5:A7,A10:A11)
空格	空格	交叉运算符,表示几个单元格区域所共有的单元格	= SUM(A2:C3,B1:B4)

（2）运算符的运算顺序。优先级是公式的运算顺序,如果公式中同时用到多个运算符,表处理软件将按照一定的顺序进行运算。对于不同优先级的运算,将按照从高到低的顺序进行计算；对于相同优先级的运算,将按照从左到右的顺序进行计算。各种运算符的运算优先级参见表 5.5.5。如果要改变计算顺序,需要用括号将公式中先计算的部分括起来。

表 5.5.5 运算符的运算优先级

运 算 符	说 明	优先级别
:（冒号）	引用运算符	
（空格）	引用运算符	↑
,（逗号）	引用运算符	高
–	负号	
%	百分号	
^	乘方	
*和\	乘和除	
+和–	加和减	
&	文本运算符	低
=, <, >, <=, >=, <>	比较运算符	

例 5.9 图 5.5.2 为某公司职工工资情况表,以 Excel 2010 为例使用公式完成以下数据计算功能。

（1）统计每个人本月实发工资,如第一个人的实发工资为：=C4+D4+E4–F4。

（2）将每个人基本工资增加 10%,则第一个人的实发工资公式变为：=C4*C2+D4+E4 –F4。

【操作步骤】将鼠标指向 G4 单元格,键入一个"="号,接着用鼠标单击 C4 单元格,键入"+"号,单击 D4 单元格,重复这一过程直到将公式"=C4+D4+E4–F4"全部输入进去。

用鼠标向下拖动 G4 单元格的填充柄经过目标区域"G5:G14",完成功能（1）要求的统计。其中，可以看到 G5 单元格的公式变为“=C5+D5+E5–F5”，可以发现按列移动则行变列不变，因此公式复制过程中使用单元格相对引用是正确的。

用鼠标向右拖动 G4 单元格的填充柄到 H4 单元格，发现公式变为：“=D4+E4+F4–G4”，则出现了计算错误。这样就要把 G4 单元格公式中的相对引用变为混合引用，在 G4 单元格编辑栏将公式全选，反复按 F4 键直到公式变为“=$C4+$D4+$E4 –$F4”为止。

在 C2 单元格输入增加的系数“1.1”，在 H4 单元格编辑栏“$C4”后录入“*$C$2”，按 Enter 键完成 H4 单元格公式的修改。用鼠标向下拖动 H4 单元格的填充柄经过目标区域“H5:H14”，则公式自动复制完毕，最终完成了功能（2）的计算。

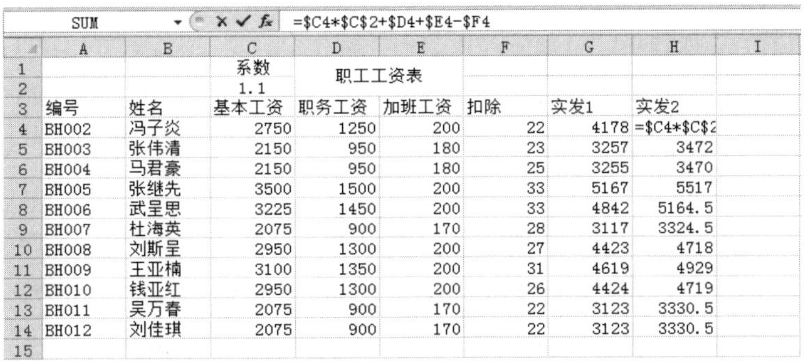
SUM =$C4*$C$2+$D4+$E4-$F4

	A	B	C	D	E	F	G	H	I
1			系数	职工工资表					
2			1.1						
3	编号	姓名	基本工资	职务工资	加班工资	扣除	实发1	实发2	
4	BH002	冯子炎	2750	1250	200	22	4178	=$C4*$C$2	
5	BH003	张伟清	2150	950	180	23	3257	3472	
6	BH004	马君豪	2150	950	180	25	3255	3470	
7	BH005	张继先	3500	1500	200	33	5167	5517	
8	BH006	武呈思	3225	1450	200	33	4842	5164.5	
9	BH007	杜海英	2075	900	170	28	3117	3324.5	
10	BH008	刘斯呈	2950	1300	200	27	4423	4718	
11	BH009	王亚楠	3100	1350	200	31	4619	4929	
12	BH010	钱亚红	2950	1300	200	26	4424	4719	
13	BH011	吴万春	2075	900	170	22	3123	3330.5	
14	BH012	刘佳琪	2075	900	170	22	3123	3330.5	
15									

图 5.5.2 单元格引用实例

2. 函数

函数是系统预定义的特殊公式，它们使用一些称为参数的特定数据按特定的顺序或结构进行计算。与直接使用公式进行计算相比，使用函数进行计算的速度更快，同时减少了错误的发生。

在单元格内使用函数的基本语法格式为：=函数名（参数列表）。以 Excel 2010 为例，用户可以通过在编辑栏直接输入函数，也可以通过“公式”选项卡中的“插入函数”对话框或通过“函数库”选项组输入函数，如图 5.5.3 所示。

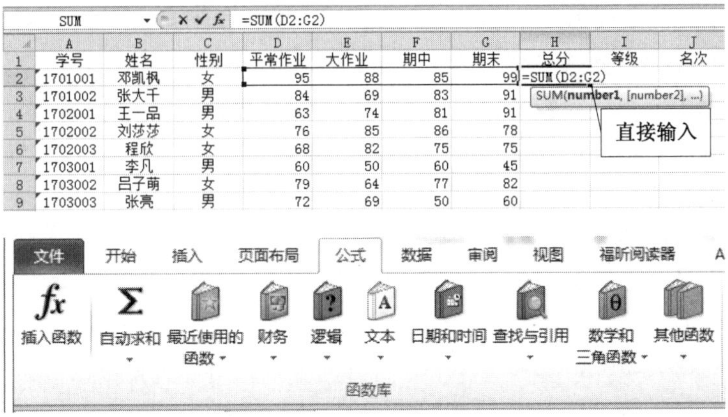

图 5.5.3 输入函数的几种方法

表处理软件通常提供了几百种功能强大的函数，分为财务函数、逻辑函数、文本函数、日期和时间函数、查找与引用函数、数学和三角函数等 10 类函数。用户在日常工作中使用频率较高的函数如表 5.5.6 所示。

表 5.5.6　Excel 2010 常用函数

函 数 名	格　式	功　能
AND	AND(logical1,logical2,...)	逻辑与，所有参数逻辑值为真时返回 TRUE，只要一个逻辑值为假返回 FALSE
OR	OR (logical1,logical2,...)	逻辑或，只要一个参数逻辑值为真时就返回 TRUE，所有逻辑值都为假返回 FALSE
NOT	NOT(logical)	只有一个参数，逻辑值为假时就返回 TRUE，逻辑值为真就返回 FALSE
SUM	SUM(number1,number2,...)	计算一组参数的和
AVERAGE	AVERAGE(number1,number2,...)	计算一组参数的平均值
MAX	MAX(number1,number2,...)	求一组参数中的最大值
MIN	MIN(number1,number2,...)	求一组参数中的最小值
COUNT	COUNT(value1,value2,...)	计算区域中包含数字的单元格的个数
COUNTA	COUNT(value1,value2,...)	计算区域中包含所有类型数据的个数
ROUND	ROUND(number,num_digits)	按指定的位数对数值进行四舍五入
IF	IF(logical_test,value_if_true,value_if_false)	判断条件 logical_test 是否满足，如果 logical_test 为真，则取 value_if_true 表达式的值，否则取 value_if_false 表达式的值
SUMIF	SUMIF(range,criteria,sum_range)	对满足条件的单元格求和
AVERAGEIF	AVERAGEIF(range,criteria,average_range)	对满足条件的单元格求平均值
RANK	RANK(number,ref,order)	返回某数字在一列数字中相对于其他数值的大小排名

例 5.10　图 5.5.4 为某年级部分同学大学计算机成绩情况表，以 Excel 2010 为例使用公式完成以下数据计算功能：计算每位学生的总分；根据总分求出每位学生的成绩等级；根据总分排名；统计总人数及各分数段的人数；求总分最高、最低成绩；统计男女生总成绩及平均成绩。

【操作步骤】采用加权的方法统计每个学生的总分。在 H3 单元格中输入公式"ROUND(D3*0.2 +E3*0.1+F3*0.2+G3*0.5,0)"，其中，ROUND( )函数用于完成四舍五入。用鼠标向下拖动 H3 单元格的填充柄经过目标区域"H4:H10"即可完成其他学生总分的计算。

计算每个学生的成绩等级。在 I3 单元格输入公式"=IF(H3<60,"不及格",IF(H3<70,"及格",IF(H3<80,"中",IF(H3<90,"良好","优秀"))))"，其中，IF( )函数为多重嵌套，内层 IF( )函数的返回值是外层 IF( )函数的一个参数。值得注意的是，被嵌套的函数必须返回与当前参数使用的数值类型相同的数值。用鼠标向下拖动 I3 单元格的填充柄经过目标区域"I4:I10"即可完成其他学生成绩等级的计算。

根据每个学生的成绩计算其排名。在 J3 单元格输入公式"=RANK(H3,$H$3:$H$10)"计算邓凯枫同学的排名。用鼠标向下拖动 J3 单元格的填充柄经过目标区域"J4:J10"即可完成其他学生成绩排名的计算。

统计总人数。在 B13 单元格输入公式"=COUNTA($B$3:$B$10)"。

统计各分数段总人数。在 B16 单元格输入公式"=COUNTIF(总分,"<60")"，在 C16 单元格输入公式"=COUNTIF(总分,C15)"。值得注意的是，COUNTIF( )函数中的第 2 个参数为"条件"参数，既可以直接输入又可以使用单元格输入好的数据。

求总分最高、最低成绩。在 B17 单元格输入公式"=MAX(H3:H10)"，在 B18 单元格输入公式"=MIN(H3:H10)"，即可求出最高、最低成绩。

统计男女生总成绩。在 F15 单元格输入公式"=SUMIF($C$3:$C$10,F$14,$H$3:$H$10)",即可计算出男生总成绩。用鼠标向右拖动 F15 单元格的填充柄经过目标区域 G15,即可完成女生总成绩的计算。

统计男女生平均成绩。在 F16 单元格输入公式"=AVERAGEIF($C$3:$C$10,F$14,$H$3:$H$10)",即可计算出男生平均成绩。用鼠标向右拖动 F16 单元格的填充柄经过目标区域 G16,即可完成女生平均成绩的计算。

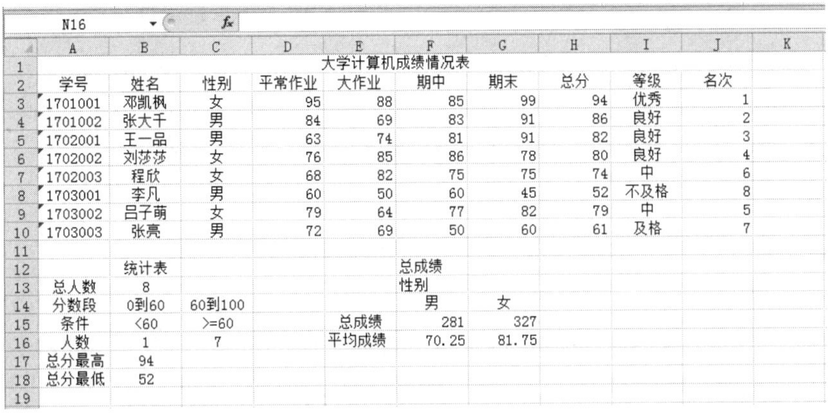

图 5.5.4 某年级部分同学大学计算机成绩情况表

5.5.3 数据的管理

表处理软件拥有强大的排序、筛选和汇总等数据管理方面的功能,具有广泛的应用价值。全面了解和掌握数据管理方法有助于提高工作效率和数据管理水平。

1. 排序

排序是指按一定规则对数据进行整理、排列,从而为数据的进一步处理做好准备。用户可以使用默认的排序命令对电子表格文件中的文本、数字、时间、日期等数据进行简单排序,如升序、降序的方式,也可以根据实际需要对数据进行自定义排序。

(1) 简单排序。单击待排数据区域某数据列任一单元格,利用"数据"选项卡中"排序和筛选"选项组内的"升序"与"降序"命令即可对数据进行简单排序,如图 5.5.5 所示。

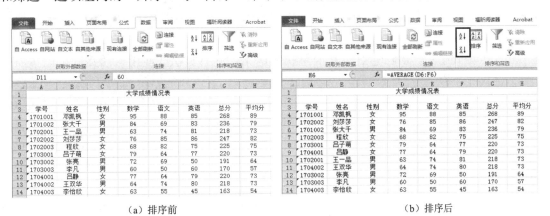

(a) 排序前　　　　　　　　　　　　　　　(b) 排序后

图 5.5.5 对某年级部分同学按照"平均分"降序排列(简单排序)

（2）自定义排序。用户可以根据实际需求，在如图 5.5.6 所示的排序对话框中自定义排序，排序所依据的特征值称为"关键字"。排序时，单击待排数据区域任一单元格，先根据"主要关键字"进行排序，若遇到某些行主关键字的值相同无法区分时，则再根据其"次要关键字"的值区分，以此类推。图 5.5.7 给出了通过自定义方式依据主要关键字"平均分"升序和次要关键字"性别"升序排列的结果。

图 5.5.6 排序对话框中自定义排序

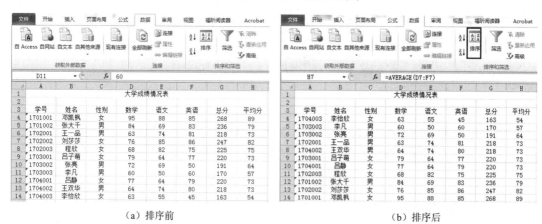

（a）排序前　　　　　　　　　　　　　　（b）排序后

图 5.5.7 对某年级部分同学按照"平均分"升序和"性别"升序排列（自定义排序）

2．筛选

筛选是指从无序且庞大的数据表中找出符合指定条件的数据，并暂时隐藏无用的数据，从而帮助用户快速、准确地查找与显示有用的数据。表处理软件通常包含自动筛选和高级筛选两种功能。

（1）自动筛选。自动筛选是一种简单快速的条件筛选方法，使用自动筛选可以按照列表值、格式或条件进行筛选。单击待筛选数据区域中的任意单元格，选取"数据选项卡"中"排序和筛选"组内的"筛选"命令后，数据区域中的字段名称将出现可以显示下拉列表框的按钮，单击该按钮，即可在下拉列表中选择相应的筛选条件，如图 5.5.8 所示。

（2）高级筛选。在实际应用中，用户可以使用高级筛选功能按指定的条件来筛选数据。使用高级筛选功能必须先建立一个条件区域，用来指定筛选结果应当满足的条件。

① 条件区域可以建立在与待筛选数据区域不相邻的任意位置。

② 条件区域的第一行是所有作为筛选条件的字段名,这些字段名与数据区域中的字段名必须完全一样。

③ 在条件区域中，同一行中输入的多个筛选条件之间是"且"的关系，则筛选的结果必须同时满足多个条件；不同行中输入的多个筛选条件之间是"或"的关系，则筛选的结果只需满足其中任意一个条件。

（a）排序前　　　　　　　　　　　　　　　　（b）排序后

图 5.5.8　对某年级部分同学按照"性别"进行筛选（自动筛选）

例 5.11　在大学成绩情况表里筛选出"性别"为"男"而且"英语"在 70 分（不包括 70 分）以上的学生记录。

【操作步骤】在空白行建立条件区域："复制"所有列标题到单元格区域 A17:H17，在列标题"性别"单元格下方，即 C18 单元格输入"男"，在列标题"英语"单元格下方的 F18 单元格输入条件">70"，如图 5.5.9 所示。

选中待筛选数据区域中的任意单元格后，单击"数据"选项卡中"排序和筛选"组内的"高级筛选"按钮，出现一个如图 5.5.10 所示的"高级筛选"对话框。

在"方式"选项中勾选"将筛选结果复制到其他位置"单选按钮。

在"列表区域"文本框中，指定数据区域$A$3:$H$14；在"条件区域"文本框中，指定条件区域$A$17:$H$18，其中包括条件标题，"复制到"文本框中选定复制的区域$A$19，结果如图 5.5.11 所示。若要从结果中排除条件相同的行，则可以勾选"选择不重复的记录"复选框。

图 5.5.9　建立条件区域　　　　　　　图 5.5.10　"高级筛选"对话框

图 5.5.11 "高级筛选"结果

3．分类汇总

分类汇总是指在工作表中的数据进行了基本的数据管理之后，再使数据达到更为条理化和明确化的目的。分类汇总分两步进行：第 1 步是利用排序功能先以分类字段为依据对数据进行排序；第 2 步是在"分类汇总"对话框中进行参数设置从而实现汇总操作。

例 5.12 对大学成绩情况表进行分类汇总，统计各班级各门课的平均分，以便对考试结果做一个统计对比。

【操作步骤】在创建分类汇总前，先按分类字段"班级"进行排序，以便将数据区域中关键字相同的数据集中在一起，如图 5.5.12 所示。

选中待筛选数据区域中的任意单元格后，单击"数据"选项卡中"分级显示"组内的"分类汇总"按钮，在弹出的"分类汇总"对话框中设置各选项即可，如图 5.5.13 所示。

根据实际的汇总需求，选择"班级"为分类字段，汇总方式为求"平均值"，汇总项为各科成绩，即"数学"、"语文"和"英语"字段，单击"确定"按钮后，分类汇总的显示结果如图 5.5.14 所示。

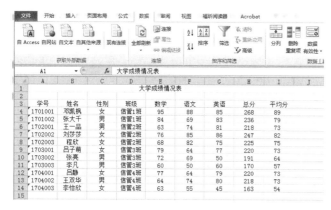

图 5.5.12 按分类字段排序的数据区域

图 5.5.13 "分类汇总"对话框各选项设置

第 5 章 数据处理与呈现

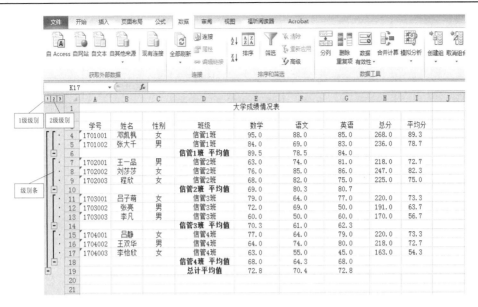

图 5.5.14 "分类汇总"结果

为了方便查看数据，可将分类汇总后暂时不需要使用的数据隐藏起来，减小界面的占用空间。当需要查看隐藏的数据时，可再将其显示。此功能可在"分级显示"组内通过单击"显示明细数据"或"隐藏明细数据"按钮来实现。

在完成分类汇总操作后，同时显示结果，分类汇总表的左侧也会自动显示分级显示的按钮，使用分级显示按钮可以显示或隐藏分类数据，如图 5.5.15 所示。

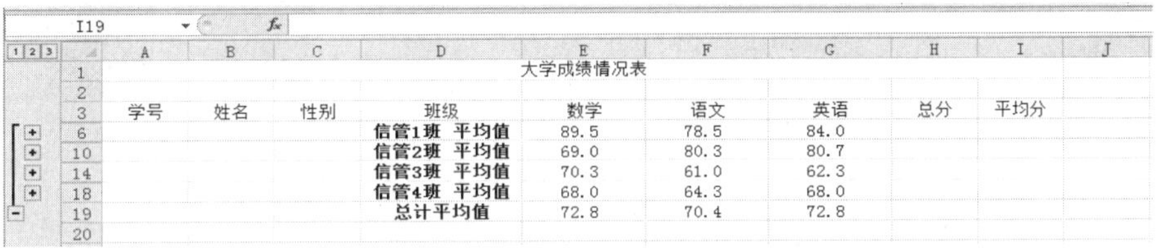

图 5.5.15 "分类汇总"的分级显示

5.5.4 数据的分析

对工作表中的数据进行计算和管理后，得到的结果还不能更好地显示数据之间的关系和变化趋势，因此，表处理软件又提供了类型丰富的图或表工具来进一步分析、展示数据。相比单纯的数据而言，图表更加生动、形象，有助于层次性、条理性地显示工作表中的数据，常用的图或表工具主要包括图表和数据透视表。

1．图表

表处理软件通常具有丰富的图表类型，它能够建立柱形图、折线图、饼图、条形图等多种类型的图表。图表是指将工作表中的数据用图形表示出来，因此当基于工作表选定区域建立图表时，表处理软件使用来自工作表的值，并将其当作数据点在图表上显示。

创建图表有两种方法：一种是在工作表中选定要创建图表的数据，按 F11 键即可快速创建一个默认的柱形图图表；另一种是使用"插入"选项卡中"图表"组内的选项来创建。

例 5.13 图 5.5.16 为某电商上半年产品销量统计表,以 Excel 2010 为例建立各类商品一、三、五月销量的柱形图。

图 5.5.16 某电商上半年产品销量统计表

【操作步骤】选定用于创建图表的数据源区域,至少应包含一行(或一列)分类数据和一行(或一列)数值数据。选定数据区域"$B$2:$B$5,$D$2:$D$5,$F$2:$F$5"。

单击"插入"选项卡中"图表"组内的"创建图表"扩展按钮,打开如图 5.5.17 所示的"插入图表"对话框,在对话框中列出了表处理软件提供的图表类型。单击"柱形图",从展开的图表形状选中柱形图的第一个图形,单击"确定"按钮,创建成功的图表如图 5.5.18 所示。

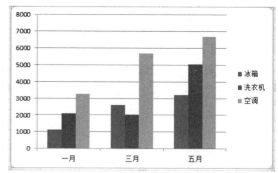

图 5.5.17 "插入图表"对话框　　图 5.5.18 电商各类商品一、三、五月销量分析图表

在创建好图表后,用户往往由于某种原因需要重新编辑图表数据,如修改图表样式、添加或删除图表数据等,或者通过增加数据标记(图例、标题、文字、趋势线、误差线及网格线等图表项)来美化图表及强调某些信息。类似操作可通过选定该图表,然后在如图 5.5.19 所示的"图表工具"选项卡中进行设置,可选定图表类型的实际效果,同时修改图表子类型、配色方案。

图 5.5.19 "图表工具"选项卡

2. 数据透视表

数据透视表是一种可以对大量数据快速汇总和建立交叉列表的交互性报表,同时可以根据需要重新排列数据以查看数据的不同汇总结果,还可以通过显示不同的页来筛选数据,也

可以显示所感兴趣区域的明细数据，从而使原本杂乱无章的庞大数据快速有序地显示出来。

　　创建数据透视表的步骤大致可分为两步：第一步，选择数据来源；第二步，设置数据透视表的布局。

　　例 5.14　图 5.5.20 为某电商前 3 个月不同地区的商品销售情况，以 Excel 2010 为例建立数据透视表并统计某电商各类产品销售情况。

　　【操作步骤】选定用于创建数据透视表的数据区域中的任意单元格，单击"插入"选项卡中"表格"组内的"数据透视表"按钮，出现如图 5.5.21 所示的"创建数据透视表"对话框，对数据源和保存位置进行选定。勾选"现有工作表"单选按钮，输入"$H$4"即可将数据透视表与现有数据源放在同一工作表内。

图 5.5.20　某电商前 3 个月不同地区的商品销售情况　　图 5.5.21　"创建数据透视表"对话框

　　单击"确定"按钮，出现如图 5.5.22 所示"数据透视表工具"选项卡以及任务窗格"数据透视表字段列表"，从而完成数据透视表环境的创建。

图 5.5.22　数据透视表环境

在任务窗格"数据透视表字段列表"的"选择要添加到报表的字段"中,将"商品名称"字段拖入"行标签"区域;将"销售地区"字段拖入"列标签"区域;将"销售数量"字段拖入"数值"区域,默认是"求和项";将"销售金额"字段拖入"数值"区域,默认也是"求和项",出现如图 5.5.23 所示的结果。值得注意的是:拖入"数值"区域的汇总对象若是非数字型字段,则默认对其"计数";拖入"数值"区域的汇总对象若是数字型字段,则默认对其"求和"。

	列标签								求和项:销售数量(台)汇总	求和项:销售金额(元)汇总
	东部		南部		西部					
行标签	求和项:销售数量(台)	求和项:销售金额(元)	求和项:销售数量(台)	求和项:销售金额(元)	求和项:销售数量(台)	求和项:销售金额(元)				
冰箱	27	148500							27	148500
电视机			17	40800	14	33600			31	74400
空调	10	23750			16	38000			26	61750
洗衣机	18	61200	35	119000	20	28000			73	208200
小家电	27	33750	20	25000	25	31250			72	90000
总计	82	267200	72	184800	75	130850			229	582850

图 5.5.23　创建的数据透视表

单击"数值"区域汇总对象"求和项:销售金额"的扩展按钮,出现如图 5.5.24 所示的"值字段设置"对话框,将"值汇总方式"从"求和"方式更改为"平均值"方式,单击"确定"按钮,数据透视表中的"数据"列的求和变为了"平均值项:销售金额(元)"。

图 5.5.24　"值字段设置"对话框

对已经建好的数据透视表进行修改、完善数据透视表可以使用"数据透视表工具"选项卡提供的"数据""活动字段"组更改数据透视表的布局,也可以在任务窗格"数据透视表字段列表"中选定某项后使用快捷菜单进行局部修改。

本 章 小 结

数据是记载客观事物性质、状态、相互关系的物理符号或符号组合,也是可被识别的、抽象的符号。计算机中的数据分为数值型和非数值型两类。信息是有意义的而数据没有,数据的价值主要体现在为各种信息提供支持。在不同应用中,对数据的描述方式或呈现方式通常不尽相同。数据处理是对数据(包括数值的和非数值的)的采集、存储、检索、加工、变换和传输。数据处理的基本目的是从大量的、杂乱无章的、难以理解的数据中抽取并推导出对于某些特定的人们来说有价值、有意义的数据。

数据处理方式有很多，主要方法包括 3 种方式：一是利用各种应用程序；二是通过数据库管理软件；三是利用程序设计进行数据处理。本章主要介绍了文字处理工具 Word 和数据处理工具 Excel。

通过本章学习，读者对数据处理、数据处理方法及数据处理工具有了初步的认识，将进一步提高利用计算机对数据进行采集、编辑、计算、管理、分析及呈现的数据处理能力，并对数据应用的价值有更深入的理解。增强读者分析问题和数据表达的能力；培养读者利用数据处理方法和工具解决专业问题的意识；增强读者根据应用问题选择、使用应用程序和应用开发工具的能力；养成利用信息技术解决问题的思维习惯，从而达到计算思维能力的培养的目标。总之，这些都为今后的学习与工作提供便利。

课后自测练习题

用微信扫描右侧二维码，进入答题页面，进行测试练习，答题结束后有答案解析。

1. 在下面所列的运行应用程序的方式中，不正确的是（　　）。
   A．直接运行可执行文件　　　　　　B．通过文档文件关联
   C．运行应用程序的快捷方式　　　　D．超链接
2. 在创建磁盘文件时，保存文档的含义是指（　　）。
   A．由内存到外存的写操作　　　　　B．一次 I/O 操作
   C．由外存到内存的读操作　　　　　D．一次内存到内存的只写操作
3. 下面对电子文件的编辑操作描述中，正确的是（　　）。
   A．删除是指将选定的对象从内存中删除
   B．粘贴是指将硬盘中的数据放到当前文件的指定位置
   C．剪切是指将选定的对象放到外存中
   D．复制是指将选定的对象暂存到内存的剪贴板中
4. 通常图形的两种表示方式为（　　）。
   A．PDF 与图片　　B．图片与图像　　C．矢量图和点阵图　　D．位图与图像
5. 下面所列的图形处理方式，不正确的是（　　）。
   A．通过应用程序编辑处理后产生或转存为图形文件
   B．通过任意的应用程序都可以产生
   C．利用专门的图形处理应用程序绘制图形
   D．利用应用程序自带的绘图工具绘制图形
6. 在保存一个新文档文件时，需要提供的参数包括（　　）。
   A．只需要文件名字
   B．文件所在文件夹与文件的类型
   C．文件类型与文件名字
   D．文件所存放的设备、文件夹、文件类型以及文件的名字
7. 关于表处理软件，下列说法不正确的是（　　）。
   A．在某些其他类型的数据处理应用软件中可直接嵌入表格
   B．表处理软件无法跨平台运行

C. 表处理软件提供了丰富的数据处理功能，如查询、排序、筛选、分类汇总和统计分析

D. 数据管理和处理软件能够处理大量类型复杂的数据

8. 下列格式不属于图形/图像文件格式的是（　　）。

   A. PDF　　　　　B. JPG　　　　　C. GIF　　　　　D. BMP

9. Adobe 公司开发的软件不包括（　　）。

   A. Dreamweaver　　B. Flash　　　C. CAJViewer　　D. Photoshop

10. 下列软件中，哪一款不属于科学计算数据处理软件（　　）。

    A. Matlab　　　　B. MathType　　C. Maple　　　　D. Mathematica

11. 数据处理是指（　　）。

    A. 采集、存储　　B. 检索、加工　　C. 变换和传输　　D. 以上都是

12. 在下列应用软件中，哪种软件（　　）不能绘制图形。

    A. Photoshop　　B. EditPlus　　C. Python　　　D. Visio

13. 创建文件的过程不包括（　　）。

    A. 建立文件　　　B. 保存文件　　C. 关闭/打开文件　D. 编辑文件

14. Word 文档中可以插入的数据类型不包括（　　）。

    A. 文字　　　　　B. 幻灯片　　　C. 表格　　　　　D. 图形

15. 下列关于快捷键描述不正确的是（　　）。

    A. Ctrl+X 是"剪切"　　　　　　B. Ctrl+C 是"复制"

    C. Ctrl+Delete 是"物理删除"　　D. Ctrl+V 是"粘贴"

16. 在 Word 文件中想要随意移动插入的图片，不能将图片的环绕方式设置为（　　）。

    A. 嵌入型　　　　B. 四周型　　　C. 紧密型　　　　D. 浮于文字上方

17. 数据处理过程包括（　　）。

    A. 从现实世界获取信息，并将信息通过各种载体呈现出来

    B. 将载体上的数据信息以各种方式输入到计算机中，利用各种软件形成计算机可处理的磁盘数据文件

    C. 通过各种软件对这些磁盘数据文件进行加工处理，并转存为各种结果数据文件呈现给用户

    D. 以上都包括

18. 数据在计算机内部的存储组织形式是（　　）。

    A. 资源管理　　　B. 文件　　　　C. 文件夹　　　　D. 磁盘

19. 以下说法中不正确的是（　　）。

    A. 数据呈现是指对经过计算机加工处理的各种数据文件进行显示或打印输出的过程

    B. 电子文件是以计算机的磁盘、光盘等化学磁性介质为载体包含数据信息的材料

    C. 一种数据类型的文件仅能用一种应用程序打开

    D. 用户要根据实际获取的数据类型选择相应的应用程序

20. 在已有文件中插入数据的方法包括（　　）。

    A. 直接由键盘输入或粘贴来自剪贴板上的数据

    B. 直接插入对象，这些对象必须是该应用程序支持的数据类型，如图片、图形、公式或符号等

    C. 以嵌入对象的方式插入数据，即在当前应用程序窗口中，将另一个应用程序文件以独立的对象方式嵌入到当前文件窗口的插入点处

    D. 以上都包括

第 6 章 数据组织与管理

导读：

大千世界，数据为本。欲掌握数据，需建立"数据库"；欲建立"数据库"，需采集、整理万千"数据"；欲利用、使用"数据库"，需查询、分析、挖掘万千"数据"。

面对大数据时代所带来的数据处理的新的变化与挑战，如何管理和利用数据已经成为当今社会每个人所必须面对的问题，高效管理数据与合理利用数据的能力也成了信息社会人们必须具备的能力与基本素养。

数据库及其技术是随着数据处理技术的发展而产生的，是计算机数据处理与信息管理系统的核心技术。数据库技术是研究、管理和应用数据库的一门软件科学，是信息系统的一种核心技术，是进行组织和存储数据、高效地处理与分析以及理解数据的技术，是进行数据库的结构、存储、设计、管理以及应用的基本理论方法。

本章的主要内容分为 4 部分：数据结构、数据库系统概述、数据库的建立与维护、数据库查询。本章首先介绍了数据在计算机中的组织形式——数据结构，然后介绍了数据管理的方式——数据库。以关系数据库为重点，介绍数据库相关概念以及与数据库密切相关的各种数据库技术。以 Access 为例，介绍数据库的建立、维护、查询以及常用 SQL 命令的使用。旨在引导读者理解利用数据库系统管理数据的基本原理与方法。

知识地图：

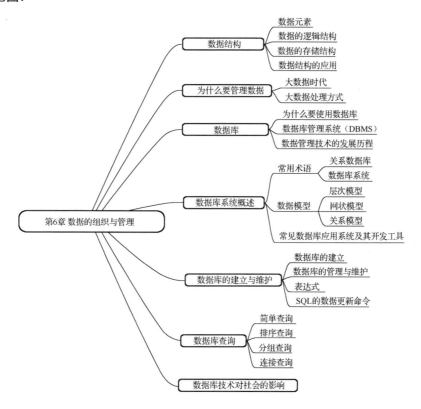

第6章 课程学习任务单

任务编码	601	任务名称	第6章 数据组织与管理
要求	\multicolumn{3}{l	}{通过在线上学习 MOOC/SPOC 相关视频内容、做练习、讨论，完成第6章的学习。预习教材有关章节内容，把不懂的地方标在课程学习任务单上。此单需打印出来，再手工填上。}
学习目标	\multicolumn{3}{l	}{教学目的及要求： 1. 理解数据组织与管理的重要性； 2. 理解数据库系统的基本概念； 3. 掌握数据库的建立与维护； 4. 掌握数据库查询方法。 教学重点及难点： 1. 数据库系统的概念； 2. 数据库 SQL 命令的使用。}
学习要求	\multicolumn{3}{l	}{1. 观看 MOOC/SPOC 上"第6讲数据的组织与管理"视频，阅读教材的"第6章"。 2. 完成 MOOC/SPOC 上"第6讲数据的组织与管理"后的随堂测验及讨论。 3. 请认真完成本次课程学习任务单的要求并认真填写。}
讨论问题	\multicolumn{3}{l	}{1. 数据是如何组织的？ 2. 数据的结构直接影响查找算法的选择和效率吗？ 3. 为什么要进行数据管理？ 4. 大数据处理的最终目的是什么？ 5. 已经有 Excel 数据处理软件，为什么还要使用数据库处理数据？ 6. 数据管理技术发展经历了哪几个阶段？ 7. 举例说明，我们身边生活中的数据库有哪些？ 8. 数据库系统由哪几部分组成？数据库系统的主要特点是什么？ 9. 如何区分数据库、数据库管理系统、数据库系统？ 10. 常见的数据模型有哪几种？ 11. 关系模型有什么特点？ 12. 关键字与主键的区别是什么？ 13. 常用的数据库管理系统有哪些？它们的区别是什么？ 14. Access 中数据库由哪些对象组成？ 15. 数据库技术对社会有什么影响？}
学习记录总结反思	\multicolumn{3}{l	}{学习 MOOC/SPOC 和在课堂学习中有什么困难？本格填写不下，写在本单反面。}

6.1 数 据 结 构

假设你是学校图书馆的图书管理员,如何合理地摆放成千上万本图书,使读者方便地找到所需要的图书是一件很重要的事情。第 1 种方式:你可以随意摆放,此种方式读者找书最不方便;第 2 种方式:可以按照某种顺序(如书名的拼音字母)摆放,读者如果事先知道书名就容易找到;第 3 种方式:可以按书的类别分区域摆放,图书馆的区域划分和图书分类摆放必须实用,首先要分类别(如计算机、英语、政治、历史、音乐、科技小说等),其中历史类又分中国历史和外国历史,即可采取多级分类,然后同一类别下的图书可以按书名首字母排序。每种方式都是不同的图书组织和管理方式,不同的方式势必影响图书的摆放形式和读者找书的方法。

同理,在计算机内的数据比图书馆中的书要多得多,在计算机存储器中如何存放这些数据是十分重要的,这将直接影响数据的处理效率。这里的处理效率包括 3 个方面:一是数据的处理速率;二是数据的存取速率;三是占用的存储空间。这便是数据的组织与管理问题,也是数据结构要研究的主要内容。

6.1.1 什么是数据结构

数据是体现客观事务的符号,是能够被计算机识别和处理的符号集合,是计算机程序加工的"原料"。数据的范畴包括整数、实数、字符串、图像和声音等,这些内容在前面章节中已经学习过。数据结构要研究的问题就是如何将数据组织在一起以及如何管理和操作数据。由于无序意味着低效率,因此人们想方设法把一切都组织好,并且精心选择数据结构,这样可以提高运行和存储效率。如上面所列举的图书摆放问题,精心分类必将提高查找效率,反之则使查找效率低下。

数据结构主要研究数据之间有哪些结构关系,以及如何表示数据、如何存储数据、如何处理数据。数据结构具体包含 3 方面要素。

(1)数据集:要处理的数据元素的集合。
(2)关系:数据元素之间的相互关系。
(3)操作:对数据施加的操作。

下面结合图书馆的例子,"数据集"就是图书馆里所有的图书;"关系"就是图书与图书之间的摆放关系;"操作"就是如何查找或增减图书。

不同的关系和操作构成不同的组织和管理方式,也就是不同的"数据结构"。因此学习数据结构,既要学习数据间的关系,又要学习数据上的操作。

数据结构是计算机软件和计算机应用专业的核心课程之一,在众多的计算机系统软件和应用软件中都要用到各种数据结构。

6.1.2 数据结构相关概念

1. 数据元素

数据元素是数据的基本单位,在计算机中通常作为整体处理,也称为记录或节点。一个数据元素可以由若干数据项（也可称为字段或属性）组成，数据项是标识数据的最小单位。

例如，每本图书就是一个数据元素，一本书所含的属性包括书名、书号、作者、类别、出版社、定价等，这些都称为数据项。又如，学生档案可以看作数据元素，一名学生即为一个数据元素，包括学号、姓名、性别、专业、班级、出生年月等数据项，如"2018932001，李红，女，计算机，……"整体上可看作一个数据元素。

2. 数据的逻辑结构

数据元素之间的逻辑关系，称为数据的逻辑结构。数据的逻辑结构是从逻辑关系上描述数据，与数据的存储无关并且与计算机无关。数据的逻辑结构可以看作是从具体问题抽象出来的数学模型。

数据元素通常不是孤立的，往往具有一定的联系，这种联系可以用前趋和后继来描述，就像日常生活中的排队，人与人之间有一个先后关系。如图 6.1.1 所示，若按从左往右的顺序，则紧邻 B 元素之前的元素 A 被称为 B 的前趋，而 C 则为 B 的后继。某个元素也可以没有前趋或后继。

根据元素之间的关系，数据的逻辑结构通常分为线性结构和非线性结构，而非线性结构主要有树形结构和图结构两种。

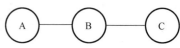

图 6.1.1 前趋和后继的关系

3. 数据的存储结构

数据元素及其关系在计算机存储器内的表示，实际就是数据的存放方式，称为数据的存储结构。计算机的内存是由一个一个连续的存储单元组成的，所谓数据的保存方式实际上就是内存单元如何分配和使用的问题。

数据的存储结构是逻辑结构在存储空间的映像，它依赖于计算机语言实现。举例来说，你买了几张火车票，即使车票都放在一起，也不表明它们的座位是紧邻的（座位甚至可以是不同车厢的）。这里车票与车票的位置关系是逻辑结构，而座位才是物理结构（对应这里的存储结构），于是建立了一个车票到座位的"映像"。在计算机中虽然数据关系是线性的，但在存储器中可以不是线性的，即存储位置未必一个接一个紧挨着。常用数据的存储结构有以下 4 种结构（方法）。

（1）顺序存储结构。这种结构是把逻辑上相邻的数据元素存储在物理位置上相邻的存储单元中，元素间的逻辑关系由存储单元的相邻关系来体现，称为顺序存储结构。该结构主要应用于线性的数据结构。

（2）链接存储结构。这种结构不要求逻辑上相邻的数据元素在物理位置上也相邻，元素间的逻辑关系由附加的指针字段表示。指针就是地址，如车票上的地址，实际就是座位号。由此得到的存储方式称为链式存储结构。

（3）索引存储结构。这种结构通常在存储数据元素的同时，还建立一个索引表。首先将元素排成一个序列：A_1, A_2, A_3, A_4, …, A_i, 每个元素在存储时，建立一个附加的索引表，索引表中的第 i 个值就是 A_i 的存储地址。索引项的一般形式是（关键字，地址），关键字是能唯一标识一个数据元素的数据项，如学生记录中的学号等。

（4）散列存储结构。这种结构的基本思想是：根据数据元素的关键字直接计算出该元素的存储地址。例如，能否根据学号计算出该学生所住的寝室号？显然要找出一个合适的计算函数（记为 Hash 函数，音译为"哈希"函数）是实现这种存储结构的关键。

4 种基本存储结构（方法）既可单独使用又可组合起来对数据结构进行存储映像。同逻辑结构采用不同的存储方法可以得到不同的存储结构，选择何种存储结构来表示相应的逻辑结构，应该视具体要求而定。如线性表是逻辑结构，若采用顺序存储方法，则可称其为顺序表；若采用链式存储方法，则可称其为链表。

  4．数据的运算

数据运算也就是对数据施加的操作。数据的运算的定义是：在数据的逻辑结构上，每种逻辑结构都有一个运算集合。最常用的有检索（查找）、插入、删除、更新、排序等运算，实际上是对数据进行的一系列操作，数据的运算也是数据结构不可缺少的一部分。在给定了数据的逻辑结构和存储结构之后，按定义的运算集合及其运算的性质不同，也可能产生完全不同的数据结构。例如，若将线性表上的插入、删除运算限制在表的一端进行，则该线性表称为栈；若将插入限制在表的一端进行，而将删除限制在表的另一端进行，则该线性表称为队列。

6.1.3 数据结构的应用

选择适合的数据结构既可以解决数值计算问题，又可以解决非数值计算问题。随着计算机应用领域的扩大和软硬件的发展，非数值问题显得越来越重要，这类问题往往涉及较为复杂的数据结构，数据元素之间的相互关系一般很难用数学方法加以描述。因此，解决此类问题的关键已不再是数学分析和计算方法，而是要设计出合适的数据结构才能有效地解决问题。

例 6.1 书店图书的组织与摆放。

这是一个典型的非数值问题，书店的区域划分和图书分类摆放都必须考虑要方便读者，因此需要设计合适的数据结构进行组织，不同的组织形式将导致图书销量上的显著差异，这也体现出数据结构的重要性。

首先按类别分类，如计算机、英语、政治、历史、文学等，其中历史又分中国历史和外国历史，诸如此类。分类要以实用为主，无须像图书馆那样严格，只要符合读者找书的习惯即可，可按传统分类法也可按照作者名字分类法，以及按照主题分类法或按照销量进行分类等。同类别的图书又可以按书名的首字母排序陈列。

除此之外，还可以设置一些主题陈列区，把有特色的图书集中起来摆放，如设立"最新上架""畅销书柜""特价书柜"等专柜，为读者提供辅助的快捷找书通道。这里需要强调的是：一本书的归类并不一定唯一，如一本历史小说，既可以出现在"历史"类书架上，又可以出现在"畅销书柜"中，如图 6.1.2 所示，就是一种简单可行的图书数据结构，这里主要用到索引表和线性表两种结构。

在计算机应用领域中，查找是一种常见和重要的操作。查找也称检索，是在大量的数据元素中找到某个特定的数据元素而进行的工作。由于效率关系，因此对于不同规模的数据量不能使用相同的查找方法，特别是海量数据的查找需要用到更复杂的数据结构。常见的检索方式如下。

（1）顺序查找：从头至尾一个一个比较，针对无序序列这是一种最简单的查找方式。

（2）折半查找：针对已排序序列的一种查找方式，并且只适用于顺序存储结构的序列。

（3）B树、B+树查找：B树又称二叉排序树，树节点用于存放关键字；B+树是一种变种的B树，数据量大时可以提高查找效率。目前大部分数据库系统及文件系统都采用B树或B+树作为索引结构。

（4）哈希（Hash）查找：一般也称"散列"法，用关键字找出对应的存储地址，即建立哈希表。如在书店中，根据书号、书名通过哈希查找法直接计算出它所在的书架号（物理存储地址）。哈希查找是一种快速查找、以空间换取时间的算法。

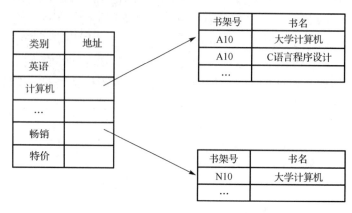

图 6.1.2 图书数据结构

6.2 为什么要管理数据

6.2.1 大数据

随着计算机和网络技术的发展，特别是互联网和移动互联网的快速发展，在过去几年里，全球数据总量年增长率维持在 50%左右，2010—2020 年全球数据总量的增长趋势如图 6.2.1 所示。从图 6.2.1 中可以看到，全球数据总量已经从 TB（1024GB=1TB）级别跃升到 PB（1024TB=1PB）、EB（1024PB=1EB）乃至 ZB（1024EB=1ZB，1ZB = 1 万亿 GB）级别。根据国际数据公司（Internet Data Corporation，IDC）的研究报告显示，预计到 2020 年，全球数据总量将达到 40ZB，其中我国数据量将达到 8.2ZB，占全球的 21%左右，这个数据量是 2011 年（1.8ZB）的 22 倍。试想一下如果将这 40ZB 的数据全部存入现有的蓝色光盘，每张光盘容量以 25G 计算，需要的光盘的重量就相当于 400 多艘美国"尼米兹"级航空母舰，而中国国家图书馆的全部藏书信息总量只有 20G 左右，还不足一张蓝色光盘的容量。

如此庞大的数据量意味着什么？它表明当前人类社会正步入大数据（Big Data）时代。根据维基百科的定义，大数据是指无法在可承受的时间范围内利用常规的软件工具进行捕捉、管理和处理的数据集合。数据的大容量对数据的采集、存储、维护以及共享带来极大的挑战，但同时代表着我们可以处理、分析并可利用的数据在大量增加。如果能够对海量数据进行有效地组织和管理并从中发现新知识、新价值，那么将会对社会的发展起到积极的促进作用，大数据中蕴含的巨大价值正逐渐被人们认可。大数据应用成功的典型案例有：新崛起的电商

（如卓越亚马逊、淘宝、京东等）通过对海量数据的管理和分析，为用户提供更加专业化和个性化的服务（如为用户推荐感兴趣的产品信息等）；麦当劳、肯德基、苹果公司等旗舰专卖店的位置都是建立在大数据分析基础之上的精确选址；奥巴马总统借助数据分析部门，通过实时分析选民个人动态的海量数据准确把握选民对总统候选人的喜好，最终赢得2012年的美国总统大选并获得连任。这些案例都充分体现了大数据的价值所在，在当今社会，用"得数据者得天下"来比喻大数据所产生的深远影响似乎一点都不为过。

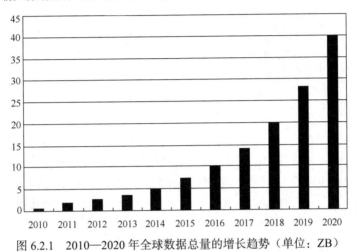

图 6.2.1　2010—2020 年全球数据总量的增长趋势（单位：ZB）

6.2.2　大数据处理

近几年，大数据发展的浪潮席卷全球，大数据带来的信息风暴正在不断"冲击"人们的工作、生活和思维。由各类仪器设备、网上交易、网络日志、电子邮件、视频、点击流、地理位置信息等产生的种类繁多的数据比以往任何时候都更深入地与人们的日常生活紧密地交织在一起。为了能在大数据时代抢占先机，各国、各行业纷纷采用大数据战略，目的是通过充分挖掘、利用数据的价值以及数据未来的发展趋势，来提升自身解决问题的能力并做出最优决策。大数据战略的根本不在于掌握庞大的数据信息，而是要看到数据深层次的价值，所谓的价值就是数据的内在联系。

目前，以"大数据服务"为宗旨的数据中心也随之出现。数据中心是全球协作的特定设备网络，用来在 Internet 网络基础设施上传递、加速、展示、计算、存储数据信息。以我国为例，2015 年 1 月，我国正式启动超大云数据中心项目，同年 9 月，首个国家级数据中心（灾备中心）落户贵州，之后其他两个国家级数据中心相继在北京和内蒙古建成。此外，各行业公司也开始筹建自己的大数据中心，国内比较有影响力的大数据中心有阿里云、百度云等。全球知名的大数据公司有美国的 Palantir、DOMO、中国的海致、阿里云等。据 IDC 预测，从 2015 年到 2019 年年底，全球大数据与市场规模将由 1220 亿美元增长到 1870 亿美元，也就是说在 5 年间，大数据与分析市场规模增长将超过 50%，而且未来将有越来越多的资本注入快速增长的大数据分析市场。

关于大数据价值挖掘利用的研究也受到各国研究学者们的极大关注，目前研究主要体现在理论、技术和实践 3 个方面，如图 6.2.2 所示。

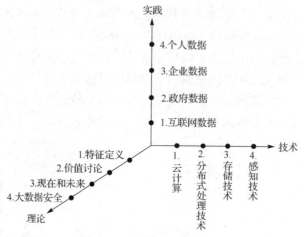

图 6.2.2　大数据的研究趋势

从图 6.2.2 中可以看到，大数据未来的趋势是人人使用大数据，而不仅限于专业的大数据公司。面对大数据时代所带来的数据处理的新变化与挑战，如何管理和利用数据已经成为当今社会每个人所必须面对的问题，高效管理数据以及合理利用数据的能力也成为信息社会人们必须具备的能力与基本素养。总之我们有必要了解与数据相关的技术。

6.3　数　据　库

我们面临的是信息时代，传统媒体产生的信息延伸到了网络中，网络本身也产生了无穷的信息。一个极为实际的问题是：如果我们需要查询某件事，那么到哪儿去搜索？数据库就是这个问题的答案。当今，在网络系统中，最重要的工具可能就是搜索引擎（如 Google 和百度），这些搜索引擎都是基于数据库的。

6.3.1　身边的数据库

日常生活中，虽然我们每天和数据打交道，但却不知道其中大部分数据都存放在数据库中，我们身边的数据库无处不在。下面列举一些常见的数据库。

你的身份证信息或户籍信息存储在居民信息管理中心的数据库中。

你的手机信息及通信信息存储在对应的通信公司的信息管理中心的数据库中。

你的银行（信用）卡信息存储在银行信息管理中心的数据库中。

你的驾照使用情况、车牌信息存放在交通管理部门信息中心的数据库中。

你订购车票、机票或酒店时，这些信息由相应的数据库存储和处理。

你从网上下载歌曲和电影，这些信息由相应的媒体数据库来存储。

你到图书馆去查阅书籍时，已经不需要翻阅书籍目录卡片，而是通过相应的计算机软件直接搜索，并且你所搜索的信息也是由相应的数据库支持的。

你的 QQ 号或邮箱账号及通信信息存储在网站信息管理中心的数据库中。

你上网购物交易的信息存储在各个网站的后台信息管理中心的数据库中。

如果你是学生，那么你的学籍信息存储在学校学籍信息管理中心的数据库中。

……

由此看来，数据库和我们的生活密切相关，我们已经被淹没在数据的海洋中。数据的形式也是多种多样的，包括文字、数码、符号、图形/图像以及声音等，无论是什么形式的数据都以一定的形式存放在数据库中。

当我们有大量的数据需要处理时，也许我们首先想到的是用 Word 和 Excel 来处理，用 Excel 可以很方便地设置数据形式，同时做各种运算或进行统计，但在数据的联动性和整体运算能力、安全性和完整性等方面却远不及数据库，数据库为我们提供了一个更高级的数据管理的方法。

6.3.2 什么是数据库

数据库（Data Base，DB）就是存储数据的仓库。只不过这个"仓库"是在计算机存储设备上，并且数据按照一定的格式存放。

举一个简单的例子，我们每个人都有很多亲戚朋友，为了保持与他们的联系，我们常常用一个笔记本将他们的姓名、地址、电话等信息都记录下来，这样要查某个人的电话或地址就很方便了。这个"通信录"就是一个最简单的"数据库"，每个人的姓名、地址、电话等信息就是这个数据库中的"数据"。我们可以在笔记本这个"数据库"中添加新朋友的个人信息，也可以由于某个朋友的电话变动而修改他的电话号码这个"数据"。总之，我们使用笔记本这个"数据库"为了能随时查到某位亲戚或朋友的姓名、地址、电话等"数据"。当然，如果这些信息可以共享，那么你的朋友也可以通过这个笔记本查找相关信息。

实际上，"数据库"指的是长期存储在计算机内的，为实现一定目的而按某种规则组织起来的，可共享的"数据"的"集合"。或者说，数据库是管理数据的一种技术，其主要目标是解决数据库管理中数据的获取、编码、组织、存储、访问和处理等问题。在我们的生活中这样的"数据库"随处可见。例如，当图书管理员在查找一本书时，首先要通过目录检索找到这本书的分类号和书号，然后在书库找到摆放这类书的书架，并在这个书架上按照书号的大小次序查找，这样很快就能找到所需要的图书。

数据库中的数据与图书馆中的图书一样，也要让人能够很方便地找到才行。如果所有的书都不按规则胡乱堆在各个书架上，那么借书的人根本没有办法找到他们想要的书。同样的道理，如果把很多数据胡乱地堆放在一起则让人无法查找，这种数据集合也不能称为"数据库"。

可以说，数据库无处不在，用户使用计算机、访问网络都是在使用数据库。数据库通常与它的管理软件连在一起，如手机中的通信录、计算机中的电子邮件所对应的管理电话联系人、电子邮件的软件，它们的核心都是数据库。大型专业系统（如银行、电信、网购、企业管理等行业）都使用大型数据库的专业软件，这些软件也是目前软件商品中使用最多、市场最大的。

6.3.3 为什么要使用数据库

数十年前，计算机开始逐步被用于计算以外的更广阔的领域，那时每个应用都是一个独立的（软件）系统。如一所学校有学生的注册信息也有学生的课程信息，虽然这两个部门使用的学生的基本信息是相同的，但是这些信息分别属于学生管理和教务管理。数据库系统就是为了解决这类信息不关联且不能共享的问题，因此使用数据库首先实现数据的集中管理。

其次，数据库通过事务（Transaction）处理保证数据的完整性。在数据库中，事务是一系列操作的逻辑，要求在操作的时候要么全部做完，要么什么也不做。例如，我们在银行的 ATM 上取钱，事务会在取钱操作完成后再从账户中扣款，如果取钱取到一半而 ATM 死机了，你不用担心这个取钱操作没有完成，实际上事务会记录操作失败，因此不会在你的账户里扣钱。这样做除保证数据的完整性外，还能够减少数据冗余，从而避免数据的不一致。

再次，数据库能够管理海量数据。一个大型企业的生产、管理等方面的数据可能以 T（10^{12}）为单位，只有数据库可以存放如此大量的数据，并能有效地对数据组织与管理。

总之，差不多我们每个人都有找不到东西的经历，问题不在于东西的数量而在于对它的管理。然而数据库技术就能够确保人们高速、准确地检索数据。

6.3.4 数据库管理系统

我们已经了解了什么是数据和数据库，现在的问题是：谁来组织、存储、提取和维护数据库中的数据呢？这就是 DBMS。

DBMS 是数据库管理系统（Data Base Management System）的英文缩写，它是一个位于用户和操作系统之间的数据管理软件。用户和应用程序都要通过数据库管理系统来访问数据库。

数据库管理系统都"管"些什么呢？

（1）创建和维护数据库。包括数据库初始建立后数据的输入、转换功能，以及数据库中数据的存储和恢复等。

（2）对数据库中的数据进行查询、插入、删除和修改等。

（3）重组数据库中的数据，对数据库的性能进行监视、分析功能等。还有一些复杂的功能这里将不再介绍。

6.3.5 数据管理技术的发展历程

电子计算机诞生于 1946 年，开始只应用于科学计算领域，随着计算机应用于管理领域，在 20 世纪 60 年代中期，产生了数据库技术。

与数据处理相关的技术主要包括：数据采集、数据存储、数据管理、数据分析与挖掘，其中数据存储、数据管理，以及数据分析与挖掘是核心内容。数据管理是指对数据的组织、分类、编码、存储、检索和维护。

数据管理的最终目的是从数据中获得有价值的信息。随着计算机技术的发展与数据管理规模的不断扩大，数据管理技术经历了人工管理、文件管理和数据库系统 3 个阶段。数据库技术诞生至今约半个多世纪，因其坚实的理论基础，众多成熟的商业产品与日益广泛的应用前景，已成为计算机数据处理与信息化管理系统的基础与核心。

1. 人工管理阶段

20 世纪 50 年代中期以前，计算机主要用于科学计算。计算机硬件方面只有卡片、纸带、磁带等外存储设备；软件方面操作系统还没有诞生，也没有专门的数据管理软件。数据组织与管理完全靠程序员手工完成，程序员既要设计数据的处理方法，又要考虑数据的存储和读取方式。在人工管理阶段,程序和数据作为一个不可分割的整体使用,然而程序之间没有数据共享,即便是同一组数据被多个应用程序运行,数据也必须重复输入,因此数据冗余很大。人工管理阶段程序与数据的关系如图 6.3.1 所示。

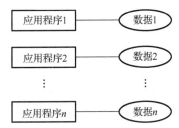

图 6.3.2 给出人工管理阶段程序处理数据示例。从图 6.3.2 中可以看出,两个 C 语言程序对同一组数据 Data 进行处理,数据需要分别输入,并且程序 1 和程序 2 之间没有共享任何数据。

图 6.3.1　人工管理阶段程序与数据的关系

```
/* 程序1：求8个数中的最小值*/
#include <stdio.h>
void main(){
   int i, Dmin;
   int Data[8]={22, 12, 30, 21, 15, 6, 10, 8};
   Dmin=Data[0];
   for(i=0;i<8;i++)
   if(Data[i]<Dmin)
   Dmin=Data[i];
   printf("最小值=%d\n", Dmin);
}
```

```
/* 程序2：求8个数中的最大值*/
#include <stdio.h>
void main(){
   int i, Dmax;
   Int Data[8]={22, 12, 30, 21, 15, 6, 10, 8};
   Dmax=Data[0];
   for(i=0;i<8;i++)
   if(Data[i]>Dmax)
   Dmax=Data[i];
   printf("最大值=%d\n", Dmax);
}
```

图 6.3.2　人工管理阶段程序处理数据示例

不难看出这个阶段的数据处理方式存在数据独立性差、数据冗余度高、数据维护难度大以及编程效率低等问题。

2．文件管理阶段

20 世纪 60 年代中期,大容量、可直接存取的外存储器(如磁盘、磁鼓等)和操作系统相继出现,数据可通过操作系统的文件系统功能进行统一管理,用户只需将数据组织成文件的形式存放在外存储器上,然后以按名存取的方式访问数据即可,而不需要知道数据的具体存放位置和存储方式,成功实现了文件的逻辑结构与物理结构相独立。在文件管理阶段,用户的应用程序和数据对应不同的文件,分别存放在外存储器的不同位置上,程序与数据之间有了一定的独立性。其次,不同应用程序可以共享同一组数据,此阶段的数据共享方式是以文件为单位共享的,文件管理阶段程序与数据的关系如图 6.3.3 所示。

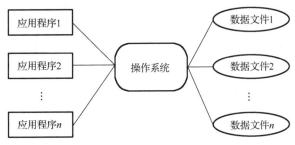

图 6.3.3　文件管理阶段程序与数据的关系

图 6.3.4 给出文件管理阶段程序处理数据示例。从图 6.3.4 中可以看出，两个 C 语言程序共享一个数据文件 Data.txt。

```c
/* 程序 3：求 8 个数中的最小值*/
#include <stdio.h>
void main(){
int i, Data, Dmin=0;
    FILE *fp;
/*打开文件，读数据*/
    fp=fopen("Data.txt", "r");
    fscanf(fp, "%d", &Data);
    Dmin=Data;
    for(i=1;i<8;i++){
    fscanf(fp, "%d", &Data);
        if(Data<Dmin) Dmin=Data;
    }
    printf("最小值=%d\n", Dmin);
}
```

```c
/* 程序 4：求 8 个数中的最大值*/
#include <stdio.h>
void main(){
int i, Data, Dmax=0;
    FILE *fp;
/*打开文件，读数据*/
    fp=fopen("Data.txt", "r");
    fscanf(fp, "%d", &Data);
    Dmax=Data;
    for(i=1;i<8;i++){
    fscanf(fp, "%d", &Data);
        if(Data>Dmax) Dmax=Data;
    }
    printf("最大值=%d\n", Dmax);
}
```

图 6.3.4　文件管理阶段程序处理数据示例

由于文件管理没有指定合理规范的数据结构，因此只能简单地存取数据，而程序处理数据是基于特定的物理结构和存取方法，因此数据文件的结构设计仍然是针对某个特定程序的，即一个文件基本上对应一个应用程序，文件共享难度大。在这个阶段，程序与数据依然相互依赖、无法完全独立，并且仍然存在相同数据重复存储、数据冗余大的问题。此外，各数据之间、数据文件之间联系较弱并且各自管理，因此数据的修改与维护难度较大。

3．数据库系统阶段

20 世纪 60 年代后期，大容量且价格低廉的磁盘开始大量涌现，操作系统日趋成熟，数据处理的规模也越来越大。为了更有效地管理数据，真正实现数据共享这一目的，首先要解决数据的独立性问题，于是数据库技术便应运而生，同时出现了统一管理数据的专门软件系统——数据库系统。

在数据库系统阶段，所有数据集中到一个数据库中进行统一管理。用户管理数据库只需执行标准化的语句即可，具体的工作交由数据库管理系统来完成。数据库系统中应用程序与数据之间的关系如图 6.3.5 所示。

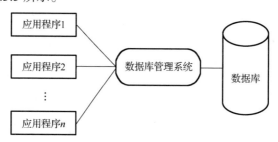

图 6.3.5　数据库系统中应用程序与数据之间的关系

在数据库系统中，可将一组数据组织成数据库的一张二维表（Table）中的一列（Num），若要对该组数据进行最小值和最大值的计算，则只需执行以下标准化语句即可。

求最小值：SELECT Min(Num) FROM Data。

求最大值：SELECT Max(Num) FROM Data。

数据库采用合理、规范的数据模型组织数据，这样可以方便地满足多用户、多应用的使用需求。数据库系统的主要特点有以下 4 个。

（1）数据结构化。数据库采用特定的数据模型组织数据，并将所有数据存储于具有一定结构的数据库文件中，从而进行数据集中、独立地管理，并且最大限度地降低数据的冗余。

（2）数据独立。在数据库中，用户面对的是数据的简单的逻辑结构，而不涉及具体的物理存储结构。应用程序与数据的存储彼此独立，这保证了数据存储结构的变化能够尽量不影响程序以保持应用程序不变。

（3）数据共享。数据库中的数据能为多用户、多应用服务。

（4）数据可靠。数据库系统提供各种控制功能，保证数据的完整性与安全性。如通过设置用户的使用权限防止数据遭到破坏；并发控制可防止多用户并发访问数据时产生的数据不一致性，同时确保数据的安全；采用完整性检验，以保证数据的正确性等。

6.4 数据库系统概述

6.4.1 常用术语

1. 关系数据库

关系数据库（Relation Data Base，RDB）是依照关系模型设计的若干二维数据表文件的集合，表之间具有相关性；结构化查询语言（Structured Query Language，SQL）是用户和应用程序与关系数据库的接口。关系数据库的优点是容易扩充，添加数据不需要修改现有的应用程序，Microsoft Access 是一种关系数据库管理系统，在 Access 下创建的数据库就是关系数据库。

2. 数据库系统

数据库系统（Data Base System，DBS）是指带有数据库的整个计算机系统。DBS 虽然与 DBMS 只差一个字母含义却大不相同。用一句数学语言描述就是：DBS 包含 DBMS。数据库系统是在计算机中建立了数据库以后的系统，主要由数据库、数据库管理系统、应用程序、数据库管理员和用户组成。其中，数据库管理系统负责管理数据库；数据库管理员负责数据库的建立、使用和维护；应用程序是指利用开发工具开发以管理数据为主要目的的数据库应用程序；用户是通过应用程序使用数据库的相关人员。

数据库系统有大小之分，大型数据库系统有 SQL Server、Oracle、DB2 等；中小型数据库系统有 Access、Foxpro、MySQL 等。一般日常办公及小型的 Web 站点使用中小型数据库；稍大规模企业则使用大型数据库系统。与中小型数据库系统相比，大型数据库系统具有更强大的网络功能和分布式功能，适用于网络中海量数据的处理与应用；而中小型数据库系统没有或只提供有限的网络功能，适用于处理少量数据和单机访问的应用。

从严格意义上来说，数据库、数据库管理系统、数据库系统三者的含义是有区别的，但在许多场合不做严格区分，因此可能出现混用的情况，希望读者不要误解。

6.4.2 数据模型

数据模型是具有联系的相关数据内在结构的描述形式，主要用于确定数据库中数据的存储方式，它是数据库系统的核心和基础。在建立数据库之前，首要任务是确定采用何种数据模型来组织数据。常见的数据模型有 3 种：层次模型、网状模型和关系模型。

（1）层次模型。它是早期数据库使用的数据模型，采用树形结构表示实体与实体之间的联系，这是一种一对多关系的结构。如图 6.4.1 所示。

（2）网状模型。它采用网状结构表示实体与实体之间的关系，可以表示数据间的交叉关系，它是层次模型的扩展。如图 6.4.2 所示。

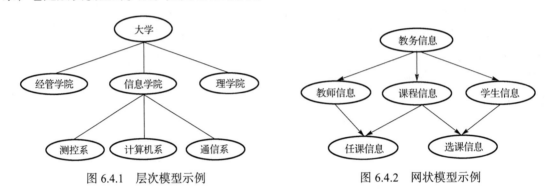

图 6.4.1　层次模型示例　　　　图 6.4.2　网状模型示例

（3）关系模型。它是目前最流行的数据模型，采用一组二维表表示实体与实体之间的联系，即一个二维表描述一种关系。如图 6.4.3 所示的关系模型由两个关系组成：关系 Students（学生信息表）和关系 Courses（课程信息表）。支持关系模型的数据库系统称为关系数据库系统，当前几乎所有的数据库系统都支持关系模型，如 Access、Visual FoxPro、MySQL、Oracle、SQL Server、DB2 等。下面介绍关系模型的相关术语。

① 关系：一个关系对应一个二维表，二维表由行和列组成，每个关系都有一个关系名。例如，图 6.4.3 中的两张表对应两个关系，关系名分别为 Students 和 Courses。

② 记录：二维表中水平方向的行称为记录，每行是一条记录也称一个元组。例如，表 Students 有 8 行，对应 8 条记录，其中一行（1701001，邓凯枫，女，True，数学，1999/10/1，￥200.00）为一条记录。

③ 属性：二维表中垂直方向的列称为属性，每列是一个属性也称为一个字段，每个属性都有一个名称称为属性名。例如，表 Students 有 7 个属性，属性名分别为学号、姓名、性别、党员、专业名称、出生日期和奖学金。

关系模型要求关系中的每个属性都是不可再分的，这是关系规范化的最基本条件。例如，表 6.4.1 不符合关系模型的要求，但表 6.4.2 却满足关系模型的要求。

④ 值域：属性的取值范围。值域可以是数字、文本、日期、逻辑值等，如性别的值域为 {男，女}。

⑤ 关键字：表中能够唯一确定不同记录的某个属性或属性组合，也称为码。例如，表 Students 中的学号可以唯一确定一条学生记录，因此学号是一个关键字。但学号并不是表 Courses 中的关键字，因为一名学生可以选两门以上的课程，所以可能出现两条学号相同但课程名称不同的记录。而属性组合（学号，课程名称）可以唯一标识表 Courses 中的一条记录，

因此（学号，课程名称）是表 Courses 的一个关键字。

⑥ 主键：一个表中可以有多个关键字，但在实际应用中只能选择一个，被选用的关键字称为主键也称主码，并且主键值不能为空。假设在表 Students 中增加一个属性——身份证号码，则学号和身份证号码都为关键字，实际应用中选用任意一个即可。当关键字是属性组合时，需将属性组合中的所有属性都设置为主键，称为复合主键。例如，将 Courses 表中的学号和课程名称同时设置为主键构成复合主键，才能唯一确定 Courses 表中的一条记录。

⑦ 关系模式：表的结构称为关系模式，它是对关系的描述，由关系名（表名）和属性名组成，一般形式如下。

关系名（属性 1，属性 2，……，属性 n）。

例如，关系 Students 和关系 Courses 的关系模式如下。

Students（学号，姓名，性别，党员，专业名称，出生日期，奖学金）。
Courses（学号，课程名称，成绩，学分）。

学　　号	姓　　名	性　别	党　员	专业名称	出生日期	奖学金
1701001	邓凯枫	女	True	数学	1999/10/1	￥200.00
1701002	张大千	男	False	数学	2000/1/6	￥220.00
1702001	王一品	男	True	物理	1999/12/30	￥180.00
1702002	刘莎莎	女	True	物理	1999/8/12	￥160.00
1702003	程欣	女	False	物理	1998/10/20	￥260.00
1703001	李凡	男	False	信息工程	2000/5/4	￥210.00
1703002	吕子萌	女	True	信息工程	1998/11/6	￥190.00
1703003	张亮	男	True	信息工程	1999/11/30	￥200.00

（a）关系 Students（学生信息表）

学　　号	课程名称	成　　绩	学　　分
1701001	大学计算机	78	2
1701001	程序设计基础	80	3
1702002	大学计算机	57	2
1702002	高等数学	70	4
1702003	大学计算机	82	2
1702003	英语	71	2
1703001	计算机导论	56	2
1703001	高等数学	68	4
1703001	多媒体技术	70	2
1703002	计算机导论	63	2
1703002	高等数学	75	4
1703003	高等数学	80	4
1703003	英语	54	2

（b）关系 Courses（课程信息表）

图 6.4.3　关系模型

关系模型的最大特点是简单灵活，而且目前众多的流行数据库系统都支持关系模型。关系模型将数据组织成二维表格的形式，并且数据结构简单，非常便于管理与维护，用户只需使用简单的标准化查询语句即可完成对数据库的操作。在关系数据库系统中，用户通过查表

197

方式来查询数据;在层次数据库系统和网状数据库系统中,则是通过指针链查询数据。这是关系模型和其他两类模型的一个很大的区别。表 6.4.1 与表 6.4.2 分别表示不满足关系模型要求和满足关系模型要求的课程信息表。

表 6.4.1 课程信息表（不满足关系模型要求）

学 号	课程信息		
	课 程 名 称	成 绩	学 分
1701001	大学计算机	78	2
1703001	高等数学	68	4

表 6.4.2 课程信息表（满足关系模型要求）

学 号	课 程 名 称	成 绩	学 分
1701001	大学计算机	78	2
1703001	高等数学	68	4

6.4.3 常见数据库应用系统及其开发工具

图 6.4.4 是一种常见的数据库应用系统,从图 6.4.4 中可以看出,数据库应用系统主要包括数据库应用程序与数据库两部分,其中数据库由数据库管理系统建立、维护和管理。

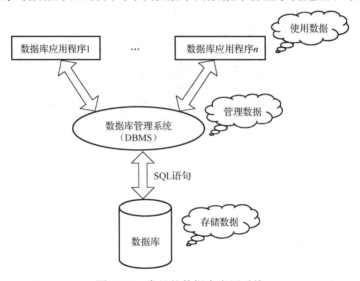

图 6.4.4 常见的数据库应用系统

数据库应用程序是在数据库管理系统支持下,根据用户实际需求开发出来的,通过 SQL 语句对数据库进行查询、插入、删除、更新等操作。常用的应用程序开发工具有 Visual Basic、Visual C++、Delphi、Python 等。

数据库管理系统有很多,最常用的有 Access、SQL Server、Oracle、MySQL 等,它们都是关系数据库管理系统且各自具有独特的优势和应用场合。Access 和 SQL Server 由微软公司开发且只支持在 Windows 平台上运行,其中 Access 是桌面型数据库管理系统,它在处理少量数据和单机访问的数据库时效率很高,因此适合一般日常办公、中小型数据库应用系统使用。SQL Server 是基于服务器端的企业级数据库管理系统,适合大容量数据与大流量网站的应用，它是目前 Web 上最流行的数据库管理系统之一。Oracle 是目前功能最强大的数据库管理系统，能在所有主流平台上运行（包括 Windows），并且适用于大型数据库应用系统。MySQL 是最受欢迎的开源数据库管理系统，能在所有主流平台上运行（包括 Windows），并且适合于中小型数据库应用系统。

6.5 数据库的建立与维护

关系数据库分为两类：一类是桌面型数据库，通过本地访问操作的数据库，如 Access，FoxPro 等，用于中小型的、单机的应用场合；另一类是网络数据库（Web 数据库），可以通过网络实现远程访问操作的数据库，如 SQL Server, Oracle, DB2 等，用于大型的、多用户的应用场合。

Access 是 Microsoft Office 中的一个组件，也是一个面向对象、可视化的开发工具，它集成了各种向导和生成器工具，即便是初学者，也可以利用图形用户界面的可视化操作完成大部分的数据库管理和开发工作。Access 的应用非常广泛，已成为 Windows 操作系统下最流行的桌面型数据库管理系统。

6.5.1 数据库的建立

Access 数据库的对象有表、查询、窗体、报表、数据访问页、宏及模块等，每个数据库对象实现不同的数据库功能。在 Access 中，所有的数据库对象都存放在同一个数据库文件（.accdb）中。其中，表是数据库其他对象的基础，存放着一个数据库系统的全部数据；查询是用来检索和查看数据的数据库对象，利用不同的查询方式可以实现数据的统计分析与计算等操作，因此在 Access 中，查询具有极其重要的地位；另外，窗体、报表、宏等是对表中数据的维护和控制。可见，建立表是组建一个数据库的关键，其中表结构的好坏直接影响其他数据库对象的设计及使用。

表的结构是指确定表中的字段名称、数据类型、字段属性、是否为主键。通常，只有确定表的结构之后，才能向表中输入数据。

每个字段都有自己的名称，尽可能取可以直接、清楚地反映信息内容的并且具有代表性的名称。字段名的命名规则如下。

（1）长度不能超过 64 个英文字符（或 32 个汉字）。
（2）可以包含字母、数字、空格及其他特殊字符的任意组合，但不能以空格开头。
（3）不能包含句号（。）、感叹号（!）、方括号（[]）、重音符（`）。
（4）不能包含不可打印的控制字符（ASCII 值对应 0～31）。

1. 数据类型

在表结构的设计过程中，确定字段名称之后必须选择字段的数据类型。在 Access 中，常用的数据类型有 9 种，如表 6.5.1 所示。

表 6.5.1 常用的数据类型

数据类型	适 用 范 围	字段大小	备 注
文本 （Text）	文字或不需计算的数字	最多为 255 个字符	例如：姓名，身份证号码

（续表）

数据类型	适用范围	字段大小	备注
备注型（Memo）	较长的文本	最多为65,536个字符	例如：注释，说明
数字（Number）	进行算术运算的数值	1、2、4或8字节	涉及货币的数值除外
日期/时间（Date/Time）	日期或时间	8字节	例如：2017/12/31
货币（Currency）	货币值	8字节	例如：￥100.00
自动编号（AutoNumber）	自动编号的整数	4字节	此类型字段不能更新
是/否（Yes/No）	逻辑值	1个二进制位	例如：真/假、是/否、开/关
OLE对象（OLE Object）	使用OLE协议在其他程序中创建的OLE对象	最大为1G字节	例如：Word文档、图片、声音、视频
超链接（Hyperlink）	超链接地址	最多64 000个字符	例如：文件路径或URL

说明：

（1）文本型数据的基本单位是字符，不是字节。在Access中，一个西文字符和一个汉字都算一个字符。如字符串"伟大诗人李白生于公元701年！"长度为15个字符。

（2）数字型数据可以设置成"字节""整型""长整型""单精度数""双精度数"等类型，其长度由系统分别设置为1、2、4、4、8字节。在Access中通常默认为"双精度数"。

（3）向货币型字段输入数值时，Access会自动添加人民币符号和千位处的逗号。货币型数据的精度为小数点左边15位，小数点右边4位，并且在计算时禁止四舍五入。

（4）自动编号型字段的值是Access自动指定的唯一顺序号，当添加一条新的记录时，它的值自动加1，或者随机编号。

2．字段属性

确定了字段的数据类型后还需设定字段属性，字段的属性是指字段的大小、外观和其他的一些能够说明字段所表示的信息和数据类型的描述。常用的属性有以下5种。

（1）字段大小：描述字段可存储的值的范围，可由用户设置此属性的数据类型有文本型、数字型和自动编号型。

（2）格式：设定相应数据类型的显示方式和打印方式。除OLE对象外，可为任何数据类型的字段设置格式。另外"数字""货币""日期/时间""自动编号""是/否"等提供了预定义格式，可从列表中选择。

（3）小数位数：指定小数的显示位数。只用于数字和货币型数据，默认值为自动显示两位小数，此属性要在设置格式属性之后定义才能生效。注意：系统实际保存的小数位数只由数据类型的精度决定，不受此属性限制。

（4）默认值：在添加新纪录时自动输入字段的值，这样可大大简化输入。另外，在添加新纪录时可接受默认值，也可键入新值覆盖它。

（5）有效性规则与有效性文本：有效性规则用来控制数据输入的正确性和有效性，通常与有效性文本配合使用。一旦输入字段的数据违反了有效性规则，Access将显示有效性文本中设置的提示内容。常用的有效性规则如下。

① 比较运算：>、>=、<、<=、<>（不等于）。
② 逻辑运算：And、Or、Not。
③ 集合运算：In(a1，a2，…)。
④ 确定范围：Between a1 And a2。

例如，成绩的取值范围为 0～100，有效性规则可设置为>=0 And <=100 或 Between 0 And 100；性别只能为"男"或"女"，有效性规则可设置为"男"Or"女"或 In("男"，"女")。

3．表的创建

Access 可使用表设计视图、数据表视图、表模板及导入外部数据等 4 种方法创建表。
下面采用表设计视图方法以表 Students 的创建来说明建立表的方法和过程。

（1）确定表的结构，如表 6.5.2 所示。

表 6.5.2　表 Students 的结构

字 段 名 称	数 据 类 型	字 段 大 小	是 否 主 键
学号	文本	7 个字符	是
姓名	文本	5 个字符	否
性别	文本	1 个字符	否
党员	是/否	1 个二进制位	否
专业名称	文本	15 个字符	否
出生日期	日期/时间	8 字节	否
奖学金	货币	8 字节	否

（2）启动 Access 应用程序，创建名为"学生.accdb"的"空数据库"。如图 6.5.1 所示。

图 6.5.1　创建空数据库

（3）打开 Access 数据库"学生.accdb"，出现如图 6.5.2 所示的窗口。默认有空白表 1 以及字段 ID，单击"创建"选项卡可以创建新的空白表。

（4）在空白表 1 的属性窗口中，单击"开始"选项卡，在"视图"选项组中选择"设计视图"，在弹出的"另存为"窗口中，输入表的名称"Students"，进入如图 6.5.3 所示的设计视图，同时删除 ID 字段，然后按表 6.5.2 输入各个字段的信息。字段大小以外的字段属性由读者自己确定，也可以设置为默认值，性别字段的属性设置如图 6.5.4 所示。当输入的性别字段的值不符合有效性规则时，则弹出窗口显示"输入超范围，请重新输入"，如图 6.5.5 所示。

（5）设置"学号"为主键，系统默认第一个字段为主键。

（6）单击保存表 Students，然后进入表的数据表视图，向表中输入数据。如图 6.5.6 所示。

图 6.5.2　Access 设计窗口　　　　　　　图 6.5.3　表设计视图

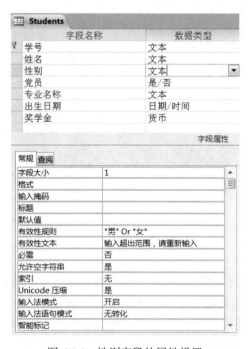

图 6.5.4　性别字段的属性设置

图 6.5.5 "有效性规则"检验

图 6.5.6 数据表视图

6.5.2 数据库的管理与维护

数据库的管理与维护主要指表的管理与维护。

1. 表的编辑与维护

表的编辑与维护包括表结构的维护、表中数据的编辑，以及表的复制、删除、重命名等基本操作。进入表的设计视图可以修改表的结构，包括重新定义字段名称、字段类型、字段属性、是否为主键，以及对字段进行插入、删除、移动等操作；进入数据表视图可以对表中数据进行编辑，包括数据的修改、复制、查找、替换等。这些操作类似于 Windows 中对文件或文件夹的操作，在这里不做详细介绍。注意：在做这些操作之前，必须关闭相关的表，否则不能进行操作。

2. 数据库对象的导入与导出

Access 数据库管理系统为用户提供了不同系统程序之间的数据传递功能，即数据库对象的导入与导出操作。使用快捷菜单中的"导出"命令，用户可将数据库中的任何一种数据库对象导出到另一个数据库中，或以另一种文件格式（如文本文件、Excel 格式等）保存在磁盘上。导入操作是导出操作的逆操作，使用的是快捷菜单中的"导入"命令。通过数据库对象的导入、导出，实现不同系统程序之间的数据资源共享，从而实现数据库中数据的有效利用。

例 6.2 把数据库"学生.accdb"中的表 Students 对象导出，以 Excel 格式文件的形式保存在 D:\中。

（1）单击鼠标右键打开表 Students 的快捷菜单，执行"导出-Excel"命令，进入"导出-Excel 电子表格"窗口，如图 6.5.7 所示。

图 6.5.7 "导出-Excel 电子表格"界面

（2）在"导出-Excel 电子表格"窗口，指定导出文件的文件名（Students）、存放的路径（D:\）以及文件格式（.xlsx）。

（3）打开导出的 Excel 文件，如图 6.5.8 所示。

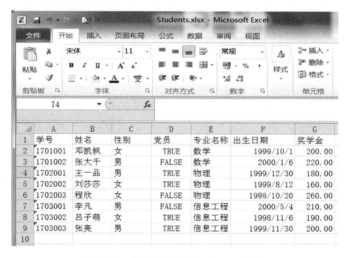

图 6.5.8 打开文件"Students.xlsx"

3. 数据库安全设置

为了保护数据库不被别人窃用和修改，最好给数据库设置用户密码。这样，不知道数据库密码的人将无法打开有密码的数据库。下面介绍数据库加密、解密的方法。

数据库加密的操作步骤如下。

（1）首先以独占方式打开数据库文件。单击"文件"选项卡，使用"打开"命令打开数据库，在"打开"对话框中，单击"打开"按钮旁边的箭头，然后选择"以独占方式打开"，如图 6.5.9 所示。

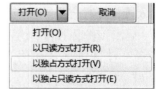

图 6.5.9 以独占方式打开数据库文件

（2）单击"文件"选项卡，选择"信息"选项组中的"用密码进行加密"命令，进入"设置数据库密码"窗口，输入数据库密码即可，如图 6.5.10 所示。

图 6.5.10 设置数据库密码

图 6.5.11 撤销数据库密码

数据库解密是加密的逆操作，操作步骤如下。

（1）首先以独占方式打开数据库文件。

（2）单击"文件"选项卡，选择 "信息"选项组中的"解密数据库"命令，进入"撤销数据库密码"窗口，输入数据库密码即可，如图 6.5.11 所示。

6.5.3 表达式

Access 允许用户设置不同的条件以完成许多特定操作，如数据查询、有效性规则设置等。设置条件需要使用一个或多个表达式，表达式主要由常量、变量、运算符和函数组成。

1. 常用运算符

常用运算符如表 6.5.3 所列。

表 6.5.3 常用运算符

类　型	运　算　符	示　　例	结　　果
算术运算符	＋ － ＊ /（浮点除） ^（乘方） \（整数除）　Mod（取余数）	1/2　1\2　2^3 5 Mod 3	0.5　0　8 2
关系运算符	＜　＜＝　＞　＞＝　＜＞（不等于）	0＞1　　0＜＞1	False　True
逻辑运算符	And（与）　Or（或）　Not（非）	1＞2 And 1＜2 1＞2 Or 1＜2　Not 1＞2	False True　True
字符运算符	&（连接）	"ABC" &"123"	"ABC123"
特殊运算符	Like　In　Between…And	姓名 Like "王*" In（"男"，"女"）	查找姓"王"的学生 只接受值"男"或"女"

说明：

（1）在表达式中，字符型数据用单引号"'"或双引号""""括起来，日期型数据用"#"括起来，如"男"、#2016/10/1#。

（2）关系运算：日期型数据按照日期的先后顺序进行比较，即日期在前的小，日期在后的大；字符型数据按照字符的 ASCII 码值的大小从左到右一一进行比较。

（3）Like 通常与通配符"?"和"*"结合使用，主要用于模糊查询。其中"?"表示任何单个字符或单个汉字，"*"表示任意数目的字符串，可以用在字符串的任何位置。

（4）运算符的优先级：算术运算符>连接运算符>关系运算符>逻辑运算符。

2. 常用函数

常用函数如表 6.5.4 所列。

表 6.5.4 常用函数

函 数 类 型	函 数 名	功 能	实 例	结 果
算术函数	Abs(N)	求绝对值	Abs(-7)	7
	Sqrt(N)	求平方根	Sqrt(9)	3
	Int(N)	取整	Int(100.8)	100
日期/时间函数	Date( )	返回当前系统日期	Date( )	2017-3-27
	Year(Date)	返回当前年份	Year(Date)	2017
	Time( )	返回当前时间	Time( )	15:31:01
聚合函数	Max(字段名)	求某个字段的最大值		
	Min(字段名)	求某个字段的最小值		
	Avg(字段名)	求某个字段的平均值		
	Count(字段名)	求某个字段值的个数		
	Sum(字段名)	求某个字段的总和		

3. 表达式

在 Access 中，根据运算符不同将表达式分为算术表达式、关系表达式、字符表达式、逻辑表达式等。表达式主要用于执行计算、数据查询或测试数据，表、查询、窗体、报表和宏都具有接受表达式的属性。使用表达式较多的 3 种情况如下。

（1）设置验证规则：在表字段的"有效性规则"属性中使用表达式，用于确保输入正确的值。例如，当要求输入的日期大于或等于当前日期时，可以将"有效性规则"属性框中的值设置为">= Date( )"。

（2）设置默认值：可以使用表达式为表字段提供默认值。例如，将日期字段的默认值设置为当前日期，则可在该字段的"默认值"属性框中键入"Date( )"。

（3）设置查询条件：若要查看特定时间范围内的产品销售情况，则可以使用表达式定义查询的日期范围，例如，Between #2016/1/1# And #2017/1/1#，运行查询后将只返回与指定日期匹配的值。

Access 还提供了表达式生成器用于输入表达式，表达式生成器按钮位于"查询设置"选项组中。

6.5.4 SQL 的数据更新命令

结构化查询语言（Structured Query Language，SQL）是一种标准的关系数据库语言，用于存取数据、查询、操纵和管理数据库。在 SQL 中，数据更新需要使用数据操作命令来完成数据的增加、修改与删除，常用的 SQL 数据更新操作命令有 INSERT、UPDATE、DELECT 等。

1. INSERT 命令

在 SQL 中，INSERT 命令用于数据输入。向数据表中添加一条新记录，其语法格式如下。

```
INSERT INTO 表名 [(字段1, 字段2, …, 字段n)]
VALUSE (值1, 值2, …, 值n)
INSERT INTO 表名 (字段1, 字段2, …, 字段n)
VALUSE 子查询
```

第 1 种格式是向指定的表中插入一条新记录；第 2 种格式是将某个查询的结果插入表中。若新纪录在每个字段上都赋有值，则字段名（[.]部分）可以省略，赋值将按字段顺序执行。

若只需给指定的字段插入指定的值，则语法格式如下。

```
INSERT INTO 表名 (字段2, 字段6, 字段n-2)
VALUSE (值2, 值6, …, 值n-2)
```

此时输入的值将相应地赋给指定的字段，而没有赋值的字段取值为空值（NULL）。

可以看出，利用 INSERT 命令输入数据，值可以是手动输入也可以是来自其他数据表或某个查询结果。

例 6.3 向表 Students 中插入一条新纪录（1704001，何一涵，男，党员，数学，2000.2.14，220），SQL 语句如下。

```
INSERT INTO Students (学号, 姓名, 性别, 党员, 专业名称, 出生日期, 奖学金)
VALUES("1704001","何一涵","男",Yes, "数学",#2000/2/14#,220)
```

或

```
INSERT INTO Students
VALUES("1704001","何一涵","男",Yes, "数学",#2000/2/14#,220)
```

在 Access 表达式中，字符型字段的值用单引号"'"或双引号"""括起来，日期型字段的值用"#"括起来，日期的表示形式为"YYYY/MM/DD"或"YY/MM/DD"，"是/否"型字段的值是"Yes/No""True/False"或"On/Off"。

在 Access 中，SQL 语句需要在查询视图中执行。具体的操作步骤如下。

（1）单击"创建"选项卡，在"查询"选项组中选择"查询设计"，然后直接关闭弹出的对话框，创建一个空查询。

（2）单击"设计"选项卡，在"结果"选项组中选择"SQL 视图"，然后输入 SQL 语句。

（3）单击"结果"选项组中的"运行"命令，执行查询。

（4）打开表，查看结果。

例 6.4 INSERT 语句执行过程如图 6.5.12 所示。

图 6.5.12　INSERT 语句执行过程

2. UPDATE 命令

在 SQL 中，UPDATE 命令用于数据修改，其语法格式如下。

```
UPDATE 表名 SET 字段1=表达式1, …, 字段n=表达式n
[WHERE 条件]
```

UPDATE 命令修改指定表中满足条件的记录，具体是按照表达式的设置修改相应字段的值。若 WHERE 字句省略，则修改表中所有记录的值。

例 6.5　将表 Students 中学生何一涵的姓名改为何意涵，SQL 语句如下。

```
UPDATE Students SET 姓名="何意涵"
WHERE 姓名="何一涵"
```

注意：UPDATE 命令一次只修改一个表，若需要修改的字段位于不同的表中，则需要分别对多个表进行修改，否则就有可能破坏数据库中数据的一致性。

3. DELECT 命令

在 SQL 中，DELETE 命令用于数据删除，其语法格式如下。

```
DELETE FROM 表名 [WHERE 条件]
```

DELETE 命令删除指定表中满足条件的记录。若 WHERE 字句省略，则删除表中所有记录的值，但空表还在。

例 6.6　删除表 Students 中学号为 1704001 的记录。

```
DELETE FROM Students WHERE 学号="1704001"
```

例 6.7　删除表 Courses 中所有 3 学分的课程。

```
DELETE FROM Courses WHERE 学分=3
```

6.6　数据库查询

数据查询是数据库的核心操作。在 Access 中，使用 SQL 语句进行数据查询的命令是 SELECT，其语法格式如下。

```
SELECT [ALL|DISTINCT] 查询字段名 FROM 表名 (或查询)
[WHERE 条件表达式]
[GROUP BY 分组字段名 [HAVING 条件表达式] ]
[ORDER BY 排序字段名 [ASC|DESC]]
```

其中：

ALL：查询结果包含表中所有记录，ALL 为默认值；

DISTINCT：查询结果不包含属性值相同的记录；

WHERE 条件表达式：按照条件筛选表中记录；

GROUP BY 分组字段名：按照指定的字段进行分组统计，每个分组产生一条统计记录；

HAVING 条件表达式：对分组结果进行筛选，只有满足条件的分组才予以显示；

ORDER BY 排序字段名：按照指定的字段进行排序，ASC 表示升序，DESC 表示降序，默认值是 ASC。

SELECT 命令只用于查询数据，不会修改数据库中的数据，这里[.]表示可以省略的部分。

6.6.1 简单查询

1. 查询字段

SELECT [ALL|DISTINCT] 查询字段名 FROM 表名，用于查询表中指定的字段，它是 SELECT 语句的基本部分，因此不可以省略。而 SELECT 语句的其余部分是可以省略的，称为子句。另外，当有多个查询字段名时，字段名要用逗号","分隔。

例 6.8 查询所有学生的学号、姓名和性别。

```
SELECT 学号, 姓名, 性别
FROM Students
```

查询结果如图 6.6.1 所示。

图 6.6.1 查询结果

若要查询表中的所有字段，则可以用"*"表示查询字段名，对应的 SQL 语句如下。

```
SELECT * FROM Students
```

例 6.9 查询所有的专业名称，查询结果中不出现重复的记录。

```
SELECT DISTINCT 专业名称
FROM Students
```

查询结果如图 6.6.2 所示。若去掉 DISTINCT，则查询结果如图 6.6.3 所示，显示专业名称这一列所有记录，包括重复的记录。

图 6.6.2 使用 DISTINCT 的查询结果　　　　图 6.6.3 去掉 DISTINCT 的查询结果

当查询字段不是表中的字段时，需要使用 AS 字句为要查询的字段指定名称。

例 6.10 使用聚合函数，查询学生人数、平均奖学金、最低奖学金和最高奖学金。

```
SELECT Count(*) AS 人数,
       Avg(奖学金)  AS 平均奖学金,
       Min(奖学金)  AS 最低奖学金,
       Max(奖学金)  AS 最高奖学金
FROM Students
```

查询结果如图 6.6.4 所示。

图 6.6.4　查询结果

这里 Count（*）可改为 Count（学号），因为学号是主键且是唯一确定的一条记录。

2．选择记录

WHERE 用于选择满足条件的记录，即选择行，也可以用于多个表或查询之间的连接，这一点将在后面详细介绍。

例 6.11　查询所有非数学专业学生的学号、姓名和年龄。

```
SELECT 学号, 姓名, 专业名称, Year(Date())-Year(出生日期)  AS 年龄
FROM Students
WHERE 专业名称<>"数学"
```

查询结果如图 6.6.5 所示。

例 6.12　查询 1999 年（包括 1999 年）以前出生的男生姓名和出生日期。

```
SELECT 姓名, 性别, 出生日期
FROM Students
WHERE 出生日期<=#1999/12/31#  And 性别="男"
```

查询结果如图 6.6.6 所示。

图 6.6.5　查询结果　　　　　　　　图 6.6.6　查询结果

6.6.2　排序查询

（1）ORDER BY 用于指定字段进行排序。ASC 表示升序（默认值），DESC 表示降序。

例 6.13　查询所有党员学生的学号和姓名，并按奖学金由高到低排序。

```
SELECT 学号, 姓名, 党员, 奖学金
FROM Students
WHERE 党员=True
ORDER BY 奖学金 DESC
```

查询结果如图 6.6.7 所示。

（2）ORDER BY 还可以指定多个字段进行排序。

例 6.14 查询每个专业的学生学号、姓名，并按奖学金由低到高排序。

```
SELECT 学号，姓名，专业名称，奖学金
FROM Students
ORDER BY 专业名称 DESC，奖学金 ASC
```

查询结果如图 6.6.8 所示。

查询1

学号	姓名	党员	奖学金
1703003	张亮	☑	¥200.00
1701001	邓凯枫	☑	¥200.00
1703002	吕子萌	☑	¥190.00
1702001	王一品	☑	¥180.00
1702002	刘莎莎	☑	¥160.00

图 6.6.7 查询结果

查询1

学号	姓名	专业名称	奖学金
1703002	吕子萌	信息工程	¥190.00
1703003	张亮	信息工程	¥200.00
1703001	李凡	信息工程	¥210.00
1702002	刘莎莎	物理	¥160.00
1702001	王一品	物理	¥180.00
1702003	程欣	物理	¥260.00
1701001	邓凯枫	数学	¥200.00
1701002	张大千	数学	¥220.00

图 6.6.8 查询结果

ORDER BY 专业名称 DESC，奖学金 ASC：表示查询结果首先按照专业名称（即按照专业名称首字母顺序）由大到小排序，若专业名称相同，则再按奖学金由低到高排序。这里，专业名称是第 1 排序关键字，奖学金是第 2 排序关键字。

6.6.3 分组查询

（1）GROUP BY 用于指定字段对数据进行分组统计，即把指定字段上相同的值的记录分为一组，并且一组产生一条统计记录。

例 6.15 查询党员和非党员学生人数。

```
SELECT 党员，Count(*)  AS 人数
FROM Students
GROUP BY 党员
```

查询结果如图 6.6.9 所示。

1701001	邓凯枫	女	TRUE	…
1702001	王一品	男	TRUE	…
1702002	刘莎莎	女	TRUE	…
1703002	吕子萌	女	TRUE	…
1703003	张亮	男	TRUE	…
1701002	张大千	男	FALSE	…
1702003	程欣	女	FALSE	…
1703001	李凡	男	FALSE	…

查询1

党员	人数
☑	5
☐	3

图 6.6.9 查询结果

（2）GROUP BY 还可以实现多个字段的分组统计。

例 6.16 查询各专业党员和非党员人数。

```
SELECT 专业名称，党员，Count(*)  AS 人数
```

```
FROM Students
GROUP BY 专业名称,党员
```

查询结果如图 6.6.10 所示。

图 6.6.10 查询结果

GROUP BY 专业名称,党员:表示将专业名称和党员两个字段的值都相同的记录分为一组。表 Students 共有 8 条记录,按专业名称和党员分组将被分为 6 组,因此产生 6 条统计记录。

(3) 当 GROUP BY 字句包含 HAVING 时,HAVING 字来对分组后的结果进行筛选,只有满足 HAVING 条件的分组才被输出显示。

例 6.17 查询有两名党员以上的专业名称和党员数。

```
SELECT 专业名称,Count(*) AS 党员数
FROM Students
WHERE 党员=True
GROUP BY 专业名称 HAVING Count(*)>=2
```

查询结果如图 6.6.11 所示。

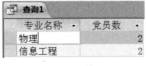

WHERE 条件筛选　　　　GROUP BY 分组　　　　HAVING 条件筛选

图 6.6.11 查询结果

6.6.4 连接查询

当要查询的数据分布在不同的表中时,首先需要按照某个条件(一般是相同的字段)通过 WHERE 将这些表连接起来生成一个临时的表,然后在临时表的基础上进行查询。

例 6.18 查询所有学生的学号、姓名、课程名称、成绩和学分。

分析表 Students 和表 Courses(如图 6.6.12 所示)得知,需要查询的数据分布在两个表中,两个表有一个相同的字段"学号",因此查询需要分两步进行。

第 1 步:连接。首先按照条件 Students.学号=Course.学号连接两个表,连接结果如图 6.6.13 所示的临时表。

临时表只保留那些同时存在于两个表中的学号的记录,如学号"1701001",而学号"1701002"和"1702001"因为没有在表 Courses 中出现,所以在临时表中不产生相应的记录。

第 2 步：查询。在连接结果基础上进行查询，注意：在跨多个表进行查询时，引用字段时需在字段名前加上表名，即“表名.字段名”，以区分数据来自哪个表。

学号	姓名	性别	党员	专业名称	出生日期	奖学金
1701001	邓凯枫	女	☑	数学	1999/10/1	¥200.00
1701002	张大千	男	☐	数学	2000/1/6	¥220.00
1702001	王一品	男	☑	物理	1999/12/30	¥180.00
1702002	刘莎莎	女	☑	物理	1999/8/12	¥160.00
1702003	程欣	女	☐	物理	1998/10/20	¥260.00
1703001	李凡	男	☐	信息工程	2000/5/4	¥210.00
1703002	吕子萌	女	☑	信息工程	1998/11/6	¥190.00
1703003	张亮	男	☑	信息工程	1999/11/30	¥200.00

（a）表 Students

学号	课程名称	成绩	学分
1701001	程序设计基础	80	3
1701001	大学计算机	78	2
1702002	大学计算机	57	2
1702002	高等数学	70	4
1702003	大学计算机	82	2
1702003	英语	71	2
1703001	多媒体技术	70	2
1703001	高等数学	68	4
1703001	计算机导论	56	2
1703002	高等数学	75	4
1703002	计算机导论	63	2
1703003	高等数学	80	4
1703003	英语	54	2

（b）表 Courses

图 6.6.12 原始数据

学号	姓名	性别	党员	专业名称	出生日期	奖学金	课程名称	成绩	学分
1701001	邓凯枫	女	TRUE	数学	1999/10/1	¥200.00	程序设计基础	80	3
1701001	邓凯枫	女	TRUE	数学	1999/10/1	¥200.00	大学计算机	78	2
1702002	刘莎莎	女	TRUE	物理	1999/8/12	¥160.00	大学计算机	57	2
1702002	刘莎莎	女	TRUE	物理	1999/8/12	¥160.00	高等数学	70	4
1702003	程欣	女	FALSE	物理	1998/10/20	¥260.00	大学计算机	82	2
1702003	程欣	女	FALSE	物理	1998/10/20	¥260.00	英语	71	2
1703001	李凡	男	FALSE	信息工程	2000/5/4	¥210.00	多媒体技术	70	2
1703001	李凡	男	FALSE	信息工程	2000/5/4	¥210.00	高等数学	68	4
1703001	李凡	男	FALSE	信息工程	2000/5/4	¥210.00	计算机导论	56	2
1703002	吕子萌	女	TRUE	信息工程	1998/11/6	¥190.00	高等数学	75	4
1703002	吕子萌	女	TRUE	信息工程	1998/11/6	¥190.00	计算机导论	63	2
1703003	张亮	男	TRUE	信息工程	1999/11/30	¥200.00	高等数学	80	4
1703003	张亮	男	TRUE	信息工程	1999/11/30	¥200.00	英语	54	2

图 6.6.13 连接结果（临时表）

完整的 SQL 语句如下。

```
SELECT Students.学号, Students.姓名, Courses.课程名称, Courses.成绩,
        Courses.学分 FROM Students, Courses
WHERE Students.学号=Courses.学号
```

查询结果如图 6.6.14 所示。

学号	姓名	课程名称	成绩	学分
1701001	邓凯枫	大学计算机	78	2
1701001	邓凯枫	程序设计基础	80	3
1702002	刘莎莎	大学计算机	57	2
1702002	刘莎莎	高等数学	70	4
1702003	程欣	大学计算机	82	2
1702003	程欣	英语	71	2
1703001	李凡	计算机导论	56	2
1703001	李凡	高等数学	68	4
1703001	李凡	多媒体技术	70	2
1703002	吕子萌	计算机导论	63	2
1703002	吕子萌	高等数学	75	4
1703003	张亮	高等数学	80	4
1703003	张亮	英语	54	2

图 6.6.14 查询结果

例 6.19 查询选修了 3 学分以上课程的学生的学号、姓名、课程名称和成绩。

```
SELECT Students.学号, Students.姓名, Courses.课程名称, Courses.成绩
```

```
FROM Students, Courses
WHERE Students.学号=Courses.学号 And Courses.学分 >= 3
```

查询结果如图 6.6.15 所示。

学号	姓名	课程名称	成绩
1701001	邓凯枫	程序设计基础	80
1702002	刘莎莎	高等数学	70
1703001	李凡	高等数学	68
1703002	吕子萌	高等数学	75
1703003	张亮	高等数学	80

图 6.6.15 查询结果

6.7 数据库技术对社会的影响

在手工收集数据的时期，分散在大量数据集中的信息之间的联系基本上难以发现，即人们很难挖掘和利用数据自身隐含的价值。如在日益发达的电子商务中，个人通过电子商务网站浏览和交易的记录往往隐藏着顾客的购物习惯和近期购物意向，要弄清楚这些信息将会是个很费时的过程。但是，现在的这些记录都是自动处理的，如通过分析顾客的浏览和交易记录，主动向用户推送商品信息，在一定程度上可以减少顾客查找商品的时间，同时可以提高商品的销量；又如对信用卡持有者的消费模式进行分类和交叉列表，就能获得极具市场价值的顾客资料概况，也就是向持卡人推荐家装公司，还是介绍最新款的汽车坐垫，这都完全可以根据持卡人的具体消费动向来判断。

数据库技术的应用越来越广泛，已经成为几乎所有行业的基本组成部分。例如：

银行业：用数据库存储客户的信息、账户、贷款，以及银行的交易记录等。

交通运输业：用数据库存储航班信息、火车时刻表、存储订票信息、调度信息等。

电信业：用数据库存储通话记录、产生每月账单、维护预付电话卡的余额和存储通信网络的信息等。

制造业：用数据库管理供应链、跟踪工厂中产品的产量与仓库（或商店）中产品的详细清单，以及产品的订单等。

教育业：用数据库管理学生信息，在选课系统中存储课程信息、选课信息、教师信息等。

商业：用数据库存储商品信息、客户信息、订单信息等。

医疗卫生：用数据库管理医院病历、医保信息等。

全国企业数据库包括国内几十万家公司的注册信息（财务信息、股东情况等），这些信息是行业研究和市场研究等工作顺利进行的必备数据库。

随着网络技术的发展，人们习惯了网上购物，当你看到自己的购物记录以及与购物相关的信息时，是否想过这些信息都来自数据库。数据库就在我们身边，数据库的应用已经涉及社会生活的各个方面，它对社会进步和发展的贡献是不言而喻的。

本 章 小 结

数据结构主要研究数据之间有哪些结构关系，即如何表示、如何存储、如何处理。不同的关系和操作所构成不同的组织和管理方式，也就是不同的"数据结构"。

数据库是存储数据的仓库。数据库是管理数据的一种技术，其主要目标是解决数据库管理中数据的获取、编码、组织、存储、访问和处理等问题。数据管理技术经历了人工管理、文件管理和数据库系统3个阶段。数据库系统是指带有数据库的整个计算机系统，数据库系统主要由数据库、数据库管理系统、应用程序、数据库管理员和用户组成。数据库管理系统常用的有 Access、SQL Server、Oracle、MySQL 等，它们都是关系数据库管理系统。

Access 是 Microsoft Office 中的一个组件，也是一个面向对象、可视化的开发工具。Access 的应用非常广泛，已成为 Windows 操作系统下最流行的桌面型数据库管理系统。

结构化查询语言（SQL）是一种标准的关系数据库语言，用于存取数据、查询、操纵和管理数据库。在 SQL 中，数据更新需要使用数据操作命令来完成数据的增加、修改与删除。常用的 SQL 数据更新操作命令有 INSERT、UPDATE、DELECT 等。

通过学习本章内容，应该了解数据的组织管理形式，数据库系统的特点及其在数据管理领域的作用与影响，掌握数据库的一般设计方法与步骤。本章的学习对提高自身数据管理能力，以及对今后进一步学习数据库技术都具有重要的意义。

课后自测练习题

用微信扫描右侧二维码，进入答题页面，进行测试练习，答题结束后有答案解析。

1. 数据模型是数据库中数据的存储方式，是数据库系统的基础。在几十年的数据库发展史中，出现了许多重要的数据库模型。目前，应用最广泛的是（　　）。
   A．关系模型　　　　　　　　　　B．层次模型
   C．网状模型　　　　　　　　　　D．对象模型
2. （　　）不是数据库系统的特点。
   A．较高的数据独立性　　　　　　B．最低的冗余度
   C．数据多样性　　　　　　　　　D．较高的数据可靠性
3. 在下列软件中，不属于数据库管理系统的是（　　）。
   A．Oracle　　　　B．Linux　　　　C．MySQL　　　　D．SQL Server
4. 在 Access 中，数据库的基础和核心是（　　）。
   A．报表　　　　　B．查询　　　　C．窗体　　　　　D．表
5. 在一个教师数据库中，字段"教师号"类型应该设置为（　　）。
   A．数字型　　　　B．文本型　　　C．自动编号型　　D．备注型
6. 在 Access 中，若要在某个字段中存放图片，则该字段类型应该为（　　）。
   A．备注型　　　　B．文本型　　　C．OLE 对象　　　D．超链接型
7. 下面关于 Access 数据类型的说法，错误的是（　　）。
   A．自动编号型字段的宽度为 4 字节
   B．是/否型字段的宽度为 1 个字符
   C．OLE 对象的长度是不固定的
   D．文本型字段的长度最多为 255 个字符
8. 内部聚合函数 Avg（字段名）的作用是求某一字段所有值的（　　）。

A. 和 B. 平均值 C. 最小值 D. 第一个值

9. 在关系型数据库中,二维表中的一行被称为( )。

   A. 字段 B. 数据 C. 记录 D. 数据视图

10. 子句"WHERE 性别 ="女" Or 工资额 >2000"的作用是处理( )。

    A. 性别为"女"并且工资额大于 2000 的记录

    B. 性别为"女"或者工资额大于 2000 的记录

    C. 性别为"女"并非工资额大于 2000 的记录

    D. 性别为"女"并且工资额大于 2000,且二者择一的记录

11. 定义某一个字段的默认值的作用是( )。

    A. 当输入非法数据时所显示的信息

    B. 不允许字段的值超出某个范围

    C. 在未输入值之前,系统自动提供值

    D. 系统自动把小写字母转换为大写字母

12. 利用 Access 2010 创建的数据库文件,其扩展名为( )。

    A. ADP B. DBF C. ACCDB D. FRM

13. 在下列 SELECT 语句中,正确的是( )。

    A. SELECT 教师号, 姓名, Year(Date( ))–Year(出生日期) AS 年龄 FROM 教师信息表 ORDER BY 年龄

    B. SELECT 教师号,姓名,Year(Date( ))–Year(出生日期) AS 年龄 FROM 教师信息表 ORDER BY Year(Date( ))–Year(出生日期)

    C. SELECT 教师号, 姓名, Year(Date( ))–Year(出生日期) AS 年龄 ORDER BY Year(Date( ))–Year(出生日期) FROM 教师信息表

    D. SELECT 教师号,姓名,Year(Date( ))–Year(出生日期) AS 年龄 ORDER BY 年龄 FROM 教师信息表

14. 根据关系模型 Students(学号,姓名,性别,专业),查找姓"李"的学生应使用 ( )。

    A. SELECT * FROM Students WHERE 姓名 Like "李*"

    B. SELECT * FROM Students WHERE 姓名 Like "[!李]"

    C. SELECT * FROM Students WHERE 姓名="李*"

    D. SELECT * FROM Students WHERE 姓名=="李*"

15. 在 Access 中,查询的数据源可以是( )。

    A. 表 B. 查询 C. 表和查询 D. 表、查询和报表

16. 下列关于关系数据库中数据表的描述,正确的是( )。

    A. 数据表相互之间存在联系,但用独立的文件名保存

    B. 数据表相互之间存在联系,并且用表名表示相互间的联系

    C. 数据表相互之间不存在联系,且完全独立

    D. 数据表既相对独立又相互联系

17. 在 SQL 查询中"GROUP BY"的含义是( )。

    A. 选择行条件 B. 对查询进行排序

    C. 选择列字段 D. 对查询进行分组

18. 根据关系模型 Students（学号，姓名，性别，出生年月），查询性别为"男"并按年龄从小到大的排序应使用（　　）。

    A．SELECT * FROM Students WHERE 性别="男"

    B．SELECT * FROM Students WHERE 性别="男" ORDER BY 出生年月

    C．SELECT * FROM Students WHERE 性别="男" ORDER BY 出生年月 ASC

    D．SELECT * FROM Students WHERE 性别="男" ORDER BY 出生年月 DESC

19. Access 数据库中，假设有一组数据：工资为 800 元，职称为"讲师"，性别为"男"，在下列逻辑表达式中结果为"假"的是（　　）。

    A．工资>800 And 职称="助教" Or 职称="讲师"

    B．性别="女" Or Not 职称="助教"

    C．工资=800 And （职称="讲师" Or 性别="女"）

    D．工资>800 And （职称="讲师" Or 性别="男"）

20. Access 数据库中，对数据表进行筛选操作，结果是（　　）。

    A．只显示满足条件的记录，将不满足条件的记录从表中删除

    B．显示满足条件的记录，并将这些记录保存在一个新表中

    C．只显示满足条件的记录，不满足条件的记录被隐藏

    D．将满足条件的记录和不满足条件的记录分为两个表进行显示

第 7 章　算法与程序设计

导读：

　　计算机系统能完成各种工作的核心是程序，而程序应包括两方面内容：一是对数据的描述（即数据的类型和组织形式，也就是数据结构）；二是对操作的描述（即操作步骤，也就是算法）。

　　数据是操作的对象，操作的目的是对数据进行加工处理，以得到期望的结果。就像厨师做菜需要有菜谱一样，菜谱上一般包括配料（指出应使用哪些原料）、操作步骤（指出如何使用这些原料按规定的步骤加工成所需的菜），面对同一些原料可以加工出不同口味的菜。作为程序设计人员，必须认真考虑和设计数据结构与操作步骤（即算法）。著名计算机科学家沃思就提出"程序=数据结构+算法"的观点。

　　本章首先介绍了算法，算法是计算机问题求解的灵魂，是计算机科学的核心问题。其次详细地介绍了算法的有关问题，包括算法的概念、算法设计的基本方法、人们求解问题中常用的 9 类确定算法。然后介绍了程序设计的基本概念、程序设计的一般过程及程序设计方法。最后介绍了目前比较流行的 Python 程序语言，从而使学生对程序语言有一个初步的认识，为后续学习打下基础。

知识地图：

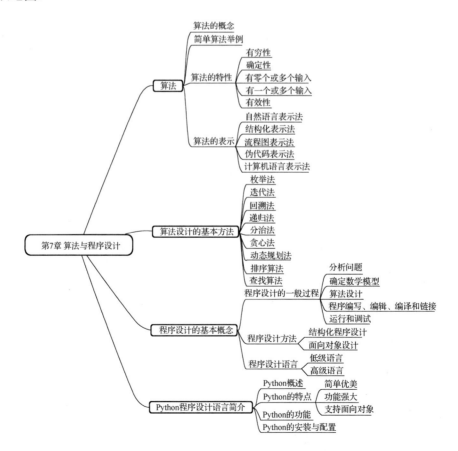

第 7 章　课程学习任务单

任务编码	701	任务名称	第 7 章　算法与程序设计
学习要求	\multicolumn{3}{l}{通过在线上学习 MOOC/SPOC 相关视频内容、做练习、讨论，完成第 7 章的学习。学习教材有关章节内容，把不懂的地方标在课程学习任务单上。此课程学习任务单需要打印出来，再手工填写。每个小组选择下面 10 个讨论问题之一进行回答，同时制作 PPT 且不少于 5 页。}		
学习目标	\multicolumn{3}{l}{教学目的及要求： 1. 掌握算法的概念、算法的表示、常用排序算法、程序的概念； 2. 理解结构化程序设计的 3 种基本结构； 3. 了解程序设计的方法与过程。 重点与难点： 1. 算法的概念及算法的表示； 2. 常用算法的思想； 3. 程序设计的过程与方法。}		
讨论问题	\multicolumn{3}{l}{1. 计算机求解简单问题的一般过程是什么？ 2. 算法的概念是什么？描述算法有哪几种方法？生活中有哪些算法的实际案例？ 3. 常用排序算法有哪些？什么是冒泡法排序？冒泡法排序的效率是高还是低？ 4. 算法的表示形式有几种？什么是递归算法？什么是迭代算法？ 5. 什么是程序设计？列举一个生活中的例子以程序形式表示。 6. 结构化程序设计的 3 种基本结构是什么？ 7. 为什么要学习程序设计？ 8. 程序设计语言是怎样分类的？ 9. 什么是低级语言？什么是高级语言？ 10. Python 语言有哪些特点？}		
学习问题			
听课问题			
总结反思			

7.1 算法

7.1.1 算法的概念

做任何事情都有一定的步骤，如你要考大学，具体步骤是：填写报名单→交报名费→拿到准考证→按时参加考试→收到录取通知书→到指定学校报到注册等，这些步骤都是按一定顺序进行的。从事各项工作和活动都必须事先想好进行的步骤，然后按部就班地进行才能避免产生错乱。实际上，在日常生活中，由于已养成习惯，因此人们并非意识到每件事都需要事先设计出"行动步骤"，如吃饭、上学、打球、做作业等。事实上这些事情都是按照一定的步骤进行的，只是人们不必每次都重复考虑它而已。

舌尖上的算法
（来自腾讯视频）

什么是算法？不要认为只有涉及"计算"的问题才有算法。广义地说，为解决一个问题而采取的方法和步骤，就称为"算法"，如描写太极拳动作的图解就是"太极拳的算法"；一首歌曲的乐谱也可以称为该歌曲的算法，因为它指定了演奏该歌曲的每个步骤，按照它的规定就能演奏出预定的曲子。

对同一个问题可以有不同的解题方法和步骤，例如，求 1+2+3+…+100。有人可能先进行 1+2，再加 3，再加 4，一直加到 100，而有的人采取这样的方法，即

$$100+(1+99)+(2+98)+\cdots+(49+51)+50=50\times100+50=5050$$

当然方法有优劣之分，有的方法只需要进行很少的步骤，而有些方法则需要较多的步骤。一般来说，希望采用简单、运算步骤少的方法。因此，为了有效地进行解题，不仅需要保证算法正确还要考虑算法的质量，从而选择合适的算法。

计算机算法可分为两大类：数值运算算法与非数值运算算法。数值运算的目的是求数值解，如求方程的根或求一个函数的定积分等都属于数值运算范围；非数值运算包括的范围十分广泛，最常见的是用于事务管理领域，如图书检索、人事管理等。目前，计算机在非数值运算方面的应用远远超过了在数值运算方面的应用。由于数值运算有现成的模型，可以运用数值分析方法，因此对数值运算的算法研究比较深入且算法比较成熟。另外，对各种数值运算都有比较成熟的算法可供计算使用，如有的计算机系统提供"数学程序库"，使用起来十分方便。而非数值运算的种类繁多、要求各异、难以规范化，因此只对一些典型的非数值运算算法（如排序、查找等算法）做比较深入的研究，而其他的非数值运算问题，往往需要使用者参考已有的类似算法重新设计解决特定问题的专门算法。

7.1.2 简单算法举例

例 7.1 求 $1\times2\times3\times4\times5$。

解：可以用最原始的方法进行求解。

步骤 1：先求 1×2，得到结果 2。

步骤 2：将步骤 1 得到的乘积 2 再乘以 3，得到结果 6。

步骤 3：将 6 再乘以 4，得到 24。

步骤 4：将 24 再乘以 5，得到 120。这就是最后的结果。

这样的算法虽然正确但太烦琐。若要求 1×2×…×1000，则要写 999 个步骤，显然是不可取的。而且每次都直接使用上一步骤的数值结果（如 2、6、24 等）也不方便，因此应该找到一种通用的表示方法。

可以设两个变量：一个变量代表被乘数，另一个变量代表乘数。不另设变量存放乘积结果，而直接将每个步骤的乘积放在被乘数变量中。今设 p 为被乘数，i 为乘数。用循环算法来求结果。可以将算法改写如下。

S1：使 p=1。

S2：使 i=2。

S3：使 $p×i$，乘积仍放在变量 p 中，可表示为 $p×i→p$。

S4：使 i 的值加 1，即 $i+1→i$。

S5：若 i 不大于 5，则返回重新执行步骤 S3 以及其后的步骤 S4 和 S5；否则，算法结束。最后得到 p 的值就是 5!的值。

上面的 S1 和 S2 分别代表步骤 1 和步骤 2，以此类推，其中 S 是 Step（步）的缩写。这是写算法的习惯用法。

请读者仔细分析这个算法，能否得到预期的结果。显然这个算法比前面列出的算法简练。如果题目改为求 1×3×5×7×9×11，算法只需做很少的改动即可。即

S1：$1→p$。

S2：$3→i$。

S3：$p×i→p$。

S4：$i+2→i$。

S5：若 $i≤11$，则返回 S3；否则，结束。

可以看出，用这种方法表示的算法具有通用性和灵活性。S3 到 S5 组成一个循环，在实现算法时，要反复多次执行 S3、S4、S5 等步骤，直到某一时刻执行 S5 步骤时，经过判断乘数 i 已超过规定的数值而不返回 S3 步骤为止。此时算法结束，变量 p 的值就是所求结果。

由于计算机是进行高速运算的自动机器，实现循环是轻而易举的，所有计算机高级语言中都有实现循环的语句。因此，上述算法不仅是正确的，而且是计算机能实现的较好的算法。

7.1.3 算法的特性

一种算法应当具有以下 5 个特点。

（1）有穷性：一个算法应包含有限的操作步骤，而不能是无限的，事实上，"有穷性"往往指"在合理的范围之内"。如果让计算机执行一个历时 1000 年才结束的算法，这虽然是有穷的，但超过了合理的限度，人们也不把它视为有效算法。究竟什么算"合理限度"，并无严格标准，由人们的常识和需要而定。

（2）确定性：算法中的每个步骤都应当是确定的，而不可以是含糊的、模棱两可的。例如，"老王对老张说他的儿子考上了大学"就是模棱两可的，到底是老王的儿子考上了大学还是老张的儿子考上了大学，不同的人可以有不同的理解。

（3）有零个或多个输入：所谓输入是指在执行算法时需要从外界获取必要的信息，算法可以有两个或多个输入，也可以没有输入。

（4）有一个或多个输出：算法的目的是为了求解，而"解"就是输出，但算法的输出不

一定就是打印输出，一个算法得到的结果就是算法的输出。没有输出的算法是没有意义的。

（5）有效性：算法中的每个步骤都能有效地执行，并得到确定的结果。

对于那些不熟悉计算机程序设计的人来说，他们可以只使用别人已设计好的现成算法，只需根据算法的要求给以必要的输入，就能得到输出的结果。对他们来说，算法如同一个"黑箱子"，他们可以不了解"黑箱子"中的结构，只要从外部特性上了解算法的作用即可方便地使用算法，但对于程序设计人员来说，必须会设计算法并且根据算法编写程序。

7.1.4 算法的表示

表示算法可以用不同的方法，常用的方法有自然语言、流程图、N-S 流程图、伪代码、计算机语言程序等。

1. 用自然语言表示算法

自然语言就是人们日常使用的语言，可以是汉语、英语或其他语言。用自然语言表示问题通俗易懂但文字冗长，容易出现"歧义性"。自然语言表示的含义往往不太严格，要根据上下文才能判断其正确含义。此外，用自然语言描述包含分支和循环的算法这样不方便，因此除很简单的问题外，一般不用自然语言描述算法。

2. 3 种基本结构

1966 年，Bohra 和 Jacopini 提出了以下 3 种基本结构，用这 3 种基本结构作为表示一个良好算法的基本单元。

（1）顺序结构，程序自上而下依次执行，不发生转向。

（2）选择结构，或称分支结构，根据条件的成立与否选择执行相应的语句。

（3）循环结构，又称重复结构，即反复执行某一部分的操作。有两类循环结构：一类是当型（while 型）循环结构，当给定的条件成立时执行循环体，执行完毕后，再判断条件是否成立，若仍然成立，则再执行循环体，如此反复，直到循环条件不成立为止。另一类是直到型（until 型）循环结构，先执行循环体，然后判断给定的循环条件是否成立，若不成立，则再执行循环体，然后再对循环条件做判断；若仍然不成立，则再执行循环体，如此反复，直到给定的条件成立为止。

已经证明，由以上 3 种基本结构组成的算法结构可以解决任何复杂的问题。由基本结构所构成的算法属于"结构化"的算法，它不存在无规律的转向，只在该基本结构内才允许存在分支和向前或向后的跳转。

3. 用流程图表示算法

流程图是用一些图框表示各种操作，用图形表示算法直观、形象且易于理解。美国国家标准化协会（American National Standard Institute，ANSI）规定了一些常用的流程图符号，如图 7.1.1 所示，已被世界各国程序工作者普遍采用。

用流程图表示算法直观形象且比较清楚地显示出各个框图之间的逻辑关系，但是这种流程图占用的篇幅较多，尤其是当算法比较复杂时，并且画流程图既费时又不方便。在结构化程序设计方法推广之后，许多书刊已用 N-S 结构化流程图代替这种传统的流程图。

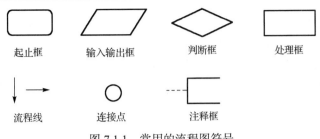

图 7.1.1　常用的流程图符号

4．用 N-S 流程图表示算法

1973 年，美国学者 I. Nassi 和 B. Shneiderman 提出了一种新的流程图形式，并以他们的姓名的第一个字母命名，称为 N-S 结构化流程图。在这种流程图中，完全去掉了传统流程图中带箭头的流程线，全部算法写在一个矩形框内，在框内还可以包含其他从属于它的框图，如图 7.1.2 所示。这种流程图适合结构化程序设计，因此很受欢迎。

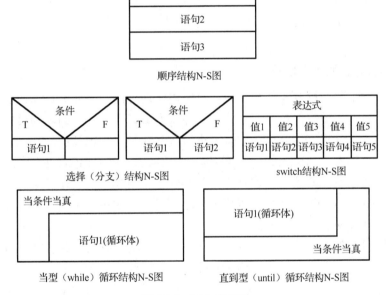

图 7.1.2　N-S 流程图

5．用伪代码表示算法

在设计一种算法时可能要反复修改，而修改流程图是比较麻烦的，因此为了设计算法时方便，常用一种称为伪代码的工具。伪代码是用介于自然语言与计算机语言之间的文字和符号来描述算法的。它如同一篇文章，自上而下地写下来，每行（或几行）表示一个基本操作，它不用图形符号，因此书写方便、格式紧凑、简单易懂，并且便于向计算机语言算法（即程序）过渡。

例 7.2　求 5!，即求 1×2×3×4×5。用伪代码表示的算法如下。

```
开始
    置 t 的初值为 1
    置 i 的初值为 2
    当 i<=5，执行下面操作：
```

```
            使 t=t×i
            使 i=i+1
        （循环体到此结束）
    输出 t 的值
结束
```

也可以写成以下形式。

```
BEGIN(算法开始)
  1→t
  2→i
  While i<=5
    {t×i→t
     i+1→i  }
     print t
END(算法结束)
```

从上面例子可以看出：伪代码书写格式比较自由且可以随手写下去，并且容易表达出设计者的思想。同时，用伪代码写的算法很容易修改，如增加一行、删除一行或将后面某一部分调到前面某个位置，这些修改都是很容易做到的，而这却是用流程图表示算法时所不便处理的。

6．用计算机语言程序表示算法

若要完成一项工作，则其操作包括设计算法与实现算法两个部分。如作曲家创作一首曲谱就是设计一个算法，但它仅仅是一个乐谱，并未变成音乐。而作曲家的目的是希望人们听到悦耳动听的音乐，演奏家按照乐谱的规定进行演奏就是"实现算法"，在没有人实现乐谱时，乐谱是不会自动发声的。又如一个菜谱是一个算法，厨师炒菜就是在实现这个算法。设计算法的目的是为了实现算法，实现算法时要得到运算结果，而实现算法的方式可能不止一种，如在求 1×2×3×4×5 的例子中，可以用人工心算的方式实现，也可以用笔算或计算器求出结果，这就是实现算法。

由于最终的目的是用计算机解题也就是要用计算机实现算法，并且计算机是无法识别流程图和伪代码的，只有用计算机语言编写的程序才能被计算机执行（当然还要经过编译成目标程序才能被计算机识别和执行）。因此，在用流程图或伪代码描述出一种算法后还要将它转换成计算机语言程序。

例 7.3 求 1×2×3×4×5（求 5!）用 C 语言编程表示。

```c
#include <stdio.h>
void main()
{
  int i, t;
   t=1;
   i=2;
   while(i<=5)
    {t=t*i;
     i=i+1;
```

```
        }
        printf("%d\n", t);
    }
```

应当强调说明的是，虽然写出了 C 程序，但只是描述了算法，并未实现算法，只有运行程序才是实现算法，应该说用计算机语言表示的算法是计算机能够执行的算法。

7.2 算法设计的基本方法

应用计算机解决实际问题，首先要进行算法设计，初学者对于算法设计可能感觉无从下手，的确很多算法是前人花费了很多时间的经验总结。人们通过长期的研究与开发工作，已经总结了一些基本的算法设计方法，如枚举法、迭代法、回溯法、递归法、分治法、贪心法、动态规划法、排序算法和查找算法。

7.2.1 枚举法

枚举法也称穷举法、试凑法、暴力破解法。它的基本思想是采用搜索的方法，根据题目的部分条件确定答案的大致搜索范围，然后在此范围内对所有可能的情况逐一验证，直到所有情况验证完毕。若某个情况符合题目的条件，则为本题的一个答案；若全部情况验证完毕后均不符合题目的条件，则问题无解。

中国古代的著名趣题百钱买百鸡问题的解法就是穷举法的应用实例。

公元 5 世纪末，中国古代数学家张丘建在他的《算经》中提出了著名的"百钱买百鸡问题"：鸡翁一，值钱五，鸡母一，值钱三，鸡雏三，值钱一，百钱买百鸡，问翁、母、雏各几何？意思是公鸡每只 5 元、母鸡每只 3 元、小鸡 3 只 1 元，用 100 元钱买 100 只鸡，求公鸡、母鸡、小鸡的只数。

百钱买百鸡的问题在很多书籍中都作为穷举法的一个典型案例，设鸡翁、鸡母、鸡雏的只数分别为 x、y、z，根据题意，可得如下方程。

$$5x+3y+z/3=100$$
$$x+y+z=100$$

三个未知数，两个方程，此题有若干解，属于不定方程，无法直接求解。利用枚举法，将各种可能的组合一一测试，即在有限集合：$1 \leqslant x < 20$，$1 \leqslant y < 33$，$3 \leqslant z < 100$ 中，对每组 x、y、z 的值，计算 $x+y+z=100$，$5x+3y+z/3=100$，$z \bmod 3=0$ 三个条件是否成立，从而找出百鸡问题的解。

7.2.2 迭代法

迭代法也称辗转法，是一种不断用变量的旧值递推新值的过程，与迭代法相对应的是直接法，即一次性解决问题。其基本思想是利用计算机运算速度快、适合做重复性操作的特点，令计算机对一组指令（或一定步骤）进行重复执行，并且在每次执行这组指令（或这些步骤）时，都从变量的旧值推出它的一个新值。

利用迭代算法解决问题，需要考虑以下 3 方面问题。

（1）确定迭代变量。在可以用迭代算法解决的问题中，至少存在一个可直接或间接地不断由旧值递推出新值的变量，这个变量便是迭代变量。

（2）建立迭代关系式。所谓迭代关系式指如何从变量的前一个值推出其下一个值的公式（或关系）。迭代关系式的建立是解决迭代问题的关键，通常可以使用递推或倒推的方法来完成。

（3）对迭代过程进行控制。在什么时候结束迭代过程？这是编写迭代程序必须考虑的问题，不能让迭代过程无休止地执行下去。迭代过程的控制通常可分为两种情况：一种是所需的迭代次数是确定的值且可以计算出来；另一种是所需的迭代次数无法确定。对于前一种情况，可以构建一个固定次数的循环来实现对迭代过程的控制；对于后一种情况，需要进一步分析得出可用来结束迭代过程的条件。

例如，求公约数问题。公约数也称"公因数"，如果一个整数同时是几个整数的约数，那么称这个整数为它们的公约数，公约数中最大的称最大公约数。若有两个正整数 a 和 b ($a \geq b$)，r 是 a 除以 b 的余数，则有 a 与 b 的公约数与 b 与 r 的最大公约数是相等的这一结论。基于这个原理，经过反复迭代执行，直到余数 r 为 0 时结束迭代，此时的除数便是 a 与 b 的最大公约数。以求 136 和 58 的最大公约数为例，其步骤如下。

第 1 步：136÷58=2，余 20；
第 2 步：58÷20=2，余 18；
第 3 步：20÷18=1，余 2；
第 4 步：18÷2=9，余 0；
算法结束，最大公约数为 2。

7.2.3 回溯法

回溯法是一种选优搜索法，又称试探法，即按选优条件向前搜索以达到目标。但当探索到某一步时，发现原先选择并不优或达不到目标就退回上一步重新选择，这种走不通就退回再走的技术称为回溯法，而满足回溯条件的某个状态的点称为"回溯点"。

回溯法的一种简单应用是老鼠走迷宫，如图 7.2.1 所示。老鼠从迷宫入口出发，任选一条路线向前走，在到达一个岔路口时，任选一个路线走下去，如此继续，知道前面没有路可走时老鼠退回到上一个岔路口，重新在没有走过的路线中任选一条路线往前走。按这种方式走下去，直到走出迷宫，或一直退回到起点。

图 7.2.1　老鼠走迷宫

7.2.4 递归法

递归法是直接或间接地调用自身的算法，它的另一种定义是：用自己的简单情况定义自己。其典型案例是 Fibonacci 数列。

意大利数学家斐波那契在他的《算盘全书》中提出了一个关于兔子繁殖的问题：如果一对兔子每月能生一对小兔子（一雄一雌），那么每对小兔子在它们出生后的第 3 个月又能生一对小兔子，假定在不发生死亡的情况下，由一对出生的小兔子开始，50 个月后会有多少对兔子？

显然，第 1 个月只有一对兔子，第 2 个月仍只有一对兔子，第 3 个月兔子对数为第 2 个月兔子对数加第 1 个月兔子新生的对数。同理，第 i 个月兔子对数为第 $i-1$ 月兔子对数加第 $i-2$ 月兔子新生的对数，即从第 1 个月开始计算，每月兔子对数依次为：1，1，2，3，5，8，13，21，34，55，89，144，233，…，此数列称为 Fibonacci 数列，也称兔子数列。

根据上述分析，可递归地定义 Fibonacci 数列 F_n。当 $n>2$ 时，$F_n=F_{n-1}+F_{n-2}$；而当 $n\leqslant 2$ 时，$F_n=1$。

Fibonacci 数列也称黄金分割数列，因为其相邻两项的比值越来越趋近黄金分割比例 0.6180339887…。Fibonacci 数列在现代物理、化学、经济等领域都有直接的应用，它与自然界的很多现象也存在巧合，如许多植物的花瓣、叶等呈现 Fibonacci 数列特性，斐波那契以兔子问题猜中了大自然的奥秘。

递归有很多形式，如图 7.2.2 所示，《画手》是错觉图形大师埃舍尔（Maurits Cornelis Escher）的著名作品，这幅画是一种图形上的递归。

图 7.2.2 画手

7.2.5 分治法

分治法的本质即是各个击破、分而治之，它的基本原理是：将一个复杂的问题分成若干与原问题同类型的简单子问题进行解决，然后对子问题的结果进行合并，得到原问题的解。若子问题还比较大则可反复使用分治法，直到最后的子问题可以直接求解。分治法中子问题与原问题类型相同只是数据不同，该方法也用到了递归的思想。

《孙子兵法》曰：故用兵之法，十则围之，五则攻之，倍则战之，敌则能分之，少则能逃之，不若则能避之。其含义是：实际作战中运用的原则是：我十倍于敌军则实施围歼，五倍于敌则实施进攻，两倍于敌就要努力战胜敌军，势均力敌则设法分散各个击破，兵力弱于敌人则避免作战。其中的各个击破是指利用优势兵力将被分隔开的敌军一部分一部分地消灭，也指将问题逐个解决，其思想就是分治法的具体应用。

7.2.6 贪心法

贪心法广泛应用于最优化问题求解中。所谓最优化问题是指寻找一组参数值，在满足一定的约束条件下，使得目标函数的值达到最大或最小。最优化问题广泛应用于生活、工业、经济、管理等各个领域，如在生产安排中，如何在现有人力、物力的条件下，合理安排几种产品的生产使总产值最高或总利润最大；又如在出行时，如何用最短的时间到达目的地等。

贪心法解此类问题的设计思想是将待求解的问题分解成若干子问题进行分步求解，且每步总是做出当前最好的选择，即得到局部最优解，再将各个局部最优解整合成问题的解。该方法体现了一种"快刀斩乱麻"的思想，是以当前和局部利益最大化为导向的问题求解策略。

贪心法是最接近于人类日常思维的一种问题求解方法，且由于优化问题在生活中比比皆是，因此贪心法的应用在生活和工作中处处可见。如公司招聘新员工是从一批应聘者中招聘最能干的人，以及学校招生是从众多报考者中招收一批最优秀的学生，这种按照某种标准挑选最接近该标准的人或物的做法就是贪心法。又如商场找零时，消费者希望货币张数最少，而收银员也会贪心选择从大额货币开始支付。

中国古代历史故事"田忌赛马"是大家所熟知的。战国时期，齐威王与大将田忌赛马，齐威王和田忌各有3匹马：上等马、中等马和下等马，比赛分3次进行，每赛一次马以千金作赌。由于两者的马力相差无几，而齐威王的马分别比田忌相应等级的马要好，所以一般人都以为田忌必输无疑。但是田忌采纳了门客孙膑的意见，用下等马对齐威王的上等马，用上等马对齐威王的中等马，用中等马对齐威王的下等马，结果田忌以2比1胜齐威王而得千金，如图7.2.3所示。

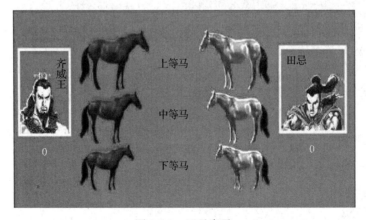

图7.2.3 田忌赛马

这里孙膑所采用的策略就是贪心法。将齐王的马、田忌的马均按上、中、下三等的顺序排列，齐王依次出马，田忌的贪心选择策略如下。

（1）若剩下的最强的马都赢不了齐王剩下的最强的马，则选择用最差的一匹马对阵齐王最强的马。

（2）若剩下的最强的马可以赢齐王剩下的最强的马，则选择用这匹马去赢齐王剩下的最强的马。

（3）若剩下的最强的马和齐王剩下的最强的马打平的话，则可以选择打平或者用最差的马输掉比赛。

贪心策略也指导着实际工程建设，如铺设管道、光缆、建设公路等。假设要在 n 座城市之间铺设光缆，铺设光缆的费用很高，并且各个城市之间铺设光缆的费用不同，问如何铺设使得 n 座城市的任意两座城市之间都可以通信，且铺设光缆的费用最低？这个问题可用图论中的最小生成树求解，而求解最小生成树的两个算法都是贪心算法。

7.2.7 动态规划法

动态规划求解问题的基本思想是：将待求解的问题划分为若干阶段，即若干互相联系的子问题，然后按自下向上的顺序推导出原问题的解。通过存储子问题的解可以避免在求解过程中重复多次求解同一个子问题，从而提高算法的求解效率。

在现实生活中，有一类活动可将其过程分成若干互相联系的阶段，在它的每个阶段都需要做出决策，从而使整个过程达到最优的效果。这种把一个问题看作是一个前后关联且具有链状结构的多阶段过程就称为多阶段决策过程，这种问题就称为多阶段决策问题。其示例如图 7.2.4 所示。

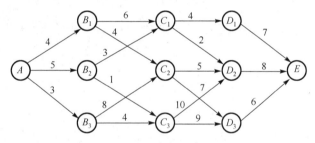

图 7.2.4　多阶段决策问题示例

为了找到由 A 至 E 的最短线路，可以将该问题分成 $A—B—C—D—E$ 共 4 个阶段，在每个阶段都需要做出决策，即在 A 点需要决策下一步到 B_1 还是到 B_2 或 B_3；同样，若到达第二阶段某个状态，比如 B_1，则需要决定走向 C_1 还是 C_2；以此类推，可以看出：若各个阶段的决策不同，则由 A 至 E 的路线就不同，当从某个阶段的某个状态出发做出一个决策时，则这个决策不仅影响到下一个阶段的距离，而且直接影响后面各个阶段的行进线路。所以这类问题要求在各个阶段都需要选择一个恰当的决策，使这些决策序列所决定的一条路线对应的总路程最短。

全球定位系统（Global Positioning System，GPS）是人们熟知的，现在智能手机也配置了导航软件，它可以为我们计算出满足各种不同要求的，且从出发地到目的地的最优路径，即可能是花费时间最短也可能是过路费最少。GPS 寻求最优路径的算法就是动态规划算法。

动态规划已在经济管理、生产调度、工程技术和最优控制等方面得到广泛应用，库存管理、资源分配、设备更新、排序和装载等问题运用动态规划算法求解比较方便。如将动态规划方法应用于经济学领域的最优投资与消费选择策略的求解，可以得到连续时间下，两类资产的最优投资与消费问题的解决方案。动态规划也适用于人生规划,它是人类智慧的体现。"千里之行,始于足下",任何一项伟大事业的完成总是从小事做起,而小目标的达成是实现大目标的基础。

7.2.8 排序算法

日常生活中和工作中许多问题的处理都依赖于数据的有序性,如考试成绩的高到低,按姓氏笔画低到高的排序等。把无序数据整理成有序数据的过程就是排序,排序是计算机程序中经常要用到的基本算法。几十年来,人们设计了很多排序算法,包括选择排序、冒泡排序、插入排序、希尔排序等。本书主要介绍选择排序与冒泡排序。

1. 选择排序

选择排序的基本思想是:在要排序的一组数中,选出最小(或者最大)的一个数与第1个位置的数交换;然后在剩下的数当中再找最小(或者最大)的数与第2个位置的数交换,以此类推,直到第 $n-1$ 个元素(倒数第二个数)和第 n 个元素(最后一个数)比较结束为止。

简单选择排序的示例如图 7.2.5 所示。

	a[0]	a[1]	a[2]	a[3]	a[4]	a[5]
初始顺序	7	5	8	2	1	6
第1轮比较	1	5	8	2	7	6
第2轮比较	1	2	8	5	7	6
第3轮比较	1	2	5	8	7	6
第4轮比较	1	2	5	6	7	8
第5轮比较	1	2	5	6	7	8

图 7.2.5 简单选择排序的示例

其算法实现用 C 语言描述的程序如下。

```
void SelectSort(int a[], int n)
{   for(int i=0;i<n-1;i++)
    {   int k=i;//记录最小的那个下标的
        for(int j=i+1;j<n;j++)
            if(a[j]<a[k])
                k=j;
        if(k!=i)
        {   int t=a[i];
            a[i]=a[k];
            a[k]=t;
        }
    }
}
```

2. 冒泡排序

冒泡排序的基本思想是:在每轮排序时将相邻的两个数组元素进行比较,当次序不对时,立即交换位置,当一轮比较结束时,小数上浮,大数沉底。冒泡排序示例如图 7.2.6 所示。

其算法实现用 C 语言描述的程序如下。

```
void maopao(int a[], int n)
{  for(int i=0;i<n-1;i++)
      for(int j=0;j<n-i-1;j++)
         if(a[j]>a[j+1])
           { int t=a[j];
            a[j]=a[j+1];
            a[j+1]=t;
            }
}
```

	a[0]	a[1]	a[2]	a[3]	a[4]	a[5]
初始顺序	7	5	8	2	1	6
第1轮比较	5	7	2	1	6	8
第2轮比较	5	2	1	6	7	8
第3轮比较	2	1	5	6	7	8
第4轮比较	1	2	5	6	7	8
第5轮比较	1	2	5	6	7	8

图 7.2.6 冒泡排序示例

7.2.9 查找算法

查找在日常生活中经常遇到，利用计算机快速运算的特点可方便地实现查找。查找的方法有很多，对不同的数据结构使用不同的方法。如对无序数据用顺序查找；对有序数据采用二分法查找；对某些复杂结构的查找可以用树状方法查找。下面介绍顺序查找与二分法查找。

例如，以存放在 a[n]数组中的数据，查找某个指定的关键值（key），找出与其值相同的元素的下标。

1. 顺序查找

顺序查找很简单，即根据查找的关键值与数组中的元素逐一比较。顺序查找对数组中的数不要求有序，因此查找效率比较低，若有 n 个数则平均比较次数为$(n+1)/2$ 次。

其算法实现用 C 语言描述的代码如下。

```
int orderSearch(int a[], int n, int key)
{   int i;
    for(i = 0; i < n; i ++)
       if(a[i] == key)
          return 1;
    return 0;
}
```

2. 二分法查找

二分法查找是在数据很大时采用的一种高效查找法。采用二分法查找时，数据必须是有序的。假设数组是递增有序的，实现的方法是：已知查找区间的下界（low）、上界（high），当 high≥low 时，中间项下标 mid=(low+high)/2，根据查找的 key 值与中间项 a[mid]比较，有以下 3 种情况。

当 key>a[mid]时，则 low=mid+1，后半部分作为继续查找的区域；当 key<a[mid]时，则 high=mid−1，前半部分作为继续查找的区域；当 key=a[mid]时，则查找成功，结束查找。这样每次查找区间缩小一半，直到查找到或者当 low 大于 high 时结束。

其算法实现用 C 语言描述的程序如下。

```c
int binarySearch(int a[], int n, int key)
{   int low = 0;
    int high = n -1;
    while(low <= high)
    {   int mid = (low + high) / 2;
        int midVal = a[mid];
        if(midVal < key)
            low = mid + 1;
        else if(midVal > key)
            high = mid - 1;
        else
            return mid;
    }
    return -1;
}
```

7.3 程序设计的基本概念

为什么要学习程序设计？解决问题的流程往往表现在从问题的定义出发，明确问题的性质，发现问题的本质，找到解决问题的途径，并确定一种最好的处理方法，使得问题最终得以解决。无论是社会活动还是日常问题，无论是科学实验还是制定研究规则，这个过程总是类似的。如果着眼于发现问题、解决问题的观点，那么学习计算机语言并尝试进行程序设计就是一种非常好的方法。这里首先需要理解"为什么要学习程序设计"，这个问题是非常重要的，如果你不知道为什么要做某件事，那么很难想象你会把这件事做好。

什么是程序设计？对于初学者来说，往往把程序设计简单地理解为编写一段程序，这种理解是不全面的。程序设计（Programing）是指利用计算机解决问题的全过程，它包含多方面的内容，而编写程序只是其中的一部分。使用计算机解决实际问题，通常是先对问题进行分析并建立数学模型，然后考虑数据的组织方式与算法，并用某种程序设计语言编写程序，最后调试程序，并使之运行后能产生预期的结果，这个过程称为程序设计。程序设计的基本目标是实现算法并对初始数据进行处理，从而完成问题的求解。

通过前面章节的讨论，我们已经知道计算机依靠程序才能工作。一般认为，程序（Program）是产生一系列指令（或者称为命令）让计算机工作的过程，它们可以存储在计算机中，而这些指令的集合就是计算机程序设计语言。因此在这个意义上，程序设计有两种重要的思想：一是，需要把复杂的设计过程翻译成机器能够理解的执行代码；二是，程序被存储在计算机中可以反复地被执行。

7.3.1 程序设计的一般过程

当遇到一个实际问题后，应先针对问题的性质与要求进行深入分析，从而确定求解问题的数学模型或方法；接下来进行算法设计，并画出流程图，有了算法流程图，再来编写程序就很容易了。有些初学者，在没有把所要解决的问题分析清楚之前就急于编写程序，导致编程思路混乱，并且很难得到预期的结果。

程序设计的一般过程包括以下 5 个步骤。

1. 分析问题

在开始解决问题之前，首先要弄清楚要解决问题的目标是什么？问题的已知条件和已知数据是什么？要求解的结果是什么？需要什么样的输出信息？

2. 确定数学模型

在分析问题的基础上，要建立计算机可实现的数学模型，确定数学模型就是把实际问题直接或间接地转化为数学问题，直到得到求解问题的公式。确定数学模型（建模）是计算机解题中的难点，也是计算机解题成败的关键。

例 7.4 阿基米德分牛问题。

太阳神有一个牛群，由白、黑、花、棕 4 种颜色的公牛和母牛组成。在公牛中，白牛数多于棕牛数，多出之数相当于黑牛数的 1/2+1/3；黑牛数多于棕牛数，多出之数相当于花牛数的 1/4+1/5；花牛数多于棕牛数，多出之数相当于白牛数的 1/6+1/7。在母牛中，白牛数是全体黑牛数的 1/3+1/4；黑牛数是全体花牛数 1/4+1/5；花牛数是全体棕牛数的 1/5+1/6；棕牛数是全体白牛数的 1/6+1/7。问这个牛群是怎样组成的？

这是一个看起来很复杂的问题，问题包含了许多约束条件，求解的量也很多。为了更好地理解问题的含义，可以引入数学变量，设：白、黑、花、棕 4 种颜色的公牛、母牛数量分别为 x_1, x_2, x_3, x_4 和 y_1, y_2, y_3, y_4，这样可以将要求的问题解表示成一个表格，如表 7.3.1 所示。

表 7.3.1 阿基米德分牛问题数据表

牛的种类	白色	黑色	花色	棕色
公牛	x_1	x_2	x_3	x_4
母牛	y_1	y_2	y_3	y_4

根据问题的约束条件，可以建立数学模型为

$$\begin{cases} x_1 - x_4 = x_2(1/2 + 1/3) \\ x_2 - x_4 = x_3(1/4 + 1/5) \\ x_3 - x_4 = x_1(1/6 + 1/7) \\ y_1 = (x_2 + y_2)(1/3 + 1/4) \\ y_2 = (x_3 + y_3)(1/4 + 1/5) \\ y_3 = (x_4 + y_4)(1/5 + 1/6) \\ y_4 = (x_1 + y_1)(1/6 + 1/7) \end{cases}$$

这就是数学模型，但这个模型通过手工计算很困难，若借助计算机程序，则对上述问题进行算法设计并编写程序，这样计算起来就非常简单。

3. 算法设计

算法是求解问题的方法与步骤，设计是从给定的输入到所要输出结果的处理步骤。学习程序设计最重要的是学习算法思想、掌握常用算法并能自己设计算法。对于求解复杂问题，需要将其分解成若干小问题，每个小问题将作为程序设计的一个功能模块，再对每个具体的功能模块设计算法。

4．程序编写、编辑、编译与链接

要进行程序代码的编写，首先要选择编程语言，然后按照算法并根据语言的语法规则写出源程序。当然，计算机是不能直接执行源程序的，在编译方式下必须通过编译程序将源程序翻译成目标程序，这期间编译器对源程序进行语法和逻辑结构检查。生成的目标程序还不能被执行，还需要通过链接程序，将目标程序和程序中所需的系统中固有的目标程序模块链接后生成可执行的文件。

5．运行与测试

程序运行后得到计算结果，但程序是由人设计的，因此就会出现这样或那样的错误。如何证明和验证程序的正确性是一个极为困难的问题，目前比较实用的方法就是测试。测试的目的是找出程序中的错误，可以通过让程序试运行一组数据，对其进行测试，检查程序是否满足预期的结果。

其中，前两个步骤类似于人们解决问题的一般过程，即分析问题，然后确定一种方案。后3个步骤则是程序设计环节，其中最关键的是第3步——算法设计。算法与数据结构是计算机程序的两个重要组成部分，算法是程序的核心；而数据结构是对要加工的数据的抽象和组织。程序要处理的各种数据按某种要求组成数据结构，使程序能有效地进行处理。

7.3.2 程序设计方法

在程序设计中，设计程序算法固然重要，但设计程序方法也很重要。目前最常用的是结构化程序设计方法与面向对象程序设计方法。

1．结构化程序设计

结构化程序设计方法强调任何程序都基于顺序、选择、循环这3种基本的控制结构。程序具有模块化特征，并且每个程序模块具有唯一的入口和出口。

结构化编程主要包括两个方面：软件设计和在实现程序功能的过程中，提倡采用自上向下、逐步细化的模块化程序设计原则；在底层模块代码的编写时，强调采用单入口、单出口的3种基本控制结构（顺序、选择、循环）。

结构化程序的结构简单清晰、可读性好、模块化强，描述方式符合人们解决复杂问题的普遍规律，并且可以显著提高软件开发的效率。因此，该方法在应用软件的开发中发挥重要的作用。

2．面向对象程序设计

结构化程序设计方法虽然有很多优点，但是缺点也很明显。结构化程序设计注重实现功能的模块化设计，而被操作的数据处于实现功能的从属地位，其特点是程序和数据是分开存储的。随着信息技术的发展，结构化程序设计已不能满足现代化软件开发的要求，因此一种全新的软件开发技术应运而生，这就是面向对象程序设计（Object Oriented Programming，OOP）。

用面向对象的方法解决问题，该方法不再将问题分解为过程而是将问题分解为对象。对象是现实世界中可以独立存在且可以区分的实体，也可以是一些概念上的实体，世界是由众多对象组成的。对象有自己的数据（属性），也有作用于数据的操作（方法），将对象的属性和方法封装成一个整体称为类，以供程序设计者使用。对象之间的相互作用通过消息传递来实现，尤其是现在的可视化环境，系统事先已经建立了很多类，程序设计的过程就如同"搭积木"的拼装过程。目前，这种"对象+消息"的面向对象的程序设计模式有取代"数据结构+算法"的面向过程程序设计模式的趋势。

面向对象程序设计是站在比结构化程序设计更高、更抽象的层次上去解决问题的。当所要解决的问题被分解为低级代码模板时，仍需要结构化编程的方法与技巧。结构化的分解突出过程需要如何做（How to do），用户强调代码的功能如何得以完成；而面向对象的分解突出真实世界和抽象的对象即做什么（What to do），它将大量的工作交给相应的对象来完成，程序员在应用程序中只需说明要求对象完成的任务。

7.3.3 程序设计是一种方法学

几乎每个不同职业的人都要使用计算机软件，如学生使用文字处理软件撰写论文；会计师使用软件记账；摄影师使用图片编辑软件处理照片；电视台使用软件编辑节目；作家使用软件写作等。事实上计算机是职业人员应该使用的工具，而理解计算机最好的途径就是学习程序设计。

学习程序设计与学习数学一样，它能够培养一个人发现问题、处理问题的能力，而且这种训练更符合信息时代的发展要求。与传统课程不同的是，程序设计是一个主动的、积极的过程，因为在编程过程中计算机能够立即、直接地反馈信息，这需要编程者与其互动，最后达到探索、实验和评价的效果。若把程序设计与做数学习题的过程进行比较，则会发现程序设计更有趣、更生动，即编程者与计算机直接交互，如计算机会告诉你某个语句出现了错误，你就必须检查并纠正这个错误，这是一个探索的过程；同时，如果程序能被正确执行，那么编程者会有一种成就感。

学过程序设计的人未必就一定要从事程序设计工作。事实上，目前学习程序设计的人越来越少，而使用程序的人越来越多，这就使得有人怀疑是否有学习程序设计的必要。其实回答这个疑问并不难，就像我们在大学里人人要都学习微积分，但并没有几个人使用微积分。那么是不是不用的人就不需要学呢？如果你不以程序设计本身为目的进行学习，那么我们看看下面的事例。

在使用各种不同的软件处理问题时，我们需要与计算机进行交互，如编辑文档、使用电子表格、制作演示文稿等。一个简单的例子是：如果你现在通过网络的搜索引擎去查找需要的资料，那么一个更符合检索要求的表达式是非常重要的，因此你理解计算机如何用程序来运行你的检索表达式，这对你进行检索操作肯定会有帮助。如果你知道了计算机是如何用程序进行工作的，那么你在电子表格中对符合条件的数据进行统计计数时，绝对不会一个个地把这些数据数出来。今天我们使用的是这些软件，我们无法知道几年后这些软件将会有哪些变化，以及会帮助我们解决哪些问题。因此，理解程序设计比直接理解使用软件有更长远的意义。

让计算机帮助人们做事，采用了人与计算机交互过程中使用的特定科学符号，有些是自然语言表达,其中有些是具体的特定记号,这些都是某种形式的"编程"过程。即使使用某些功能很强大的软件包(如进行科学计算与工程计算的 Matlab 之类的软件),仍然需要在某种程度上按照一定的表达形式进行"编程",只有这样这些软件才能够帮助用户完成工作。

7.3.4 如何学习程序设计

一个程序员的工作内容与作家、设计师的工作内容没有什么不同,都是从构思框架开始,然后进入细节,最终把其设计思想表现为特定的文字或者图纸。其中将根据故事的发展或设计要求的变化,反复修改。

事实上,没有任何一个程序员设计程序能够一气呵成,都需要经过多次的反复修改,最后实现程序的功能。另外,即使程序看上去正确,但是其中仍然会隐藏着未知的错误。因此测试程序需要使用不同的输入,在尽可能多的输入环境下运行,以使得这些错误发生在程序正式投入运行之前,然后及时纠正。

几乎所有的程序设计都会涉及输入数据、处理数据,进一步地说,设计针对解决某个特定问题的程序,必须明确需要哪些数据与这些数据的性质(正式的说法是数据的属性),以及这些数据之间的相互关系。因此,要学习程序设计就必须学习如何表达这些数据以及对这些数据相互关系的语言描述,一般认为,程序设计需要以下 5 个步骤。

(1) 分析问题,使用特定的方法进行描述,如使用流程图描述。
(2) 在表达抽象问题时,用明确的实例加以说明。
(3) 使用编程语言精确描述所定义的语句与数据之间的关系。
(4) 通过检查,包括机器编译过程的检查,测试上述设计。
(5) 注重细节问题。

其中,第一步的分析过程是至关重要的,如果说其后的步骤与计算机语言关系密切的话,那么分析问题则与"算法"相关。大多数处理过程还与数学表达有关,即选择一个合适的算法是程序设计的第一步。

以上这些表现在计算机程序设计中的行为与解决任何有意义的事务(如商业活动)的过程都是类似的。程序设计过程与一般处理问题的过程有一个重要的差别,即衡量程序的设计结果不是靠设计者或使用者的评价,更重要的是机器的评价,即程序必须被正确地运行(至少在预见的范围内),这样程序的运行结果才能够与预期结果相同。

因此,强调实践环节有时比设计过程的学习更重要。传统的阅读和理解程序是需要的,但有时把设计的代码输入到计算机中,让计算机执行一次再来查看程序的执行结果,比仅靠阅读来理解程序更有效,也就是说,实验能够帮助我们进一步理解程序设计的过程。

7.3.5 程序设计语言

程序设计语言是人与计算机交流的工具,是进行程序设计的工具,同一个问题可以用不同的程序设计语言来进行描述。程序设计语言又称计算机语言或编程语言,是指由关键字和语法规则构成,并且是计算机可以最终处理或执行的指令。常见的程序设计语言包括 BASIC、C/C++、Pascal、FORTRAN、Java 和 Python 语言。而其他一些编程语言(如 8088 汇编、FORTH、LISP、APL 和 Scratch 等)对于一般人来说就比较陌生了。

就像英文句子是由多个单词和标点按照一组语法规则构成的一样,计算机程序的每条指令也是由关键字和参数根据一组规则组合在一起的。关键字（或称为"命令"）是指由编译器或解释器预先规定了含义的词，编译器或解释器可以将每行程序代码翻译成机器语言。如C语言的关键字包括 while、for、if-else、int 和 float 等。

可以使用特定的参数将关键字组合在一起，这样就为计算机提供了更为详细的可执行指令。可以用标点将关键字和参数根据系列规则组合在一起，这些规则称为语法，如图 7.3.1 所示。

printf("The   length   is   %d\n", len);

关键字　　　　　参数

图 7.3.1　包含关键字和参数的指令

程序设计语言是怎样分类的？程序设计语言有几种不同的分类方式？其中最常用的分类方式是将它们分为低级语言和高级语言两大类。

什么是低级语言？低级语言通常包括特定 CPU 或微处理器系列特有的命令。低级语言要求程序员为底层的计算机硬件编写指令，即为特定的硬件元素（如处理器、寄存器和内存存储单元）编写指令。低级语言包括机器语言与汇编语言。

什么是高级语言？高级语言使用的是基于人类语言的命令字和语法，通过它们来提供计算机科学家所谓的"抽象级"，这些抽象级隐藏了底层的汇编语言或机器语言。如 BASIC、Java、Ada 和 C 语言等这些高级语言，通过用容易理解的命令（如"printf"和"do"）来替代一串串难以理解的 0 和 1 的组合或意义模糊的汇编命令，使编程过程变得更加简单。高级语言命令可以使用单个命令来替代多个低级语言命令，从而能够消除多行编码（如图 7.3.2 所示）。

高级的C语言命令

sum = 5 + 4

低级的汇编语言命令

LDA 5
STA NUM1
LDA 4
ADD NUM1
STA SUM
END

图 7.3.2　一条高级语言命令可以代替多条低级语言命令

编程是怎样从低级语言向高级语言演化的？第一代计算机的程序并不是用编程语言编写的。技术人员通过重新为计算机的电路布线来执行多种处理任务（如图 7.3.3 所示）。将程序存储在计算机内存中的想法为计算机编程语言的发展提供了条件，程序员可以编写一系列的命令并将它们装载在内存中并由计算机来执行。最早的编程语言非常简单，但它们经过很多代的演变，发展成为今天的计算机语言。

图 7.3.3　早期计算机通过电路布线来执行多种处理任务

哪种编程语言最好？现在已经存在的编程语言有几百种，每种语言都有各自的优缺点。

尽管为某个特定的项目选择一种最好的语言是可能的，但大多数计算机科学家很难认同一种万能的语言。

★7.4 Python 程序设计语言简介

7.4.1 Python 概述

Python 是一门非常容易入门，并且功能非常强大的编程语言。不管你是否有编程基础都可以很快地入门，同时 Python 还是一门近乎"全能"的编程语言，如我们可以使用 Python 进行数据采集，也可以使用 Python 进行 Web 开发，还可以使用 Python 进行数据分析与挖掘、进行量化投资分析、进行自动化运维等。

Python 语言注重的是如何解决问题，而不注重编程语言的语法与结构，它具有高效率的高层数据结构，它能简单而有效地实现面向对象编程。Python 简捷的语法和对动态输入的支持，再加上解释性语言的本质，使得它在大多数平台上的许多领域中都是一种理想的脚本语言，并且特别适用于快速的应用程序开发。最重要的是不需要任何编程基础，完全可以从零基础开始学习。

所以，我们可能会听到"人生苦短，我用 Python"之类的说法，这样的说法也不是没有道理的，因为当我们使用 Python 进行编程时，无论是从学习的角度还是从项目开发的角度来说，都可以节约很多时间。

Python 也是一门非常流行的语言，使用 Python 可以实现很多功能。目前 Python 主要有 Python 2.x 和 Python 3.x 两个系列版本，但是这两个系列的兼容性并不是太好。相对来说，Python 2.x 比较稳定，但经过多年的发展 Python 3.x 也逐渐变得越来越成熟，并且前景会更好。

Python 于 1989 年发明，1991 年公开发行了第一个版本。Python 语言的创造者 Guido van Rossum（吉多·范罗苏姆）根据英国广播公司的节目"蟒蛇飞行马戏"来命名这个语言，Python 的英文本意是"巨蛇（大蟒）"。

Python 语言的设计参照了 C 语言、ABC 语言与 Modula-3。所以，如果你有其他语言的编程基础，那么在学习 Python 时会发现总有一种似曾相识的感觉，因为 Python 的一项基本语法相对来说还是沿袭了 C 语言的语法，所以对很多程序员来说，感觉 Python 的语法非常容易掌握。

虽然 Python 在很多语法上沿袭了 C 语言，但是 Python 语言的语法比 C 语言更加简捷，又由于其参照了 ABC 语言与 Modula-3，因此 Python 是一种非常优美、强大的语言。

另外，Python 是开源的，所谓开源即开放源代码。这非常有利于 Python 的传播与使用，Python 的使用范围之所以会非常广泛，也是与此分不开的。Python 在设计之初就具有了比较完备的功能，如面向对象、各种常用的数据类型、函数、异常处理等。

20 世纪 90 年代，计算机进入网络时代，并且计算机开始进入成千上万的家庭，而且用户增长非常快。Python 恰好在这个时候出现，也自然就有了一个非常好的发展时机，由于 Python 的设计简捷优美、功能强大，因此受到大量程序设计人员的喜爱与拥护，迅速地培养了一批忠实的粉丝用户。

人们在使用 Python 的时候，若遇到问题则可以直接修改对应的 Python 语言的源代码（因为 Python 是开源的），同时，若人们有较好的想法则也可以开发出相应的程序，然后提交给吉多·范罗苏姆，他可以选择采用这些程序加入 Python 中，若程序被采用，这对程序设计人员来说是莫大的荣耀。

在 2018 年 4 月的 TIOBE 编程语言排行榜上，Python 已经上升进入到前 4 名。到今天为止，越来越多的人都在使用 Python，并且由于 Python 在人工智能、大数据领域应用得非常好，再加上大数据发展速度非常快，因此 Python 使用范围越来越广，发展速度也越来越快。

7.4.2 Python 的特点

上面已经简要介绍了 Python 的相关内容，那么 Python 有哪些显著的特点呢？总的来说，Python 主要有以下 3 个特点。

（1）简捷优美。
（2）功能强大。
（3）支持面向对象。

首先，对于 Python 语言简捷优美的特点，大家在未来的学习过程中就能够体会到，使用 Python 写程序，写出来的程序非常简捷，并且由于 Python 具有强制缩进的要求，所以写出来的 Python 程序也非常美观，可读性非常强。

其次，Python 虽然简捷，但是其功能非常强大。如 Python 在人工智能、系统编程、Web 开发、网络爬虫等领域都有非常好的应用；Python 的可扩展性非常强，第三方库也非常丰富，使用 Python 可以解决非常多的问题。

再者，Python 是一门支持面向对象的编程语言，这一点在开发大型项目的时候我们可以深刻感觉到它的优势。

总之，Python 是一门简捷优美、功能强大、支持面向对象的编程语言，它的优点非常多，同时也非常容易学习，相对于其他编程语言，用户可以更轻松地学会 Python。

7.4.3 Python 的功能

前面已经介绍了 Python 的优势，这里重点介绍 Python 的功能，将分别对 Python 常规应用与在大数据时代下的应用两个方面进行介绍。

1．Python 常规应用

通常情况下，Python 可以完成以下任务。
（1）进行简单脚本编程。
（2）进行系统编程。
（3）开发网络爬虫。
（4）进行 Web 开发。
（5）进行自动化运维。
（6）进行网络编程。
（7）进行数据挖掘、机器学习等大数据与人工智能领域方面的程序开发。

由此可以看出，Python 应用范围非常广，小到开发一些简单的脚本程序，大到机器学习等领域的应用。

在以上应用领域中，值得指出的是，Python 在网络爬虫、自动化运维、数据挖掘与机器学习等领域的应用尤为广泛。例如，如果你想通过网络爬虫对信息进行自动采集，那么此时可以选择 Python 的 Urllib 库或者第三方爬虫库，如 Scrapy 等就可以很快地做出一个爬虫，然后使用该爬虫就可以进行信息的自动收集了，在搜集到了对应的信息之后，可以直接使用 Python 的正规表达式（re 模块）或者其他的数据筛选表达式实现数据的自动筛选，即可以大大地减轻人力劳动。

再比如，如果你从事 Linux 运维方向的工作，平常只能依靠一些管理工具或者人力去完成服务器的运维，那么学习 Python 之后可以开发一些自动化运维的脚本或者程序去实现对服务器的自动运维与管理，同样可以大大减少自己的工作内容。

除此之外，如果你从事大数据、数据挖掘、机器学习等方向的工作，那么也可以学习 Python，在掌握 Python 之后，可以研究这些相应的算法，然后在 Python 中，可以很方便地实现这些算法，同样也可以很方便地解决各种业务场景中的问题。例如，如果需要对现有客户价值进行分类或分析，那么可以在学习了 Python 之后，使用 Python 实现相关的聚类算法（如 K-Means 算法等），随后根据相应的算法对数据进行处理与分析，从而实现相应的需求功能。

总之，Python 在这些常见领域中的应用是十分广泛的。除这里所介绍到的 Python 的应用外，Python 在其他领域中的应用也是非常广泛的，因为 Python 的库非常丰富，所以在以后的使用过程中会发现用 Python 来实现各种各样的功能非常方便。

2．Python 在大数据时代下的应用

大数据时代下，云计算、数据分析与挖掘、人工智能等领域得到了极速的发展，而在这些领域中，我们可以使用各种语言实现所需要的功能，如 Java、C++、Python。

那么，这么多的语言应该如何选择呢？影响我们做选择的因素主要有以下 3 点。

（1）你熟悉哪种语言？

（2）哪种语言实现起来相对来说比较简单、方便？

（3）各种语言的实现效率怎么样？

综合多种因素，我们会发现如果已经学会了 Python，并且同时掌握了一些其他语言，此时，使用 Python 实现机器学习等方面的应用会相对来说简单很多。并且 Python 语言的执行效率虽不及 C++等更接近底层的编程语言，但是 Python 的执行效率并不低。此外，如果执行任务量非常大，那么可以使用多进程、多线程，以及分布式等技术对任务进行切分，然后并行处理这些任务。

同时，Python 关于数据挖掘、机器学习等相关算法库也非常丰富，所以用户可以非常方便地实现这些相关算法，甚至有些比较难的算法，由于有了丰富的第三方模块，因此在 Python 中应用这些算法也是极为方便的。当然，在用户学到一定程度的时候，需要尽量尝试着编写一些新算法来实现程序。

目前，Python 无疑已经成为人工智能（AI）时代的首选语言。Python 之所以能成为 AI 时代的首选语言，与前面我们所分析的原因是分不开的，在 AI 时代，如果有一种语言可以让我们去选择学习，那么 Python 必将是重点考虑的语言。

7.4.4 Python 的安装与配置

前面已经对 Python 进行了简单的介绍，接下来将介绍如何安装 Python 的开发环境。

Windows 用户可以访问 Python 网站，从网站中下载最新的版本，其大小约为 27.4MB。与其他大多数语言相比，Python 的安装包是十分紧凑的，其安装过程与其他 Windows 软件类似。

首先，需要选择一个 Python 版本进行下载，如选择的 Python 版本为 Python 3.5.2，此时可以打开链接：https://www.python.org/downloads/release/ python-352/进行 Python 的下载。打开了该页面之后，会发现此时有如图 7.4.1 所示可以下载的文件。

在图 7.4.1 中可以看到，此时有很多个文件。在这里只需要关注以 executable installer 结尾的文件即可，可以看到以 executable installer 结尾的文件（以该字样结尾的文件意思是该文件是可执行文件安装包）主要有以下两个。

Files

Version	Operating System	Description	MD5 Sum	File Size	GPG
Gzipped source tarball	Source release		3fe8434643a78630c61c6464fe2e7e72	20566643	SIG
XZ compressed source tarball	Source release		8906efbacfcdc7c3c9198aeefafd159e	15222676	SIG
Mac OS X 32-bit i386/PPC installer	Mac OS X	for Mac OS X 10.5 and later	5ae81eea42bb6758b6d775ebcaf32eda	26250336	SIG
Mac OS X 64-bit/32-bit installer	Mac OS X	for Mac OS X 10.6 and later	11a9f4fc3f6b93e3ffb26c383822a272	24566858	SIG
Windows help file	Windows		24b95be314f7bad1cc5361ae449adc3d	7777812	SIG
Windows x86-64 embeddable zip file	Windows	for AMD64/EM64T/x64	f1c24bb78bd6dd792a73d5ebfbd3b20e	6862200	SIG
Windows x86-64 executable installer	Windows	for AMD64/EM64T/x64	4da6dbc8e43e2249a0892d257e977291	30177896	SIG
Windows x86-64 web-based installer	Windows	for AMD64/EM64T/x64	c35b6526761a9cde4b6dccab4a3d7c60	970224	SIG
Windows x86 embeddable zip file	Windows		ad637a1db7cf91e344318d55c94ad3ca	6048722	SIG
Windows x86 executable installer	Windows		2ddf428fd8b9c063ba05b5a0c8636c37	29269656	SIG
Windows x86 web-based installer	Windows		aed3ac79b8e2458b84135ecfdca66764	944304	SIG

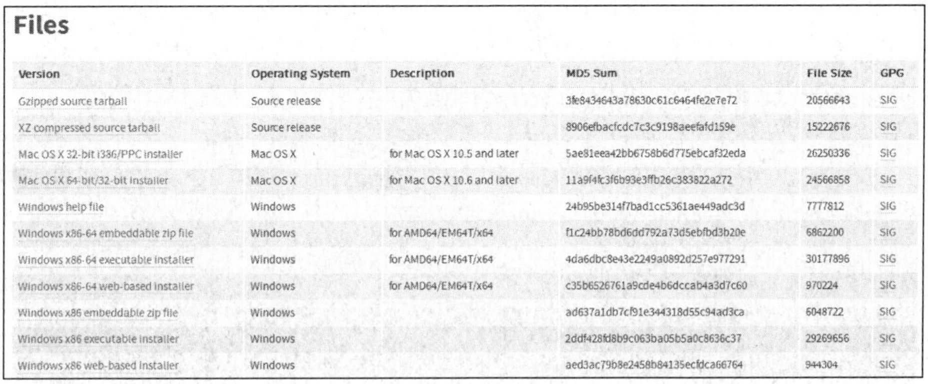

图 7.4.1 可以选择下载的文件

（1）Windows x86-64 executable installer。

（2）Windows x86 executable installer。

如果用户使用的计算机版本是 64 位，那么可以下载使用安装包（1）；如果用户使用的计算机版本是 32 位，那么可以下载使用安装包（2）。

安装 Python 很简单，双击 Python-3.5.2.exe， 勾选 Add Python 3.5 to PATH，再单击 Install Now 即可，如图 7.4.2 所示，其下方已经显示了安装路径。安装完毕后，会显示安装成功界面，最后单击 Close 按钮就可以使用了。

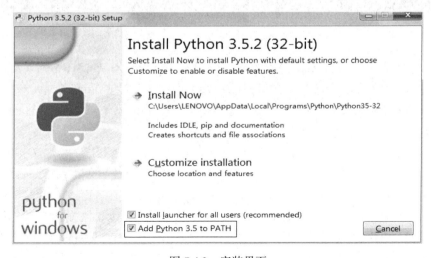

图 7.4.2 安装界面

安装完成后，在"开始"菜单中会显示安装目录，如图 7.4.3 所示。当要编写代码时，直接单击 IDLE（Python 自带编辑器）命令即可。

如果是在 Windows 7 系统中，那么安装完毕后还要进行环境的配置（以下是在 Windows7 系统上安装的 Python3.5 版本），具体方法如下。

打开"控制面板"窗口，单击"系统"按钮，打开"系统"窗口，在左侧单击"高级系统设置"按钮，将弹出"系统属性"对话框。在该对话框中单击"环境变量"按钮，将弹出"环境变量"对话框，在"系统变量"选项组中选择 Path 选项，然后单击"编辑"按钮，在弹出的"编辑系统变量"对话框中编辑 Path 变量。把"C:\Python35"添加到变量值的末尾。当然，前提是 Python 已经正确地安装在 C 盘的根目录下，即 C 盘中已经存在 Python35 文件夹。

然后在 DOS Shell 命令提示符（如图 7.4.4 所示）下输入"python"，如果看到如图 7.4.5 所示的信息，就说明 Python 已经安装成功了。

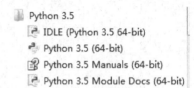

图 7.4.3 "开始"菜单中的安装目录

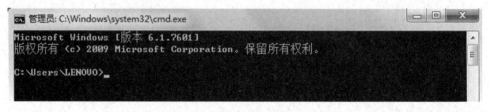

图 7.4.4 DOS Shell 命令提示符

图 7.4.5 在命令提示符下测试 Python 安装是否成功

图 7.4.5 中显示的是在 C 盘下已安装 Python，安装目录在图 7.4.5 中显示。

关于 Python 下载和学习的网站很多，例如：软件安装下载网站：http://freelycode.com/fcode/downloadinstall?listall=True；中国大学 MOOC 学习网站：http://www.icourse163.org/course/bit-268001；其他学习网站：www.freelycode.com。

综上所述，对于 Windows 系统要安装 Python，只需下载安装程序，然后双击它就可以了，安装过程非常简单。从现在起，假设已经在计算机系统里安装了 Python 3.5，打开 Python 的 IDLE，启动 Python 编辑器。

在>>>提示符后输入 print（'Hello World!'），然后按 Enter 键，就可以看到输出了"Hello World!"，如图 7.4.6 所示，那么第一个 Python 程序就完成了。这是一个很简单的打印输出程序，程序主要实现的功能是输出"Hello World!"。

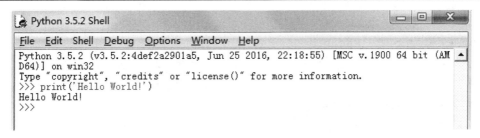

图 7.4.6　利用 Python 3.5 完成简单程序

本 章 小 结

算法是求解问题的方法与步骤。一个算法具有的特点包括有穷性、确定性、有零个或多个输入、有一个或多个输出、有效性。表示算法常用的方法包括自然语言、流程图、N-S 流程图、伪代码、计算机语言程序等。典型的算法包括枚举法、迭代法、回溯法、分治法、递归法、贪心法、动态规划法、排序算法和查找算法等。

程序设计是指利用计算机解决问题的全过程，它包含多方面的内容，而编写程序只是其中的一部分。程序设计的一般过程包括 5 个步骤：分析问题，确定数学模型，算法设计，程序编写、编辑、编译与链接，运行与测试。

程序设计最重要的是学习算法的思想，掌握常用算法并能自己设计算法。

程序设计方法目前最常用的是结构化程序设计方法与面向对象的程序设计方法。

程序设计语言是人与计算机交流的工具，是进行程序设计的工具，同一个问题可以用不同的程序设计语言来进行描述。程序设计语言又称计算机语言或编程语言，常见的程序设计语言包括 BASIC、C/C++、Pascal、FORTRAN、Java 和 Python 等语言。

Python 语言是一种非常容易入门，并且功能非常强大的编程语言。同时，Python 还是一种近乎"全能"的编程语言，在当前大数据时代，Python 语言是一种非常适合处理大数据的编程语言。

课后自测练习题

用微信扫描右侧二维码，进入答题页面，进行测试练习，答题结束后有答案解析。

1. 算法与程序的关系是（　　）。

    A．算法是对程序的描述

    B．算法决定程序，是程序设计的核心

    C．算法与程序之间无关系

    D．程序决定算法，是算法设计的核心

2. 以下关于算法叙述正确的是（　　）。

    A．解决同一个问题，采用不同算法的效率不同

    B．求解同一个问题的算法只有一种

    C．算法是专门解决一个具体问题的步骤、方法

D. 一种算法可以无止境地运算下去

3. 下列关于算法的说法，错误的是（   ）。

  A. 一种算法可以由多个程序实现　　　　B. 一个程序可以由多种算法实现

  C. 算法一定是程序　　　　　　　　　　D. 程序一定是算法

4. 下面不属于算法表示工具的是（   ）。

  A. 机器语言　　　B. 自然语言　　　C. 流程图　　　D. 伪代码

5. 《孙子兵法》上有一道"物不知数"问题，"今有物不知其数，二三数之剩二、五五数之剩三，七七数之剩二，问物几何？"该问题应采用（   ）算法来求解。

  A. 迭代法　　　　B. 递归法　　　　C. 穷举法　　　D. 查找法

6. （   ）特性不属于算法的特性。

  A. 输入、输出　　B. 有穷性　　　C. 可行性、确定性　　D. 连续性

7. 下列关于人类和计算机解决实际问题说法错误的是（   ）。

  A. 人类计算速度慢而计算机快

  B. 人类自动化复杂而计算机简单

  C. 人类精确度一般而计算机很精确

  D. 人类可以完成任务，得出结果而计算机不能

8. 图书管理系统对图书管理是按图书编码从小到大进行管理的，若要查找一本已知编码的图书，则能快速地查找算法是（   ）。

  A. 顺序查找　　　B. 随机查找　　　C. 二分法查找　　　D. 以上都不对

9. 算法的输出是指算法在执行过程中或终止前，需要将解决问题的结果反馈给用户，关于算法输出的描述（   ）是正确的。

  A. 算法至少有一个输出，该输出可以出现在算法的结束部分

  B. 算法可以有多个输出，所有输出必须出现在算法的结束部分

  C. 算法可以没有输出，因为该算法运行结果为"无解"

  D. 以上说法都有错误

10. 可以用多种不同的方法描述算法，（   ）属于算法描述的方法。

  A. 流程图、自然语言、选择结构、伪代码

  B. 流程图、自然语言、循环结构、伪代码

  C. 计算机语言、流程图、自然语言、伪代码

  D. 计算机语言、顺序结构、自然语言、伪代码

11. 以下问题最适用于计算机编程解决的是（   ）。

  A. 制作一个表格　　　　　　　　　B. 计算已知半径的圆的周长

  C. 制作一部电影　　　　　　　　　D. 求 2 到 10000 之间的所有素数

12. 日本数学家谷角静夫在研究自然数时发现了一个奇怪现象（"谷角猜想"）：对于任意一个自然数 n，若 n 为偶数，则将其除以 2；若 n 为奇数，则将其乘以 3，然后再加 1。如此经过有限次运算后，总可以得到自然数 1，例如，对于自然数 10，多次运算得到数列：10，5，16，8，4，2，1。这样的运算过程在程序设计中称为（   ）。

  A. 枚举　　　　B. 并行处理　　　C. 二分法　　　D. 迭代

13. Wi-Fi 密码破解。假定某 Wi-Fi 的密码是 6 位，由数字字符和大小写英文字母组成。这种密码共有

56 800 235 584 种组合,破解的一种方法是利用计算机运算速度快的特点,把所有的组合逐一测试验证,这种破解密码的方法称为(   )。

  A. 穷举   B. 并行处理   C. 二分法   D. 迭代

14. 计算机解决"猴子吃桃子"问题,应采用(   )方法解决。

  A. 递推法   B. 查找法   C. 穷举法   D. 递归法

15. 面对算法描述正确的一项是(   )。

  A. 算法只能用自然语言来描述   B. 算法只能用图形方式来表示

  C. 同一个问题可以有不同的算法   D. 同一个问题的算法不同,结果必然不同

16. 计算机能直接执行的程序是(   )。

  A. 源程序   B. 机器语言程序

  C. 高级语言程序   D. 汇编语言程序

17. 程序设计的一般过程为(   )。

  A. 设计算法,编写程序,分析问题,确定数学模型,运行和测试程序

  B. 分析问题,确定数学模型,设计算法,编写程序,运行和测试程序

  C. 分析问题,设计算法,编写程序,确定数学模型,运行和测试程序

  D. 设计算法,分析问题,编写程序,确定数学模型,运行和测试程序

18. 结构化程序设计由 3 种基本结构组成,(   )不属于这 3 种基本结构。

  A. 选择结构   B. 顺序结构   C. 循环结构   D. 递归结构

19. 下面说法正确的是(   )。

  A. 程序就是数据   B. 程序就是描述算法

  C. 数据结构就是算法   D. 数据结构就是流程图

20. 程序设计语言的发展阶段不包括(   )。

  A. 自然语言   B. 机器语言   C. 汇编语言   D. 高级语言

第3部分 数据传输与承载平台

第8章 计算机网络

第9章 Internet 的服务与应用

第8章 计算机网络

导读：

  计算机技术与通信技术的结合推动着社会信息化的革命进程。人们通过连接地区、国家，甚至全世界的计算机网络来获取、存储、传输和处理信息，并利用信息进行生产过程的控制和经济计划的决策。计算机网络已经成为信息社会的重要基础，加速了全球信息革命的进程，对人类社会产生了不可估量的影响，并且正在悄然改变着我们工作和生活的各个方面。如今，人们的工作、学习、生活和社会交往活动已越来越离不开计算机网络，而学习和研究计算机网络方面的新技术是相当重要的。

  本章介绍计算机网络技术所涉及的基本概念、基本工作原理和应用技术，为网络结构、网络操作系统、组网技术、网络运行原理及网络应用提供理论依据。主要内容包括认识计算机网络、网络数据通信基础、局域网的组建、局域网文件与打印共享等。计算机网络基础面向的是计算机网络初学者。

知识地图：

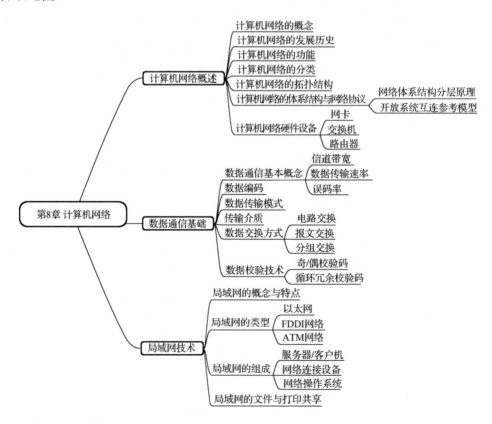

第8章 课程学习任务单

任务编码	801	任务名称	第8章 计算机网络
要求	通过在线上学习 MOOC/SPOC 相关视频内容、做练习、讨论，完成第8章的学习。学习教材有关章节内容，把不懂地方标在课程学习任务单上。此课程学习任务单需要打印出来，再手工填写。每个小组选择下面13个讨论问题中的一个问题拍摄一段小组学习讨论视频，时长不超过10分钟。		
学习目标	教学目的及要求： 1. 熟悉计算机网络的定义、计算机网络的分类、网络的拓扑结构、网络协议的概念； 2. 了解计算机网络的发展； 3. 了解计算机网络的两大体系结构：OSI 7层模型和TCP/IP 模型； 4. 了解局域网的组成及基本设备，并且了解局域网标准。 教学重点及难点： 1. 计算机网络的定义、计算机网络的分类、网络的拓扑结构、网络协议； 2. 网络组成、OSI 和 TCP/IP。		
学习要求	1. 观看 MOOC/SPOC 上"第8讲计算机网络基础"视频，阅读教材的"第8章"。 2. 完成 MOOC/SPOC 上"第8讲计算机网络基础知识"后的随堂测验及讨论。 3. 请认真完成本次课程学习任务单要求并认真填写，本单所有学习要求完成的结果将计入平时成绩。		
讨论问题	1. 什么是计算机网络？它有什么功能？ 2. 计算机之间如何通信？ 3. OSI 模型与 TCP/IP 是什么关系？ 4. TCP 和 IP 协议的作用分别是什么？ 5. 按地理范围分计算机网络可以分为哪几类？有什么特点？ 6. 什么是服务器？什么是客户机？ 7. 常用的互联网设备有哪些？各有什么作用？ 8. 常用的计算机网络传输介质有哪些？ 9. 如何使用 PING 和 IPCONFIG 命令？ 10. 决定局域网特性的关键技术有哪些？ 11. 计算机网络的拓扑结构有哪几种？ 12. 无线 AP 与家用无线路由器的区别是什么？ 13. 两台计算机如何连接成网络？多台计算机如何连接成网络？		
学习记录总结反思	学习 MOOC/SPOC 和在课堂学习中有什么困难？小组学习讨论中有什么困难？交流学习心得并进行反思，小组讨论发言。本栏填写不下，写在本单反面。		

8.1 计算机网络概述

计算机网络从 20 世纪 60 年代的单机通信系统发展至今，逐步形成了开放式的网络体系结构，同时具有高速化、智能化、移动化和综合化的特点。随着计算机应用技术的普及以及标准化网络体系结构的应用，计算机网络已从最初的数据通信、文件资源共享等功能发展到目前基于云环境和物联网的无所不在的信息与服务应用，对现代人类社会产生了深远的影响，并由此发展形成了以计算机互联网为基础的信息时代，计算机网络也因此成了信息时代最重要、最关键的组成部分。

8.1.1 什么是计算机网络

计算机网络是现代通信技术与计算机技术相结合的产物，在计算机网络发展的不同阶段中，人们对计算机网络提出了不同的定义，反映了人们对网络在不同层面上的认识。

从通信角度来讲，计算机网络是以信息传递为目的，用通信线路连接起来的计算机系统的集合。从资源共享的观点来讲，计算机网络就是将分布在不同地理位置，具有独立操作系统的计算机及其附属设备，使用通信设备和线路连接起来，按照共同的网络协议实现相互之间的信息传递和资源共享的系统。

8.1.2 计算机网络的发展历史

计算机网络历经几代发展，如今已完全渗透到人们生活的各个环节之中，其发展过程可分为以下 4 个阶段。

1. 面向终端的单机互联系统

20 世纪 50 年代，计算机的数量非常少而且非常昂贵，而通信线路和通信设备的价格相对便宜，很多研究人员都想使用这些昂贵的主机来共享主机资源并进行信息的采集及综合处理。于是就产生了将一台计算机与若干终端通过通信线路直接相连的单机互连系统。主机是这个网络系统的中心和控制者，负责终端用户的数据处理与存储，同时负责主机与终端之间的通信过程；终端是不具有处理和存储能力的计算机，围绕中心主机分布在各处且呈分层星形结构，各终端通过通信线路共享主机的硬件与软件资源。

计算机网络发展史（来自腾讯平台）

2. 主机互连的分组交换网

20 世纪 60 年代中期到 70 年代中期，随着计算机技术和通信技术的进步，开始利用通信线路将多台主机连接起来，为终端用户提供服务；同时在计算机通信网的基础上通过对计算机网络体系结构和协议标准的研究，形成了初期以多主机分组交换进行数据远距离传输为特征的计算机网络。多主机互连分组交换网由通信子网和资源子网组成，以通信子网为中心，网络中的主机与终端不仅可以共享通信子网的资源，还可以共享资源子网的硬件和软件资源。网络的共享采用排队方式，由节点的分组交换机负责分组的存储转发和路由选择，为两个进行通信的用户动态分配传输带宽，这样就可以大大提高通信线路的利用率，非常适合突发式的计算机数据传输过程。

信息包交换

3．标准体系结构网络

20 世纪 80 年代之前，不同厂家甚至是同一厂家不同时期的设备也无法达到互连互通，这种情况严重地阻碍了计算机网络向更大规模的发展。为了使不同体系结构的计算机网络都能互连，实现更大范围的计算机联网，1977 年国际标准化组织 ISO（International Organization for Standardization）提出了一个开放系统互连参考模型 OSI（Open System Interconnection／Reference Model），并于 1984 年正式发布。该框架可使不同结构的网络与协议在统一的网络体系结构下全网互相连通，遵循 OSI 标准的网络可以与位于世界上任何地方以及遵循同一标准的其他任何系统进行通信。

4．高速计算机网络

20 世纪 90 年代以后至今，属于第 4 代计算机网络。第 4 代网络是随着数字通信技术和光纤的出现而产生的，其特点是：采用高速网络技术、综合业务数字网的实现、多媒体和智能型网络的兴起。随着 DDN、ISDN、xDSL、FDDI、ATM 和 DWDM 等快速接入网络的技术不断地进步，更大规模的互连网络 Internet 由此进入普通大众的日常生活，并形成了遍布全球的信息高速公路。

8.1.3 计算机网络的功能

计算机网络是现代通信技术与计算机技术相结合的产物，通过计算机网络可以实现计算机之间的信息交换和资源共享，以及将位于不同地理位置的多台计算机联合起来共同完成一项任务等功能。

（1）信息交换：是计算机网络最基本的功能，也是计算机网络其他功能的基础，用来在计算机之间传递和交换信息，如发送电子邮件、远程登录等。

（2）资源共享：是计算机网络最常用的功能，包括共享软件、硬件和数据资源。资源共享可以使用户方便地访问分布在不同地理位置的各种资源，从而极大地提高系统资源的利用率，使系统的整体性能价格比得到改善。

（3）提高系统的可靠性：分布广阔的计算机网络，对不可抗拒的自然灾害有着较强的应对能力。网络中一台计算机或一条传输线路出现故障，可通过其他无故障线路传递信息，其任务也可以由其他计算机或备份的资源代替，避免了系统服务的中断和瘫痪，提高了系统的可靠性。

（4）易于分布式处理：分布式处理可以把同一任务分配到网络中地理位置不相邻的节点机上共同协作完成。通常，对于复杂的大型任务可以采用合适的算法，将任务划分成若干小任务并分散到网络中不同的计算机上去执行，完成以后再将结果集中返回给用户，实现网络分布式处理的目的。同时，将多台计算机联合使用并构成高性能的分布式计算机体系，可大大提高计算机系统的处理能力。

（5）负载均衡：负载均衡可以把处理任务均匀地分配给网络上的其他计算机系统去完成。当网络中某台计算机、部件或者服务程序负担过重时，通过合理的调度算法可将其任务的全部或一部分转交给其他较为空闲的计算机系统去完成，以达到合理利用计算机的处理能力以及均衡使用网络资源的目的，同时提高问题响应的实时性。

8.1.4 计算机网络的分类

计算机网络是由传输介质连接在一起的一系列设备（网络节点）组成的资源共享系统。一个节点可以是一台计算机、打印机或是任何能够发送或接收由网络上其他节点产生的数据的设备，这些设备通过连接实现资源的共享。计算机网络从不同角度具有多种分类方式，可以按网络覆盖的地理范围分类、按网络的拓扑结构分类、按通信方式分类、按传输介质分类，以及按其他各种方式分类等。

1．根据网络覆盖的地理范围分类

（1）局域网（Local Area Network，LAN）。局域网是指在一个较小的地理范围内的各种计算机网络设备互连在一起的通信网络，它可以包含一个或多个子网，通常局限在几千米的范围之内。局域网具有连接规模小、连接速率高、组建配置方便、使用方式灵活等特点。目前主要的局域网包括：以太网（Ethernet）、令牌环网（Token Ring）、光纤分布式接口网络（FDDI）、异步传输模式网（ATM）以及无线局域网（WLAN）等。

（2）城域网（Metropolitan Area Network，MAN）。城域网也称都市网，它的规模局限在一座城市的范围内，覆盖的范围从几十千米至数百千米，城域网基本上是局域网的延伸。在一个大型城市或都市地区，一个城域网络通常连接着多个不同的局域网，如政府机构、教育科研、医疗卫生、公司企业的局域网等。由于光纤连接的引入，使城域网中高速的局域网互连成为可能。

（3）广域网（Wide Area Network，WAN）。广域网又称远程网，其目的是为了让地理上分布较远的各个局域网进行互连。广域网的规模和覆盖范围较大，一般可从几百千米到几万千米，它可跨越多个城市、地区甚至国家，可在洲际之间架起网络连接的桥梁。我们通常讲的 Internet 就是最大、最典型的广域网。

2．根据服务方式分类

（1）客户机/服务器网络。服务器是指专门提供服务的高性能计算机或专用设备；客户机是指用户计算机。这是由客户机向服务器发出请求并获得服务的一种网络形式，多台客户机可以共享服务器提供的各种资源。这是最常用、最重要的一种网络类型，不仅适合于同类计算机联网，也适合于不同类型的计算机联网。这种网络安全性容易得到保证，计算机的权限、优先级易于控制，监控容易实现，网络管理能够规范化。网络性能在很大程度上取决于服务器的性能和客户机的数量。目前，银行、证券公司都采用这种类型的网络。

（2）对等网。对等网采用分散管理的方式，它不要求专用服务器，网络中每台计算机既作为客户机又作为服务器来工作。在对等网络中，每台客户机都可以与其他客户机对话，即共享彼此的信息资源与硬件资源。对等网络中的计算机一般类型相同且组网方式灵活方便，但是较难实现集中管理与监控，且安全性比较低，该网络适合作为部门内部协同工作的小型网络。

3．根据通信方式分类

（1）点到点传输。点到点网络由一对机器之间的多条连接构成，网络中数据以点到点的方式在计算机或通信设备中传输。由于使用专享通信连接，因此这种传输方式没有信道竞争，几乎不存在信道访问控制问题，另外大型网络主干核心互连经常会采用这种传输方式。

（2）广播式传输。网络中数据在共用通信介质线路中传输，由网络上的所有机器共享一条通信信道，即多台计算机连接在一条通信线路的不同分支节点上，任意一个节点所发出的报文分组被其他所有节点接收，节点发送的分组中包含一个地址域，用于指明该分组的目标接收者和来源地址。由于共享使用信道，因此广播式传输网络仅适用于地理范围较小或者保密要求不高的网络。

8.1.5 计算机网络的拓扑结构

网络上可访问的每台计算机、终端设备、支持网络的连接器、转接器等都可称为网络上的一个节点（Node），有的称为端点。而网络拓扑结构就是指网络节点的位置和互相连接的几何布局，也就是网络中主机的连接方式。网络的拓扑结构影响着整个网络的设计、功能、可靠性，以及通信费用等重要指标。根据主机的拓扑连接方式，计算机网络可以划分为总线形、环形、星形、树形、网状和混合网络，如图 8.1.1 所示。实际建网过程中通常采用其中的一种或几种拓扑结构的复合形式。

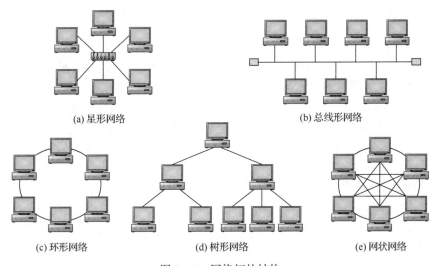

图 8.1.1 网络拓扑结构

1．星形网络

星形（Star）网络由中心节点和一些与之相连的从节点组成，它采用集中控制方式，如图 8.1.1（a）所示。目前，比较常见的是在中心节点配置集线器（HUB），每个节点通过网络接口卡和电缆连接到集线器上。星形网络结构简单、建网容易、便于控制与管理，但是可靠性较低，一旦中央节点出现故障将导致全网瘫痪。

2．总线形网络

总线形（Bus）网络中所有的节点共享一条数据通道，任何一个节点发出的信息都可沿着总线传输，并被总线上其他所有节点接收，信息的传输方向是从发送点向两端扩散传送，它是一种广播式结构，如图 8.1.1（b）所示。总线形网络安装简单方便，需要铺设的线缆最短，成本较低，易于扩展，在局域网建设中采用较多。总线网某个节点的故障一般不会影响整个网络，但介质的故障却会导致网络瘫痪，同时广播式传送安全性较低，监控比较困难且传输的信息容易发生碰撞冲突，因此不宜在实时性要求高的场合中使用。

3. 环形网络

环形（Ring）网络采用令牌控制数据传送，各节点之间关系对等，如图 8.1.1（c）所示。环形网络中各节点通过环接口连于一条封闭的环形通信线路中，环中信息单方向绕环传送，任何一个节点发送的信息都必须经过环路中的全部环接口。为了提高可靠性，可采用双环或多环等冗余措施来解决。环形结构的优点是容易安装和监控，信息吞吐量大，环网的周长可达 200 千米以上，网络节点可达数百个，但是因为环路的封闭性，所以扩充不便，一个节点故障将会导致全网瘫痪，对分支节点故障定位较难。

4. 树形网络

树形（Tree）网络结构是总线形结构的延伸，是一个分层分支的结构，适用于分级管理和控制，一个分支和节点故障不影响其他分支和节点的工作，如图 8.1.1（d）所示。树形网络是一种广播式网络，任何一个节点发送的信息，网络上的其他节点都能够接收到。此种结构的优点是网络易于扩充；缺点是结构复杂且线路利用率不如总线形网络高。

5. 网状网络

网状（Mesh）网络是一种不规则的全互连型结构，将任意两个节点通过物理信道连接成一组不规则的形状，就构成网状结构，如图 8.1.1（e）所示。网状结构中没有一个自然的"中心"，数据流向也没有固定的方向，其中任意两个节点之间的通信线路都不唯一，当某条通路出现故障时，可绕道其他路径传输信息，因此最大限度地提供了专用带宽且可靠性好；然而网状结构复杂，建网成本较高，仅适用于核心应用或者骨干传输等特殊场合。

8.1.6 计算机网络的体系结构和网络协议

1. 计算机网络体系结构分层原理

计算机网络是一个复杂的具有综合性技术的系统，由多个互连的节点组成，节点之间要不断地交换数据和控制信息，要做到有条不紊地交换数据，每个节点必须遵守一整套合理而严格的结构化管理体系。按照高度结构化设计方法，采用功能分层原理将复杂的计算机网络划分成若干单一层次，由同一层上完成特定的功能来确定，即计算机网络体系结构的内容。

计算机网络中，层次及各层功能，层间接口和协议的集合称为计算机网络体系结构。如图 8.1.2 所示，分层的计算机网络体系结构包含以下具体概念。

实体：表示任何可发送或接收信息的硬件（包括节点机设备、通信设备、终端设备、存储设备、电源系统等各类设备）或者软件进程。在许多情况下，实体就是一个特定的软件模块。

接口：相邻两层之间交互的界面，定义相邻两层之间的操作以及下层对上层的服务。接口是同一节点内相邻两层间交换信息的连接点，是一个系统内部的规定。每层只能为相邻的层次之间定义接口，不能跨层定义接口。

服务：指下层通过接口提供其相邻上层的功能。服务是垂直的，即上层可调用下层的服务，但下层不可调用上层的服务。

服务访问点：同一节点中相邻两层实体相互作用处，即上下层实体之间信息交换接口。同一节点相邻两层的实体通过服务访问点进行交互，上层实体通过服务访问点调用下层的服务，如第 n 层的服务访问点就是第 $n+1$ 层可以访问第 n 层服务的地方。

对等层：两个不同系统的同级层次。

对等实体：位于不同系统对等层中的两个实体。

协议：协议是水平的，是通信双方在通信中必须遵守的规则、标准或约定的集合。

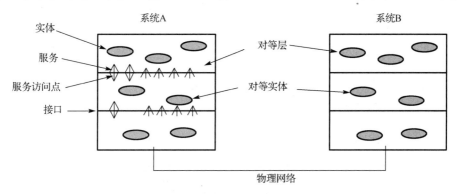

图 8.1.2　网络体系结构分层原理图

2．网络协议

网络协议是计算机网络体系结构某一层中指导实体之间通信的规则、标准或约定的集合，定义了网络实体间发送和接收报文的格式、顺序以及当传送和接收消息时应采取的行动。一个网络协议主要由以下 3 个要素组成。

语义：对协议中各协议元素含义的解释，包括需要发出何种控制信息、完成何种动作或做何种应答。

语法：控制信息或数据的结构和格式，包括数据格式、编码、信号电平等。

时序：在通信过程中，通信双方操作的执行顺序与规则，如图 8.1.3 所示。

计算机网络体系结构中每层可能有若干网络协议，但一个网络协议只属于一个层次。一个功能完备的计算机网络需要具有明确的网络层次结构模型和一整套按照层次结构组织的网络协议集，而网络体系结构可以定义为网络层次结构模型与各层网络协议的集合。

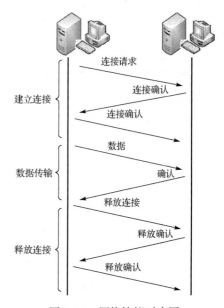

图 8.1.3　网络协议时序图

3．计算机网络体系结构模型

国际标准化组织 ISO（International Standards Organization）在 20 世纪 80 年代提出开放系统互连参考模型 OSI（Open System Interconnection）。这个规范对所有的厂商都是开放的，同时具有指导国际网络结构和开放系统走向的作用，并且直接影响总线、接口与网络的性能和连通性。OSI 参考模型一经推出，就得到了热烈响应，成为其他各种计算机网络体系结构参考和依照的标准，大大地推动了计算机网络的标准化发展。

开放系统互连参考模型把网络通信的工作分为 7 个层次，分别是物理层、数据链路层、网络层、传输层、会话层、表示层和应用层，如图 8.1.4 所示。每个层次都有具体的功能，并且在逻辑上都是相对独立的；层与层之间具有明显的界限，相邻层之间有接口标准，定义了低层向高层提供的操作服务；计算机之间的通信建立在相同层次的基础之上。

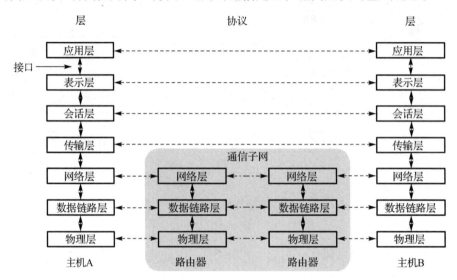

图 8.1.4　OSI 体系结构图

（1）物理层。物理层建立在物理通信介质的基础上，作为系统和通信介质的接口，用来实现数据链路实体间透明的比特流传输，只有该层为真实的物理通信，其他各层为虚拟通信。物理层实际上是设备之间的物理接口，其传输协议主要用于控制传输媒体，提供与通信介质的连接，提供为建立、维护和释放物理链路所需的机械的、电气的、功能的和规程的特性，提供在物理链路上传输非结构的位流以及故障检测指示。

（2）数据链路层。数据链路层为网络层相邻实体间提供传送数据的功能和过程，提供数据流链路控制，检测和校正物理链路的差错。物理层不考虑位流传输的结构，而数据链路层的主要职责是控制相邻系统之间的物理链路；传送的数据以"帧"为单位；规定信息编码、数据格式；约定接收和发送过程；在一帧数据开头和结尾附加特殊二进制编码为帧界识别符；发送端处理接收端送回的确认帧；保证数据帧传输和接收的正确性；发送和接收速度的匹配以及流量控制等。

（3）网络层。广域网络一般都划分为通信子网和资源子网，物理层、数据链路层与网络层组成通信子网，网络层是通信子网的最高层，并且完成对通信子网的运行控制。网络层与传输层的界面既是层间的接口，又是通信子网和用户主机组成的资源子网的界限，网络层利用本层和数据链路层、物理层两层的功能向传输层提供网络寻址、数据包服务。

（4）传输层。从传输层向上的会话层、表示层、应用层都属于端到端的主机协议层。传输层是网络体系结构中最核心的一层，传输层将实际使用的通信子网与高层应用分开。从这层开始，各层通信全部是在源主机与目标主机上的各个进程间进行的，通信双方可能经过多个中间节点。传输层为源主机与目标主机之间提供性能可靠、价格合理的数据传输。具体实现是在网络层的基础上再增添一层软件,使之能屏蔽各类通信子网的差异,同时向用户提供一个通用接口,使用户进程通过该接口方便地使用网络资源并进行通信。

(5)会话层。会话是指两个用户进程之间的一次完整通信。会话层提供不同系统间两个进程建立、维护和结束会话连接的功能,并且提供交叉会话的管理功能,包括一路交叉、两路交叉与两路同时会话的 3 种数据流方向控制模式。另外,会话层是用户连接到网络的接口。

(6)表示层。表示层的目的是处理信息传送中数据表示的问题。由于不同厂家的计算机产品常使用不同的信息表示标准,如在字符编码、数值表示等方面存在着差异,如果不解决信息表示上的差异,那么通信的用户之间就不能互相识别,因此表示层要完成信息表示与格式转换,其中转换可以在发送前也可以在接收后,也可以要求双方都转换为按照某个标准的数据表示格式。所以表示层的主要功能是完成被传输数据表示的解释工作,包括数据转换、数据加密和数据压缩等。表示层协议的主要功能有:为用户提供执行会话层服务原语的方法;提供描述负载数据结构的方法;管理当前所需的数据结构集与完成数据的内部与外部格式之间的转换。例如,确定所使用的字符集、数据编码,以及数据在屏幕和打印机上显示的方法等。另外,表示层提供了标准应用接口所需要的表示形式。

(7)应用层。应用层作为用户访问网络的接口层,为应用进程提供了访问 OSI 环境的手段。应用进程借助于应用实体(AE)、实用协议和表示服务来交换信息,应用层的作用是在实现应用进程相互通信的同时,完成一系列业务处理所需的服务。

在 OSI 网络体系结构中,除物理层外,网络中数据的实际传输方向是垂直的。数据由用户发送进程发送给应用层,向下经表示层、会话层等到达物理层,再经传输媒体传到接收端,由接收端物理层接收;向上经数据链路层等到达应用层,再由用户获取。数据在由发送进程交给应用层时,由应用层加上该层有关控制和识别的信息,再向下传送,这一过程一直重复到物理层。在接收端的信息向上传递时,各层的有关控制和识别信息被逐层剥去,最后数据送到接收进程。图 8.1.5 所示为 OSI 模型的数据流向图。

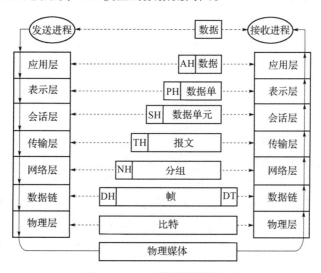

图 8.1.5　OSI 模型数据流向图

OSI 模型已成为实际网络建模、设计的重要参考工具和理论依据，它提供了网络间互连的参考模型。目前，实际的网络均为分层结构，这种模块化的结构便于同时开发、升级换代及维护管理。但是 OSI 模型设计也有一定缺陷，并且与其相关的服务定义和协议也极其复杂，同时实现起来困难且操作效率不高。

8.1.7　计算机网络硬件设备

网络互连是指处于同一地域或不同地域的同类型或不同类型网络之间的互连。随着信息网络和信息技术的发展，各个单位建立的局域网纷纷进行互连，并通过网络互连设施接入地区、国家甚至全球信息网络，在更大地域范围内进行信息交换与资源共享。

1．网卡

网络接口卡（Network Interface Card，NIC）简称网卡，又称网络适配器，如图 8.1.6 所示，是连接计算机和网络硬件的设备，是用于在网络上收发数据的接口设备，一般插在计算机主板上的扩展槽中。每块网卡都有唯一的网络节点地址，称为 MAC（Media Access Control）地址，它由厂家在生产时烧入网卡上的 ROM 中，是在网络底层的物理传输过程中真正赖以标识主机和设备的物理地址。

图 8.1.6　网络接口卡

目前经常用到的是 10M 网卡与 10/100M 自适应网卡，这两种网卡价格便宜且比较适合于普通用户，但 10/100M 自适应网卡在各方面都要优于 10M 网卡，千兆（1000M）网卡的价格较高，主要用于高速的服务器。在购买网卡时，要从速度、总线类型、接口等方面考虑，使其能够适应用户所要接入的网络。

2．中继器

由于信号在网络传输介质中存在衰减和噪声干扰，因此使有用的数据信号变得越来越弱，为了保证有用数据的完整性，使其能够在一定范围内可靠地传送，通常使用中继器把所接收到的微弱信号分离并再生放大以保持与原信号的一致，以此扩大网络的

图 8.1.7　中继器

传输距离，如图 8.1.7 所示。采用中继器所连接的网络只是在物理层面上的传输距离的延长，在逻辑功能方面实际上仍然是同一个网络。中继器的主要优点是安装简单，使用方便且几乎不需要维护。

3．集线器

集线器（HUB）工作于物理层，是一个信号放大和中转的共享设备，本身不能识别目的地址，不具备自动寻址能力和交换功能。数据包在网络上以广播方式进行传输，所有数据均被广播到与之相连的各个端口，由每台终端通过验证数据包报头的地址信息来确定是否接收。在这种共享网络带宽的工作方式下，同一时刻网络上只能传输一组数据帧。但是由于集线器价格便宜且组网灵活，因此经常使用在较小规模的局域网络中。

选择集线器有两个最重要的参数指标，分别是传输速率与端口数量。根据传输速率分类，集线器划分为 10Mbps 自适应集线器、100Mbps 自适应集线器和 10/100Mbps 自适应集线器 3 种。10/100Mbps 自适应集线器（如图 8.1.8 所示）在工作中的端口速度可根据工作站网

卡的实际速度进行调整。集线器根据端口数目主要分为 8 口、16 口、24 口和 32 口等。

4．网桥

网桥是一种在链路层实现中继且可以连接两个或更多个局域网的网络互连设备，如图 8.1.9 所示。网桥在数据链路层上能够连接两个采用不同数据链路层协议、不同传输介质以及不同传输速率的网络，并对网络数据的流通进行管理。

图 8.1.8　集线器

网桥以接收、存储、地址过滤与转发的方式实现互连网络之间的通信，它不但能扩展网络的距离或范围，而且可以提高网络的性能，并且增强其可靠性与安全性。通常可利用网桥来隔离网络信息，将同一个网络号划分成多个网段（属于同一个网络号），同时隔离出安全网段以及防止其他网段内的用户非法访问。而且当同一个网段的计算机通信时，网桥不会转发到另外的网段，只有在不同网段的计算机通信时，才会通过网桥转发到另一网段，从而有效地避免网络信息的拥挤与堵塞。由于网络分段后各网段相对独立，因此一个网段的故障不会影响到另一个网段的运行。

图 8.1.9　网桥

5．交换机

交换机（Switch）工作在数据链路层，是一种基于 MAC 地址（网卡物理地址）识别，能够完成封装转发数据帧功能的网络设备。交换机拥有一条很高带宽的背部总线和内部交换矩阵，交换机的所有端口都挂接在这条背部总线上，控制电路收到数据包后，处理端口会查找内存中的地址对照表以确定目的 MAC 地址的网卡挂接在哪个端口上，通过内部交换矩阵迅速将数据包传送到目的端口。若目的 MAC 地址不存在，则数据帧将被广播到所有的端口，接收端口回应后交换机会自动"学习"新的地址，并将其添加到内部 MAC 地址列表中。

交换机（如图 8.1.10 所示）在同一时刻可进行多个端口对之间的数据传输。每个端口都可视为独立的网段，连接在其上的网络设备独自享有全部的带宽，并且无须同其

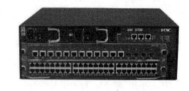

图 8.1.10　交换机

他设备竞争使用，这样可以有效地减少冲突域。交换机对工作站是透明的，这样的管理开销低廉，简化了网络节点的增加、移动和替换操作。

局域网交换机是组成网络系统的核心设备，对用户而言，局域网交换机最主要的指标是端口的类型与数量、数据交换能力、包交换速度等。

6．路由器

路由器（Router）工作在网络层，是一种连接在异种或同种网络之间形成广域互联网的设备。路由器可以在网络间截获发送到远程网段的报文，根据信道的情况自动选择最合理的通信路径，按先后顺序发送信号的设备。路由器是互联网络的枢纽，构成了基于 TCP/IP 的 Internet 的主体脉络，各种不同档次的路由产品已成为实现各种骨干网内部连接、骨干网间互连，以及骨干网与互联网互连互通业务的主力军，如图 8.1.11 所示。

路由器功能
（来自腾讯平台）

图 8.1.11　路由器

路由器像其他网络设备一样也存在其优缺点。路由器的优点是：适用于大规模、复杂的网络拓扑结构，能够实现网络线路的负载共享与最优路径，能更好地处理多媒体，隔离不需要的通信量，安全性高，节省局域网的带宽，减少主机负担等。

7．调制解调器

调制解调器（Modulator and Demodulator，Modem）作为终端计算机与通信系统之间的信号转换设备，是广域网络或远距离网络接入中不可缺少的设备之一。调制解调器的主要功能是以"调制与解调"技术来实现数字信号在电话线上的传输。调制就是将计算机发送的数字信号转换成模拟信号的过程；解调就是将接收到的模拟信号还原成计算机能够接收的数字信号的过程。调制解调器有内置式和外置式两种，如图 8.1.12 所示。

图 8.1.12　内置式和外置式的调制解调器

Modem 理论速度可达 56kbps，但常常会受到一些因素的影响。Modem 是否能工作在其理想的速度上还需视线路和网络情况而定，如电话线的噪声以及与其通信的对方的 Modem 速度等。

8.2　数据通信基础

数据是信息的表示形式，计算机网络中信息的传递离不开数据通信技术的支持。当数据在网络中传输时，需要进行编码并采用同步、复用和交换等技术，实现数据在传输介质中的有效传递。

8.2.1　数据通信基本概念

数据通信是指通过某种传输介质在通信双方之间进行数据传输与交换。数据传输发生在由传输介质连接的发送方和接收方之间，并且以收发数据的形式进行。数据通信必须是正确、及时和有效的，因此通信双方的数据传输和交换涉及通信双方采用的传输介质和传输控制技术。

在如图 8.2.1 所示的数据通信模型中，连接发送方与接收方的是传输介质，它成为通信系统的信号传输通道，各种传输介质不同的物理特性将会使数据传输产生巨大的差异。此外，数据在信道上传输还要受到外界干扰源的干扰，从而影响数据传输的有效性。这些构成了数据传输的物理基础，但仅有物理基础还不足以保障数据传输的可靠性，发送方与接收方还必须有一套控制数据通信的规则（即协议），才能实现双方的信息交流。

数字通信原理
（来自腾讯平台）

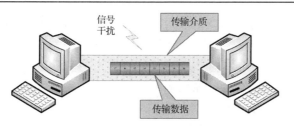

图 8.2.1 数据通信模型

1. 数据

数据是信息的表示形式,表示信息的形式可以是数值、文字、图形、声音、图像以及动画等。在计算机系统中,统一以二进制代码表示数据的不同形式,数据可分为模拟数据与数字数据。模拟数据是在一定时间间隔内连续变化的数据可以取无限多个数值,如声音、电视、图像、信号等都是连续变化的;数字数据表现为离散的数据量,在一定的时间间隔内只能取有限个数值,如脉冲信号、开关信号等,在计算机网络中传输的信息都是数字数据。

2. 信号与信道

在通信系统中,信号是数据在传输过程中的表示形式;信道是数据发送方和数据接收方之间传送信号的有效物理通道,包括通信设备与传输介质。通常,同一传输介质上可提供多条信道,并且一条信道允许一路信号通过。按传输介质的类型来划分,信道可被划分为有线信道和无线信道;按信道中所传输的信号类型来划分,信道被分为模拟信道和数字信道,传送模拟信号的信道称为模拟信道,传送数字信号的信道称为数字信道。但是数字信号在经过数模转换成模拟信号后可以在模拟信道上传送,而模拟信号在经过模数转换后也可以在数字信道上传送。

信道上传输的信号还可以分为基带信号、频带信号和宽带信号。基带信号是将数字信号"1"或"0"直接用两种不同的电压表示,然后送到线路上进行传输,这种高、低电平不断交替的信号称为基带信号,将基带信号直接送到线路上传输称为基带传输。频带信号是将基带信号进行调制后形成的模拟信号,将频带信号送到线路上去传输称为频带传输。多路基带信号(数字信号、音频信号和视频信号等)的频谱分别放置到一条传输线路的不同频段进行传输称为宽带传输。在宽带传输时信号之间不会互相干扰,并且提高线路的利用率。

3. 信道带宽、容量与吞吐量

带宽通常指信号所占据的频带宽度,当带宽被用来描述信道时,带宽是指能够有效通过该信道的信号的最大频带宽度。对于模拟信号而言,带宽又称频宽,以赫兹(Hz)为单位。对于数字信号而言,带宽是指单位时间内链路能够通过的数据量,以波特率为单位。

信道容量是指在一个通信信道中能够可靠地传送信息时可达的速率上限。根据有噪信道编码定理,在信息传送速率小于信道的信道容量时,可以通过合适的信道编码实现可靠的信息传输。理论上增加信道容量可以通过增加带宽来获得,但是由于信道中存在噪声和干扰,因此制约了带宽的增加。

信道吞吐量是信道在单位时间内成功传输的总信息量,信道吞吐量与通信设备的处理能力相关。

4. 数据传输速率

在信息传输通道中,携带数据信息的信号单元称为码元,每秒钟通过信道传输的码元数量称为码元传输速率。码元传输速率是数字信号经过调制后的传输速率,是传输通道频宽的指标,通常以"波特"(Baud)为单位,又称波特率。

数据传输速率是数据在信道中传输的速度,表示每秒钟通过信道传输的信息的位数,又称位传输速率,简称比特率。在数字信道中,比特率是数字信号的传输速率,用单位时间内传输的二进制代码的有效位(bit)数来表示,其单位为每秒比特数 bit/s(bps)、每秒千比特数(kbps)或每秒兆比特数(Mbps)来表示(注:此处 k 和 M 分别为 1000 和 1000000,而不是涉及计算机存储器容量时的 1024 和 1048576)。

波特率有时会与比特率混淆,实际上比特率是对信息传输速率(传信率)的度量。波特率可以被理解为单位时间内传输码元符号的个数(传符号率),是对信号传输速率的一种度量,通过不同的调制方法可以在一个码元符号上负载多个比特信息。

5. 误码率

误码率即差错发生率,指二进制位在传输中被传错的概率。即发送的 0 而接收的是 1,或者发送的是 1 而接收的是 0 的概率。

8.2.2 数据编码

1. 数字/数据的数字信号编码

数字/数据编码的任务是如何将二进制比特转换成适合在数字信道上传送的数字信号。数字/数据可以由多种不同的电脉冲信号的波形来表示,数字信号是离散的电压或电流的脉冲序列,每个脉冲代表一个信号单元(或称码元)。最普遍且最容易的方法是用两种码元分别表示二进制数字符号"0"和"1",每位二进制符号和一个码元相对应,表示二进制数字的码元形式不同,产生的编码方法也不同。

数字/数据的数字信号编码方式如图 8.2.2 所示,其中图 8.2.2(a)为不归零(NRZ)编码,图 8.2.2(b)为曼彻斯特编码,图 8.2.2(c)为差分曼彻斯特编码。

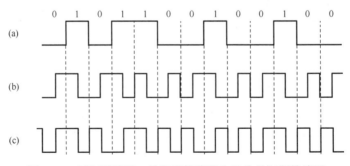

图 8.2.2 不归零编码、曼彻斯特编码和差分曼彻斯特编码

不归零(Non-Return to Zero Coding)编码是以高电平表示逻辑"1",低电平表示逻辑"0"。由于不能判断位的开始与结束,收发双方不能保持同步,因此需要用另一个信道同时传送同步信号,这也是不归零编码的特点。

曼彻斯特(Manchester Coding)编码的编码方法是将每个码元再分成两个相等的间隔。当码元为"0"时,在间隔的中间时刻,从低电平变为高电平;当码元为"1"时,在间隔的中间时刻,从高电平变为低电平。这种编码的特点就是任何两次电平跳变的时间间隔是 $T/2$ 或 T,提取电平跳变信号可作为收发双方的同步信号，不需要另外的同步信号，即"自含时钟编码"。

差分曼彻斯特编码（Differential Manchester Coding）的编码方法是在每个码元的时间间隔内，无论码元为"0"或为"1"，在间隔的中间都有电平的跳转。当码元为"0"时，间隔开始时刻有跳转；当码元为"1"时，间隔开始时刻无跳转。与曼彻斯特编码的不同之处在于每位中间的跳转作为同步时钟信号，而码元取值是"0"还是"1"则根据每位的起始处有没有变化来判断。

2．数字数据的模拟信号编码

在数据通信中，当我们要对基带信号进行远距离传输时，先要将其转化为模拟信号再通过模拟信道传输，这个变换就是数字数据的模拟信号编码过程，即调制过程。

所谓调制就是进行波形变换，利用基带信号对高频震荡载波的参量进行修改。最常用的载波是正弦波，假设振幅为 A，频率为 f，初始相位为 φ，则对应的数学表达式为 $u(t)=A\sin(ft+\varphi)$。通过对载波的振幅、频率和初相位进行修改，分别对应了 3 种基本的调制方法：调幅、调频和调相，如图 8.2.3 所示。

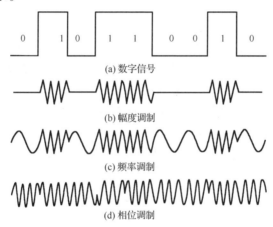

图 8.2.3　数字数据的模拟信号调制

（1）幅度调制（Amplitude Modulation，AM）。载波的振幅随基带数字信号的变化而变化，如"0"对应于无载波输出，即振幅为 0；而"1"对应于有载波输出，即振幅为 1，对应的数学表达式为

$$u(t)=\begin{cases}A\sin(ft+\varphi)\\0\end{cases}$$

幅度调制又称幅移键控（Amplitude Shift Keying，ASK）。在幅移键控方式下，用载波频率的两个不同的振幅来表示两个二进制值。在有些情况下，用振幅恒定载波的存在来表示一个二进制数字，而用载波的不存在表示另一个二进制数字。ASK 方式容易受增益变化的影响，因此，该方式是一种效率相当低的调制技术。在音频线路上，通常只能达到 1200bps。

（2）频率调制（Frequency Modulation，FM）。载波的频率随基带数字信号的变化而变化，如"0"对应于频率 f_1，而"1"对应于频率 f_2，对应的数学表达式为

$$u(t)=\begin{cases}A\sin(f_1t+\varphi)\\A\sin(f_2t+\varphi)\end{cases}$$

频率调制也叫频移键控（Frequency Shift Keying，FSK）。在频移键控方式下，用载波频率附近的两个不同频率来表示二进制值。这种方式与ASK方式相比，不容易受干扰的影响，这种方式一般也用于高频（3MHz～30MHz）的无线电传输，它甚至也能用于较高频率的同轴电缆的局部网络。

（3）相位调制（Phase Modulation，PM）。载波的初相位随基带数字信号的变化而变化，如"0"对应于相位180°，而"1"对应于0°，对应的数学表达式为

$$u(t) = \begin{cases} A\sin(ft + 0°) \\ A\sin(ft + 180°) \end{cases}$$

相位调制也称相移键控（Phase Shift Keying，PSK）。在相移调制中，振幅和频率为常量，但通过控制或改变正弦载波信号的相位来表示二进制数据。按照使用相位的绝对值还是相位的相对偏移来表示二进制数据，我们将相位调制分为绝对调相与相对调相；按照对一个完整周期的相位等分方式，我们将相位调制分为二相制、四相制、八相制、十六相制等。

3. 模拟数据的数字信号编码

模拟数据的数字信号编码常用的方法有脉冲编码调制（Pulse Code Modulation，PCM）与增量调制（Delta Modulation，DM）。PCM方法以取样定理为基础，将模拟数据数字化，如对音频信号进行数字化编码，一般包括取样、量化和编码3个过程。

（1）取样：指在每隔固定长度的时间点上抽取模拟数据的瞬时值，作为从这一次取样到下一次取样之间该模拟数据的代表值。根据取样定理，当取样的频率f大于等于模拟数据的频带宽度（模拟信号的最高变化频率f_{max}）的2倍（即$f \geq 2f_{max}$）时，所得的离散信号可以无失真地代表被取样的模拟数据。取样的结果是将连续的模拟信息转化为离散信息。

（2）量化：把取样得到的不同的离散幅值，按照一定的量化级转换为对应的数据值，并取整数，从而得到离散信号的具体数值。所取的量化级越高表示离散信号的精度越高。

（3）编码：将量化的离散值转换为一定位数的二进制数值。通常，量化级为N时，对应的二进制位数为$\log_2 N$，如量化级为8级对应的编码位数是3位，量化级为16级对应的编码为4位等。

8.2.3 数据传输模式

1. 单工方式、半双工方式与全双工方式

按照数据信号在信道上的传送方向，数据在信道上的传送可分为3种方式：单工方式、半双工方式与全双工方式

（1）单工方式中，任何时刻数据信号仅沿从发送方到接收方一个方向传送，即发送方只能发送，接收方只能接收，任何时候都不能改变方向，如广播、电视。如图8.2.4所示。

图8.2.4 单工方式

（2）半双工方式中，数据信号可以沿两个方向传送，但同一时刻一个信道只允许单方向传送，即某个时刻只有一方可以发送数据，另一方只能接收数据，因此这种传输模式又称"双向交替"模式。发/收之间的转向时间通常为 20ms～50ms，如对讲机、计算机与终端信息数据的传输。如图 8.2.5 所示。

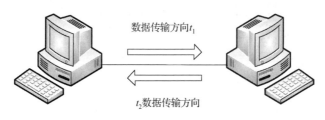

图 8.2.5　半双工方式

（3）全双工方式中，数据信号可以沿两个方向同时传送，即通信双方可以同时发送和接收数据，如计算机与计算机之间的数据通信，如图 8.2.6 所示。

图 8.2.6　全双工方式

2．并行传输与串行传输

按照数据信号在信道上是以成组方式还是以逐位方式传输可分为并行传输与串行传输。

（1）并行传输。并行传输是一组信号元在两点之间的适当数量的并行路径上的同时传输。由于多个数据位在多个并行的信道上成组传输，所以传输速率高且控制方式简单。但是，由于并行传输时需要多个物理通道，因此增加了线路成本，所以它只适合于短距离、要求传输速度快的场合使用，通常用于计算机内部或设备间的通信。图 8.2.7 所示是同时传送一个 8 位符号的并行传输。

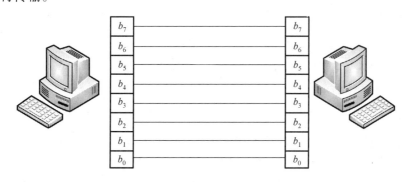

图 8.2.7　并行传输

（2）串行传输。串行传输是信号在两点之间的单一路径上的顺序传输。串行传输时信号比特在一条物理信道上以位为单位按时间顺序逐位传输，并且有着较低的信道成本，因此线路投资小且易于实现，特别适用于远距离的信号传输。但是在串行传输时必须解决收发双方的同步控制问题，否则，接收方接收的数据信息极易发生错误。图 8.2.8 所示为一个 8 位符号的串行传输。

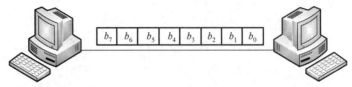

图 8.2.8　串行传输

3. 异步传输与同步传输

当通信双方交换数据时，发送方和接收方需要保持同步，这样接收方才能正确接收发送方发出的数据。所谓同步就是接收方要按照发送方发送每个码元的起止时刻和速率来接收数据。否则，收发双方会产生误差，即使很小的误差，随着时间的累计也会造成数据的传输错误。通常实现数据同步的传输技术有异步传输方式与同步传输方式。

（1）异步传输方式。异步传输将比特分成小组进行传送，小组可以是 8 位的 1 个字符或更长。发送方可以在任何时刻发送这些比特组，而接收方将一直不会知道这些比特组在什么时候到达。

在异步传输方式中，每传送一个字符（7 或 8 位）都要在每个字符码前加一个起始位，以表示字符代码的开始，在字符代码和校验码后面加一个或两个停止位，表示字符结束。接收方根据起始位和停止位来判断一个新字符的开始和结束，并按照相同的时间间隔来接收数据中各个信息位，从而实现通信双方的数据同步。异步传输如图 8.2.9（a）所示。由于异步传输除传输有效的字符外，还需要额外传输附加的控制信息，因此增加了传输开销，导致信道的有效利用率低，所以这种方式适用于低速的终端设备。

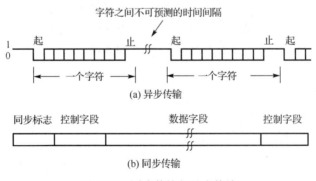

图 8.2.9　同步传输与异步传输

（2）同步传输方式。同步传输是一种以数据块为传输单位的数据传输方式，又称区块传输。同步传输是以同步的时钟节拍来发送数据信号的，数据块与数据块之间的时间间隔是固定的，各信号码元之间的相对位置也是固定的（即同步的），因此必须严格地规定它们的时间关系。每个数据块的头部和尾部都要附加一个特殊的字符或比特序列，用来标记一个数据块的开始和结束，一般还要附加一个校验序列以便对数据块进行差错控制。同步传输如图 8.2.9（b）所示。

除同步字符外，通信双方还需要精确的时钟保证每一位的正确接收。时钟同步有外同步和自同步两种方式，外同步是指在接收方与发送方之间再增加一条传输通道，使发送方在发送数据前，先向接收方发送一串同步时钟脉冲，接收方按照这个频率调整自己的接收时钟；自同步是指将时钟信号加入数据信号中，接收方在传输的数据中直接提取同步时钟信息。

同步传输通常要比异步传输快得多。由于通信双方将数据块（帧）作为传送单位，接收方不必对每个字符进行开始和停止的操作，同步传输的开销比较少，从而提高了传输效率，因此同步传输适用于高速传输数据的系统，如计算机之间的通信。

8.2.4 传输介质

传输介质是指在网络中承担信息传输的载体，是网络中发送方与接收方之间的物理通路，对网络的数据通信具有一定的影响。常用的传输介质分为有线传输介质与无线传输介质两大类，不同的传输介质因其物理特性各不相同，从而对网络中数据通信的质量和速度有着较大的影响。

1. 有线传输介质

有线传输介质是指在两个通信设备之间实现的物理连接部分，能够将信号从一方传输到另一方，常见的有线传输介质有：电话线、双绞线、同轴电缆和光纤等。

（1）双绞线。双绞线（Twisted Pair，TP）由两根绝缘导线相互缠绕而成，将一对或多对双绞线放置在一个保护套里便成了双绞线电缆，如图 8.2.10 所示。双绞线通过螺旋状的缠绕结构可有效减少导线间的电磁干扰，通信距离一般可达到 1000 米。双绞线既可用于传输模拟信号，又可用于传输数字信号，虽然双绞线容易受到外部高频电磁波的干扰，但由于其价格便宜且安装方便，因此它既适用于点到点连接又适用于多点连接，双绞线是目前使用最为广泛的传输介质。

双绞线可分为屏蔽双绞线（Shielded Twisted-Pair，STP）和非屏蔽双绞线（Unshielded Twisted Pair，UTP）。屏蔽双绞线电缆的外层由铝箔包裹以减小辐射，但并不能完全消除辐射，如图 8.2.11 所示。与非屏蔽双绞线相比，屏蔽双绞线采用了良好的屏蔽层且抗干扰性较好以及具有更高的传输速度，但由于价格较贵，并且安装时必须要配有支持屏蔽功能的特殊联结器和相应的安装技术，因此在实际组网中用得不是很多。

（2）同轴电缆。同轴电缆由一空心金属圆管（外导体）和一根硬铜导线（内导体）组成。由于外导体屏蔽层的作用，同轴电缆具有很好的抗干扰特性，被广泛用于传输较高速率的数据，如图 8.2.12 所示。内导体位于金属圆管中心，内外导体之间使用聚乙烯塑料垫片绝缘。同轴电缆具有抗干扰能力强、连接简单等特点，因此被广泛用于局域网。

图 8.2.10　双绞线　　　　　图 8.2.11　屏蔽双绞线　　　　　图 8.2.12　同轴电缆

用于局域网的同轴电缆通常有两种：一种是专门用在 IEEE 802.3 标准以太网环境中阻抗为 50Ω 的电缆并且只用于数字信号发送，称为基带同轴电缆；另一种是用于频分多路复用 FDM 的模拟信号发送，阻抗为 75Ω 的电缆，称为宽带同轴电缆。同轴电缆的带宽取决于电缆的质量，高质量的同轴电缆的带宽已接近 1GHz。

（3）光纤。光纤是光导纤维的简称，是传送光信号的介质，由光导纤芯、玻璃网层和增强强度的保护层构成，使用时多芯光纤组合形成光缆，并配以外壳或护甲以提高其物理强度，如图 8.2.13 所示。光纤具有不受外界电磁场的影响、无限制的传输带宽等特点，可以实现超高速的数据传送，光纤尺寸小、重量轻，并且传输距离可达几百千米，但是价格昂贵。

图 8.2.13　光缆

光纤是目前计算机网络中最有发展前途的传输介质，它的传输速率可高达 2.4Gbps 且误码率低、衰减小，并有很强的抗干扰能力，适合在信号泄漏且干扰严重的环境中使用，通常以环状结构被普遍用于广域网、城域网及园区网络中。

2．无线传输介质

无线传输介质也称空间传输介质，是在两个通信设备之间不使用任何有形的物理连接，而通过空间传输信号的一种技术。无线传输介质主要有无线电波、微波、红外线、激光、Wi-Fi 和蓝牙等。

（1）无线电波通信。无线电波是指在自由空间（包括空气和真空）中传播的射频频段的电磁波。无线电技术是通过无线电波传播声音或其他信号的技术，无线电技术的原理在于导体中电流强弱的改变会产生无线电波。利用这一现象，通过调制可将信息加载于无线电波之上，当电波通过空间传播到达收信端时，电波引起的电磁场变化又会在导体中产生电流。通过解调将信息从电流变化中提取出来，这就达到了信息传递的目的。

（2）微波通信。微波是指频率为 300MHz～300GHz 的电磁波，是无线电波中一个有限频带的简称，即波长在 1 米（不含 1 米）到 1 毫米之间的电磁波，它是分米波、厘米波、毫米波的统称。微波频率比一般的无线电波频率高，通常也称"超高频电磁波"。

（3）红外线通信。红外线是太阳光线中众多不可见光线中的一种，又称红外热辐射，可以当作传输的介质。太阳光谱上红外线的波长大于可见光线，波长为 0.75μm～1000μm。红外线可分为 3 部分，即近红外线，波长为 0.75μm～1.50μm；中红外线，波长为 1.50μm～6.0μm；远红外线，波长为 6.0μm～1000μm。

（4）激光通信。激光通信的优点是带宽高、方向性好、保密性能好等，激光通信多用于短距离的传输；激光通信的缺点是其传输效率受天气影响较大。

（5）Wi-Fi 通信。基于 802.11 协议的无线局域网接入技术被称为无线保真技术 Wi-Fi（Wireless Fidelity）。Wi-Fi 可以提供热点覆盖，低移动性和高数据传输速率，无线接入和高速传输是 Wi-Fi 技术的主要特点。

（6）蓝牙通信。蓝牙技术的快速发展填补了近距离无线通信的空白，更重要的是极大地推动和扩大并完善了无线通信的应用范围。蓝牙技术能以极为便利的方式完成数据和语音的交换并且越来越受到人们的关注。

8.2.5 数据交换方式

在数据通信系统中，当终端与计算机之间或者计算机与计算机之间不是直接通过专线连接，而是要经过通信网的接续过程来建立连接的时候，那么两端系统之间的传输通路就是通过通信网络中若干节点转接而成的所谓"交换线路"。在一种任意拓扑的数据通信网络中，通过网络节点的某种转接方式来实现从任一端系统到另一端系统之间接通数据通路的技术，就称为数据交换技术。数据交换技术主要有电路交换、分组交换与报文交换 3 种方式。

1. 电路交换

电路交换是一种直接的交换技术，在通信之前需要在通信双方之间建立起一条临时的专用传输通道（物理或者逻辑通道），这条通道是由节点内部电路对节点间传输路径经过适当选择、连接而完成的，是由多个节点和节点间传输路径组成的链路。

在电路交换方式中，电路的建立对用户是透明的，通信电路一旦连通，通信线路就为通信双方专用，传输的可靠性将会得到保障，而且除数据传输的延迟外，再没有其他延迟，因此实时性非常好。然而电路交换包括电路建立、数据传输和电路拆除 3 个阶段，平均的连接建立时间对计算机通信来说时延稍长，而且电路交换连接建立后，物理通路被通信双方独占，即使通信线路空闲，也不能供其他用户使用，因此信道利用率低。

2. 报文交换

报文交换是以报文为数据交换的单位，报文携带有目标地址、源地址等信息，在交换节点采用存储转发的传输方式。由于报文交换不需要为通信双方预先建立一条专用的通信线路，因此不存在连接建立的时延，并且用户可随时发送报文。通信双方不是固定占有一条通信线路，而是在不同的时间段部分地占有这条物理通路，因此大大提高了通信线路的利用率。

由于采用存储转发的传输方式，在报文交换中便于设置代码检验和数据重发机制，另外交换节点还具有路径选择功能，因此可以做到当某条传输路径发生故障时，重新选择另一条路径传输数据，从而提高传输的可靠性。同时基于地址的传输还可提供多目标服务，即一个报文可以同时发送到多个目的地址，这在电路交换中是很难实现的。

分组交换
（来自腾讯视频）

报文交换只适用于数字信号，数据进入交换节点后要经历存储、转发这一过程，从而引起转发时延（包括接收报文、检验正确性、排队、发送时间等），而且网络的通信量越大造成的时延就越大，因此报文交换的实时性差，不适合传送实时性要求较高的数据。

3. 分组交换

分组交换（或包交换）由报文交换发展而来，仍然采用存储转发传输方式，但是在转发前会将一个长报文先分割为若干较短的分组，然后把这些分组（携带源、目的地址和编号信息）逐个地发送出去，因此加速了数据在网络中的传输。

因为分组是逐个传输，并且可以使后一个分组的存储操作与前一个分组的转发操作并行，所以这种流水线式的传输方式减少了报文的传输时间。此外，传输一个分组所需的缓冲区比传输一份报文所需的缓冲区小得多，这样因缓冲区不足而等待发送的概率及等待的时间也必然少得多。因为分组较短，所以出错概率必然减少，从而每次重发的数据量也大大减少，这样不仅提高了可靠性，也减少了传输时延。分组短小更适用于采用优先级策略，同时便于及时传送一些紧急数据，因此对于计算机之间的突发式的数据通信，分组交换显然更为合适些。尽管分组交换比报文交换的传输时延少，但仍存在存储转发时延，而且其节点交换机必须具有更强的处理能力。当分组交换采用数据报服务时，可能出现失序、丢失或重复分组，当分组到达目的节点时，要对分组进行编号、排序等工作，这样增加了接收端点的工作量。

总之，若要传送的数据量很大且其传送时间远大于呼叫时间，则采用电路交换较为合适；当端到端的通路由很多段的链路组成时，采用分组交换传送数据较为合适。从提高整个网络的信道利用率来看，报文交换与分组交换优于电路交换，其中分组交换比报文交换的时延小，尤其适合于计算机之间的突发式的数据通信。

8.2.6 数据校验技术

数据通信系统的基本任务是高效而无差错地传输和处理数据信息。然而，数据通信系统的各个部分都可能产生差错，从而产生误码。为了保证数据传输过程的可靠性，就必须采取必要的差错控制技术。

为了有效地提高传输质量，一种方法是改善信道的物理性能，使误码的概率降低到满足要求的程度，但这种方法受经济和技术上的限制，有时可能得不到理想的结果；另一种方法是采用差错控制技术，即利用检错纠错编码技术来提高传输可靠性，降低系统误码率。差错控制是数据通信中常用的方法。差错控制的主要作用是通过发现数据传输中的错误，采取相应的措施减少数据传输错误。差错控制的核心是对传输的数据信息加上与其满足一定关系的冗余码，所加入的冗余码称为校验码（Frame Check Sequence，FSC）。

校验码按照功能的不同被分为纠错码和检错码。纠错码不仅能发现传输中的错误，还能利用纠错码中的信息自动纠正错误，其对应的差错控制措施为自动前向纠错，汉明码（Hamming Code）为典型的纠错码，具有很高的纠错能力；检错码只能用来发现传输中的错误，但不能自动纠正所发现的错误，需要通过反馈重发来纠错，常见的检错码有奇偶校验码和循环冗余校验码。目前，计算机网络通信中大多采用检错码方案。

1. 奇偶校验码

奇偶校验的规则是在原数据位后附加一个校验位，将其值设置为"0"或"1"，使附加该位后的整个数据码中"1"的个数成为奇数或偶数。使用奇数个"1"进行校验的方案被称为奇校验；对应于偶数个"1"的校验方案被称为偶校验。奇偶校验有3种使用方式，即水平奇偶校验、垂直奇偶校验与水平垂直奇偶校验。下面以奇校验为例进行介绍。

水平奇校验码是指在面向字符的数据传输中，在每个字符的7位信息码后附加一个校验位"0"或"1"，使整个字符中二进制位"1"的个数为奇数。例如，设待传输字符的比特序列为"1100001"，则采用奇校验码后的比特序列形式为"11000010"。接收方在收到所传输的比特序列后，通过检查序列中的"1"的个数是否仍为奇数来判断传输是否发生了错误。若比特在传输过程中发生错误，则可能会出现"1"的个数不为奇数的情况。水平奇校验只能发现字符传输中的奇数位错，而不能发现偶数位错。又如，上述发送序列"11000010"，若接收端收到"11001010"，则可以校验出错误，因为有一位"0"变成了"1"；但是若收到

"11011010",则不能识别出错误,因为有两位"0"变成了"1"。不难理解,水平偶校验也存在同样的问题。

为了提高奇偶校验码的检错能力,引入了水平垂直奇偶校验,即由水平奇偶校验和垂直奇偶校验综合构成。

垂直奇偶校验也称组校验,是将所发送的若干字符组成字符组或字符块,其形式上相当于一个矩阵,如表 8.2.1 所示,每行为一个字符,每列为所有字符对应的相同位。在这一组字符的末尾即最后一行附加一个校验字符,该校验字符中的第 i 位分别对应组中所有字符第 i 位的校验位。显然,若单独采用垂直奇偶校验,则只能检出字符块中的某一列中的一位或奇数位错。

但是,如果同时采用了水平奇偶校验与垂直奇偶校验,那么既对每个字符做水平校验,同时又对整个字符块做垂直校验,则奇偶校验码的检错能力可以明显提高。这种方式的奇偶校验被称为水平垂直奇偶校验,表 8.2.2 给出了水平垂直奇偶校验的例子。但是从总体上讲,虽然奇偶校验方法实现简单,但其检错能力仍较差,故这种校验一般只用于通信质量要求较低的环境。

表 8.2.1 垂直奇校验

字母	ASCII 码
a	1100001
b	1100010
c	1100011
d	1100100
e	1100101
f	1100110
g	1100111
行校验	0011111

表 8.2.2 水平垂直奇校验

字母	ASCII 码	列校验
a	1100001	0
b	1100010	0
c	1100011	1
d	1100100	0
e	1100101	1
f	1100110	1
g	1100111	0
行校验	0011111	0

2. 循环冗余校验码

循环冗余校验码(Cycle Redundancy Check,CRC)是一种被广泛采用的多项式编码,又称多项式码,循环冗余校验具有良好的数学结构且易于实现,另外发送端编码器和接收端检测译码器的实现较为简单,同时该编码方式具有十分强的检错能力,特别适合检测突发性的错误,在计算机网络中得到广泛的应用。

CRC 码由两部分组成:前一部分是 $k+1$ 个比特的待发送信息;后一部分是 r 个比特的冗余码。由于前一部分是实际要传输的内容,因此这部分是固定不变的,CRC 码的产生关键在于后一部分冗余码的计算。

计算中主要用到两个多项式:$f(x)$ 和 $G(x)$。其中,$f(x)$ 是一个 k 阶多项式,其系数是待发送的 $k+1$ 个比特序列;$G(x)$ 是一个 r 阶的生成多项式,由发送方和接收方预先约定。例如,设实际要发送的信息序列是 1010001101(10 个比特,$k=9$),则以它们作为 $f(x)$ 的系数,得到对应的 9 阶多项式为 $f(x)=x^9+x^7+x^3+x^2+1$,再假设发送方和接收方预先约定了一个 5 阶($r=5$)的生成多项式 $G(x)=x^5+x^4+x^2+1$,则其系数序列为 110101。CRC 码的产生方法的如下。

(1)生成 r 个比特的冗余码:用模 2 除法进行 $x^r f(x)/G(x)$ 运算,得余式 $R(x)$,其系数是冗余码。

例如，$x^5f(x)=x^{14}+x^{12}+x^8+x^7+x^5$，对应的二进制序列为 101000110100000，也就是 $f(x)$ 的信息序列向左移动 $r=5$ 位，低位补 0。

$x^5f(x)/G(x)=(101000110100000)/(110101)$，得余数为 01110，也就是冗余码，对应的余式 $R(x)=x^3+x^2+x$（注意：若 $G(x)$ 为 r 阶，则 $R(x)$ 对应的比特序列长度为 r）。

注意：模 2 除法在做减法时不借位，相当于在进行异或运算。

（2）得到的 CRC 校验的发送序列：用模 2 减法进行 $x^5f(x)–R(x)$ 运算得到带 CRC 校验的发送序列，即 $x^5f(x)–R(x)=101000110101110$。从形式上看，也就是简单地在原信息序列后面附加上冗余码。

在接收方，用同样的生成多项式 $G(x)$ 除所收到的序列，若余数为 0，则表示传输无差错；否则说明传输过程出现差错。例如，若收到的序列是 101000110101110，则用它除以同样的生成多项式 $G(x)=x^5+x^4+x^2+1$（即 110101），因为所得余数为 0，所以收到的序列无差错。

CRC 校验方法是由多个数学公式、定理和推论得出的，尤其是 CRC 中的生成多项式对 CRC 的检错能力会产生很大影响，生成多项式 $G(x)$ 的结构及检错效果是在经过严格的数学分析和实验后才确定的，并且有其国际标准。常见的标准生成多项式如下。

CRC-12：$G(x)=x^{12}+x^{11}+x^3+x^2+1$。

CRC-16：$G(x)=x^{16}+x^{15}+x^2+1$。

CRC-32：$G(x)=x^{32}+x^{26}+x^{23}+x^{22}+x^{16}+x^{12}+x^{11}+x^{10}+x^8+x^7+x^5+x^4+x^2+x+1$。

可以看出，只要选择足够的冗余位就可以使得漏检率减少到任意小的程度。CRC 能够检验出的差错包括：全部的奇数个错，全部的二位错，全部长度小于等于 r（冗余码的长度）位的突发错。

由于 CRC 码的检错能力强且容易实现，因此是目前应用非常广泛的检错码编码方法之一。CRC 码的生成与校验过程可以用软件或硬件方法来实现，如可以用移位寄存器与半加法器方便地实现。

8.3 局域网技术

局域网是在小型计算机与微型计算机上大量推广使用之后逐步发展起来的一种使用范围最广泛的网络。它一般用于短距离的计算机之间数据信息的传递，属于一个部门或一个单位组建的小范围网络。局域网在计算机网络中占有非常重要的地位，如今局域网已经渗透到各行各业，在速度、带宽等指标方面有了很大进步，如以太网产品的传输率从 10Mbps、100Mbps、1000Mbps 发展到 10000Mbps。局域网可以实现文件管理、应用软件共享、打印机共享、扫描仪共享、工作组内的日程安排、电子邮件和传真通信服务等功能。

8.3.1 局域网及其特点

局域网从 20 世纪 60 年代末 70 年代初开始起步，经过多年的发展已越来越趋于成熟，其主要特点是形成了开放系统互连网络，网络发展走向了产品化、标准化。许多新型传输介质投入实际使用，以数据传输速率达 100Mbps 以上的光纤为基础的 FDDI 技术和以双绞线为基础的 100BASE-T 等技术已日趋成熟，并且这些技术已投入商用。局域网的互连性越来越强，各种不同介质、不同协议、不同接口的互连产品已纷纷投入市场。微计算机的处理能力越来越强，局域网不仅能传输文本数据，而且可以传输和处理话音、图形/图像、视频等多媒体数据。

局域网是一个数据通信系统，它允许很多彼此独立的计算机在适当的区域内，以适当的传输速率直接进行沟通。一般所说的局域网是指以计算机为主组成的局域网，与广域网相比，局域网具有以下 6 个特点。

（1）覆盖一个小的地理范围，站点数目较为有限。
（2）各站点之间形成的是平等关系而不是主从关系。
（3）所有的站点共享较高的总带宽，即较高的数据传输速率。
（4）局域网通信质量较好，具有较短的时延和较低的误码率。
（5）支持多种传输介质。
（6）能进行广播或多播（又称组播）。

8.3.2 局域网的类型

目前常见的局域网类型包括：以太网（Ethernet）、光纤分布式数据接口（FDDI）网络、异步传输模式（ATM）网络、令牌环网（Token Ring）等，它们在拓扑结构、传输介质、传输速率、数据格式等多方面都有许多不同。

1．以太网

以太网是目前使用最多、最流行的局域网。以太网是由 Xerox 公司的 Palo Alto 研究中心研制而成的，1980 年，由 DEC 公司、Intel 公司和 Xerox 公司共同使其规范成型，1985 年，以太网被作为 IEEE 802.3 标准。以太网信息传输采用的介质访问控制方法是带有冲突检测的载波监听多路访问/冲突检测方法（CSMA/CD）。

2．光纤分布式数据接口网络

光纤分布式数据接口网络是目前成熟的局域网技术中传输速率最高的一种。这种传输速率高达 100Mbps 的网络技术所依据的标准是 ANSIX3T9.5。该网络具有定时令牌协议的特性，并且支持多种拓扑结构，它的传输媒体为光纤。

3．异步传输模式网络

异步传输模式（ATM）网络是一种基于信元的交换和复用的技术，信元长度固定为 53 字节。多数 ATM 网络中的传输速率高达 155Mbps，ATM 现在主要应用于主干网的连接。ATM 在传输数据时有极强的实时性，适用于信息传输容量差异很大的网络，它可以满足视频图像和实时通信的要求。

4．令牌环网

令牌环网是由一组用传输介质串联成一个环的站点组成的，最早由 IBM 公司开发，现在一般也只使用在 IBM 主机的网络中，在其他网络中不常使用。

8.3.3 局域网的组成

局域网由网络硬件和网络软件两部分组成。网络硬件主要有：服务器、工作站、传输介质和网络连接设备等；网络软件包括：网络操作系统、控制信息传输的网络协议，以及相应的协议软件、大量的网络应用软件等。

1．服务器（Server）

网络服务器是网络的控制核心部件，一般由高档微机或具有大容量硬盘的专用服务器担任。根据它在网络中所起的作用可分为文件服务器、打印服务器、通信服务器和数据库服务器等。文件服务器是局域网上最基本的服务器，用来管理局域网内的文件资源；打印服务器为用户提供网络共享打印服务；通信服务器主要负责本地局域网与其他局域网、主机系统或远程工作站的通信；而数据库服务器则是为用户提供数据库检索、更新等服务。局域网的操作系统就运行在服务器上，所有的工作站都以此服务器为中心，网络工作站之间的数据传输均需要服务器作为媒介。

2．客户机（Clients）

客户机也称用户工作站，一般是指具有独立处理能力的个人计算机。这些计算机通过插在其中的网卡经传输介质与网络服务器连接，用户便可以通过工作站向局域网请求服务并访问共享的资源。

3．共享设备（Share Device）

共享设备是指为众多用户共享的公用设备，如打印机、磁盘机、扫描仪等。

4．网络连接设备

网络连接设备是把网络中的通信线路连接起来的各种设备的总称，如网卡、集线器、中继器、局域网交换机等。

网卡是工作站与网络的接口部件，网卡除作为工作站连接入网的物理接口外，还控制数据帧的发送与接收（相当于物理层和数据链路层功能）。

集线器能够将多条线路的端点集中连接在一起。集线器可分为无源和有源两种，无源集线器只负责将多条线路连接在一起，不对信号做任何处理；有源集线器具有信号处理与信号放大功能。

中继器是连接网络线路的一种装置，常用于两个网络节点之间物理信号的双向转发，即主要完成物理层的功能，负责在两个节点的物理层上按位传递信息，并且完成信号的复制、调整和放大功能，以此来延长网络的长度。

局域网交换机采用交换方式进行工作，能够将多条线路的端点集中连接在一起，并支持端口工作站之间的多个并发连接，实现多个工作站之间数据的并发传输，可以增加局域网带宽，改善局域网的性能和服务质量。与交换机不同的是，集线器多采用广播方式工作，接到同一集线器的所有工作站都共享同一速率；而接到同一交换机的所有工作站可以独享同一速率。

5．通信传输介质

通信传输介质是网络中信息传输的媒体，是网络通信的物质基础之一。在局域网中常用的传输介质有双绞线、同轴电缆和光纤等。

双绞线既能用于传输模拟信号，又能用于传输数字信号，其带宽决定于铜线的直径和传输距离。双绞线可以分为非屏蔽双绞线和屏蔽双绞线两种，屏蔽双绞线性能优于非屏蔽双绞线。

由于同轴电缆比双绞线的屏蔽性要更好,因此同轴电缆在更高速度上信号可以传输得更远。同轴电缆以硬铜线为芯(导体),外包一层绝缘材料(绝缘层),这层绝缘材料再用密织的网状导体环绕构成屏蔽层,其外又覆盖一层保护性材料(护套)。同轴电缆的这种结构使它具有更高的带宽和极好的噪声抑制特性。1km 的同轴电缆可以达到 1Gbps~2Gbps 的数据传输速率。

光导纤维是由纯石英玻璃制成的。纤芯外面包围着一层折射率比芯纤低的包层,包层外是一层塑料护套。光纤通常被扎成束,外面有外壳保护,光纤的传输速率可达 100Gbps。

6. 网络操作系统(NOS)和协议(Protocols)

网络操作系统是网络的主体软件,负责处理网络的请求、分配网络资源、提供用户服务和监控管理网络,如 UNIX、Linux、BSD、NetWare 和 Windows 等。

计算机局域网络协议是一组规则和标准,它使网络中的计算机能按照规则完成互相通信。常用的协议有 TCP/IP 协议、NetBEUI 协议、IPX 兼容协议等。

8.3.4　局域网的文件与打印共享

1.文件的共享

通过网络可以访问的文件被称为共享文件。Windows 的共享文件可给不同用户设置不同的访问权限,有的用户只能读文件,有的用户能读且能复制文件,而有的用户不仅能读还能创建、修改文件。因此在访问共享文件时,Windows 要先验证用户的身份,即用户名和密码,只有通过验证才能以不同的权限访问共享资源。Windows 使用了两种方法来实现基于用户授权的文件共享方式:简单文件共享与高级文件共享。

(1)简单文件共享。简单文件共享的具体操作是:选中要共享的文件,如文件夹"video",单击鼠标右键,在弹出的快捷菜单中选择"属性"命令,出现如图 8.3.1 所示的"video 属性"对话框;在该对话框的"共享"选项卡中,单击"共享"按钮,在弹出的对话框中选择要与其共享的用户,如图 8.3.2 所示。在下拉文本框中输入或选择想要与其共享文件的用户名称,单击"添加"按钮,在下方列表框中会显示参与共享的用户名称和权限级别,最后单击"共享"即可。

图 8.3.1　"video 属性"对话框

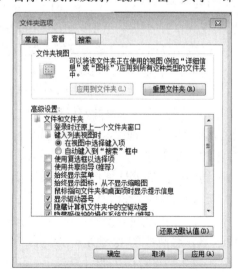

图 8.3.2　"文件夹选项"对话框

（2）高级共享文件。高级文件共享的具体操作方法有以下 4 步。

① 选定文件夹"audio"，单击鼠标右键，在弹出的快捷菜单中选择"属性"，出现如图 8.3.3 所示的"audio 属性"对话框。

② 在对话框中选择"共享"选项卡，单击"高级共享"按钮，在弹出的对话框中勾选"共享此文件夹"，设置该共享文件夹的名称和允许的最大用户访问数量，用户访问数量限制设置为 20 人。

③ 单击"权限"按钮，进入如图 8.3.4 所示的"audio 的权限"对话框。

④ 在该对话框中，我们可以在"组和用户名称"列表中添加用户，并为他们设置不同的权限，可以选择"允许"或"拒绝"栏下的"完全控制""更改"或"读取"复选框，其中，若选择了"完全控制"则会自动选择其他两项。

图 8.3.3 "audio 的属性"对话框

图 8.3.4 "audio 的权限"对话框

2．打印共享

要实现共享打印需满足两个条件：共享者的计算机与使用者的计算机在同一个局域网内，并且保证局域网畅通；共享者计算机与使用者计算机的操作系统最好相同。另外还需要与共享打印机相连的计算机处于开机状态，而且已经安装过打印机驱动程序，并且可实现正常打印。

（1）在带有打印机的计算机上将打印机共享出去。在带有打印机的计算机上进行以下操作。

① 进入"开始/设备和打印机"，选定共享的打印机，右键单击"打印机属性"。

② 选择"共享"选项卡，单击"共享这台打印机"，并创建一个共享名称"Lenovo_M7"，然后单击"确定"即可，如图 8.3.5 所示。

（2）局域网内其他计算机如何找到使用共享的打印机并使用。主要方法如下。

① 获取与打印设备相连的计算机的 IP 地址：在带有打印机的计算机中，运行"命令提示符"程序，在弹出的命令提示符界面内输入"ipconfig"，如图 8.3.6 所示，然后敲击回车键，IPv4 显示信息中的 IP 地址即为这台计算机的 IP 地址。

② 在使用共享打印机的计算机上，打开网络邻居，在计算机组中查找共享打印机的计算机，找到打印机后选择"连接"，系统提示安装打印驱动程序，安装完成后即可使用打印机。

③ 在 XP 等系统中，还可以单击"开始"菜单，然后在运行对话框内输入连接打印设备的计算机在局域网内的 IP 地址，即"\\192.168.1.22"，如图 8.3.7 所示，单击"确定"后就可以找到共享打印机。

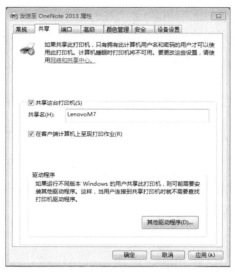

图 8.3.5　设置共享打印机名称

图 8.3.6　获取和打印设备相连的计算机的 IP 地址

图 8.3.7　查找共享打印机

也可以在资源管理器或者"我的电脑"的地址栏中，以同样的方式输入双斜杠开头的 IP 地址来查找计算机。

本 章 小 结

计算机网络就是将分布在不同地理位置,具有独立操作系统的计算机及其附属设备,使用通信设备与线路连接起来,按照共同的网络协议实现相互之间的信息传递与资源共享的系统。网络协议是计算机之间进行通信的约定和规则。计算机网络的功能主要是信息交换、资源共享、提高系统的可靠性、分布式处理、负载均衡。计算机网络按地理范围分为局域网、城域网、广域网。计算机网络拓扑结构可以划分为总线形、环形、星形、树形、网状和混合网络。

计算机网络互连硬件设备有网卡、中继器、集线器、网桥、交换机、路由器、调制解调器。计算机网络常用的传输介质分为有线传输介质与无线传输介质两大类。

OSI 是国际标准化组织 ISO 提出的 7 层开放系统互连参考模型。

局域网由网络硬件与网络软件两部分组成。网络硬件主要有服务器、工作站、传输介质和网络连接设备等。网络软件包括网络操作系统、控制信息传输的网络协议,以及相应的协议软件、大量的网络应用软件等。

通过本章的学习,读者可以掌握基本的网络知识;掌握简单的计算机网络的构成、工作原理、连接方式;建立计算机网络的基本概念;理解和掌握简单的网络应用以及具备基本的实际操作能力。

课后自测练习题

用微信扫描右侧二维码,进入答题页面,进行测试练习,答题结束后有答案解析。

1. 计算机网络最突出的特点是(   )。
   A. 存储容量大   B. 资源共享   C. 运算速度快   D. 运算结果精
2. 按网络的地理覆盖范围进行分类,可将网络分为(   )。
   A. 总线网、环型网、星型网、树型网和网状网等
   B. 双绞线网、同轴电缆网和卫星网等
   C. 电路交换网分组交换网和综合交换网等
   D. 局域网、城域网和广域网
3. 在网络分层体系结构模型中,相邻两层之间交换信息的连接点称之为(   )。
   A. 服务   B. 实体   C. 接口   D. 协议
4. 在 ISO/OSI 参考模型中,对于传输层描述正确的是(   )。
   A. 为系统之间提供面向连接的和无连接的数据传输服务。
   B. 提供路由选择和简单的拥塞控制。
   C. 为传输数据选择数据链路层所提供的最合适的服务。
   D. 校正和检查数据数据编码的差错,实现可靠的数据传输。
5. 下列只能简单再生信号的设备是(   )。
   A. 网卡   B. 网桥   C. 中继器   D. 路由器

6. 下列不属于数字信号的模拟调制方式的是（　　）。
   A. 编码调制　　　　B. 幅度调制　　　　C. 相位调制　　　　D. 频率调制

7. 下列不属于网络传输介质的是（　　）。
   A. 双绞线　　　　　B. 网卡　　　　　　C. 微波　　　　　　D. 同轴电缆

8. 下列说法错误的是（　　）。
   A. 数据通信是指通过某种传输介质在通信双方之间进行数据传输与交换
   B. 按信道中传输的信号类型划分，信道被划分为模拟信道和数字信道
   C. 带宽通常指信号所占据的频带宽度，带宽的单位是波特率
   D. 数据传输率是数据在信道中传输的速度，表示每秒钟通过信道传输的信息的位数

9. 电话交换系统采用的是（　　）技术。
   A. 分组交换　　　　B. 报文交换　　　　C. 线路交换　　　　D. 信号交换

10. 下列不属于局域网的是（　　）。
    A. 对等网　　　　　B. 以太网　　　　　C. 令牌环网　　　　D. WLAN

11. 网络协议主要要素为（　　）。
    A. 数据格式、编码、信号电平
    B. 数据格式、控制信息、速度匹配
    C. 语法、语义、时序
    D. 编码、控制信息、同步

12. 通信系统必须具备的3个基本要素是（　　）。
    A. 终端、电缆、计算机
    B. 信号发生器、通信线路、信号接收设备
    C. 信源、通信媒体、信宿
    D. 终端、通信设施、服务器

13. 在下列传输介质中，不受电磁干扰或噪声影响的是（　　）。
    A. 双绞线　　　　　B. 无线电波　　　　C. 同轴电缆　　　　D. 光纤

14. 调制解调器（Modem）的功能是实现（　　）。
    A. 数字信号的编码　　　　　　　　　B. 数字信号的整形
    C. 模拟信号的放大　　　　　　　　　D. 数字信号与模拟信号的转换

15. 按照数据信号在信道上的传送方向，数据在信道上的传送可以分为（　　）。
    A. 并行通信和串行通信　　　　　　　B. 半双工和全双工通信
    C. 单工和全双工通信　　　　　　　　D. 单工、半双工和全双工通信

16. 把计算机网络分为有线和无线网络的主要分类依据是（　　）。
    A. 网络成本　　　　　　　　　　　　B. 网络的物理位置
    C. 网络的传输介质　　　　　　　　　D. 网络的拓扑结构

17. 在局域网拓扑结构中，所有节点都直接连接到一条不闭合的公共传输媒体上，任何一个节点发送的信号都沿着这条公共传输媒体进行传播，而且能被所有其他节点接收，这种网络结构称为（　　）。
    A. 星形拓扑　　　　B. 总线形拓扑　　　C. 环形拓扑　　　　D. 树形拓扑

18. 在通信系统中，为了提高传输的准确性，通常采用差错控制技术。以下描述错误的是（　　）。
    A. 数据通信系统的基本任务是高效而无差错地传输和处理数据信息

B. 差错控制是数据通信中常用的方法

C. 在数据传输过程中，传输设备、传输信道、数据发送和接收设备都存在噪声，都有可能造成误码

D. 校验码按照功能不同分为奇偶校验码和循环冗余校验码

19. CSMA/CD 是一种介质访问控制方法，是用来协调总线上各站点发送数据工作的协议。主要在（　　）网络中使用。

    A. Ethernet   B. FDDI   C. ATM   D. Token Ring

20. 关于局域网的组成，下列说法中错误的是（　　）。

    A. 局域网由网络硬件和网络软件两部分组成

    B. 网络服务器是网络的控制核心部件

    C. 客户机一般是指具有独立处理能力的个人计算机

    D. 共享设备是指为众多用户共享的公共设备，入网卡、传输介质

第 9 章　Internet 的服务与应用

导读：

20 世纪中期，人类发明创造的舞台上降临了一个不同凡响的新事物，众多学者认为，这是人类另一项可以与蒸汽机相提并论的伟大发明，这项可能创生新时代的事物，称为互联网。从农耕时代到工业时代再到信息时代，技术力量不断推动人类创造新的世界。互联网正以改变一切的力量，在全球范围掀起一场影响人类所有层面的深刻变革，人类迎来一个全新的时代。互联网已然成为我们日常生活的一部分，我们通过万维网来浏览信息，通过社交网络来联络朋友，通过电子邮件来处理工作等。你可曾想过，这一切是如何实现的？在本章，我们一起来了解互联网背后的技术。

本章首先介绍 Internet 的起源与发展，Internet 的工作原理与协议；然后详细介绍互联网 IP 地址和域名系统，以及接入 Internet 的几种方式；以 WWW、FTP 和 E-mail 为代表，讲述 Internet 上的各类服务应用；最后着重介绍计算机病毒、加密技术、数字签名和网络防火墙等网络安全知识。

知识地图：

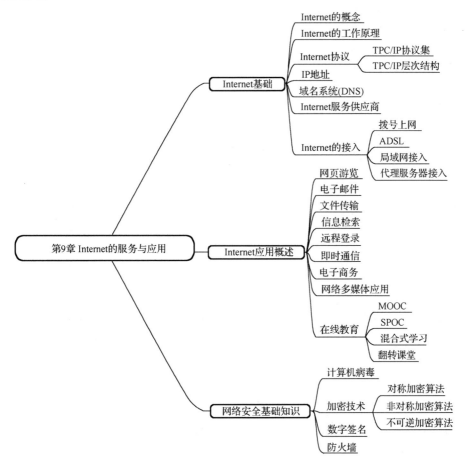

第 9 章 课程学习任务单

任务编码	901	任务名称	第 9 章 Internet 的服务与应用
学习要求	\multicolumn{3}{l}{通过在线上学习 MOOC/SPOC 相关视频内容、做练习、讨论，完成第 9 章的学习。学习教材有关章节内容，把不懂地方标在课程学习任务单上。此课程学习任务单需要打印出来，再手工填写。}		
学习目标	\multicolumn{3}{l}{教学目的及要求： 1. 了解 Internet 的基础知识； 2. 了解 Internet 的接入方式； 3. 了解 Internet 的基本应用； 4. 了解网络安全的基本知识。 重点与难点： 1. Internet 的 TCP/IP 协议； 2. Internet 的接入方式； 3. Internet 提供的服务。}		
讨论问题	\multicolumn{3}{l}{1. 是谁创建了因特网？ 2. 因特网的工作原理是什么？ 3. 什么是 TCP/IP？ 4. 移动电话与 PDA 是如何接入因特网的？ 5. IP 电话的工作原理是什么？ 6. 什么是 HTML？ 7. 浏览器能做些什么？ 8. 搜索引擎的工作原理是什么？ 9. 在线购物是否安全？ 10. 怎样才能保护计算机免受入侵？}		
学习问题			
听课问题			
总结反思			

9.1 Internet 基础

计算机网络从 20 世纪 60 年代的单机通信系统发展至今，逐步形成了开放式的网络体系结构，同时兼具高速化、智能化、移动化和综合化的特点。随着计算机应用技术的普及以及标准化网络体系结构的应用，计算机网络已从最初的数据通信、文件资源共享功能发展到目前基于云环境和物联网的无所不在的信息与服务应用，对现代人类社会产生了深远的影响，并由此发展形成了以计算机互联网为基础的信息时代，计算机网络也因此成为信息时代最重要、最关键的组成部分。

9.1.1 Internet 概述

1. Internet 的概念

Internet 从字面上讲就是计算机互联网的意思。通俗地说，成千上万台计算机相互连接到一起，这一集合体就是 Internet。从通信的角度来看，Internet 是一个理想的信息交流媒介；从获得信息的角度来看，Internet 是一个庞大的信息资源库；从娱乐休闲的角度来看，Internet 是一个花样众多的娱乐厅；从商业贸易的角度来看，Internet 是一个既能省钱又能赚钱的场所。

蒸汽机与互联网
（来自腾讯视频）

因此 Internet 并不是一个单一的计算机网络，而是一个"网间网"，即它是一个将许多较小的计算机网络彼此互联在一起的巨型网络，通常的译法为"因特网""国际互联网"等。

Internet 网络上用于传送数据的协议称为 TCP/IP。因此，Internet 经常被定义为"一组使用 TCP/IP 作为其共同协议的网络"。

2. Internet 的起源与发展

Internet 起源于美国 1969 年开始实施的 ARPANET 计划，其目的是建立分布式的、存活力极强的全国性信息网络。1972 年，由 50 所大学和研究机构共同参与连接的 Internet 网的最早模型 ARPANET 第一次公开向人们展示。到 1980 年，ARPANET 成为 Internet 最早的主干。20 世纪 80 年代初，两个著名的科学教育网 CSNET 和 BITNET 先后建立。1984 年，美国国家科学基金会 NSF 规划建立了 13 个国家超级计算中心及国家教育科研网（NSFNET），替代了 ARPANET 的主干地位。随后，Internet 网开始接受其他国家和地区的接入。

互联网时代
阿帕网起源
（来自腾讯视频）

20 世纪 90 年代，Internet 逐渐放宽了对商业活动的限制并且逐渐进入普通大众的生活，同时朝着商业化的方向发展。现在，Internet 早已从最初学术科研网络变成了一个拥有众多的商业用户、政府部门、机构团体和个人的综合的计算机信息网络。

随着计算机逐渐进入家庭，服务提供商（ISP）也开始为个人访问 Internet 提供各种服务，这样以美国为中心的 Internet 网络互连迅速向全球发展，并且联入的国家和地区日益增加，其上的信息流量也不断增加，特别是 WWW 文本服务的普及使得网络用户数量与信息数量急剧膨胀。在发展规模上，目前 Internet 已经是世界上规模最大、发展最快的计算机互联网。

互联网时代阿帕版
第一次通信
（来自腾讯视频）

Internet 在我国的发展大致可分为 3 个阶段。

（1）1986—1994 年。这个阶段主要是通过中科院高能所的网络线路，实现了与欧洲及北美地区的 E-mail 通信。

（2）1994—1995 年。这一阶段是教育科研网发展阶段，1993 年 12 月，北京中关村地区教育/科研示范网络（CNFC）建成，覆盖了北大、清华和中科院的高速互联网和超级计算中心。

（3）1995 年至今。1995 年后，中国的 Internet 开始了商业应用阶段。从那时开始，Internet 在我国飞速发展，到 1996 年年底，国内建成的 Internet 骨干互连网络主要包括中国科技网（CSTNET）、中国教育和科研计算机网（CERNET）、中国公用计算机互联网（CHINANET）、中国金桥信息网（CHINAGBN）。此后中国互联网建设进入了蓬勃发展时期。

互联网发展
（来自腾讯视频）

经过 20 年的发展，这期间经历了中国电信和移动企业通信牌照的分分合合，截至 2017 年 12 月，中国具有国际出口的主干网络逐渐合并为中国科技网（CSTNET）、中国教育和科研计算机网（CERNET）、中国公用计算机互联网（CHINANET）、中国联通公用计算机互联网（UNINET）、中国移动互联网（CMNET）5 大网络。铺设光缆里程 3606 万千米，互联网宽带接入端口 76195 万个，网站 533 万个，网页 2604 亿张，网民规模达到 7.72 亿人。

3．Internet 工作方式

Internet 提供的服务有很多，包括电子邮件、文件传输、WWW 服务、远程登录等，这些服务大多采用客户机/服务器模式，随着互联网上其他服务的不断涌现又出现了浏览器/服务器模式、P2P 模式等。

（1）客户机/服务器模式。客户机/服务器模式即 Client/Server 模式，简称 C/S 模式。采用 C/S 模式的网络一般由几台服务器和大量客户端组成。服务器性能高、资源丰富，并安装专用服务器端软件为其他计算机提供资源。客户机性能稍弱，需要安装客户端专用软件，用户通过客户端软件和服务器进行信息交互。

（2）浏览器/服务器模式。浏览器/服务器模式即 Browser/Server 模式，简称 B/S 模式，它是对 C/S 模式的一种改进。在此模式下，客户端无须安装专用的客户端软件，用户只需要安装通常使用的 WWW 浏览器，即可通过浏览器与服务器进行交互。由于该模式的主要工作一般在服务器端实现，因此该模式使用简单方便、界面统一，越来越多的互联网服务更乐于采用 B/S 模式。

（3）P2P 模式。网络中每个节点的地位都是平等的，没有服务器和客户端之分，因此每台计算机既可作为客户机又可作为服务器来工作。网络中每个节点都可以共享它们所拥有的部分资源，这些共享的资源可以被网络中的其他对等节点直接访问而无须经过其他实体的介入，目前多用于文件下载、视频分享等领域。

9.1.2　Internet 的工作原理

Internet 是全球信息资源的总汇，它是由若干小的网络（子网）互连而成的一个大型互连网络，每个子网中都连接着若干计算机（主机）。Internet 以相互交流信息资源为目的，基于一些共同的协议，并通过许多路由器与公共互联网相互连接而成，它是一个信息资源与服务共享的网络集合，Internet 的特性如下。

（1）通过全球唯一的逻辑地址将所有主机链接在一起，这个地址建立在互连协议（IP）的基础上并按照一定的路由规则来查找和访问主机。

（2）可以通过传输控制协议与互连协议（TCP/IP），或者与互连协议（IP）兼容的其他可替换的协议来进行通信。

（3）可以让公共用户或者私人用户使用高水平的服务，这种服务建立在可靠的寻址通信及相关的基础设施之上。

实际上，Internet 是划时代的产物，它不是为某一种需求设计的，而是一种可以接受任何新的需求的、宽松的基础网络结构。或者说，Internet 是一项正在向纵深发展的技术，是人类进入网络文明和信息社会的标志，对 Internet 的研究早已突破了技术的范畴，它正在成为人类向信息文明迈进的纽带和载体。

9.1.3 Internet 协议

任何一个计算机网络，为了保证网络内主机之间、节点之间能够正确地交换信息，这些主机或节点必须遵守一定的规则，这些规则通常称为协议，而各种协议的集合称为协议集。Internet 使用的协议集通常称为 TCP/IP（Transmission Control Protocol/Internet Protocol）。

IP 协议是一种对计算机数据打包后寻址的标准方法，几乎可以没有任何损失且迅速地将计算机数据经路由器传输到全世界的任何地方。当一个 Internet 用户通过网络向其他机器发送数据时，TCP 协议把数据分成若干小数据包，并给每个数据包加上特定的标志，当数据包到达目的地后，计算机去掉其中的 IP 地址信息，并利用 TCP 的装箱单检验数据是否有损失，然后将各数据包重新组合还原成原来的数据文件。由于传输路径的不同，加上其他各种原因，接收方计算机得到的可能是损坏的数据包，因此 TCP 协议将负责检查和处理错误，必要时要求发送方重新发送。

TCP/IP 是用于计算机网络上计算机间互连共享资源的一组协议（Internet Protocol Suite），由 ARPANET 研究中心开发，而 TCP 和 IP 是该协议族中两个最重要、最普遍使用的协议，所以通常用 TCP/IP 来泛指该组协议。TCP 对发送的信息进行数据分解，保证可靠性传送并按序组合；IP 则负责数据包的寻址。Internet 依靠上千个网络和百万台的计算机，而 TCP/IP 是把它们合在一起的粘结剂。

TCP/IP 通常被认为是一个 4 层协议系统，其层次结构由上至下分为：应用层、传输层、网络层（互联网层）和网络接口层，其网络协议层次结构如图 9.1.1 所示。这些协议规定了 Internet 网上传送的信息包的路由控制与管理协议，并且每一层均负责不同的功能。

TCP/IP 协议

应用层	Telnet、FTP和E-mail等
传输层	TCP和UDP
网络层	IP、ICMP和IGMP
网络接口层	设备驱动程序及接口卡

图 9.1.1　TCP/IP 协议集

（1）网络接口层，也称为数据链路层，负责接收 IP 数据报并通过网络发送出去，或者从网络上接收物理帧，然后分离 IP 数据报并交给 IP 层。通常包括操作系统中的设备驱动程序和计算机中对应的网络接口卡，它们一起处理与电缆的物理接口细节。

（2）网络层，也称互联网层或网际层，处理分组在网络中的活动，负责相邻计算机之间的通信，网际层作为通信子网的最高层，提供无连接的数据报传输机制。在 TCP/IP 协议族中，网络层协议包括 IP 协议（网际协议）、ICMP 协议（Internet 互联网控制报文协议），以及 IGMP 协议（Internet 组管理协议）。

（3）传输层，主要为两台主机上的应用程序提供端到端的通信。其功能是利用网际层传输格式化的信息流，提供无连接和面向连接的服务。在 TCP/IP 协议族中，有两个互不相同的传输协议，即 TCP（传输控制协议）与 UDP（用户数据报协议）。TCP 为两台主机提供高可靠性的数据通信；UDP 则为应用层提供一种非常简单的服务。这两种传输层协议分别在不同的应用程序中有不同的用途。

（4）应用层，位于 TCP/IP 协议的最高层，负责处理特定的应用程序细节。几乎各种不同的 TCP/IP 实现都会提供 Telnet（远程登录）、FTP（文件传输协议）、SMTP（简单邮件传送协议）、SNMP（简单网络管理协议）等这些通用的应用程序。

9.1.4 IP 地址

IP 地址（网际协议地址）是 IP 协议提供的统一的地址格式，它为互联网上的每个网络和每台主机分配唯一的逻辑地址。

1. IP 地址的组成

目前通用的 IP 协议版本规定：IP 地址由 32 位二进制组成。为了便于阅读，IP 地址被分成由句点分隔的 4 个 8 位二进制组，每组"8 位二进制数"，每个 8 位组用十进制数 0～255 表示，这种格式称为点分十进制（Dotted Decimal Notation）。

如某台主机的 IP 地址 11001010.01110101.01000000.00000001（二进制）。

点分十进制表示为　　　　202.　　117.　　64.　　1　　（十进制）。

在计算机中"网络连接"的"本地连接状态"的"属性"选项卡的 TCP/IPv4"属性中设定 IP 地址时用的就是点分十进制的表示方法，而计算机在网络中通过 IP 地址查找计算机或路由器时用的则是对应的二进制表示方法。

2. IP 地址的分类

Internet 的网络地址分为 5 类：A 类、B 类、C 类、D 类和 E 类，目前常用的为前 3 类。每个 IP 地址都由网络标识符（Net ID）和主机标识符（Host ID）两部分组成，每类网络中 IP 地址的结构不同，即网络标识长度和主机标识长度都有所不同，如图 9.1.2 所示，用于表明 IP 地址是属于哪一个网络段的哪一种类型的地址。

从图 9.1.2 中可以看出，A 类网的网络标识占 1 字节；B 类网的网络标识占 2 字节；C 类网的网络标识占 3 字节。

A 类地址：十进制地址的第 1 组数在 0 到 127 之间，而每个网络中允许有 1600 万台主机。A 类地址适合主机数介于 2^{16}～2^{24} 的大型网络。

B 类地址：十进制地址的第 1 组数在 128 到 191 之间，每个网络最多可以包含 65534 台主机，B 类地址适合主机数介于 2^8～2^{16} 之间的中型网络。

C 类地址：十进制地址的第 1 组数在 192 到 223 之间，前 24 位为网络地址，每个网络最多可以包含 254 台主机,用于主机数少于 254 的小型网络。

D 类地址:第 1 个 8 位组 224～239,用于多目的地址(Multicast Address)。多目的地址就是多点传送地址,用于支持多目标的数据传输。

E 类地址:第 1 个 8 位组为 240～247,留作将来备用。

图 9.1.2　IP 地址的分类

9.1.5　域名系统(DNS)

1. 域名系统概述

IP 地址是一种数字型网络标识和主机标识。数字型标识对计算机网络系统来说是最有效的,但对使用网络的人有些抽象且难以记忆,为了方便解释机器的 IP 地址与计算机的对应关系,Internet 采用了域名系统(Domain Name System,DNS)。域名系统使用与主机位置、作用、行业有关的一组字符组成,既容易理解又方便记忆,如长安大学的网站域名为 www.chd.edu.cn,对应的 IP 地址 202.117.64.1。

IP、子网掩码 DNS 和网关
(来自腾讯平台)

域名系统采用层次结构命名规则,按地理域或机构域进行分层,并由圆点分隔各个层次字段。各个层次字段从右至左来表述其意义,其中最右边的部分为顶级域,每个顶级域规定了通用的顶级域名;最左边的部分则是这台主机的机器名称。一般域名地址可表示为

主机名.单位名.网络名.顶级域名

如 lib.chd.edu.cn,这里的 lib 是长安大学图书馆主机的机器名,chd 代表长安大学,edu 代表中国教育科研网,cn 代表中国。顶级域名一般是网络机构或所在国家地区的名称缩写,顶级域名一般分为 3 类:第 1 类为国家地区代码分配的顶级域名;第 2 类为以所从事的行业领域划分的国际顶级域名;第 3 类为新顶级域名。

Internet 中心为各个国家与地区都分配了一个国别代码的顶级域名,通常用两个字符表示,如中国为"cn",中国香港为"hk",英国为"uk",美国为"us"等。然而,美国国内很少用"us"作为顶级域名,而一般都使用以行业领域命名的顶级域名。

常见的以行业领域命名的域名,一般由 3 个字符组成,如表示商业机构的"com",表示教育机构的"edu"等。以行业领域或类别命名的顶级域名如表 9.1.1 所示。

在传统域名后缀资源日渐枯竭的情况下,互联网名称与地址分配机构于 2011 年批准并集中于 2014 年开始面向全球开放注册新域名,任何公司和机构都有权申请新的顶级域名,如"web""shop""music""top""online"等。

表 9.1.1 顶级域名

域 名	含 义
com	工、商、金融等企业
edu	教育机构
gov	政府部门
mil	军事机构
net	互连网络、接入网络的信息中心（NIC）和运行中心（NOC）
int	国际机构
org	其他非营利组织

顶级域名业务由国际互联网信息中心（Inter NIC）负责，在国别顶级域名下的二级域名由各个国家自行确定。我国的域名业务由中国互连网络信息中心（CNNIC）管理，在"cn"下可由经国家认证的域名注册服务机构注册二级域名。我国将二级域名按照行业类别和行政区域来划分。行业类别大致为：.ac（科研机构）、.com（商业机构）、.edu（教育机构）、.gov（政府部门）、.net（网络机构和中心）等。行政区域二级域名适用于各省、自治区、直辖市共34个地区，同时采用省市名的简称，如 .bj 为北京市、.sh 上海市、.gd 为广东省、.sn 为陕西省。

由此可见，Internet 域名系统是逐层、逐级由大到小划分的，这样既提高了域名解析的效率，又保证了主机域名的唯一性。

2. DNS 服务

尽管通过 IP 地址可以识别主机上的网络接口从而访问主机，但是人们最喜欢使用的还是主机名。在 TCP/IP 领域中，域名系统（DNS）是一个分布式数据库，由它来提供 IP 地址和主机名之间的映射信息。把易于记忆的域名翻译成机器可识别的 IP 地址，通常由称为"域名系统"的软件完成，而装有域名系统的主机就称为域名服务器。域名服务器上存有大量的 Internet 主机的地址（数据库），Internet 主机可以自动地访问域名服务器，以完成"IP 地址——域名"间的双向查找功能。

DNS 的作用
（来自腾讯视频）

当用户输入域名后，计算机的网络应用程序自动把请求传递到 DNS 服务器，DNS 服务器从域名数据库中查询出此域名对应的 IP 地址，并将其返回发出请求的计算机，计算机通过 IP 地址和目的主机进行通信。

Internet 上有许多的 DNS 服务器，它们负责各自层次的域名解析任务，当计算机设置的主 DNS 服务器的名字数据库中没有请求的域名时，它就会把请求转发到指定的或者更高一级的 DNS 服务器去协助查找，以此类推，直到查询到目的主机为止。若所有的 DNS 服务器都查不到请求的域名，则返回域名查找错误信息。

9.1.6 Internet 服务供应商

普通用户的计算机接入 Internet 实际上是通过线路连接到本地的某个网络上，提供这种接入服务的供应商就是 Internet 服务提供商（Internet Service Provider，ISP）。ISP 提供的服务有以下两类。

（1）提供各种接入服务。通常为用户提供上网的用户名和密码及 IP 地址等。

（2）提供信息服务。如电子邮件账户。

我国最大的 ISP 是中国电信和中国联通,中国移动与中国教育和科研计算机网(UNINET)等也提供网络接入服务。

ISP 通过专线和 Internet 上的其他网络连接,保证 24 小时连续的网络服务。接入专线可以使用光纤、公共通信线路等,接入技术有 DDN、ATM、X.25、拨号接入等形式,一般情况下,地区网络管理部门根据接入的带宽收取费用。

普通用户的计算机有多种方式可以接入 ISP,主要有通过局域网接入,通过电话线路接入,通过光纤线路接入等方式。

ISP 是广大网上用户与 Internet 之间的桥梁。选择 ISP 要从接通率、数据传输率、收费标准,以及 ISP 提供的服务种类等多方面进行考虑,在 ISP 申请注册后,你将获得入网用户名(用户标识符)、联网密码、ISP 的主机域名、需要拨号的电话号码等信息。

9.1.7　Internet 的接入

接入 Internet 是指用户采用什么设备,采用什么通信网络或者线路接入 Internet。从通信介质看,Internet 接入方式分为专线接入与拨号接入;按组网结构看,Internet 接入方式可分为单机连接与局域网连接。

1. 拨号上网

通过电话线路接入是最常用的单机上网方式,现在通过电话线路接入 Internet 有拨号上网、ISDN 和 ADSL 三种方式。

拨号上网的特点。拨号上网是较早的、应用最广泛的一种单机上网方式。拨号上网就是主机通过调制解调器和电话线路与 ISP 网络服务器的调制解调器相连,自动获得 ISP 动态分配的 IP 地址,实现主机与 Internet 网络服务器的连接,如图 9.1.3 所示,它和主机或通信服务器之间使用一种专门的计算机网络语言 SLIP(串行线协议)或 PPP(点对点协议)。

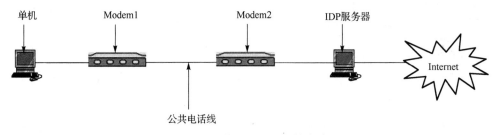

图 9.1.3　拨号上网的连接方式

拨号上网的优点是:安装简单,可移动性好,如现在的 USB 调制解调器可以随身携带,即插即用;缺点是:传输速率低,线路质量差。因为普通 Modem 理论上最高速度只能达到 56kbps,因此经常上网的用户肯定会遇到掉线的情况,有时正在下载一个文件却突然掉线,这是因为模拟信号在传输过程中容易受静电和噪声干扰,从而造成误码率较高;同时拨号上网独占电话线,导致使用很不方便,因此现在这种接入方式已经被市场淘汰。

2. ADSL

随着 Internet 的迅猛发展,普通 Modem 拨号的速率已远远不能满足人们获取大容量信息的需求。随着用户对接入速率的要求越来越高，一种名为 ADSL 的技术已投入实际使用，该技术使用户享受到了网上高速冲浪的欢悦。

ADSL 是英文 Asymmetrical Digital Subscriber Loop（非对称数字用户环路）的缩写，ADSL 技术是运行在原有普通电话线上的一种新的高速宽带技术，它利用现有的一对电话铜线，为用户提供上、下行非对称的传输速率（带宽）。非对称主要体现在上行速率（最高 1Mbps）和下行速率（最高 8 Mbps）的非对称性上。上行（从用户到网络）为低速的传输，速率可达 1Mbps；下行（从网络到用户）为高速传输，速率可达 8Mbps，其传输距离为 3km～5km，更远的距离则需要中继。如图 9.1.4 所示，ADSL 已成为一种较为方便的宽带接入技术，其接入技术具有以下 4 个特点。

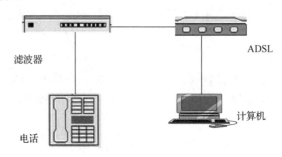

图 9.1.4　ADSL 的连接方式

（1）可直接利用现有用户电话线，节省投资。
（2）可享受高速的网络服务，为用户提供上、下行不对称的传输带宽。
（3）节省费用，上网同时可以打电话且互不影响，而且上网时不需要另交电话费。
（4）安装简单，不需要另外申请增加线路，只需要在普通电话线上加装 ADSL Modem，在计算机上安装网卡即可。

由于采用了频分多路复用技术，因此上网与打电话是分离的，再加上其远高于普通拨号（Modem）的上网与下载速度，使得 ADSL 成为用于网上高速冲浪、视频点播、远程网络访问的理想技术，同时该技术被电信部门所重视并迅速进入到千家万户。

3．局域网接入

将局域网接入 Internet 的一种方式是通过路由器使局域网接入 Internet，路由器的一端接在局域网上，另一端则与 ISP 的网络设备相连。局域网上的所有主机都可以通过 X.25、DDN 专线、帧中继或者 ISDN 线路接入 ISP 的局域网。近年来，随着光纤局域网技术的飞速发展，通过直达桌面的光纤接入方式连入 Internet 已成为广大家庭入网用户的新选择。

通过局域网接入方式需要为每台局域网上的主机分配一个 IP 地址，还需要连接到 ISP 局域网络的硬件设备（如网卡和传输介质等）。在连接好网络硬件连线后，还需要对上网用的 TCP/IP 协议进行设置。

（1）添加 TCP/IP 协议的步骤如下。
① 选择"网络连接"对话框。
② 双击"本地连接"图标，弹出"本地连接属性"对话框。
③ 单击"安装"按钮，出现"选择网络组件类型"对话框。

④ 选中"协议"项,单击"添加"按钮,出现"选择网络协议"对话框。
⑤ 选中协议,单击"确定"按钮。这时对话框中增加了"Internet 协议(TCP/IP)"。
(2) 设置 TCP/IP 协议属性的步骤如下。
① 在"本地连接属性"对话框中,双击"Internet 协议(TCP/IP)",出现"Internet 协议(TCP/IP)属性"对话框。
② 选中"使用下面的 IP 地址"单选框,输入 IP 地址、子网掩码、默认网关以及 DNS 服务器。结果如图 9.1.5 所示。
③ 依次单击"确定"按钮,根据提示信息重新启动计算机。

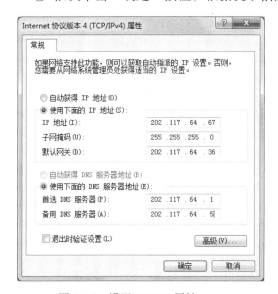

图 9.1.5 设置 TCP/IP 属性

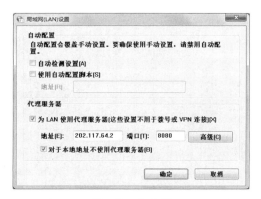

图 9.1.6 设置代理服务器

4. 代理服务器接入

将局域网接入 Internet 的另一种方式是通过局域网的服务器,由一根电话线或专线将服务器与 Internet 连接,局域网上的主机通过服务器的代理共享服务器的正式的 IP 地址访问 Internet。这种方式需要在服务器上运行专用的代理软件或地址转换软件,需要的网络设备比较少且费用不高。局域网上的用户可以使用 Internet 上的丰富的信息资源,而局域网外部的用户却不能随意访问局域网内部,目的是为了保证内部资料的安全。由于局域网上所有的工作站共享同一线路,当上网的工作站数量较多时,访问 Internet 的速度会显著下降。

代理服务器(Proxy Server)是介于客户机与服务器之间的一台服务器,其功能就是代理网络用户去取得网络信息,形象地说,它是网络信息的中转站。在一般情况下,我们使用网络浏览器直接去连接其他 Internet 站点取得网络信息时,必须发出 Request 信号来得到回答,然后对方再把信息以 Response 方式传送回来。

代理服务器也是介于浏览器与 Web 服务器之间的一台服务器,有了它之后浏览器不是直接到 Web 服务器上取回网页而是向代理服务器发出请求,Request 信号会先送到代理服务器,由代理服务器来取回浏览器所需要的信息并传送给正在使用的浏览器。而且,大部分代理服务器都具有缓冲的功能，就好像一个大的缓冲池有很大的存储空间，代理服务器不断地将新取得的数据储存到缓冲池内，如果浏览器所请求的数据在这个缓冲池内已经存在而且是最新的，那么代理服务器就不会重新从 Web 服务器取数据，而是直接将存储器上的数据传送给用户的浏览器，这样就能显著提高浏览速度和效率。因此，代理服务器的主要功能是提高访问速度，用作防火墙，管理对外部服务器的访问等。

目前，局域网中常用的代理服务器软件有 Wingate、WinRoute、Microsoft ISA Server 2000 等，它们不仅可以支持常见的代理服务，如 HTTP、FTP、SMTP、TELNET，还可以提供如 SOCK 的代理服务。

实现通过代理服务器上网，在客户机中设置代理服务器的操作如下。

（1）在 IE 浏览器中，选择"工具"菜单中的"Internet 选项"命令，单击"连接"标签，打开"连接"选项卡。

（2）单击"局域网设置"按钮，打开"局域网（LAN）设置"对话框。

（3）在"代理服务器"选项中，选中"为 LAN 使用代理服务器"复选框。

（4）在"地址"和"端口"文本框中输入代理服务器地址和端口，如图 9.1.6 所示。

（5）单击"确定"按钮。

9.2　Internet 应用概述

Internet 是一个信息应用平台可以运行丰富的应用，包括信息的获取与发布、电子邮件、网上交际、电子商务、网络电话、网上事务处理等。

互联网你知道吗
（来自腾讯视频）

（1）信息的获取与发布：其中包括书库、图书馆、杂志期刊、报纸，以及政府、公司、学校信息和各种不同的社会信息。

（2）电子邮件：E-mail。

（3）网上交际：聊天、交友、玩网络游戏等。

（4）电子商务：网上购物、网上商品销售、网上拍卖、网上货币支付等。

（5）网络电话：IP 电话服务、视频电话。

（6）网上事务处理：网络办公自动化。

（7）Internet 的其他应用：在线教育、远程医疗、远程主机登录、远程文件传输。

9.2.1　网页浏览

WWW（World Wide Web）是环球信息网的缩写，中文译名为万维网，它是因特网上集文本、声音、图像、视频等多媒体信息于一身的全球信息资源网，是因特网的重要组成部分。

WWW 是一个基于超级文本（Hyper Text）方式的信息查询工具。WWW 将位于全世界 Internet 网上不同网址的相关数据信息有机地编织在一起，通过浏览器（Browser）提供一种友好的查询界面，即用户仅需要提出查询要求，而不必关心到什么地方去查询及如何查询，这些均由 WWW 自动完成。WWW 为用户带来的是世界范围的超级文本服务，只要操作鼠标就可以通过 Internet 得到相应的文本、图像和声音等信息。另外，WWW 仍可提供传统的 Internet 服务，即 Telnet、FTP、News、E-mail 等。通过使用浏览器，一个不熟悉如何使用网络的人也可以很快成为使用 Internet 的行家。

1. WWW 服务器

万维网的标准与实现都是公开的，这使得服务器与客户端能够独立地发展和扩展，而不受许可限制。在这种模式下，网络信息服务所需要的应用程序、数据库等都集中在服务器上，服务器上所有的资源都可以通过用户端标准的浏览来运行，无须为用户端单独开发专用的客户端程序，这样不仅统一了用户界面而且实现了跨平台操作。

在 Web 中，服务器的任务有以下 4 项。

（1）接收请求并进行合法性检查，包括安全性屏蔽。

（2）针对请求获取并制作数据，包括 Java 脚本和程序、CGI 脚本和程序，为文件设置适当的 MIME 类型来对数据进行前期处理与后期处理。

（3）审核信息的有效性。

（4）将信息发送给提出请求的客户端。

2. 网页浏览器

网页浏览器是 WWW 的客户程序，用于浏览 Internet 上的网页。常用的环球信息网上的客户端主要有 Internet Explorer、Firefox、Safari、Chrome 和 Opera 等。

在 Web 中，客户端的任务有以下 3 项。

（1）生成一个浏览请求（通常在输入地址或单击某个链接时启动）。

（2）将请求发送给指定的服务器。

（3）将服务器返回的信息显示在浏览窗口内。

通常，WWW 客户端不仅限于向 Web 服务器发出请求，还可以向其他服务器（如 Gopher、FTP、News 和 E-mail）发出请求。

3. 超文本标识语言

超文本标识语言（Hyper Text Markup Language，HTML）是 WWW 的描述语言，主要用于描述网页，因此网页文档也称为 HTML 文档或 Web 文档。设计 HTML 语言的目的是为了能把存放在一台计算机中的文本或图形与另一台计算机中的文本和图形方便地联系在一起，形成有机的整体，而不用考虑具体信息是在当前计算机上还是在网络的其他计算机上。这样，只要使用鼠标在某一个文档中点取一个目标，WWW 页面就会马上跳转到与此目标相关的内容上去，而这些信息可能存放在网络的另一台计算机中。

HTML 文本是由 HTML 命令组成的描述性文本，HTML 命令可以说明文字、图形、动画、声音、表格和链接等。HTML 的结构包括头部（Head）和主体（Body）两大部分，头部描述浏览器所需的信息；主体包括所要说明的具体内容。

4. 网页

网页是 WWW 中的一个页面，WWW 中的信息是用网页显示与链接的，所有的网页都是超文本文档，即用 HTML 语言编写的。网页中有一种特殊的网页称为主页（Home Page），主页是指用户在登录网上某个站点时默认首先打开的网页，所以又称为首页。主页是整个网站的门户或索引，存放着这个站点里面所包含的其他网页的链接入口，主页的文件名通常默认为 index.html。

5. 网站

网站是一种通信工具就像布告栏一样，人们可以通过网站来发布自己想要公开的资讯，或者利用网站来提供相关的网络服务。人们可以通过网页浏览器来访问网站，获取自己需要的资讯或者享受网络服务。

网站由网页组成，是在因特网上根据一定的规则使用 HTML 等工具制作的用于展示特定内容的相关网页的集合。网站有独立域名地址与存储空间，用户通过网站的域名可以方便地在 Internet 上查找到网站服务器；存储空间用来存放将要发布的网页和数据库等资源。

6. 统一资源定位器

在 Internet 中的 WWW 服务器上，每个信息资源（如一张网页或者一个文件等）都有统一的且在网上唯一的地址，该地址称为统一资源定位器（Uniform Resource Locator，URL）或者 URL 地址。统一资源定位器地址一般形式可表示为

协议://服务器地址:端口/资源路径/资源文件名

（1）协议：表示访问方式或资源的类型。
（2）服务器地址：指出资源页所在的服务器域名。
（3）端口：对某些资源的访问，需给出相应的服务器提供端口号。
（4）路径：指明服务器上某资源的位置（通常是含有目录或子目录的文件名）。

例如，统一资源定位器地址一般形式如下。

http://www.chd.edu.cn/news/xnxw.html
ftp://ftp.chd.edu.cn:8021/pub/webtools/dreamweaver9.zip

其中，协议又称为信息服务类型，通过不同的协议可以访问不同类型的资源，常用的协议有以下 3 种。

HTTP（超文本传输协议）：通过该协议访问 Web 服务器上的网页文档。
FTP（文件传输协议）：通过该协议可以访问 FTP 服务器上的文件。
File：使用 File 协议访问本地文件。

提示：必须注意 WWW 上的服务器都是区分大小写字母的，所以千万要注意正确的 URL 大小写表达形式。若在 URL 中不指明网页文件的路径和文件名，则会访问默认主页。

7. 搜索引擎

随着 Internet 的迅猛发展及网上信息量的不断增加，Internet 上的用户在具备获取最大限度信息的同时，又面临一个突出的问题：在上百万个网站中，如何快速有效地找到所需要的信息？为了解决这个问题就出现了搜索引擎。搜索引擎是指在 Internet 上执行信息搜索的专门站点，它可以对主页进行分类、搜索与检索。

搜索引擎按其工作方式分为两类：一类是分类目录型的检索；另一类是按关键字检索。目录检索可以帮助用户按一定的结构条理清晰的找到自己感兴趣的内容；关键字检索可以查找包含一个或多个特定关键字或词组的网站。常用的搜索引擎有谷歌（www.google.com）、百度（www.baidu.com）、搜狗（www.sogou.com）、雅虎（www.yahoo.com）等。

什么是搜索引擎
（来自腾讯平台）

9.2.2 电子邮件

电子邮件（Electronic Mail，E-mail）是一种通过网络实现相互传送和接收信息的现代化通信方式。目前电子邮件已成为网络用户之间快速、简便、可靠、低成本、低价格的现代通信手段，它也是 Internet 上使用最广泛、最受欢迎的服务之一。

电子邮件使网络用户能够发送或接收文字、图像和语音等多种形式的信息。目前 Internet 网上很多活动都与电子邮件有关，使用 Internet 提供的电子邮件服务，实际上并不一定需要直接与 Internet 联网。只要通过已经与 Internet 联网并提供 Internet 邮件服务的机构（电子邮局）收发电子邮件即可。

搜索引擎的工作原理
（来自腾讯视频）

1．邮件服务器

在 Internet 上发送和接收邮件是通过邮件服务器实现的；邮件服务器包括 POP 服务器与 STMP 服务器，其中 STMP 服务器专门负责发送电子邮件；POP 服务器专门负责接收电子邮件。另外，Internet 上还广泛使用另一种接收邮件的服务器称为 IMAP 服务器，其功能比 POP 服务器更强大。

电子邮件系统是采用"存储转发"方式为用户传递电子邮件的。通过在一些 Internet 的通信节点计算机上运行相应的软件，可以使这些计算机充当"邮局"的角色，用户使用的"电子邮箱"就是建立在这类计算机上。当用户希望通过 Internet 给某人发送信件时，他先要与为自己提供电子邮件服务的计算机联机，然后将要发送的信件与收信人的电子邮件地址发送给电子邮件系统。电子邮件系统会自动将用户的信件通过网络一站一站地送到目的地，其整个过程对用户来说是透明的。

若在传递过程中某个通信站点发现用户给出的收信人电子邮件地址有误而无法继续传递，则系统会将原信逐站退回并通知用户不能送达的原因。当信件送到目的地的计算机后，该计算机的电子邮件系统就将它放入收信人的电子邮箱中等候用户自行读取。用户只要随时以计算机联机方式打开自己的电子邮箱，就可以查阅自己的邮件。

2．电子邮件地址

使用电子邮件服务的前提是用户拥有一个电子邮件地址（E-mail Address）。电子邮件地址是电子邮件服务机构为用户建立的唯一的身份标识，同时该机构还会在与 Internet 联网的邮件服务器上为该用户分配的一个专门用于存放往来邮件的磁盘存储空间，这个区域是由电子邮件系统管理的，一般也称为电子邮箱。

电子邮件地址的格式由 3 部分组成，其格式为

用户名@服务器域名

其中，第 1 部分"用户名"代表用户信箱的账号，对于同一个邮件接收服务器来说，这个账号必须是唯一的；第 2 部分"@"（读作"at"）是分隔符；第 3 部分是用户信箱的邮件接收服务器域名，用于标志其所在的位置或邮局。

因为主机域名是全球唯一的，所以只要保证在同一台服务器上用户标识符唯一，就能保证每个 E-mail 地址在整个 Internet 中的唯一性，E-mail 的使用并不要求用户与注册的主机域名在同一地区。

3. 电子邮件的格式

电子邮件一般由邮件头和邮件体构成。邮件头就是邮件的头部，一般包含收件人、抄送人和邮件主题等几部分；邮件体就是信的具体内容，一般包含附件。

（1）收件人：填写或从地址簿中选择收信人的电子邮件地址。当有多个收件人时，中间用逗号或分号隔开，收件人还可以是地址簿中一个组的名称。

（2）抄送人：填写需要抄送人的电子邮件地址。表示该地址可以同时收到该邮件。

（3）主题：该邮件的主题，便于收件人阅读和分类。

（4）内容：邮件的具体内容，一般为文字。

（5）附件：是指那些不能在邮件正文中编辑的内容，如图片、歌曲、含有复杂格式的文档、可执行程序或二进制数据等。这些内容以文件的方式存在，必须作为附件来发送。

4. 申请电子邮箱

免费电子邮箱是中国互联网的重要组成部分，各大门户网站纷纷推出自己的免费电子邮件服务，目前在国内免费的电子邮箱服务商有网易（163）、搜狐（SOHU）和新浪（SINA）等。下面介绍如何申请 TOM 免费中文电子邮箱，不同的网站申请的过程略有差异。

（1）在浏览器中输入网址 mail.tom.com，界面显示如图 9.2.1 所示。

图 9.2.1　Tom 邮箱首页

（2）单击"立即注册"按钮。

（3）在打开的页面中会显示出邮件的注册向导，按照提示输入相应的用户信息。如填写邮箱用户的用户名、密码和个人有关资料，在"你是否同意《TOM 免费邮箱服务条款》"选项后，选择"同意"，然后单击"完成"按钮。如果信息没有出错且用户名也没有重复，就会显示"注册"成功的信息。

现在，你就真正拥有了一个名为"用户名@tom.com"的电子邮箱，可以直接在网上通过 E-mail 软件进行收、发邮件与阅读邮件。不过一定要牢记申请时输入的用户名和设置的密码。

5. 邮件的创建和发送

（1）用浏览器收发 E-mail。申请到免费邮箱后，用户可以利用浏览器收、发邮件，这是一种在线式收发。下面以 TOM 邮箱为例介绍用 IE 浏览器发送邮件的过程，不同的网站发送过程略有差异。

① 首先打开 www.tom.com 的网页，然后单击"免费邮箱"，在提示处输入申请免费邮箱时设定的用户名及密码，在系统判断无误后进入自己的邮箱窗口。

② 打开自己的邮箱后，单击"写新邮件"按钮，如图 9.2.2 所示。

③ 在"写邮件"窗口中，填写"收件人"的电子邮箱地址、主题与信件的内容。

④ 如果需要添加附件，那么可单击"添加附件"按钮，在出现的"插入附件"对话框中，指明附件的位置和文件名，单击"附加"按钮。

⑤ 返回"写邮件"窗口，单击"发送"按钮，便可将邮件发送出去。

图 9.2.2　写邮件

（2）Outlook Express 简介。Outlook Express 是随 Windows 一起发行的，使用人数最多的一个电子邮件系统，其工作界面如图 9.2.3 所示。

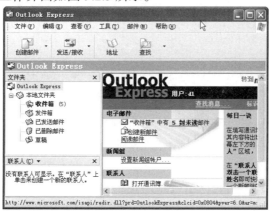

图 9.2.3　Outlook Express 窗口

要使 Outlook Express 能够正确接收邮件，在使用前必须要创建电子邮件账号，可以通过以下两种方法设置账号。

方法一：在第 1 次启动 Outlook Express 时，通过"Internet 连接向导"创建邮件账号。

方法二：在 Outlook Express 的窗口中，使用"工具/账号"命令，打开"Internet 账号"对话框，选中"邮件"选项卡，单击"添加"按钮，选中"邮件"，然后进入"Internet 连接向导"。

根据向导提示输入下列内容。

① 输入姓名，如 Liu xinhua。单击"下一步"按钮。

② 输入电子邮件地址。选中"我想使用一个已有的电子邮件地址"单选框，然后在电子邮件地址栏键入 E-mail 地址，如 liuhua@tom.com。单击"下一步"按钮。

③ 电子邮件服务器名。假如所用的邮箱是www.tom.com网站的邮箱，那么在接收邮件服务器名文本框中输入 pop3.tom.com，发送邮件服务器名的文本框中输入 smtp.tom.com。单击"下一步"按钮。

④ Mail 登录。将 ISP 提供的账号名和密码分别输入账号名和密码文本框内。单击"下一步"按钮。

⑤ 完成。单击"完成"按钮。账号添加成功后，在"Internet 账号"对话框的"邮件"选项卡中便列出刚才添加的 E-mail 账号。然后就可以接收或发送邮件了。

（3）用 Outlook Express 发送邮件。单击工具栏的"创建邮件"按钮或使用"文件/新建/邮件"命令，打开"新邮件"窗口，如图 9.2.4 所示。

图 9.2.4　新邮件窗口

在收件人、抄送、密件抄送栏填入相应的电子邮件地址，多个地址之间用逗号或分号隔开，并填写好主题，内容要添加附件则单击工具栏上的"附件"按钮。然后，在窗口下方键入邮件的具体内容，若完成且检查无误后，按"发送"按钮将邮件发送出去。

（4）邮件的回复与转发。当要给收到的某一封邮件写回信时，可按"回复作者"按钮，在回复窗口写回信，并且原信也一同发出。若不想在回信时将原信一同发出，可从"工具"菜单的"选项"对话框中，单击"发送"选项卡，取消"回复时包含原邮件"前的标识，则发送时不会将原信一同发出。在回复时不需要填写收件人地址。

当需要将某一封信推荐给别人时，可以使用转发功能。按"转发"按钮，在转发窗口中填写好电子邮件地址，而不用填写邮件内容就可以发送。

正在撰写的或者暂时不发的邮件可以使用"文件"菜单中的"保存"命令，保存在"草稿"文件夹中，下次再继续编写时可从"草稿"文件夹中双击该邮件继续编写即可。

6．邮件的接收与阅读

（1）接收邮件。当每次启动 Outlook Express 时，若网络处于连接状态，则它会自动与电子邮件服务器建立连接并下载所有新邮件，用户也可以随时单击工具栏的"接收/发送"按钮。在窗口的右边显示收件箱中所有信件目录，已经阅读的信件加粗显示。如果不想在启动 Outlook Express 时接收和发送邮件，可以选择"工具"菜单"选项"命令，在打开的"选项"对话框中取消"启动时发送和接收邮件"复选框的勾选。

（2）阅读邮件。在收件箱信件目录中单击要阅读的信件，在屏幕右下部分显示一个窗口以显示信件内容；或者双击要阅读的信件，打开一个新窗口显示邮件内容。

若在浏览器中阅读邮件，则需要先打开邮箱，然后单击"收件箱"，在收件箱窗口中可以看到所收到邮件的列表，双击要阅读邮件的名称就可以阅读邮件。

7．通信簿的使用与管理

通信簿的作用就是存储有关联系人的信息，可以使用 Outlook Express 方便地检索联系人，或者在需要输入某些人的 E-mail 地址时可以方便地从通信簿中选择；另一个好处是可以完成分组发送，即在收信人地址栏中输入一个组的名字就可以同时将一封信发给组中的每个人。

在启动 Outlook Express 后，使用"工具/通信簿"命令，即可以打开通信簿窗口。利用通信簿窗口可以新建联系人，修改联系人信息，删除联系人信息，还可以建立联系人组，即创建包含用户名的邮件组，可以在发送邮件时将收件人指定为联系人组而不是某个收件人，这样就可以将邮件发送给这个组的每个人而不需要填写每个人的 E-mail 地址。建立的方法是单击"新建"按钮，在下拉列表中选择"新建联系人"或"新建组"，就会打开相应的对话框，在对话框中完成相应的设置即可。

9.2.3 文件传输

文件传输在 FTP（File Transfer Protocol）和网络通信协议的支持下，进行计算机主机之间的文件传送。

1．FTP 服务器

FTP 服务与 Telnet 服务类似，也是一种实时的联机服务。使用 FTP 服务，用户首先需要登录 FTP 服务器，与远程登录不同的是，FTP 用户只能进行与文件搜索和文件传送等有关的操作，而不能使用主机的其他功能和资源。使用 FTP 可以传送任何类型的文件，如文本文件、二进制文件、图像文件、声音文件、数据压缩文件和可执行文件等。

FTP 服务器向用户屏蔽了不同主机中各种文件存储系统的细节，提供了可靠和高效的传输数据方式，促进了计算机程序或数据文件的共享。用户使用 FTP 客户端向服务器上传文件一般称为文件上传，获取文件一般称为文件下载。

2. FTP 地址

用户想要连接上 FTP 服务器，必须要有该 FTP 服务器授权的账号，这样才能登录 FTP 服务器并且享受 FTP 服务器提供的服务。FTP 地址的完整格式为

ftp://用户名:密码@FTP 服务器地址:命令端口/路径/文件名

其中，地址格式中的参数除 FTP 服务器域名或 IP 地址为必要项外，其他都可以省略不写。

3. 匿名 FTP

用户在登录到匿名 FTP 服务器时无须事先注册或获取合法用户身份，仅需要以 anonymous 作为用户名，一般用自己的电子邮件地址作为口令即可登录该服务器，同时拥有免费访问文件资源的能力。

许多匿名 FTP 服务器上都有免费的软件、电子杂志、技术文档及科学数据等供人们使用。匿名 FTP 对用户使用权限有一定限制，通常仅允许用户获取文件，而不允许用户修改现有文件或向它传送文件。另外，对于用户可以获取的文件范围也有一定限制，仅允许用户访问一些公共的文件资源。

4. 主动模式

FTP 通常工作在主动模式下，主动模式要求客户端与服务器端同时打开并且监听一个端口以建立连接。在这种情况下，客户端必须开放一个随机的端口以建立连接，当防火墙存在时，客户端很难过滤处在主动模式下的 FTP 流量。

一个主动模式的 FTP 连接建立要遵循以下 5 个步骤。

（1）客户端打开一个随机的端口 P（端口号大于 1024），同时产生一个 FTP 进程连接至服务器的 21 号命令端口。

（2）客户端开始监听数据端口(P+1)，同时向服务器发送一个端口命令（通过服务器的 21 号命令端口），此命令告诉服务器客户端正在监听的端口号并且已准备好从此端口接收数据。这个端口就是我们获取数据的端口，也称为数据端口。

（3）服务器打开 20 号源端口并且建立了与本地数据端口的连接。此时，源端口为 20，远程数据端口为(P+1)。

（4）客户端通过服务器 20 号端口建立的与本地数据端口的连接，向服务器发送一个应答，告诉服务器已经建立好一个连接，并且准备接收数据。

（5）客户端通过建立的命令端口与数据端口从服务器上获取文件信息并下载文件。

5. 被动模式

在被动方式 FTP 中，命令连接与数据连接都由客户端发起，这样可以解决从服务器到客户端数据端口的进入方式上被防火墙过滤掉的问题。

当开启一个 FTP 连接时，客户端打开两个任意的非特权本地端口（P>1024 和 P+1）。第一个端口连接服务器的 21 号端口，与主动方式的 FTP 不同，客户端不会提交 PORT 命令并允许服务器来回连它的数据端口，而是提交 PASV 命令。这样做的结果是服务器会开启一个任意的非特权端口（P>1024），并发送 PORT 命令给客户端。然后客户端发起从本地端口(P+1)到服务器的端口 P 的连接，从而用来传送数据。

对于服务器端的防火墙来说，必须允许以下的通信才能支持被动方式的 FTP。

（1）从任何大于 1024 的端口到服务器的 21 端口（客户初始化的连接）。

（2）服务器的 21 端口到任何大于 1024 的端口（服务器响应到客户控制端口的连接）。

（3）从任何大于 1024 的端口到服务器的大于 1024 的端口（客户端初始化数据连接到服务器指定的任意端口）。

（4）服务器的大于 1024 的端口到远程的大于 1024 的端口（服务器发送 ACK 响应和数据到客户端的数据端口）。

9.2.4 信息检索

随着因特网信息像原子裂变一样迅速膨胀，要想在浩瀚无边的信息海洋中迅速而准确地获取自己需要的信息，就必须要有专门的搜索工具，在绝大部分的网络信息资源类型中，若没有这样的工具，则任何人都只能"望网兴叹"。因此，网络搜索引擎在这种情况下应运而生。

搜索引擎其实也是一个网站，只不过该网站专门为用户提供信息检索服务，它使用特有的程序把因特网上的所有信息归类，以帮助人们在浩如烟海的信息海洋中搜寻到自己所需要的信息。

搜索引擎按其工作方式分为两类：一类是分类目录型的检索，把因特网中的资源收集起来，根据其提供的资源的类型不同而分成不同的目录，然后一层层地进行分类，若人们要找自己想要的信息可按其分类一层层进入，则最终可以找到自己想要的信息；另一类是基于关键词的检索，基于这种方式用户可以用逻辑组合方式输入各种关键词（Keyword），搜索引擎服务器根据这些关键词寻找用户所需资源的地址，然后根据一定的规则反馈给用户，包含此关键词信息的所有网址和指向这些网址的链接。这些搜索引擎利用其内部的一个名为 Spider（蜘蛛）的程序，自动搜网站的每一页的开始，并把每一页上代表超级链接的所有词汇放入一个数据库，以供用户查询。

用户常用的一些搜索引擎网址的介绍如下。

（1）http://www.google.com/，Google 提供有类目检索和网站检索两种方式，支持 AND 和 "−" 等条件查询，以搜索精度高、速度快成为最受欢迎的搜索引擎，是目前搜索引擎的领军人物。

（2）http://www.baidu.com/，中国提供搜索引擎的主要网站中超过 80%由百度提供。1999 年年底，百度成立于美国硅谷；2000 年，百度回中国发展，它是国内唯一商业化的全文搜索引擎，并且提供搜狐、新浪等站点的搜索服务。

（3）http://www.sohu.com/，搜狐的"分类与搜索"已收录网站四十多万，已形成庞大的中文网站数据库。搜狐的目录导航式搜索引擎具有很高的精确性、系统性和科学性。

9.2.5 远程登录

远程登录（Remote Login）是 Internet 提供的最基本的信息服务之一，远程登录是在网络通信协议 Telnet 的支持下，使本地计算机暂时成为远程计算机模拟终端，从而使用远程主机资源的过程。

本地计算机要在远程计算机上登录，必须事先成为该计算机系统的合法用户并拥有相应的账号和口令。在远程登录时要给出远程计算机的域名或 IP 地址,并按照系统提示输入用户名及口令。通过用户合法性验证,在登录远程主机成功后,用户便可以实时使用该系统对外开放的功能和资源,最终实现远程共享。

Telnet 是一个强有力的资源共享工具,许多大学图书馆都通过 Telnet 对外提供联机检索服务,一些政府部门、研究机构也将一些数据库对外开放,使用户通过 Telnet 对数据进行查询。

9.2.6 即时通信

即时通信(Instant Message,IM)是指能够即时发送和接收互联网消息的业务。最初的即时通信软件多专注于用户消息的传送,但是随着互联网的快速发展,即时通信的功能日益丰富,逐渐集合了电子邮件、博客、音乐、电视、游戏和搜索等多种功能。即时通信不再是一个单纯的聊天工具,它已经发展成集交流、资讯、娱乐、搜索、电子商务、办公协作和企业客户服务等为一体的综合化信息平台。微软、腾讯、AOL、Yahoo 等重要即时通信提供商都提供通过手机接入互联网即时通信的业务,用户可以通过手机与其他已经安装了相应客户端软件的手机或计算机收发消息。

9.2.7 电子商务

电子商务(Electronic Commerce,EC)指的是利用简单、快捷、低成本的电子通信方式进行各种经济、商贸活动。

电子商务可以通过多种电子通信方式来完成,如通过打电话或发传真的方式来与客户进行贸易活动。然而,电子商务真正的发展将是建立在 Internet 技术上的,现在人们所探讨的电子商务主要是以 EDI(电子数据交换)和 Internet 为基础来完成的,所以也有人把电子商务简称为 IC(Internet Commerce)。

从贸易活动的角度分析,电子商务可以在多个环节实现,由此也可以将电子商务分为两个层次:较低层次的电子商务(如电子商情、电子贸易、电子合同等)。最完整的也是最高级的电子商务应该是利用 Internet 进行全部的贸易活动,即在网上将信息流、商流、资金流和部分的物流完整地实现,也就是说,你可以从寻找客户开始,一直到洽谈、订货、在线付(收)款、开具电子发票甚至到电子报关、电子纳税等都通过 Internet 一气呵成。

要实现完整的电子商务还会涉及很多方面,除买家、卖家外,还要有银行或金融机构、政府机构、认证机构、配送中心等机构的加入。由于参与电子商务中的各方在物理上是"互不谋面"的,因此整个电子商务过程并不是物理世界商务活动的翻版,所以网上银行、在线电子支付等条件,以及数据加密、电子签名等技术在电子商务中发挥着不可或缺的作用。

电子商务应用涉及包括计算机技术、网络技术在内的各种技术,其中电子支付技术是电子商务应用环境中较为关键和具有特色的技术。电子商务技术就是要保障以电子方式存储和传输的数据信息的安全,其要求包括下列 4 个方面。

1. 数据的安全性

保证数据传输的安全性就是要保证在 Internet 网络传送的数据信息不被第三方监视和窃取。通常,对数据信息安全性的保护是利用数据加密技术来实现的。

2. 数据的完整性

保证数据的完整性就是要保证在公共网络上传送的数据信息不被篡改。在电子商务应用环境中，保证数据信息完整是通过采用安全函数与数字签名技术实现的。

3. 身份认证

在电子商务中，交易的双方或多方常常需要交换一些重要信息（如信用卡、密码等），这时就需要确认对方的真实身份。如果涉及支付型电子商务，那么还需要确认对方的账户是否真实有效。电子商务中的身份认证通常采用公开密钥加密技术、数字签名技术、数字证书技术，以及口令字技术来实现。

4. 交易的不可抵赖性

电子商务交易的各方在进行数据信息传输时，必须带有自身特有的、无法被别人复制的信息，以及为了防止发送方否认和抵赖曾经发送过该消息，因此要确保交易发生纠纷时有所对证。交易的不可抵赖性是通过数字签名技术与数字证书技术实现的。

9.2.8 网络多媒体应用

通常把任何一种声音通信和图像通信的网络应用称为多媒体网络应用（Multimedia Networking Application）。

网络多媒体的应用包括现场声音和电视广播或者预录制内容的广播、声音点播（Audio on Demand）、影视点播（Video on Demand）、因特网电话（Internet Telephone）和分组实时电视会议（Group Real-time Video Conferencing）等。

9.2.9 在线教育

在线教育就是指在互联网上学习，也就是使用计算机或手机完成上课、练习与考试等环节，具体内容如通过课件、视频实时互动问答等方式学习相关知识。

从另一角度而言，在线教育也就是远程教育或网络培训，国外统称 E-Learning（在线学习），现在一般指基于网络的学习行为。以网络为介质的教学方式，通过网络使学习者与教师即使相隔万里也可以开展教学活动。

借助网络课件的便利性，学员可以随时随地进行学习，真正打破了传统教学在时间和空间上的限制，尤其对于工作繁忙，学习时间不固定的职场人士而言，网络远程教育是最便捷的学习方式。

有学者将 E-Learning 定义为：通过应用信息科技与互联网技术进行内容传播和快速学习的方法。E-Learning 的"E"代表电子化的学习、有效率的学习、探索的学习、经验的学习、拓展的学习、延伸的学习、易使用的学习、增强的学习。在线学习的好处就是不受时间、地点、空间的限制，并且可以实现与现实学习中一样的互动。

1. MOOC

MOOC（Massive Online Open Course）是大规模在线课程，中文译为"慕课"。所谓"慕课"（MOOC），顾名思义，第一个字母"M"代表 Massive（大规模），与传统课程只有几十个综合起来的新的课程开发模式

什么是 MOOC
（来自腾讯视频）

或课堂容量为几百个学生不同，一门MOOC课程少则上万人学习，最多达16万人一起学习；第2个字母"O"代表Open（开放），即以兴趣为导向，凡是想学习的人员都可以进来学习，并且不分国籍，只需一个邮箱就可注册参与；第3个字母"O"代表Online（在线），学习在网上完成，无须"面对面"，不受时空限制；第4个字母"C"代表Course表示课程。另外，MOOC课程具备完整的教学环节，即开课、上课、作业、反馈、讨论、评价、考核、证书，因此该模式很适合自学。

21世纪初，在美国诞生了MOOC理念的雏形。当时贫困或者低收入家庭无法承担起上涨的学费，导致美国公立大学的升学率不断下降，为了提高大学的升学率，促使了MOOC的诞生。MOOC的理念就是为了能够让优等学校的教学资源以免费或者较低的费用共享给更多的学生，从而促进教育的公平性，MOOC为全球所有希望以知识改变命运的群体打开了一扇通往平等与进步的大门。MOOC的3个特点分别是：课程共享、注册免费、无限制资源输出。

纽约时报宣布2012年为"MOOC元年"。因为数以百万计的学生在世界各地学习慕课课程，这些课程来自世界顶尖名校如斯坦福大学、加州大学伯克利分校，另外哈佛大学和哥伦比亚大学也都加入了该项目开发；同时，数以百万计的投资流向了这些公司，媒体认为MOOC为高等教育带来了翻天覆地的变化。

MOOC课程在中国同样受到了很大关注，中国的教育主管部门也在积极推动MOOC。2018年，教育部正式推出490门"国家精品在线开放课程"，这是国内首批、国际首次推出的国家级精品慕课，目的是助力高等教育教学质量"变轨超车"。目前，我国建成的慕课平台有10多个，上线慕课课程数量已达5000门，课程总量已居世界第一，内容覆盖了高校所有学科门类。高校学生和社会学习者选课人数突破7000万人次，超过1100万人次大学生获得慕课学分，中国慕课发展已处在世界前列。

借助互联网，慕课让大学不再有围墙。通过慕课平台越来越多的山区中小学生可以听到大学的优质课程。依托互联网能跨越"千山万水"，让每个热爱学习的人都能享受到优质的课程资源。在教育领域，慕课不仅颠覆了传统大学课堂教与学的方式，还为开展线上/线下相结合的混合教学提供了平台，即学生在课下完成部分学习任务，老师则在课堂上进行针对性地讨论、答疑，学生还可以随时发送弹幕与老师互动。

爱课程
（来自腾讯视频）

MOOC有很多优秀的平台，这些平台的名称与网络连接如表9.2.1所示。比较有名的平台有：中国大学MOOC、学堂在线以及国外的Coursera、edX等。

表9.2.1 常见MOOC学习平台

MOOC平台名称	链接地址
Coursera	https://www.coursera.org
edX	https://www.edx.org
Udacity	https://www.udacity.com
中国大学MOOC	https://www.icourse163.org/
学堂在线	http://www.xuetangx.com/
华文慕课	http://www.chinesemooc.org/
玩课网	http://www.wanke001.com/Course/

2. SPOC

SPOC 是小规模限制性在线课程（Small Private Online Course）这个概念是由加州大学伯克利分校的阿曼德·福克斯教授最早提出和使用的。Small 和 Private 是相对于 MOOC 中的 Massive 和 Open 而言，Small 是指学生规模一般在几十人到几百人；Private 是指对学生设置限制性准入条件，达到要求的申请者才能被纳入 SPOC 课程。

当前的 SPOC 教学案例，主要是针对围墙内的大学生和在校学生两类学习者进行设置，前者是一种结合了课堂教学与在线教学的混合学习模式，它是在大学校园课堂采用 MOOC 的讲座视频（或同时采用其在线评价等功能）实施翻转课堂的教学。其基本流程是：教师把这些视频材料当作家庭作业布置给学生，然后在实体课堂教学中回答学生的问题，了解学生已经掌握了哪些知识以及哪些知识还没有掌握，并且在课上与学生一起处理作业或其他任务。总体上，教师可以根据自己的偏好和学生的需求来自由设置和调控课程的进度、节奏以及评分系统；后者是根据设定的申请条件，从全球的申请者中选取一定规模（通常是 500 人）的学习者纳入 SPOC 课程，入选者必须保证学习时间和学习强度，同时参与在线讨论，并且完成规定的作业和考试等，通过考核者将获得课程完成证书。而未申请成功的学习者能以旁听生的身份注册学习在线课程，如观看课程讲座视频，自定节奏学习指定的课程材料，做作业，参加在线讨论等，但是他们不能接受教学团队的指导与互动，且在课程结束时不会被授予任何证书。

SPOC 主要教学过程是：教师根据教学大纲每周定期发布视频教学材料，并且布置作业和组织网上讨论；学生在学习清单的引导下按照时间规定完成视频观看、作业和参加讨论；在课堂上教师进行课堂授课，同时处理网络课程答疑，并进行课堂测试。SPOC 利用 MOOC 技术支持教师将时间和精力转向更高价值的活动中，如讨论、任务协作、面对面交流互动等。

SPOC 是融合了实体课堂与在线教育的混合教学模式，既融合了 MOOC 的优点，又弥补了传统教育的不足。SPOC 是对 MOOC 的发展和补充，简单理解为：SPOC=MOOC+课堂，它不仅弥补 MOOC 在学校教学中的不足，还将线上学习与线下课堂相结合从而形成一种混合式教学模式，另外，它还采用 MOOC 视频实施翻转课堂教学。

SPOC 是将 MOOC 与课堂教学相结合的一种混合式教学模式，是 MOOC 的继承、完善与超越。从 MOOC 到 SPOC，为学生从浅层学习向深度学习转变提供了资源、环境与理念的支持，促进 MOOC 在高校教学落地生根。

3. 混合学习

混合学习（Blended learning）是教育领域中出现的一个新名词，但它的理念与思想却已经存在了多年。根据美国 Learning circuits 的解释，Blended learning 被认为是在线学习和面授相结合的学习方式（Learning events that combine aspects of online and face-to-face instruction）。从本质上来讲，Blended learning 是一种新型的学习方式或学习理念，它是指在 E-learning 与企业培训中，按照系统论的观点和绩效方法，恰当结合传统学习手段和在线学习手段的学习方式。它的目标是使学习更容易、更便利，从而实现最好的学习效果，它的依据是企业和组织的学习绩效指标。

4. 翻转课堂

翻转课堂译自 Flipped Classroom 或 Inverted Classroom，是指重新调整课堂内外的时间，并将学习的决定权从教师转移给学生。在这种教学模式下，对于课堂内的宝贵时间，学生能够更专注于主动的基于项目学习，通过共同研究来解决问题，从而获得更深层次的理解。教师不再占用课堂的时间来讲授信息而是学生在课后完成自主学习，通过观看视频讲座、阅读电子书、参加网络上的同学讨论等方式，学生可以在任何时候去查阅需要的材料来进行学习。

什么是翻转课堂
（来自腾讯视频）

  翻转课堂中的"翻转"指的并不是物理空间的颠倒，而是指教学时序的翻转。从"先教后学"到"先学后教"，实现的是从"课上教师讲，课后学生学"到"课前学生学，课上教师根据学情教"的教学时序转变。要指出的是，"先学后教，以学定教"的结构，并非今天才有，在翻转概念出现之前，其实许多教师都曾开展过类似的教学实践，即课前会要求学生预习内容、做好标记、明确疑问，以及把问题提前反馈给教师，教师再依此上课。目前在中小学有较大影响的"学案导学"等，背后也有此类"先学后教"模式的身影。一线教师不应盲目地认为翻转结构是横空出世、前无古人的。

  翻转课堂是"先学后教，以学定教"结构在信息时代的重生。在传统的"先学后教"模式中，课前自学主要依靠文本材料，而翻转课堂采用了重要的微课（国外称为教学微视频）。同时，互联网的快速发展让数字终端、云平台、学习分析等新兴技术帮助老师能够更加简单、高效地完成"以学定教"的设计。可以说，信息时代的翻转课堂是用微视频、云平台等技术

翻转课堂教学
（来自腾讯视频）

支撑的新型"先学后教，以学定教"的教学结构，这种教学结构在信息时代下得到"重生"，在"互联网+"时代到来以后，它得到了更多人的关注。

  从"教—学"到"学—教"，它表现得是教学重心的迁移。在这种模式下，教师的角色正在悄悄发生变化，由内容的呈现者转变为学习的指导者。更为重要的一点是，学习者的学习模式由被动受教转为主动学习，而这正是翻转课堂的核心点。

  "学—教"模式下体现的是学习者真正的主体地位，即一切以学习者为中心，其中"学"是核心，而"教"只是作为一种辅助"学"的手段。这种对传统教学思想的颠覆具体体现以下 3 个方面。

  （1）重思考，而非听课。

  （2）重课前，而非课后。

  （3）融合多种学习行为。

9.3 网络安全基础知识

  以计算机网络技术为核心的信息革命正迅猛发展，随之而来的网络安全问题越来越成为需要高度关注的问题。网络安全会受到来自许多方面的威胁，包括计算机犯罪问题与计算机病毒。加密技术、数字签名、防火墙都是从不同方面保证网络安全的技术和方法。另外，个人用户在使用计算机时需要遵循一些基本策略，这样可以有效保证网络的安全。

网络安全狙击战
（来自腾讯平台）

9.3.1 计算机病毒

  计算机病毒（Computer Viruses，CV）最早是由美国计算机病毒研究专家 Fred Cohen 博

士正式提出的，Fred Cohen 博士对计算机病毒的定义是："病毒是一种靠修改其他程序来插入或进行自身拷贝，从而感染其他程序的一段程序。"这一定义作为标准已被普遍的接受。

在《中华人民共和国计算机信息系统安全保护条例》中的定义为："计算机病毒是指编制者在计算机程序中插入的破坏计算机功能或者数据，影响计算机使用并且能够自我复制的一组计算机指令或者程序代码。"

1．计算机病毒的特性

（1）传染性。计算机病毒的传染性是指病毒具有把自身复制到其他程序中的特性。计算机病毒是一段人为编制的计算机程序代码，这段程序代码一旦进入计算机并得以执行，它会搜寻符合其传染条件的程序或存储介质，在确定目标后再将自身代码插入其中，从而达到自我繁殖的目的。如果一台计算机染毒，并且不及时处理，那么病毒会在这台计算机上迅速扩散，其中大量的文件（一般是可执行文件）都会被感染。而被感染的文件又成了新的传染源，若该传染源再与其他计算机进行数据交换或通过网络接触，则病毒会继续进行传染。是否具有传染性是判别一个程序是否为计算机病毒的最重要条件。

（2）隐蔽性。计算机病毒一般是具有很高编程技巧、短小精悍的程序。通常附在正常程序中或磁盘较隐蔽的地方，也有个别的病毒以隐含文件形式出现，目的是不让用户发现它的存在。如果不经过代码分析，那么病毒程序与正常程序是不容易区别的。一般在没有防护措施的情况下，计算机病毒程序取得系统控制权后，可以在很短的时间里传染大量程序。而且受到传染后，计算机系统通常仍能正常运行，使用户不会感到任何异常，正是由于病毒的隐蔽性，计算机病毒才得以在用户没有察觉的情况下扩散到上百万台计算机中。

（3）潜伏性。大部分的病毒感染系统后一般不会马上发作，它可长期隐藏在系统中，只有在满足其特定条件时才启动其表现（破坏）模块，只有这样它才可以进行广泛地传播，如CIH。这些病毒在平时会隐藏得很好，只有在发作时才会露出本来面目。

（4）破坏性。任何病毒只要侵入系统，就会对系统及应用程序产生不同程度的影响。轻者会降低计算机工作效率，占用系统资源，重者会导致系统崩溃。由此特性可将病毒分为良性病毒与恶性病毒，良性病毒可能只显示某些画面或音乐、无聊的语句等，或者根本没有任何破坏动作，但会占用系统资源，这类病毒较多，如 GENP、小球、W-BOOT 等；恶性病毒则有明确的目的，即破坏数据、删除文件或加密磁盘、格式化磁盘，以及对数据造成不可挽回的破坏。这也反映出病毒编制者的险恶用心。

（5）衍生性。病毒程序往往是由几部分组成，修改其中的某个模块能衍生出新的不同于原病毒的计算机病毒。

（6）寄生性。病毒程序一般不独立存在，而是寄生在文件中。

2．计算机病毒的分类

从第一个病毒出世以来，究竟世界上有多少种病毒，说法不一，无论多少种，病毒的数量仍在不断增加。据国外统计，计算机病毒以每周几十种的速度递增。

根据计算机病毒的特点及特性，计算机病毒的分类方法有许多种，其中按照计算机病毒的技术大致可分为以下 5 种。

（1）宏病毒。宏病毒一般是指用 VBASIC 书写的病毒程序，寄存在 Microsoft Office 文档上的宏代码中,它影响对文档的各种操作。当打开 Office 文档时,宏病毒程序就被执行,于是宏病毒就会被激活,然后转移到计算机上,并驻留在 Normal 模板上。从此以后,所有自动保存的文档都会"感染"上这种宏病毒,如果其他用户打开了感染病毒的文档,那么宏病毒又会转移到他们的计算机上。宏病毒还可衍生出各种变形变种病毒,这种"父生子,子生孙"的传播方式让许多系统防不胜防,这也使宏病毒成为威胁计算机系统的"第一杀手"。

① 宏病毒发作方式:在 Word 打开病毒文档时宏会接管计算机,然后将自己感染到其他文档,或直接删除文件等。Word 将宏和其他样式储存在模板中,因此病毒总是把文档转换成模板再存储它们的宏。这样的结果会导致某些 Word 版本会强制将感染的文档存储在模板中。

② 判断是否被感染:宏病毒一般在发作的时候没有特别的迹象,通常会伪装成其他的对话框让你确认。在感染了宏病毒的机器上会出现不能打印文件,以及 Office 文档无法保存或另存等情况。

③ 宏病毒带来的破坏:删除硬盘上的文件;将私人文件复制到公共场合;从硬盘上发送文件到指定的 E-mail、FTP 地址。

(2) 网络病毒。最近几年随着 Internet 在全球范围内的普及,将含病毒文件附加在邮件中的情况不断增多,这极大地加快了病毒的扩散速度,并且受感染的范围越来越广,我们把通过网络传播的病毒称为网络病毒。

而网络病毒除具有普遍病毒的特性外,还具有远端窃取用户数据、远端控制对方计算机等破坏特性,如特洛伊木马病毒,是消耗网络计算机的运行资源,拖垮网络服务器的蠕虫病毒。

常见的 4 种网络病毒有:Win32/Aspam.Trojan 特洛伊木马、Zelu 特洛伊木马通缉令、泡沫小子病毒、Happy99 蠕虫程序等。

(3) 引导型病毒。引导型病毒主要通过软盘在 DOS 操作系统中传播,从而感染软盘中的引导区,同时蔓延到用户硬盘,并能感染到硬盘中的"主引导记录"。一旦硬盘中的引导区被病毒感染,病毒就试图感染每个插入计算机的软盘的引导区。典型的病毒有大麻、小球病毒等。

(4) 文件型病毒。文件型病毒是文件感染者,也称为寄生病毒。它运作在计算机存储器中,通常感染扩展名为 COM、EXE、SYS 等类型的文件。每次激活时,感染文件都把自身复制到其他文件中,并能在存储器中保留很长时间,直到病毒又被激活。典型的病毒有 CIH 病毒等。

(5) 混合型病毒。混合型病毒集引导型和文件型病毒特性于一体。它综合系统型和文件型病毒的特性,并通过这两种方式来感染,更增加了病毒的传染性以及存活率。

3. 计算机病毒的传播

计算机病毒应以预防为主,而预防计算机病毒最有效的方式就是堵塞病毒的传播途径。其病毒的主要传播途径有以下 4 种。

(1) 硬盘。因为硬盘存储数据多,所以在其互相借用或维修时,将病毒传播到其他的硬盘或软盘上。

(2) U 盘。U 盘是使用最广泛、移动最频繁的存储介质,因此也成了计算机病毒寄生的"温床",大多数计算机经常从这类途径感染病毒。

（3）光盘。光盘的存储容量大，所以大多数软件都刻录在光盘上以便互相传递。如一些非法商人就将软件放在光盘上时，这样难免会将带毒文件刻录在上面。

（4）网络。在计算机日益普及的今天，人们通过计算机网络互相传递文件、信件，这样就加快了病毒的传播速度，因为资源共享，所以人们经常在网上下载免费和共享的软件，病毒也难免会藏在其中。

4．计算机病毒的危害

计算机病毒会感染、传播，但这些并不可怕，最可怕的还是病毒的破坏性。其主要危害有以下 10 个方面。

（1）攻击硬盘主引导扇区、Boot 扇区、FAT 表、文件目录，使磁盘上的信息丢失。
（2）删除软盘、硬盘或网络上的可执行文件或数据文件，使文件丢失。
（3）占用磁盘空间。
（4）修改或破坏文件中的数据，使内容发生变化。
（5）抢占系统资源，使内存减少。
（6）占用 CPU 运行时间，使运行效率降低。
（7）对整个磁盘或扇区进行格式化。
（8）破坏计算机主板上 BIOS 内容，使计算机无法工作。
（9）破坏屏幕正常显示，干扰用户的操作。
（10）破坏键盘输入程序，使用户的正常输入出现错误。

5．典型病毒检测与防范产品简介

（1）金山毒霸。金山毒霸是国产杀毒中比较优秀的产品，它融合了启发式搜索、代码分析、虚拟机查毒等技术。经业界证明，它是融合了多种成熟可靠的反病毒技术，使其在查杀病毒种类、查杀病毒速度、未知病毒防治等多方面达到世界先进水平，同时金山毒霸具有病毒防火墙实时监控、压缩文件查毒、查杀电子邮件病毒等多项先进的功能。紧随世界反病毒技术的发展，为个人用户和企事业单位提供完善的反病毒解决方案。

（2）腾讯电脑管家。腾讯电脑管家是一款集成杀毒与管理功能的安全管理类软件。使用了腾讯自研的第二代反病毒引擎，该软件的功能更加强大和智能化，具体功能包括：拥有全球最大的云库平台，可实时拦截恶意网站；账号风险可以即时提醒，保护 QQ 账号的安全；互联网安全评级，可实时播报互联网安全形势等。同时，电脑管家融合了清理垃圾、电脑加速、修复漏洞、软件管理、电脑诊所等一系列协助用户管理电脑的功能，从而满足用户杀毒防护与安全管理双重需求。

（3）360 杀毒。360 杀毒是 360 安全中心出品的一款免费的云安全杀毒软件。它创新性地整合了 5 大领先查杀引擎，包括国际知名的 BitDefender 病毒查杀引擎、小红伞病毒查杀引擎、360 云查杀引擎、360 主动防御引擎，以及 360 第二代 QVM 人工智能引擎。

360 杀毒具有查杀率高、资源占用少、升级迅速、零广告、零打扰、零胁迫、一键扫描等优点，快速、全面地诊断系统安全状况和健康程度，并进行精准修复，它为用户带来安全、专业、有效、新颖的查杀防护体验。其防杀病毒能力得到多个国际权威安全软件评测机构认可，同时荣获多项国际权威认证。

(4）诺顿杀毒。诺顿杀毒软件是 Symantec 公司个人信息安全产品之一，也是一个广泛被应用的反病毒程序。该项产品发展至今，除原有防毒外，还有防间谍等网络安全风险的功能。诺顿反病毒产品包括：诺顿网络安全特警、诺顿反病毒、诺顿 360、诺顿计算机大师等产品。其企业版资源占用少且免升级，因此该软件被广大中国用户使用。但诺顿安全套装占用内存较大，并且对计算机配置要求很高。

9.3.2 加密技术

加密技术为通信信息流提供机密性，同时，对其他安全机制的实现起主导作用或辅助作用。加密技术是电子商务等领域采取的主要信息安全措施，它利用技术手段把重要的数据变为乱码（即加密）传送，到达目的地后再用相同或不同的手段还原（即解密）。

加密技术包括两个基本元素：算法和密钥。算法是将普通的文本（或称明文）与一串数字（密钥）结合，产生不可理解的密文的过程；密钥是一种参数，是在明文转换为密文或将密文转换为明文的算法中输入的数据。

数据加密的算法有 3 类：对称加密算法、非对称加密算法和不可逆加密算法。

1．对称加密算法

对称加密算法的特点是：文件加密与解密使用相同的密钥。使用对称加密算法，发送方使用一个密钥经过加密算法加密信息，接收方也必须使用相同的密钥才能解密信息。这种加密算法的优点是：加密速度快；不足之处是：因为发送方和接收方使用同一个密钥，所以数据的安全性得不到保证，且接收方必须事先知道发送方的加密密钥才能解读加密信息。

在每一对用户每次使用对称加密算法时，都需要使用其他人不知道的唯一密钥，这会使得收发双方所拥有的密钥数量成几何级数增长，因此密钥管理成为用户的负担。对称加密算法在分布式网络系统上使用较为困难，主要是因为密钥管理困难且使用成本较高。在计算机专网系统中广泛使用的对称加密算法有 DES 和 IDEA。

2．非对称加密算法

非对称加密算法的加密和解密使用不同的密钥。这种加密算法有两个密钥，即一个公开密钥（简称公钥）和一个私有密钥（简称私钥）。

非对称加密算法实现机密信息交换的基本过程是以下 3 个步骤。

（1）甲方生成一对密钥并将其中的一把作为公开密钥向其他方公开。

（2）得到该公开密钥的乙方使用该密钥对机密信息进行加密后再发送给甲方。

（3）甲方再用自己保存的另一把私人密钥对加密后的信息进行解密。

由于不对称算法拥有两个密钥，因此该算法特别适用于分布式系统中的技术加密，广泛应用的不对称加密算法有 RSA 算法和美国国家标准局提出的 DSA。以不对称加密算法为基础的加密技术应用非常广泛，此种算法的优点是提高了加密数据的安全性。

3．不可逆加密算法

不可逆加密算法其实不能称为加密算法，实际上是一种散列函数算法，该算法指数据一经加密将无法或很难通过密文来解密。不可逆算法不需要密钥，它通过加密算法直接对输入的明文进行加密。只有重新输入明文，并再次经过同样不可逆的加密算法处理，得到相同的加密密文并被系统重新识别后才能真正解密。不可逆加密算法不存在密钥保管和分发问题，因此非常适合在分布式网络系统上使用，但因加密计算复杂，导致工作量相当繁重，通常只在数据量有限的情形下使用。不可逆加密算法常用的有 MD5 算法和美国国家标准局建议的安全散列标准（Secure Hash Standard，SHA）等。

9.3.3 数字签名

所谓数字签名就是附加在数据单元上的一些特殊信息，这种特殊信息可以用来确认数据单元的来源和数据单元的完整性，并保护数据以防止数据被人伪造。

1．数字签名的一般过程

（1）数据发送方使用自己的私人密钥对数据的特殊信息进行加密处理，以及完成对数据的签名，并把原始数据和签名数据一并发送给数据接收方。

（2）数据接收方利用数据发送方提供的公开密钥来解读数字签名的合法性。

显然，数字签名是一个加密的过程，数字签名验证是一个解密的过程。

2．数字签名的功能

作为保护网络信息安全的重要手段之一，数字签名能够处理伪造、篡改、抵赖与冒充等诸多问题。在网络世界中替代传统手写签名与印章，是数字签名的重要应用之一。数字签名主要有以下 6 个重要功能。

（1）防伪造（冒充）。除签名者外，其他任何人都不能伪造消息签名，这是因为签名者作为私钥的唯一拥有者，只有他才能够对消息进行正确有效的签名。所以只要对私钥进行妥善的保存，攻击者想要通过其他的途径获得消息签名是不可行的。

（2）身份识别。因为数字签名是相对于网络而言的，所以与传统手写签名不同，数字签名的接收方必须要对发送方的身份进行识别，而用户的公开密钥便是用户身份的标志。发送方用私钥签名，接收方使用其对应的公钥对得到的签名进行验证，若签名有效则确定签名者为私钥的拥有者，否则签名者不是私钥的拥有者。

（3）完整性。确保消息的完整性其实也就是防止消息在传送的过程中被非法篡改。数字签名与原始信息"绑定"在一起发送给信息的接收方，若在发送过程中信息被攻击者进行了非法篡改，则接收方能够通过对签名进行验证来判定该文件为无效文件，这样就保证了信息的完整性。

（4）防重放。例如：A 与 B 进行通信，在通信中 A 向 B 提供了自己的密码，B 通过密码对 A 的身份进行了确认。但是这一过程被 C 非法监听了，C 获得了 A 的密码，A 与 B 通信结束后，C 又冒充 A 向 B 发送通信请求，当 B 要求提供密码时，C 将获得的 A 的密码发送给 B，于是 B 认为正在与自己通信的人一定是 A。这是一个重放攻击的典型例子，只要签名对报文添加流水号与时间戳等技术就能够有效防止这种攻击。

（5）防抵赖。数字签名不仅可以成为身份识别的依据，同时它也是签名者进行了签名操作的证据，防止签名方对其行为的抵赖。对于接收方，数字签名同样也可以防止其在接收到签名消息后，不承认他已接收到签名消息这一事实。在数字签名系统中，会要求接收方发送给发送方或是可信的第三方，回执一个自己的签名表示已收到签名消息的报文。这样一来无论是发送者还是接收者，双方都不能对自己的操作行为进行抵赖。

（6）机密性。在数字签名中报文并不要求一定进行加密，不过在网络传送的过程中可以用接收方的公钥对报文信息进行加密，以确保信息的机密性。而在传统手写签名中，文件一旦出现丢失或失窃的情况，就很难避免文件信息的外泄。

3．数字签名算法

（1）普通数字签名算法。一个普通数字签名算法（又称自认证数字签名算法）主要由签名算法和验证算法两种算法组成。签名者能使用一个签名算法签一个消息，所得的签名能被一个公开的验证算法所验证。给定一个签名，验证算法根据签名是否真实，然后做出一个"真"或"假"的回答，普通数字签名算法具有公开可验证性而无须求助于任何别的人。所谓可转移性是指知道验证算法的人可将验证算法和签名转移给第三方，并可使第三方相信签名的真实性。普通数字签名的这些特性十分适合于某些应用场合，诸如布告和公钥的分发，并且越多的拷贝越好。但它不适用于其他应用场合，如对商业上的或私人的敏感信息的签名，因为签名的扩散会被工业间谍和敲诈者所利用。

（2）不可否认的数字签名算法。不可否认的数字签名是由 Chaum 和 Antwerpen 在 1989 年提出的。与普通数字签名一样，不可否认数字签名是由一个签名者颁布的一个数，这个数依赖于签名者的公钥和所签的消息。但这种签名有一个新颖的特征，即若没有签名者的合作，接收者则无法验证签名，在某种程度上保护了签名者的利益。一个不可否认的数字签名的真伪性是通过接收者和签名者执行一个协议来推断的，这个协议称为否认协议。如果在一个系统中签名者不希望接收者未经他的同意就向别人出示签名并证明其真实性，那么不可否认的数字签名很好地适用于这种场合。

（3）Fail-Stop 数字签名算法。Fail-Stop 数字签名算法的不可伪造性依赖于一个计算假设，即如果一个签名被伪造，那么假定的签名者能证明这个签名是一个伪造签名。这个证明也许会以一个很小的概率失败，但证明伪造的能力不依赖于任何密码的假设，并独立于伪造者的计算能力。另外，在第一次伪造之后，系统的所有参加者或系统操作人员都知道签名算法已被攻破，因此系统将停止工作，这就是这个系统为什么称为"Fail-Stop（失败—停止）"的原因。

（4）盲数字签名算法。盲数字签名算法在需要实现某些参加者的匿名性的密码协议中有着广泛而重要的应用，如在选举协议、安全的电子支付系统中。盲数字签名算法是具有两个特性的普通数字签名算法，即消息的内容对签名者是不可见的；在签名被接收者公开后，签名者不能追踪签名。盲数字签名算法在某种程度上保护了参加者的利益，但不幸的是盲数字签名算法的匿名性能被犯罪分子滥用。为了阻止这种滥用，人们引入了公平盲数字签名算法，比盲数字签名算法多了一个特性，即通过可信中心，并且签名者可以追踪签名。

（5）其他数字签名算法。除上述数字签名算法外，还有一些其他数字签名算法，如群数字签名算法，利用零知识思想设计的指定验证者的数字签名算法，利用秘密共享技术设计的共享验证数字签名算法，以及具有消息回复功能的数字签名算法等。另外，值得一提的是杂凑技术在数字签名算法中起着重要的作用。将杂凑技术应用到数字签名算法中，除可加强数字签名算法外，还可将签名变换与秘密变换分开来，允许用私钥密码体制实现保密，而用公钥密码体制实现数字签名，在无须泄露签名所对应的消息的情况下，将签名向外界披露。

9.3.4 防火墙

防火墙是保护内部信息不被非法访问的必要的安全防护系统。防火墙是在两个网络之间执行访问和控制策略的监控系统（软件、硬件或两者兼有），用于监控所有进出网络的数据流和来访者。它在内部网络与外部网络之间设置障碍，以阻止外界对内部资源的非法访问，同时也可以防止内部对外部网络的非法访问。根据预设的安全策略，防火墙对所有流经的数据流和来访者进行检查，即符合安全标准的予以放行，不符合安全标准的一律拒之门外。

1. 防火墙的分类

防火墙技术的种类虽然有许多，但总体来讲可分为"包过滤型"和"应用代理型"两大类。

（1）包过滤（Packet Filtering）型。包过滤方式是一种通用、廉价以及有效的安全手段。在整个防火墙技术的发展过程中，包过滤技术出现了两种不同的版本，称为"第一代静态包过滤"和"第二代动态包过滤"。

包过滤方式的优点是不用改动客户机和主机上的应用程序，因为它工作在网络层和传输层，并且与应用层无关。这种防火墙实现简单，但其缺点很明显，即过滤判别的依据只是网络层和传输层的有限信息，因此不可能充分满足各种安全要求；在许多过滤器中，过滤规则的数目是有限制的，且随着规则数目的增加，性能会受到很大的影响；由于缺少上下文的关联信息不能有效地过滤，如 UDP、RPC（远程过程调用）一类的协议；另外，大多数过滤器中缺少审计和报警机制，它只能依据报头信息，而不能对用户身份进行验证，因此很容易受到"地址欺骗型"攻击。该方法对安全管理人员素质要求高，在建立安全规则时必须对协议本身及其在不同应用程序中的作用有较深入的理解。因此，过滤器通常是与应用网关配合使用，共同组成防火墙系统。

（2）应用代理（Application Proxy）型。应用代理型防火墙工作在 OSI 的最高层，即应用层。其特点是完全"阻隔"了网络通信流，通过对每种应用服务编制专门的代理程序，实现监视和控制应用层通信流的作用。在代理型防火墙技术的发展过程中，它也经历了两个不同的版本：第一代应用网关型代理防火和第二代自适应代理防火墙。

代理类型防火墙的最突出的优点就是安全。由于它工作于最高层，因此它可以对网络中任何一层数据通信进行筛选保护，而不是像包过滤那样，只是对网络层的数据进行过滤。代理防火墙的最大缺点是速度相对比较慢，当用户对内、外部网络网关的吞吐量要求比较高时，代理防火墙就会成为内、外部网络之间的瓶颈。因为防火墙需要为不同的网络服务建立专门的代理服务，而自己的代理程序为内、外部网络用户建立连接时需要时间，所以给系统性能带来了一些负面影响，但通常不会很明显。

（3）监测型。监测型防火墙是新一代产品，这一技术实际已经超越了最初的防火墙定义。监测型防火墙能够对各层的数据进行主动的、实时的监测，在对这些数据加以分析的基础上，监测型防火墙能够有效地判断出各层中的非法侵入。同时，这种监测型防火墙产品一般还带有分布式探测器，这些探测器安装在各种应用服务器和其他网络的节点之中，不仅能够检测来自网络外部的攻击，同时对来自内部的恶意破坏也有极强的防范作用。据权威机构统计，在针对网络系统的攻击中，有相当高比例的攻击来自网络内部。因此，监测型防火墙不仅超越了传统防火墙的定义，而且在安全性上也超越了前两代产品。虽然监测型防火墙安全性上已经超越了包过滤型和代理服务器型防火墙，但由于监测型防火墙技术的实现成本较高，也不易管理，所以目前在实用中的防火墙产品仍然以第二代代理型产品为主，但在某些方面也已经开始使用监测型防火墙。基于对系统成本与安全技术成本的综合考虑，用户可以选择性地使用某些监测型技术，这样既能够保证网络系统的安全性需求，又能有效地控制安全系统的总拥有成本。

2．防火墙的主要作用

（1）可以对网络安全进行集中控制和管理。防火墙系统在企业内部与外部网络之间构筑的屏障，将承担风险的范围从整个内部网络缩小到组成防火墙系统的一台或几台主机上，在结构上形成一个控制中心，并在这里将来自外部网络的非法攻击或未授权的用户挡在被保护的内部网络之外，防火墙加强了网络安全，并简化了网络管理。

（2）控制对特殊站点的访问。防火墙能控制对特殊站点的访问，如有些主机能被外部网络访问，而有些则要被保护起来，并且防止不必要的访问。

（3）防火墙可作为企业向外部用户发布信息的中心联系点。防火墙系统可作为 Internet 信息服务器（如 WWW、FTP 等服务器）的安装地点对外发布信息。防火墙可以配置允许外部用户访问这些服务器，而又禁止外部未授权的用户对内部网络上的其他系统资源进行访问。

（4）可以节省网络管理费用。使用防火墙就可以将安全软件都放在防火墙上进行集中管理；而不必将安全软件分散到各个主机上去管理。

（5）对网络访问进行记录与统计。如果所有对 Internet 的访问都经过防火墙，那么防火墙就能记录下这些访问，并能提供网络使用情况的统计数据。当发生可疑动作时，防火墙能够报警并提供网络是否受到监测和攻击的详细信息。

（6）审计和记录 Internet 使用量。网络管理员可以在此向管理部门提供 Internet 连接的费用情况，然后查出潜在的带宽瓶颈的位置，并能够根据机构的核算模式提供部门级的计费。

3．防火墙的使用

在具体应用防火墙技术时，还要考虑到以下两个方面。

（1）防火墙是不能防病毒的，尽管有不少的防火墙产品声称具有这个功能。

（2）防火墙技术的另外一个弱点在于数据在防火墙之间的更新是一个难题，若延迟过大则无法支持实时服务请求。

总之，防火墙是企业网安全问题的流行方案，即把公共数据和服务置于防火墙外，使其对防火墙内部资源的访问受到限制。作为一种网络安全技术，防火墙具有简单实用的特点，并且透明度高，以及可以在不修改原有网络应用系统的情况下达到一定的安全要求。

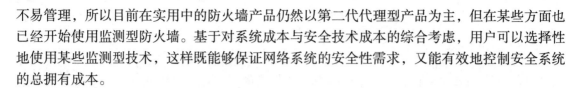

Internet 在字面上讲就是计算机互联网的意思，它是一个将许多较小的计算机网络彼此互联在一起的巨型网络，通常的译法为"因特网""国际互联网"等。Internet 网络上用于传送数据的协议称为 TCP/IP。Internet 接入方式有拨号上网、ADSL、局域网和代理服务器接入。Internet 提供的服务有很多，包括电子邮件、文件传输、WWW 服务、远程登录、在线教育等。

计算机病毒是一种靠修改其他程序来插入或进行自身拷贝，从而感染其他程序的一段程序。加密技术、数字签名、防火墙都是从不同方面保证网络安全的技术和方法。另外,个人用户在使用计算机时遵循一些基本策略,从而有效保证网络的安全。

通过本章的学习,可使读者掌握相关 Internet 基础理论、发展应用,以及网络信息安全的基本知识;理解和掌握 Internet 的工作原理;熟练应用 Internet 提供的各种服务;了解网络安全常识。为学习后续课程以及解决生活中、工作中遇到的相关问题提供方便。

课后自测练习题

用微信扫描右侧二维码,进入答题页面,进行测试练习,答题结束后有答案解析。

1. Internet 最早起源于 20 世纪( )时期。
   A. 60 年代末期 B. 80 年代中期
   C. 90 年代初末期 D. 二次大战中
2. Internet 是目前第一大互联网,它起源于美国,其雏形是( )。
   A. ARPANET B. GBNET C. CERNET D. NCFNET
3. 中国( )年接入 Internet。
   A. 1971 B. 1969 C. 1974 D. 1994
4. 在 Internet 网上对每台计算机是通过( )来区别的。
   A. 计算机所分配的 IP 地址 B. 计算机的登录名
   C. 计算机的用户名 D. 计算机的域名
5. 接入 Internet 的每台主机都有一个唯一的可识别地址,称为( )。
   A. URL B. TCP 地址 C. IP 地址 D. 域名
6. Internet 上各种网络和各种不同计算机间相互通信的基础是( )协议。
   A. IPX B. HTTP C. TCP/IP D. X.25
7. IP 地址是 Internet 上唯一标识一台主机的识别符,它由( )两部分组成。
   A. 数字和小数点 B. 主机地址和网络地址
   C. 域名和用户名 D. 普通地址和广播地址
8. WWW 是( )。
   A. 局域网的简称 B. 广域网的简称 C. 万维网的简称 D. Internet 的简称
9. 下列域名中合法的是( )。
   A. www.yahoo.com B. www._com.gov
   C. 202.112.10.33 D. book@263.com
10. 网址中的 HTTP 是指( )。
    A. TCP/IP 协议 B. 计算机名
    C. 文件传输协议 D. 超文本传输协议
11. TCP/IP 协议是 Internet 中计算机之间通信所必须共同遵循的一种( )。
    A. 软件 B. 硬件 C. 信息资源 D. 通信规定
12. DNS 的作用是( )。
    A. 为主机分配 IP 地址 B. 将域名解释为 IP 地址
    C. 远程文件访问 D. 传输层协议

13. 下列各项中不能作为 IP 地址的是（　　）。
    A．202.96.0.1　　　　B．202.110.7.12　　　C．112.256.23.8　　　D．159.226.1.18
14. 下面关于域名的说法正确的是（　　）。
    A．域名就是网址　　　　　　　　　　　　B．域名可以自己任意取
    C．域名专指一个服务器的名字　　　　　　D．域名系统按地理域或机构域分层采用层次结构
15. 浏览器实际上就是（　　）。
    A．计算机上的一个硬件设备
    B．服务器上的一个服务器程序
    C．安装在用户计算机上，用于浏览 WWW 信息的客户程序
    D．专门收发 E-mail 的软件
16. 在 Internet 上浏览时，浏览器和 WWW 服务器之间传输网页使用的协议是（　　）。
    A．IP　　　　　　　　B．FTP　　　　　　　C．HTTP　　　　　　D．Telnet
17. 发送电子邮件时使用的协议是（　　）。
    A．SMTP　　　　　　B．POP3　　　　　　　C．SNMP　　　　　　D．IMAP
18. FTP 客户端软件可以用来作为（　　）。
    A．浏览器软件　　　　B．下载工具　　　　　C．电子邮件软件　　　D．搜索引擎
19. 下列不属于计算机病毒特征的是（　　）。
    A．潜伏性　　　　　　B．传染性　　　　　　C．免疫性　　　　　　D．寄生性
20. 关于防火墙的描述不正确的是（　　）。
    A．防火墙不能防止内部攻击　　　　　　　　B．防火墙可以对网络访问进行记录和统计
    C．防火墙可以防止木马型病毒　　　　　　　D．防火墙可以控制对特殊站点的访问

参 考 文 献

[1] 李暾. 大学计算机基础（第 2 版）[M]. 北京：清华大学出版社，2018.
[2] 韦玮. Python 程序设计基础实战教程[M]. 北京：清华大学出版社，2018.
[3] 龚沛曾，杨志强. 大学计算机（第 7 版）[M]. 北京：高等教育出版社，2017.
[4] 陆汉权. 数据与计算——计算机科学基础（第 3 版）[M]. 北京：电子工业出版社，2017.
[5] 涂子沛. 数据之巅[M]. 北京：中信集团出版社，2017.
[6] 卢湘鸿. 计算机应用教程（第 8 版）[M]. 北京：清华大学出版社，2016.
[7] 罗容，迟春梅，王秀鸾. 大学计算机——基于计算思维[M]. 北京：电子工业出版社，2016.
[8] 张磊，王志海. 大学计算机基础[M]. 北京：北京邮电大学出版社，2016.
[9] 陆汉权. 计算机科学基础（第 2 版）[M]. 北京：电子工业出版社，2016.
[10] 李雁翎，林坤. Access 2010 基础与应用（第 3 版）[M]. 北京：清华大学出版社，2016.
[11] 鲁小丫，丁莎. 数据库技术及应用（Access 2010）[M]. 北京：高等教育出版社，2015.
[12] 郝兴伟. 大学计算机——计算思维的视角（第 3 版）[M]. 北京：高等教育出版社，2015.
[13] 李凤霞，陈宇峰，史树敏. 大学计算机[M]. 北京：高等教育出版社，2015.
[14] 徐劲松. 计算机网络应用技术[M]. 北京：北京邮电大学出版社，2015.
[15] 战德臣，聂兰顺. 大学计算机——计算与信息素养[M]. 北京：高等教育出版社，2014.
[16] 吴宁. 大学计算机[M]. 北京：高等教育出版社，2014.
[17] 郝玉洁，谌黔燕. 人类与电脑（第 2 版）[M]. 成都：电子科技大学出版社，2014.
[18] 张青，何中林，杨族桥. 大学计算机基础教程[M]. 西安：西安交通大学出版社，2014.
[19] 王移芝. 大学计算机[M]. 北京：高等教育出版社，2013.
[20] 王移芝. 大学计算机基础学习与实验指导（第 3 版）[M]. 北京：高等教育出版社，2013.
[21] 孙淑霞，陈立潮. 大学计算机基础（第 3 版）[M]. 北京：高等教育出版社，2013.
[22] 钟晴江. 大学计算机[M]. 北京：高等教育出版社，2013.
[23] 胡宏智. 大学计算机基础[M]. 北京：高等教育出版社，2013.
[24] 李振富. 计算机应用基础[M]. 西安：西安电子科技大学出版社，2013.
[25] 曾湘黔. 网络安全技术[M]. 北京：清华大学出版社，2013.
[26] 谢希仁. 计算机网络（第 6 版）[M]. 北京：电子工业出版社，2013.
[27] 陈国良. 计算思维导论[M]. 北京：高等教育出版社，2012.
[28] 肖锋，马玉春. 计算机网络[M]. 北京：科学出版社，2012.
[29] Jun Jamrich Parsons，Dan Oja. 计算机文化[M]. 北京：机械工业出版社，2012.
[30] 余本国. Python 数据分析基础[M]. 北京：清华大学出版社，2012.
[31] 屈立成，段玲，王俊，等. 计算机应用基础[M]. 北京：清华大学出版社，2012.
[32] 屈立成，段玲. 计算机应用基础实验指导与习题[M]，清华大学出版社，2012.
[33] 秦光洁，张炤华，王润农，等. 大学计算机应用基础（第 2 版）[M]. 北京：清华大学出版社，2011.
[34] 朱战立，杨谨全，李高和，等. 计算机导论（第 2 版）[M]. 北京：电子工业出版社，2010.
[35] 李秀，安颖莲，姚瑞霞，等. 计算机文化基础（第 5 版）[M]. 北京：清华大学出版社，2009.